中国海洋大学教材建设基金资助

U0257238

普通海洋学

吴德星　李超伦　等　编著

中国海洋大学出版社

·青岛·

图书在版编目（CIP）数据

普通海洋学 / 吴德星等编著． --青岛：中国海洋大学出版社，2024．12． -- ISBN 978-7-5670-4056-4

Ⅰ．P7

中国国家版本馆 CIP 数据核字第 202459FM76 号

PUTONG HAIYANGXUE

普通海洋学

出版发行	中国海洋大学出版社			
社　　址	青岛市香港东路23号		邮政编码	266071
网　　址	http://pub.ouc.edu.cn			
出 版 人	刘文菁			
责任编辑	丁玉霞		电　　话	0532-85901040
电子信箱	qdjndingyuxia@163.com			
印　　制	青岛国彩印刷股份有限公司			
版　　次	2024 年 12 月第 1 版			
印　　次	2024 年 12 月第 1 次印刷			
成品尺寸	185 mm × 260 mm			
印　　张	25.25			
字　　数	493 千			
印　　数	1—3000			
审 图 号	GS鲁（2024）0548 号			
定　　价	98.00 元			
订购电话	0532-82032573（传真）			

发现印装质量问题，请致电 0532-58700166，由印刷厂负责调换。

《普通海洋学》

编著者　吴德星　李超伦　褚忠信　李巍然　李　铁　孙即霖

孟祥凤　李新正　王　昊　孙晓霞　张光涛　曹　磊

韩雪双

全书作者名录

章节	内容	作者	工作单位
第一章	地球与海洋	吴德星	中国海洋大学
第二章	海洋学的发展	吴德星	中国海洋大学
第三章	地球构造理论	褚忠信　李巍然	中国海洋大学
第四章	海底地形地貌	褚忠信　李巍然	中国海洋大学
第五章	海水的物理性质与海洋的层化结构	李铁	中国海洋大学
第六章	海水中的化学组分	李铁	中国海洋大学
第七章	大气的运动	孙即霖　吴德星	中国海洋大学
第八章	海洋环流	吴德星　孟祥凤	中国海洋大学
第九章	海洋中的波动	吴德星	中国海洋大学
第十章	潮汐	吴德星	中国海洋大学
第十一章	海洋生物	李超伦　李新正　王昊	中国科学院海洋研究所
第十二章	海洋生态系统	孙晓霞　张光涛　曹磊	中国科学院海洋研究所
第十三章	海洋资源	韩雪双	中国海洋大学
第十四章	海洋环境问题	韩雪双	中国海洋大学

总　前　言

　　海洋是生命的摇篮、资源的宝库、风雨的故乡，是贸易与交往的通道，是人类发展的战略空间。海洋促进着经济的繁荣，见证着社会的进步，承载着文明的延续。随着科技的发展和资源开发需求的日益增加，海洋权益成为世界各国竞争的焦点之一。

　　我国是一个海洋大国，大陆海岸线长度约1.8万千米，海域总面积约473万平方千米。这片广袤海域蕴藏着丰富的资源，是我国经济、社会持续发展的物质基础，也是国家安全的重要屏障。我国是世界上利用海洋最早的国家，古人很早就从海洋获得"舟楫之便""渔盐之利"。早在2 000多年前，我们的祖先就开启了"海上丝绸之路"，拓展了与世界其他国家的交往通道。郑和下西洋的航海壮举，展示了我国古代发达的航海与造船技术，比欧洲大航海时代的开启还早七八十年。然而，由于明清时期实行闭关锁国的政策，我国错失了与世界交流的机会和技术革命的关键发展期，经济和技术发展逐渐落后于西方。

　　中华人民共和国成立以后，我国加强了海洋科技的研究和海洋军事力量的发展。改革开放以后，海洋科技得到了迅速发展，在海洋各个组成学科以及海洋资源开发利用技术等诸多方面取得了大量成果，为开发利用海洋资源、振兴海洋经济做出了巨大贡献。但是，我国毕竟在海洋方面错失了几百年的发展时间，加之多年来对海洋科技投入的严重不足，海洋科技水平远远落后于海洋强国，在海洋科技领域仍处于跟进模仿的不利局面。

　　我国已开始了实现中华民族伟大复兴中国梦的征程。党的十八大提出了"提高海洋资源开发能力，发展海洋经济，保护海洋生态环境，坚决维护国家海洋权益，建设海洋强国"的战略任务。2013年，习近平提出建设"一带一路"的合作倡议。党的二十大指出要"加快建设海洋强国"。这些都进一步表明了海洋开发利用对中华民族伟大复兴的重要性。

实施海洋强国战略，海洋教育是基础，海洋科技是脊梁。培养追求至真至善的创新型海洋人才，推动海洋技术发展，是涉海高校肩负的历史使命！在全国涉海高校和学科快速发展的形势下，为了提高我国涉海高校海洋科学类专业的教育质量，教育部高等学校海洋科学类专业教学指导委员会根据教育部的工作部署，制定并由教育部发布了《海洋科学类专业本科教学质量国家标准》，并依据该标准组织全国涉海高校和科研机构的相关教师与科技人员编写了"高等学校海洋科学类本科专业基础课程规划教材"。本教材体系共分为三个层次。

本套教材覆盖海洋科学、海洋技术、海洋资源与环境和军事海洋学等四个海洋科学类专业的通识与核心课程，知识体系相对完整，难易程度适中，作者队伍权威性强，是一套适宜涉海本科院校使用的优秀教材。

当然，由于海洋学科是综合性学科，涉及面广，且由于编写团队知识结构的局限性，教材中的不当之处在所难免，希望各位读者积极指出，我们会在教材修订时认真修正。

最后，衷心感谢全体参编教师的辛勤努力，感谢中国海洋大学出版社为本套教材的编写和出版所付出的劳动。希望本套教材的推广使用能为我国高校海洋科学类专业的教学质量提高发挥积极作用！

教育部高等学校海洋科学类专业教学指导委员会

主任委员　吴德星

2023年3月22日

序　言

　　海洋是生命的摇篮、资源的宝库、贸易与交往的通道、国家安全的重要屏障，是全球生命支持系统的关键组成部分，是人类健康持续发展的重要战略空间。

　　党的十八大提出了"提高海洋资源开发能力，发展海洋经济，保护海洋生态环境，坚决维护国家海洋权益，建设海洋强国"。习近平总书记高度重视海洋，多次做出关于海洋的重要指示。例如，2018年6月12日，习近平总书记视察崂山实验室时强调"建设海洋强国，必须进一步关心海洋、认识海洋、经略海洋，加快海洋科技创新步伐"。再如，2022年4月10日，习近平总书记在视察中国海洋大学三亚海洋研究院时强调"建设海洋强国是实现中华民族伟大复兴的重大战略任务。要推动海洋科技实现高水平自立自强，加强原则性、引领性科技攻关，把装备制造牢牢抓在自己手里"。

　　实施海洋强国建设，海洋教育是基础，海洋科技是途径，海洋人才是脊梁。培养追求至真至善、拥有如海洋般博大胸怀的创新型海洋人才，推进海洋科学技术发展，是涉海高校肩负的历史使命。为全面提高涉海高校海洋科学类专业的教育质量，教育部发布了《海洋科学类本科教学质量国家标准》。为把《海洋科学类本科教学质量国家标准》落到实处，教育部高等学校海洋科学类专业教学指导委员会依据该标准，组织全国涉海高校和科研院所相关教师和科技人员，启动了高等学校海洋科学类本科专业基础课程规划教材编写工作。《普通海洋学》是涉海类本科专业规划教材中通识类教材之一。

　　《普通海洋学》作为海洋科学类专业通识类教材，其编写定位在于：为海洋科学专业的学生拓展知识范畴，为非海洋专业的学生普及系统的海洋科学知识。因此，本教材在内容编排方面既要适度把握知识的深度，又要合理拓展知识的广度；在语言表述方面既要深入浅出，便于理解，更要富有吸引力，引人入胜。这使得《普通海洋学》的编写工作颇具挑战性。

1

在教育部高等学校海洋科学类专业教学指导委员会的支持下，由中国海洋大学和中国科学院海洋研究所13位知名教授和学者组成编写团队，历时6年，终于完成《普通海洋学》教材的编写工作。

本教材涵盖了海洋科学的主要内容，最大可能汇聚了最新海洋科学知识的精华，力求做到深入浅出，普及而不失严谨，通俗易懂，信息丰富，图文并茂。尽管编写者们努力掌握本书的所有知识，但也有涉猎深浅的不同，本教材难免存在一些不当之处。我们期盼广大读者提出宝贵的意见，便于以后继续完善提升本教材的质量。

在教材编写过程中，李凤岐教授和王秀芹教授提出了许多宝贵建议，并给予了细心指导，在此谨表谢意。

编者　吴德星

2024年6月12日

目　录

第一章 地球与海洋

在苍茫的宇宙中，迄今只发现地球上有人类繁衍生息，而海洋被认为是孕育生命的摇篮，下面简要介绍地球与海洋起源及漫长演化的相关过程。

第一节 地球的起源

一、星系和恒星

地球与海洋的起源是一个漫长的过程。人们在不断研究中认为，地球起源于大约46亿年前的原始太阳星云，大多数形成地球、海洋及其生命的原子都是在几十亿年前恒星内部形成的。基于地球形成于恒星中的元素，最近50年中，研究者们利用科学方法大致估算了宇宙、地球、海洋的年龄。他们提出了诸如物质如何集合，恒星和行星如何形成及生命如何产生的假设。尽管这些假设中的许多细节尚未确定，但这些假设成功预测了亚原子物理学和分子生物学中近期的一些重要发现。

有一种观点认为宇宙似乎有一个时间上的始点，据此常说的宇宙大爆炸可能发生在137亿年前。这个观点认为宇宙大爆炸的瞬间，宇宙的所有质量和能量都集中在一个几何点上。宇宙大爆炸的过程仍在持续，或者会永远持续下去，但人们尚不知道宇宙大爆炸的原因。

最早期的宇宙异常地热，随着其膨胀慢慢变冷。宇宙大爆炸后约百万年，温度降到原子可以从能量和粒子中形成，此时宇宙中原子占主导地位。这些原子大多是氢原子，现今氢原子仍是宇宙中最丰富的化学元素。宇宙大爆炸后约10亿年，这些物质开始形成开端的星系和恒星。

星系是在重力作用下，由恒星、灰尘、气体和其他陨石等汇聚而成的巨大的旋转集合体，恒星和行星包含在星系中。天文学家认为，宇宙中大约存在1 000亿个星系，每个星系中大约有1 000亿个恒星。星系形态有旋转型、椭圆型或不规则型。地球所在的星系被命名为银河系（图1.1）。

图1.1　银河系

银河系是一旋转型星系。组成星系的恒星都是炽烈气体组成的巨大球体，它们通常与夹杂着气体和陨石的扩散星云混合。在诸如银河系这样旋转的星系中，恒星分布在从星系中心射出的弯曲轴线上。太阳是典型的恒星，太阳与其家族中的行星被称为太阳系。太阳系位于银河系的猎户座，距离银河系中心约3/4旋转轴长。地球以280 km/s的速度绕银河系最瑰丽的核心移动，约2.3亿年完成一次旅行。从海洋形成后，地球大约已经绕银河系转了20圈。

二、恒星的寿命

如前所述，恒星源自星云（由大的、扩散状的灰尘和气体构成的云）。利用天文望远镜和红外遥感卫星，天文学家已经从银河系或者之外的星系中观察到了这些星云。他们已经观测到不同状态、不同发展阶段下的恒星，并推断出这些不同发展阶段产生的先后顺序。依此推理得到凝结理论，用于解释恒星和行星的形成。

恒星的形成源自旋转星云扩散区的收缩及自身弱重力影响下的增温。逐渐地，云状球体变平，其中心凝结至一个气态的结核，称为星体。星体最初的直径可能是太阳系的好多倍，但重力能量使它收缩，收缩使内部升温。当星体温度升至1 000万℃，开始核聚变，氢原子开始熔化形成氦原子，这一过程释放更多的能量。能量的快速释放，促进星体向恒星的转变，并停止了年轻恒星的收缩期。

核聚变开始后，恒星变得稳定，既不收缩也不膨胀，消耗自身氢能来维持稳定。但是，此稳定状态并不会永久持续，经过漫长的岁月，恒星将自身大比例的氢原子转换成类似碳或氧的原子。恒星的寿命取决于其原始的质量，当一个中等质量的恒星（比如太阳）开始消耗碳或者氧原子的时候，它的能量输出慢慢地增加，其体积膨胀至天文学家所称的红巨星状态。这个垂死的庞然巨物慢慢地抖动，焚化行星，并抛出含有重元素的光气同心壳体。但是绝大部分收获的碳和氧会永远被陷在恒星中心变冷的余烬中。质量远超出太阳的恒星，其寿命较太阳更短。它们和太阳一样将氢原子转换为碳原子和氧原子，但因为其更大和更热，其内部的核反应以更快的速率消耗氢原子。另外，更高的核心温度允许更重的原子形成，诸如铁之类元素形成。当恒星耗尽氢存量时，其内核崩溃，此时恒星进入衰亡期。快速的压缩使得恒星内部急剧升温，当内部物质不能再被压缩时，向内坠落的能量转化使得恒星急剧扩张，形成超新星。超新星内部能量的爆炸性释放使恒星炸裂为碎片，恒星爆炸仅持续30秒左右，在如此短的时间里，爆炸克服了束缚单个原子的力量，于是形成比铁原子重的原子，诸如金、汞、铀等。在爆炸过程中，大部分甚至几乎所有重原子物质以高至1/10光速的速度向外抛散。因此，可以说组成行星、海洋及生命体的绝大多数比氢重的化学元素都源于恒星。

三、太阳系的形成

形成太阳及其行星的薄层星云，或者太阳星云，很可能受到冲击波和某些超新星爆炸残余物的撞击。此类撞击产生的重大冲击可能引起太阳系凝聚。太阳星云至少在两个重要方面受到撞击的影响，一是冲击波使凝聚中的质量旋转，二是从经过的超新星残余中吸收某些重原子。另外，从循环的角度看，一个大而重的恒星，构建元素过程是其生存的需要；然后经历爆炸解体，使元素重回其产生所依赖的星云中。故可以认为，构成行星的大部分物质来自几十亿年前就消失的恒星内部物质。

约50亿年前，太阳星云呈现旋转、盘状形态，其质量的75%是氢，23%是氦，其余2%是其他物质（包括重元素、气体、尘埃和水）。如同滑冰者抱拢双臂时旋转速度加快一样，星云的旋转速度也随着凝聚而变得更快，集聚在中心的物质形成原始的太阳。围绕原始太阳的初始行星体积相对较小，且自身并不发光，环绕太阳为其轨迹。通过小颗粒积小成大的过程，新生太阳周边圆面中的尘埃和砾石开始形成行星。在较强重力的牵引下，大量的凝结物质形成更大的结体，太阳系的木星、土星、天王星和海王星可能是最先形成的行星。因为甲烷和氨只有在低温下才能凝结，故上述行星可能主要由甲烷和氨冰构成。邻近原始太阳处的温度相对高，最先固化的物质一定具有较高的沸点，这些物质可能是金属和某些高沸点岩石矿物。离太阳最近的行星是水星，因为铁在一定高温下仍能保持固态，水星的主要成分可能是铁。地球位于太阳系的中间位置，该位置星云中的水、硅氧化合物和金属是构成地球系统的主要物质。

物质积成期持续3 000万～5 000万年。当原始太阳内部温度升高到氢原子可熔为氦原子时，原始太阳成为恒星，即现在的太阳。太阳是一颗普通的恒星，是太阳系唯一发光发热的天体，其质量占太阳系总质量的99.8%。太阳对地球和整个太阳系都有着极大影响。

第二节　海洋的形成

由冷粒子吸积形成的早期地球，其整体可能具有稳定的化学性质。之后，由于内部热作用，物质运动并发生重者下沉、轻者上浮的分异作用，于是形成地核、地幔和地壳，从而具有圈层结构。上述过程称为重力分层，该过程大约持续了1亿年。

地球增温过程结束后开始冷却。普遍认为，大约46亿年前原始的地球表面形成，该表面并没有保持太长时间的稳定。在其形成的3 000万年后，一个比火星更大的行星体撞击了年轻的地球并解体。该行星体的金属核与地心核融合，而大部分的岩石幔形成绕地球的岩屑环。这些岩屑很快凝结成月球。新生的月球依靠下落物体的动能产生热量，这些热量使月球继续成长壮大。

新生太阳的辐射剥离了地球最外层的气体（原始的大气层），但地球内部向外溢出的气体很快就形成了地球第二个大气层。这种以火山通风方式向外溢出挥发性物质（包括水汽）的现象称为出气。热气上升，在较冷的上层大气凝结成云。另外，来自太阳系外的冰彗星或小行星对地球的不断撞击也是地球水体聚集的原因之一。

倘若在44亿年前从外太空观察地球，会看到它被蒸汽缭绕、雷电交加的云层裹绕。其原因是当时地球表面温度过高使得水无法在地球上积聚，太阳光也无法穿透厚厚的云层。随着地表温度下降，水体被汇聚到盆地区，并从岩石中溶解矿物质。部分水体不断处于蒸发、冷却、降雨的过程，但矿物质保留在地球上，特别是陆地和海底岩石中的盐分被溶解并汇集到海水中，经过亿万年的积累和融合，形成了现今的海洋。

巨量的降雨大约持续了2 000万年。在2 000万年及之后数百万年中，大量水蒸气和其他气体通过火山通风口持续释放，海洋变得更深。

有关早期海洋的分布和物理扩张问题仍处于争论中，大多数学者坚持认为海洋中伸出的岩石形成陆地。然而，近期的研究认为，在陆地出现前，可能水就覆盖地球整个表面达2亿年之久。即使在今天，每年大约0.1 km³的新生水进入海洋，这些新生水大部分可能源于火山口涌出的蒸汽和微观的彗星碎片。就此意义而言，我们可以认为海洋和陆地仍处于缓慢的演化过程。

自海洋形成伊始，地球表面的温度就出现起伏变化，起伏程度是又一个处于争论的问题。海洋形成最初的2.5亿年，海洋温度比较高，且降水量几乎是常量。但这种状态并不能持续，故而温度变化成为常态。比如，一些科学家认为，在5.5亿～8亿年前，太阳辐射的变化及地球大气中火山气体数量和成分的差异曾引起海洋表面（甚至在赤道区）结冰。尽管人们现在并不能确定引起海洋表面结冰的细节，但学界确信，从地球形成开始，气候变化就是地球的特征。

早期地球大气的成分与今天地球大气的成分显著不同。地球化学家认为早期大气中二氧化碳、氮气和水蒸气含量丰富，并有氨和甲烷的痕迹。大约35亿年前，大气中的化学物质开始混合，并逐渐由原始的组成比例变为现在的组成比例，其中氮气和氧气的变化最明显。这种变化最初通过二氧化碳溶解于海水，形成碳酸，然后与地壳岩石结合完成。强阳光作用下大气中水蒸气的化学分解对大气成分组成比例变化也起了一定作用。过了大约15亿年，现今绿色植物的祖先们通过光合作用产生充足的氧气，这些氧气被用来氧化溶解于海洋沉积物中的矿物质，大气中的氧气开始累积。

第三节　生命的起源

水可以储存热量、调节温度、溶解许多化学物质和悬浮营养物及废弃物。水的这些特征提供了复杂化学反应易发生的环境，正是这种环境使地球上的生命得以产生和繁荣。

地球上的生命是由少数几种基本碳化合物演化产生的，这些基本碳化合物的来源一直是人们探索的问题。越来越多的研究认为绝大部分基本碳化合物源自地球诞生时期。在那个时期，彗星、小行星、流星和行星际的尘埃颗粒撞上地球，从而将碳化合物输送到地球上。年轻时的海洋是由一薄层溶解态有机和无机化合物组成的液体。

人们认为，实验室中溶解化合物和气体混合的状态与暴露在光、热和电火花下的早期地球大气类似。这些有活力的混合物产生结构简单的糖和一些重要的氨基酸，甚至产生小的蛋白质和核苷酸（分子传递世代间基因信息的部分）。上述物质产生的化学条件是没有或近乎没有自由氧气，因为自由氧气可以破坏任何不受保护的大分子化合物。

尽管在实验室中仅能形成构成生命框架的化合物，但实验的确可以告诉人们某些关于地球上生命的整体性和共性的信息。这些重要化合物如此容易地合成和在所有生命体中实质上存在的事实表明，它们的产生和存在可能是在物理定律和地球上化学构成允许的前提下，故其产生与存在不可能是一种巧合。实验还证明了水在生命过程中的特殊作用。如所有生命（从水母到沙漠中的杂草）均依赖其细胞中的盐水溶解和输送化学物质，这充分说明水对生命的重要性。

上述事实说明，具有结构简单、自我复制和生命能力的分子是在早期海洋中产生的，事实也说明地球上所有生命具有共同的起源和始祖。

从简单有机物到生命有机体的演化称为生物合成过程。关于这一过程的初级阶段，现仍然是推测性的。行星科学家认为，太阳在其幼年期是相当虚弱的，幼年期太阳放射出的热量不足现今太阳放射热量的30%。在那个时期，海洋结冰可能达300 m的深度。这厚厚的冰形成了维持绝大部分海洋流体的冰盖，并使海洋流体温度相对地高。小行星、彗星和流星群的周期性冲击使海冰周期性融化，但在非冲击期海洋再次结冰。2002年，化学家詹福瑞·巴达（Jeffrey Bada）和安东尼奥·拉兹卡农（Antonio

Lazcano）的研究认为，有机物被捕获到冰层以下，隔断了大气的影响，从而使有机物所含化合物能够破坏复杂的分子。最初的活性分子可能产生于海底冷的富含矿物的泥土或黄铁矿晶体上。

太阳幼年期发生的生物合成，在现今条件下是不可能发生的。现今的生命事件已经改变了海洋和大气的条件，这些改变不再与任何生命的新起源相符。如，绿色植物释放出的氧气已经填充了大气层；大气中氧气的同素异形体（臭氧）阻挡了大部分有害波长的光，使得有害波长的光达不到海面；现存的许多微型式小型生物会倾向于以大的有机分子为食物；等等。

生命大约在多久前开始，现仍是个没有定论的问题。在澳大利亚西北部，研究人员发现了与复杂细菌相似的最古老的化石，基于对化石的研究得知，这些复杂细菌成活于距今34亿～35亿年。由此可见，生命一定起源得更早。在格陵兰岛附近的亚岛（Akilia Island），研究人员发现了一些存在38.5亿年之久的地球上最古老的碳基岩石残渣。根据这些残渣碳粒，研究人员认为其化学指纹来自有生命的有机体。由以上发现推断，生命可能起源于稳定海洋形成的几亿年内。在地球演变过程中，生命和地球自身相互影响巨大，可以说生命和地球会一同走向终点。

第四节 海洋学

海洋学研究的范畴包括海水水体、海底、海洋边界以及存在于海水中的所有物质、能量和生命现象等。它是一门综合性学科，在海洋学研究中，物理、化学以及生物皆各占一席之地。大多数海洋学家将海洋学分为四个主要部分，即物理海洋（包括海洋物理部分）、海洋化学、海洋生物、海洋地质与地球物理。

物理海洋学者研究海水运动的形式、过程、物理性质与变化；海洋化学学者研究海洋中及海床上的化学变化；海洋生物学者研究海洋生物的发生、分布和生命过程；海洋地质学者研究海床上的沉积物及地形；海床深处的结构及物理性质则为海洋地球物理学者所研究的范畴。

虽然上述区分似把海洋学分为相对分离的四部分，实际上则不然。举例来说，一海洋地质学家于太平洋赤道地带的海底取得一沉积物样品，其主要成分是很多死亡微小生物的壳。因此，在某种意义上他所研究的是一种或几种生物的沉淀。这些小生物原先并不生存在海底，而是生存在离海底几千米以上的海水水体中。如果沉积物样品是从赤道带以北或以南所取得，则生物壳的数量会明显不同。这是因为赤道海洋有其特殊的物理性质，在该地带，海流、风应力和太阳辐射适当地配合使得海水发生混合。这种混合，影响所及海水的化学性质以及生命过程所需的养分。由此可见，海床上的沉积物，受到其上海水中的化学、物理及生物情况的密切影响。这个例子可说明，将海洋学人为地划分成不同的部分是勉强而非必要的。然而，一位科学家想样样精通几乎是不可能的，必须在对所有部分皆有深入了解的基础上，选择其一加以专精研究。

海洋学的研究总是从问题开始。当人们观测到一些现象时，就会有想理解这些现象的意愿，然后会对这些观测或者测量结果给出尝试性的解释，这种解释一般称为假设。根据越来越多的观测与控制下的实验，这些海洋中所发生现象的假设可以被检验、更改或者推翻。被观测与实验一致支持的假设可以进一步称为理论。对观测现象最普遍性的概括称为定律。定律作为自然界现象原理性的解释，其在相同的条件下具有恒定性。定律概括观测现象，理论解释观测现象。

理论和定律并非通过一次过程就能够提出或形成，而是在提出问题—测试—理论匹配观测构成的连续链条中逐步形成的。如果新的事实支持理论，则理论更具说服力；否则，理论会被调整或者提出新的解释。科学理论和定律的力量在于能够逆向工作，如使用理论或定律预测新的观测事实。

海洋学研究的方法是多种多样的。研究的重点不同，使用的科学方法也不同。如有些研究者关注海洋现象的外在表现，他们就会采用与观测和描述相适应的方法；有些研究者关注海洋现象的内在规律，他们会采用与提出假设相适应的方法。

第二章　海洋学的发展

人类长久以来接受着大自然的馈赠。欧洲探险家开始远洋航行之后，在世界每个适居的地方都找到人类活动的足迹，显然海洋完全没有阻碍人类的迁徙扩散。早期的海洋科学与远洋航行密不可分，现代海洋科学发展的动力来自海上各类活动。

第一节　航海的起源

几千年来，人们为了寻找食物和宝藏，为了经商和开辟新领地，也为了科学研究，不断对大海和海洋进行探索。人类最早的航海者包括勇敢的波利尼亚人和埃及商人。波利尼亚人坐着独木舟，埃及商人坐着芦苇制成的简单水上工具在海上航行。

最早支持航海贸易记录的文字证据发生于地中海。早期的埃及人就开始在尼罗河上利用船只进行贸易，但最早成规模的商业活动应是公元前1200年左右，由克里特岛居民或者腓尼基人发起的。腓尼基人带着他们的陶器穿越直布罗陀海峡，最远达到英国和非洲西海岸并与当地居民进行交易。公元前900—公元前700年，希腊人的船只驶出地中海向大西洋进发。他们发现了一条由北向南贯通直布罗陀海峡的洋流。他们认为只有河流才是稳定流动的，所以认定这条宽广无垠的洋流属于一条难以想象的巨大河流的一部分，希腊人命名这条想象中的河流为伊克阿诺斯。

早期的航海家记录下了他们的航海信息，并为以后的航海提供便利，这些记录包括礁石的位置、海岸线形状以及洋流的位置。这些航海绘图者的先驱大部分是地中海的商人。他们的第一批海图（出现于公元前800年左右）是凭借航行中的见闻和记忆而绘制的。

同一时期还有其他文明在探索海洋。我们中国人的先人在此时期开始开拓内陆水系工程来增加远距离货物输运的便利，有些水系工程甚至与太平洋相连。波利尼亚人早在公元前3000年就已在东亚的岛屿间穿行，并在太平洋中部的岛屿定居。尽管这些文明之间没有联系，但是他们各自发展了自己的航海和海图绘制技术。早期的航海人利用星星和太阳来辨别方向，航海的发展是建立在天文知识、先进的造船技术、精准航海图，特别是对海洋不断加深认识的基础上。

第二节　航海与科学认知间的关系

科学知识用于航海始于埃及亚历山大港的图书馆。亚历山大大帝于公元前3世纪建立了亚历山大港图书馆，该图书馆收集了大量的历史资料。这个图书馆以及它附近的博物馆可以认为是世界上第一所大学。在图书馆工作的学者和来自地中海沿岸的学生们在这里研究和学习。诸如国家、贸易、自然奇迹、艺术成就、人文景观、投资机会和航海者关心的事项等被记录在册，并保存在层层院落之中。当有船只靠港，船上纸卷就被依法移走和抄录，抄录件还给纸卷的本主，而原件则保存在图书馆。图书馆的开放与收录，不仅仅面对靠港船只，对陆上的商队也是如此，其中最受关注的是描述地中海的手稿。实践过程中，商人们很快就意识到图书馆所提供信息的价值所在。在图书馆里，学者、商人、探险者相互交流关于海洋的知识，海洋科学成为图书馆众多研究领域的一部分。从范例的角度看，该图书馆是世界上第一所完美与商业群体合作的机构，科学和商业同时受益于两者的合作关系。

希腊天文学家、哲学家、诗人埃拉托色尼（Eratosthenes）是亚历山大港图书馆的第二位馆长。他发明了经线和纬线，是第一位计算出地球周长的人。现在使用的经纬度网格是图书馆另一位学者——希腊天文学家希帕克斯发明的。天文学家克罗迪斯·托勒密（90—168年）调整了地图的方向，把西方置于地图的左边，把北方置于地图的上边。托勒密把角度单位分割为分和秒的做法至今仍广泛使用。可以说，亚力山大港图书馆的研究者奠定了基于数学、地理和气象学的天文导航技术的基础。

亚历山大港图书馆作为古代世界上最大、最全面的知识宝库和最权威的研究机构存在了长达600年。亚历山大帝国消亡后，该图书馆没有即刻消失，但是在随之而来的罗马帝国的统治下，该图书馆最后一任馆长，首位著名的女性数学家、哲学家和科学家希帕蒂娅被早期的基督教徒视为异教徒的典型。415年，暴徒谋杀了希帕蒂娅并焚烧了图书馆及全部藏书，只剩下一个地下仓库和一些大厅的地板残留于世。亚历山大港图书馆及图书被焚，其学术损失无可估量，我们永远无法想象曾经储存在那里的700 000册卷轴会给后世带来什么影响。

随着罗马帝国在476年分崩离析，西方的科学发展进入了停滞阶段。之后的近1 000年内，西方在医学、天文、数学、哲学及其他重要的人文领域的知识几乎全部是由阿拉伯人创造或者由他们从亚洲传入的。如，阿拉伯人用中国人发明的罗盘穿越海洋和沙漠，阿拉伯人对印度季风的理解帮助达·伽马（Vasco da Gama）在1498年从西非到达印度。这一状况直到欧洲文艺复兴才得以改变。

在人类的迁徙历史中，波利尼亚人的迁徙是海洋科学与实践结合的典型例子。波利尼亚人散布于2 600万km^{2}太平洋海域的万余个岛屿上。在久远的过去，大洋洲人在东南亚的祖先开始了向东方探索海洋的步伐。大约30 000年前，他们来到了新几内亚；约20 000年前，他们占据了菲律宾。大约公元前900年到公元前800年间，他们移民到了被称作波利尼亚人发祥地的汤加群岛、萨摩亚群岛、马库萨斯群岛和社会群岛。在很长的一段时间内，波利尼亚人不断向周围的岛屿扩散，在300—600年，波利尼亚人几乎占据了一片广阔三角区域的每个适居岛屿，遥远的夏威夷也被占据了。波利尼亚人不断实践并完善他们的航海知识。对于一个经验丰富的海员来说，船体传来的振动韵律就可以告诉他存在一个视线之外的岛屿，黄昏小鸟归巢的方向也可以告诉他岛屿的所在，海水的气味、颜色、盐度、风向相对太阳的方向、船附近的海洋生物、日出日落的颜色、月亮的亮度等任何细微的变化都有指导航行的意义。在所有被波利尼亚人殖民的岛屿里面，夏威夷是最远的，在这里，南半球的导航员找不到他们在南半球所熟悉的星星。在到达夏威夷的最初几百年内，他们仍然会像以往一样驾船往返马库萨斯群岛和社会群岛，为新定居点带回食物和招募居民与领袖。当其他文明的航海者只在舒适的沿岸旅行时，波利尼亚人则扬帆驶向远海去寻找资源和生活的新希望。

黑暗时代的寂静偶尔会被一些人打破，这些打破寂静的人大部分是北欧海盗。丹麦和挪威的海盗横扫了欧洲海岸，瑞典的海盗甚至把手伸到了基辅和君士坦丁堡。859年，62艘海盗船参加了登陆摩洛哥的行动，展示了当时的科技、海上实力、船工技术和导航能力。尽管开始一段时期，欧洲人没有能力来抵御海盗，但抵御海盗可能成了欧洲文艺复兴的契机之一。

我国是世界上利用海洋最早的国家之一。我国古人很早就已从海洋获取"渔盐之利"和"舟楫之便"，同时不断地观察和认识海洋，为海洋科技、地质学以及地理知识的发展做出了巨大贡献。在19世纪初期，大部分欧洲科学家认为地球的年龄只有6 000～10 000年。但在1086年，我国古代哲学家沈括推断出地球的年龄非常大，且地表经历了长时间的沉积、岩石生成、地壳升降的侵蚀。关于上述我国古人的认知，欧洲人在1800年才发现。后来，我国的帝王开始关注造船和进行远距离海洋探索，我国古人的造船技术越来越熟练，船也造得越来越大，越来越适合海运。于是，中国古人开始去探索世界的另一端。1405—1433年，航海家郑和七下"西洋"，最远到达赤道以南的非洲东海岸和马达加斯加岛，比哥伦布从欧洲到美洲的航行要早半个多世纪。郑和一行的目标并不是为了掠夺财富和殖民，而是为了展示大明朝的综合国力和海上实力，并向沿航线的人们显示中国人的善良美德。事实上，此次探险向世界其他民族显示了中国的文明已经非常发达，是世界上真正的文明国家。要实现如此宏伟的目标，需要强大的技术创新实力作为支撑。除了发明指南针之外，古代中国人还发明了中央舵、水密舱以及复杂的多桅船帆。从1433年起，中国历代帝王禁止进行海上探索。直到20世纪末，中国在海洋探索领域再没有多少建树，但远播海外的中国古代航运技术在西方的后续航海探索中发挥了基础性作用。

第三节　早期海洋探险

葡萄牙亨利王子开启了欧洲航海大发现的新时代。在与波利尼亚和中国相隔半个地球的地方，欧洲文艺复兴时期，人们开始利用航海去探索未知世界。亨利王子主导的远洋探险成功发现了巨额财富，并且找到了新的贸易路线。亨利王子在萨格雷斯开创了海洋航海科学研究中心。1451—1470年，在他的赞助下，船长们绘制了所到之处的详细地图，研究中心的学者们认识到地球是圆的，但由于受克劳迪亚斯错误观点的误导，在估算地球大小时出现了错误。在此错误基础上，航海家克里斯托弗·哥伦布假设中的地球只有实际地球的一半大小，这也是哥伦布把新发现的美洲大陆误认为是印度的主要原因。随着其他探险家迅速跟进，哥伦布的错误很快得到更正。

早在1507年，航海家们绘制的航海图就包括新大陆。这些航海图可能在一定程度上启发了西班牙航海家麦哲伦。麦哲伦在西班牙国王的资助下，率领船队进行了艰苦的远洋航行。麦哲伦在菲律宾被杀后，船队在胡安·塞巴斯蒂安·埃尔卡诺的指挥下，继续向西航行。3年后，于1522年回到了西班牙。航行最初有260位船员，最后只剩下了18位。麦哲伦远征队回到西班牙，标志着欧洲地理大发现时代的终结。麦哲伦探险队最大的贡献在于他们证明了地球是圆的，环球航行是完全可以实现的。

地理大发现时代过后，为了与法国和西班牙殖民者抗争，英国的海上力量应时而崛起。18世纪60年代中期，法国派出海军上将路易斯·安托万·德·布干维尔（Louis Antoine de Bougainville）到达南太平洋，并于1768年占领了波利尼西亚，打开了强大的欧洲国家占领南大洋海域的先河。紧随其后，英国也开始了对南太平洋地区的殖民掠夺。

殖民掠夺过程中不乏与科学考察结合的案例。其中典型案例当属英国皇家海军詹姆斯·库克（James Cook）船长率领的远洋航行。库克船长不仅是一位聪明、耐心的船队首领，更是一位技术娴熟的航海家、制图学家、作家、艺术家、外交家、科学家和营养师。1768年，库克船长率领"奋进"号离开普利茅斯，此次航行的主要目的是在南太平洋地区宣示英国主权，与此同时也进行了一系列的科学考察。首先，库克船长带领数名英国皇家学会的学者到塔希提群岛观测金星凌日。这些学者们的观测数据验证了之前根据哈雷彗星计算出来的行星轨道是正确的。其次，库克船长将船驶向南方未知海域去寻找一个假想的南大陆。很多哲学家认为世界上必然存在着这样一片大陆来平衡北半球陆地。库克船长一行发现了新西兰并绘制出新西兰的地图，测绘出澳大利亚大堡礁，标注出许多小岛屿的位置。他们对自然历史和人文环境做了笔记，并且与当地的许多酋长建立了友好关系。数百年来，远途航行的水手们一直饱受坏血病（一种缺乏维生素C导致的疾病）的折磨。得益于库克船长坚持对船体进行清洁和通风，以及提供充足的水芹、酸菜和橘汁，船员们没有患上坏血病。

在第二次航行中，库克船长的船队到达了汤加、复活节岛，并发现了太平洋上的新喀里多尼亚及大西洋上的南乔治亚。尽管库克船长仅航行到南纬71°，并没有到达南极洲，但他仍然是世界上在最高纬度地区实现环球航行的第一人。1776年，库克船长被授予上尉军衔后，率领"决心"号和"发现"号开始了他第三次也是人生中最后一次远洋航行。这次航行的目标是环绕加拿大、阿拉斯加找到一条西北航线，或者是在西伯利亚北面找到一条东北航线。库克船长发现了夏威夷岛，并且绘制出北美洲西海岸的地图。在探寻西北航线受阻的情况下，库克船长一行又返回夏威夷群岛进行补给。补给期间，不知何故，船员们激怒了夏威夷人。在冲突中，库克船长和一些水手被杀害。

库克船长是一名当之无愧的科学家和探险家。他处事精确缜密，他的航海日志描述得非常完整详细。他和船上的科学家们对海洋生物、陆上的植物和动物、海底以及地质结构进行了取样，同时在他们的航海日志中对这些样本进行了详细的描述。库克船长的航海事迹是伟大的，他所绘制的太平洋航海图足够精确详细，在"二战"抵挡法西斯国家对太平洋岛屿的入侵中发挥了重要作用。库克船长记录并成功解释了自然史、人类学以及海洋学上的很多事件和现象，应该是历史上最早将科学研究应用于海洋的人，他给世界地图带来的变化比其他探险家和科学家都大得多。

准确测定经纬度是海洋探险和测绘成功的关键所在。哥伦布和他的欧洲前辈们通过星星来确定自己所处的纬度，依此确定他们是在家乡的北方还是南方。为了寻找印度，哥伦布率船队沿着一条纬线一路向西。关于经度，可以通过时钟来确定。1728年，英国约克郡的一名木工约翰·哈里森开始着手设计精密度足以计算经度的时钟。他设计了依靠弹跳棘轮装置而不是钟摆实现计时的时钟。这种时钟称为航海经线仪，并于1736年在海上投入使用。在接下来的25年中，他陆续设计了3台时钟。1760年他研制的第4台时钟问世，这也许是世界上最著名的时钟了。1761年，这台时钟在"德特福德"号上首次使用。"德特福德"号自英国到牙买加穿越了大西洋。在海上，这座时钟每天仅慢5秒钟，表现在经度上仅有2.3 km的误差。在当时条件下，这是一个了不起的成就。1769年，一件复制品问世，库克船长带着这个复制品完成了他最后两次航海。哈里森所研制的4台时钟现展存在格林威治的英国国家海洋博物馆。1884年，格林威治所处的经线被确定为世界零度经线，这是继埃拉托色尼在亚历山大港确定零度经线后又一条被世界公认的零度经线。

第四节　海洋科学的奠基与形成

海洋科学奠基与形成的特点主要表现在两个方面：一是海洋探险逐渐转向海洋综合考察，二是海洋研究的深化和部分理论体系的形成。

样本分析推动海洋学的进步。航海经度仪可以使研究人员确定他们是在什么位置采到的沉积物、海水和生物样本，但深海海底取样因绳索不断受到海水运动的干扰，很难知道取样仪器是否到达海底，因此海底取样本身是非常困难的。早期的海底取样工具（如库克船长使用的）是用蜡包裹的，仪器在铅坠的重力作用下下沉到浅水区海底并取样；后来的设备可在深海海底提取沉积物泥芯、抓取海底样本及挖掘生物样本。第一个成功完成深海取样的研究者是英国约翰·罗斯爵士和他的侄子詹姆斯·克拉克·罗斯爵士。在1818年探索西北航道时，约翰·罗斯爵士成功从格陵兰岛附近的海底1 919 m水深处提取到了生物样本。罗斯海和南极洲维多利亚陆地的发现者詹姆斯·克拉克·罗斯爵士在南大西洋获得了4 433 m和4 893 m的测量深度。在1818年以后的19世纪中取样技术不断进步。19世纪40年代后期，美国海军军官学校学员马修·方丹·莫里使用回声学技术发现了大西洋中部海脊；挪威探险家和海洋学家弗里乔夫·南森因为完善了深海取样瓶技术，而依他的名字命名了南森采水器。即使是现今先进技术出现，深海取样也非常困难。如遥控潜水器可以在非常深的深海取样并把样本带回海表面，但其复杂的电子结构和特殊的材料等使得操作困难重重、价格昂贵。

就海洋探险而言，库克船长及船员们的贡献毋庸置疑，但是他们不是纯粹的海洋探险者。他们受到王室雇佣并更关注于海图测绘、外交和记录自然现象。美国远征探险队的工作可以认为是最先以海洋科学为目的的探险，并为奠定美国自然科学的基础做出了功不可没的贡献。在针对远征探险的潜在价值进行了长达十年的辩论之后，1838年，美国的探险队扬帆起航。虽然这主要是一次海军的远征，但是它的船长在某种意义上比库克船长更加自由。远征队的旗舰"文森斯（Vincennes）"号以及其他5艘船帮助美国奠定了在自然科学领域的卓越口碑。要不是舰队领导查尔斯·威尔克斯好战的性格，这次远征的名气完全不逊色于之前库克船长的探险或者之后英国"挑战者"号的事迹。

这次美国探险队环行世界的远征历时4年，任务包括展现武力、捕鲸、矿物搜集、海图测绘、观测以及纯粹的探险。还有一个不寻常的任务：驳斥地球是空心的，且人们可以通过两极的巨大洞口进入地球内部的奇怪理论。查尔斯·威尔克斯（Charles Wilkes）的船队对南极海岸东面巨大的扇形区进行了观察和测绘，并确认了南极是一块大陆的事实。在1842年，探险队的成员绘制了俄勒冈州的地图，这是远征测绘的241个图标之一。这幅地图跟落基山脉的地图拼接起来之后被证实有重大的价值。这幅地图在次年约翰·查理·弗里蒙特少尉的探险中发挥了很大作用。威尔克斯探索了夏威夷岛，并登上了夏威夷岛两座高峰之一的莫纳罗亚山。探险队里才华横溢的地质学家詹姆斯·德怀特·丹纳证明了达尔文关于珊瑚礁形成的假设。探险队带回了大量的科学样本和手工艺品，这些成为在华盛顿新成立的史密森尼研究所的核心收藏品。这次探险没有找到任何证据表明极地的大洞存在。

在探险队回归之后，威尔克斯和他的科学家们在最后的报告中呈献共计19卷地图、文献和说明。这份报告是美国科学成就发展史上的里程碑。

在威尔克斯远征回归的前后，马修·方丹·莫里对利用风与洋流来为军事和商业目的服务产生了兴趣。马修·方丹·莫里在一次车祸导致残疾后，1842年被任命负责看管库房的图纸和仪器。在那里，他学习了大量的知识，并从被人们忽视的航海日志里面发现了珍宝，即这些航海日志里规律地记载的水温和风向。1847年，莫里把以上信息完整而连贯地整合成风和洋流的图表。莫里把这些图表免费发放给水手，只要求得到他们下次航行的航海日志作为回报。

在马修·方丹·莫里的不懈努力下，首幅全球范围描述风和洋流的图画诞生。莫里不是一位科学家，他对洋流的理解来自本杰明·富兰克林的一幅画。富兰克林这幅画的由来是近乎100年前的事，当时富兰克林注意到一个有趣的现象：最快的船不会永远最快，从美国到欧洲的船速不是永远都跟出发时间有关。提姆·富尔杰是富兰克林的堂兄弟，也是楠塔基特岛的一个商人，他注意到了富兰克林的困惑，并给富兰克林一张他自己画的关于"圭尔夫流"粗略的图纸。按照这张粗略的图纸，船只在出发的时候，位于这条流的流动范围之内，会增加原有船速，相反，回来的时候就要避开这条流。有经验的船长利用这条经验可以更快地在大西洋往返。图2.1是富兰克林在1769年发表的第一幅洋流图。

图2.1　本杰明·富兰克林在1769年发表的关于"圭尔夫流"的海图

尽管马修·方丹·莫里不是科学家，但他基于收集到的航海日志和参考富兰克林的洋流图创作了一系列为远洋航海服务的说明指南。马修·方丹·莫里的航海指南很快就在世界范围内引起了注意：他的指南使得从美国东岸到里约热内卢的航行时间缩短了10天，到澳大利亚缩短了20天，从好望角到加利福尼亚的航程缩短了30天，他的方法在1849年的加利福尼亚淘金热时期大名鼎鼎。现在的美国航海图还有这样的题词：此图建立在马修·方丹·莫里在美国海军担任中尉期间的贡献的基础之上。1855年出版的《海洋物理地理学》一书解释了他的发现，这代表了他的最高成就。马修·方丹·莫里是第一位系统分析世界范围内海洋上风和洋流的人，因而被许多人称为物理海洋学之父。

"挑战者"号远航探险是在苏格兰爱丁堡大学查尔斯·塞维利亚·汤姆森教授和他加拿大籍学生约翰·莫里的建议之下发起的第一次完全出于科学考察目的的远航。出于他们自己的好奇心以及受到达尔文"小猎犬"号航海旅行的激励，他们说服了皇家学会和英国政府，获得了一艘军舰并且训练了一批吃苦耐劳的船员，从而具备了远航的条件。汤姆森和约翰·莫里还创造了一个词来表述他们的事业：海洋学（oceanography）。尽管在字面上只有"绘制海图"的意思，但是这个词渐渐开始代表海洋的科学。英国前首相格莱斯顿领导的政府和皇家学会同意从上交皇室的关于海洋的经济收入中提取一部分支撑海洋探索，从而使得科学家有了从事海洋探险的经费来源。

"挑战者"号是一艘排水2 306 t的蒸汽巡洋舰。它于1872年出海，历时4年，环绕世界航行了127 600 km（79 300英里）。尽管船长是英国皇家海军的军官，但是航行的过程听命于6位科学家。

这次远航的重要目的之一是验证爱丁堡大学的爱德华·福布斯教授的论点：水深549 m（1 800英尺）之下没有生命，因为549 m以深海洋水压太大并且缺少生命需要的阳光。甲板上的蒸汽绞车在菲律宾海水深8 185 m（26 850英尺）处进行了采样。经过在362个站点、492处深水采样和海底泥沙采样，证明了福布斯的假设是错误的。每次绞车升起都带起新物种，生物学家一共发现了4 717个新物种。

科学家也会在站点附近测量水温、盐度和密度。每一次测量都为人们了解深海的物理状况做出了重要贡献。他们完成了至少151次拖网取样，并且储存了77个海水样品以便上岸之后详细研究。这次远航收集了新的关于海流和气象的信息，以及海底沉积物的分布和珊瑚礁的位置及特性。几千磅（1磅＝0.454千克）的样本被带回大不列颠博物馆做进一步的研究。在海底发现的棕色的锰结核激起了人们对于海底矿藏的兴趣。这项在海底收集锰结核的工作烦琐而痛苦，269位船员中有1/4的人放弃了这项工作。

尽管海底取样工作很艰辛，但这首次纯科研性质的探索获得了完全的成功。深海生命的发现激励了新兴海洋生物学的发展。研究人员的报告内容翔实精准，语言生动，使得这次的报告在科学出版界获得了极高的地位。约翰·莫里爵士在1880到1895年之间出版的50册有关这次航海的报告为海洋学发展奠定了基础，这些报告至今仍在使用。这次远征可以带来经济利益的很多副产品也表明纯粹的科学探索是一项不错的投资，英国政府意识到这次探险发现的许多矿石结晶可以迅速带来丰厚的回报。可以说"挑战者"号远航探险是历史上持续时间最长的一次海洋科学探索。

上述成功的先例，大大促进了科学探索海洋的步伐。如美国生物学家亚历山大·阿加西1877年乘坐考察船"布莱克"号出海，目的是收集数据来证实"挑战者"号在355处站点的矿物报告是否准确。他发现在大洋中锰结核矿广泛分布。阿加西和他的学生在20世纪初期，借考察船"信天翁（Albatross）"号训练出了一代有影响力的美国海洋生物学家。1886年，在马克洛夫（S.O.Makarov）的带领之下，俄国人乘坐"威迪亚兹（Vitiaz）"号踏入了海洋科学探索的领域，开展了为期3年海洋考察。他们的主要成就是认真细致地分析了北太平洋水体的盐度和温度。

在海洋综合考察的基础上，英国人福布斯在19世纪40—50年代出版的海洋生物分布图和《欧洲海的自然史》、英国人达尔文1859年出版的《物种起源》和美国人马修·方丹·莫里1855年出版的《海洋物理地理学》，分别被誉为海洋生态学、海洋生物进化论和近代海洋学的经典著作。特别是斯韦尔德鲁普、约翰逊和福莱明合著的《海洋》一书，对此前海洋科学的发展和研究给出了全面、系统的总结，被誉为海洋科学成形的标志。

第五节　极地与深海研究

进入20世纪，以海洋研究为目的的航海探索更加富含技术含量，并且费用也很高昂，科学研究者开始发现和探索之前难以企及的区域。尽管深海已经开始被研究探索，但是极地海洋还是吸引了更多科学家的关注。极地海洋的研究始于弗里乔夫·南森的不懈努力。南森勇敢地让他率领的"弗拉姆（Fram）"号极地探索船被困在北极冰中，经历了将近4年（1893—1896年）的漂流到达了85°57′N，创造了当时的纪录。"弗拉姆"号1 650 km（1 025英里）的漂流证实了北极不存在陆地。南森有关漂流器、气象和海洋条件、高纬度生命以及测深仪和采样技术的研究，形成了现代极地海洋科学研究的基础。

"弗拉姆"在挪威语中是"进展"的意思，南森的这艘船如其名字那样名副其实地在极地海洋探索中发挥了重要的作用。南森本人专心致志地履行着作为一位杰出的海洋学家、动物学家、发明家、艺术家、政治家和教授的职责，1922年他因为在国际人道主义的杰出贡献被授予诺贝尔和平奖。

对科学的好奇心、国家的奖励、造船技术的进步、补给品的改善以及探险家个人的勇气，为20世纪早期带来了一个探索极地的黄金时代。在大批极地探险家英勇尝试之后，美国海军军官罗伯特·皮尔利，在他的助手非裔美国人马修·汉森以及4个因纽特人的陪伴下，于1909年4月到达了北极点附近。挪威人罗尔德·阿蒙森领导的5人团队在1911年12月到达了南极点。

现代技术大大减轻了高纬度旅行的负担。1958年，在船长威廉·安德森的带领下，美国核动力潜艇"鹦鹉螺"号从阿拉斯加的巴罗角出发，从北极冰冠下穿过了北冰洋，到达挪威海。

1925年，德国"流星"号考察船把现代的光学和电子设备引入海洋科学考察。这艘船曾经历时2年沿"十"字形航线穿越大西洋，它最重要的创新是对回声仪器的使用。该仪器通过回声设备发射声波到达海底并反射回来的过程探测水深和海底地形。

回声仪器观测数据向"流星"号的科学家揭示了海底的地貌并非之前所预期的那样平坦，而是起伏变化的，并常常是崎岖的。1951年10月，新的"挑战者（HMS Challenge）"号开始了为期2年的科考航行。这次航行的目的是准确测绘大西洋（包括地中海）、太平洋、印度洋的水深。有回声测深仪器的帮助，几秒钟内就可完成前任"挑战者"号全体成员用4个小时才能完成的测量任务。新"挑战者"号的科学家发现了在海洋最深海沟处的最深点，并把这里命名为"挑战者深渊"，以此来纪念他们著名的前任"挑战者"号。1960年，美国海军中尉唐·沃尔什和瑞士的雅克·皮卡德乘坐瑞士建造的深海探测器"蒂里雅斯特（Trieste）"号潜入"挑战者深渊"。1968年，钻探船"格罗玛·挑战者"号出发去验证一个关于海底历史的有争议的假设。这艘船可以对6 000 m（20 000英尺）深的海底进行钻孔勘测并取回海底沉积的样品。

这些海底取样为海底扩张和板块漂移学说提供了确实的证据。1985年，更大更先进的"乔迪斯·决心"号勘测船承担了深海的钻孔任务。2003年以来，深海钻孔的任务传递给了综合大洋钻孔计划（Integrated Ocean Drilling Program，IODP）。IODP是一个国际性的联合组织，该组织承接了"乔迪斯·决心"号和另一艘更大的勘测船——"地球"号的运行和作业任务。"地球"号是一艘新的日本勘测船，于2007年正式投入使用，它拥有可以钻孔取样11 km（7英里）柱芯的技术装备。这艘船载有可以控制任何石油或者天然气流动的装备，所以在"乔迪斯·决心"号由于安全问题而不能取样的大陆板块边缘，它可以轻松完成任务。这艘船造价5亿美元，并装备了海上地质实验室最完备的设施。

第六节　海洋观测技术的发展

随着海洋学的发展，开展全球范围海洋实时、全方位观测的需要日益增长，卫星海洋观测技术应运而生，并不断发展。卫星海洋观测兴起于20世纪70年代，它是卫星技术、遥感技术、光电子技术、信息科学与海洋科学相结合的产物。笼统地讲，它包括两个方面的研究，即卫星遥感的海洋学解释和卫星遥感的海洋学应用。卫星遥感的海洋学解释涉及对各种海洋环境参量的反演机制和信息提取方法的研究，卫星遥感的海洋学应用涉及运用海洋遥感资料在海洋学各个领域的研究。

卫星海洋观测涉及的详细内容如下。① 海洋遥感的原理和方法：包括遥感信息形成的机制、各种波段的电磁波（可见光、红外线和微波）在大气和海洋介质中传输的规律以及海洋的波谱特征。② 海洋信息的提取：包括与海洋参数相关的物理模型、从遥感数据到海洋参数的反演算法、遥感图像处理和海洋学解释、卫星遥感数据与常规海洋数据在各类海洋模式中的同化和融合。③ 满足海洋学研究和应用的传感器的最佳设计和工作模式：包括光谱波段和微波频率的选择、光谱分辨率和空间分辨率的要求、观测周期和扫描方式的研究以及传感器噪声水平的要求。④ 反演的海洋参数在海洋学各领域中的应用。卫星遥感所获得的海洋数据具有观测区域大、时空同步、连续的特点，可以从整体上研究海洋。这极大地深化了人们对各种海洋过程的认识，引起了海洋学研究的一次深刻变革。卫星遥感资料和卫星海洋学的研究成果在海洋天气和海况预报、海洋环境监测和保护、海洋资源的开发和利用、海岸带测绘、海洋工程建设、全球气候变化以及厄尔尼诺现象监测等科学问题上有着广泛的应用。

卫星在遥远距离通过放置在某一平台上的传感器对大气或者海洋以电磁波探测方式获取大气或者海洋的有关信息,这个过程称为遥感。海面反射、散射或自发辐射的各个波段的电磁波携带着海表面温度、海平面高度、海表面粗糙度以及海水所含各种物质浓度的信息。传感器能够测量在各个不同波段的海面反射、散射或自发辐射的电磁波能量。通过对携带信息的电磁波能量进行分析,人们可以反演某些海洋物理量。传感器的遥感精度随着卫星遥感技术的发展在不断地提高,正在接近、达到甚至超过现场观测数据的精度。

海洋表面是一个非常重要的界面。海洋与大气的能量交换都是通过这个界面进行的;海洋内部的变化也会部分地透过这一表面表现出来。运用计算机三维数值模拟和卫星遥感数据同化技术,人们就可以通过获得的海洋表面遥感信息,了解海洋内部的海洋学特征和物理变化过程。遥感监测海面的空间分辨率和电磁波的波长有关,可见光与红外辐射计获得的遥感图像具有更好的空间分辨率。虽然云的覆盖阻挡了可见光波段电磁波的透过,但是能够穿透云层的微波遥感弥补了不足。总之,可见光和红外遥感满足了人们对较高的空间分辨率监测的需求,微波遥感满足了人们对全天候监测的愿望。目前,运用卫星、航天飞机和普通飞机遥感技术,人们实现了对海表面温度、海表面盐度、海平面异常、海流、海表面风、海浪、海洋内波、悬浮物浓度、色素浓度(如叶绿素浓度)和水色等多种海洋要素的监测,以及大气剖面温度和湿度、水汽含量、可降雨量、气溶胶光学厚度等许多海洋和大气要素的监测。因为能够获取长时间、大范围、近实时和近同步监测资料,卫星遥感在海洋监测和研究中正在发挥越来越大的作用。然而,卫星遥感数据并不能完全取代传统的海洋学观测。例如,海洋内部垂直断面的测量必须依靠浮标或其他传统海洋学观测技术。卫星遥感数据与传统海洋学现场观测数据是互补的关系。利用卫星数据传输设备,可以实现浮标观测数据和许多其他现场海洋学观测数据准实时向陆基站传输。通过卫星对全球范围海洋进行的实时、全方位和立体的遥感监测,能够获得多种稳定可靠的长期观测资料。海洋观测资料是人类开发、利用和保护海洋的重要基础。卫星遥感技术作为获取海洋观测资料的重要手段,已经得到广泛应用。

由于卫星遥感技术在海洋研究中扮演越来越重要的角色,世界若干海洋国家发射了海洋卫星。美国国家航空航天局(NASA)成立于1958年,为海洋科学的发展做出了重要贡献。1978年,NASA发射的第一颗海洋卫星Seasat向地面传输海洋信号长达4

个月之久。

第一个新一代海洋卫星（TOPEX/Poseidon）于1992年由NASA和法国国家空间研究中心合作发射。该海洋卫星位于地面以上1 336 km（836英里）的轨道上，每运行10天就可以覆盖地球95%的无冰海面。这颗卫星使用的定位装置可以让科学家定位地球中心位置的误差在1 cm（约10.5英寸）的范围。在定位如此精确的条件下，该卫星装载的雷达能以史无前例的精度来测量海面高度。这颗卫星的运行寿命为5年，除测量海表高度外，还承担了测量水蒸气、定位海流位置和测量风速风向的任务。

NASA于2001年12月和2008年6月分别发射了Jason1和Jason2作为TOPEX/Poseido的跟进项目。这两颗卫星以1 min和370 km（230英里）的时空间距，在同一对地轨道上飞行，主要任务是监测全球海气相互作用。

NASA于1997年发射了SEASTAR卫星。该卫星携带了一个海洋宽视角传感器（seawifs），这个设备可以测量海洋表面的叶绿素浓度分布和海洋初级生产力。欧洲空间局（ESA）于1991年和1995年发射了ERS-1和ERS-2两颗欧洲遥感卫星。这两颗卫星均采用了先进的微波遥感技术来获取全天候与全天时的图像，比起传统的光学遥感图像有着独特的优点。作为ERS-1/2的接替者，2002年欧洲空间局发射了ENVISAT（环境卫星），该卫星于2003年5月正式投入使用。ENVISAT卫星上的合成孔径雷达（ASAR）具有双极化和多模式的新特点，其数据的地面分辨率最高达25 m，覆盖范围最宽可达400 km，可应用于水灾监测、作物估产、油污调查和海冰监测等方面。

AQUA是NASA三个新一代地球观测卫星之一，于2002年5月4日发射。这颗卫星主要收集地球水循环的信息，包括海水蒸发、大气中的水蒸气含量、浮游植物和溶解氧以及海陆大气的温度。AQUA与其姐妹卫星TERRA、AURA列队飞行来监测地面和大气的情况。2002年5月，我国发射第一颗用于海洋水色探测的试验型业务卫星（HY-1A）。HY-1A观测区域为渤海、黄海、东海、南海、日本海及海岸带等区域。主要观测要素是海水光学特征、叶绿素浓度、悬浮泥沙含量、可溶有机物、污染物及海表面温度等，兼顾观测要素包括海洋冰情、浅海地形、海流特征及海面上空对流层气溶胶。自美国1978年发射世界第一颗海洋卫星以来，欧洲空间局、苏联（俄罗斯）、日本、法国、加拿大、中国、韩国和印度等相继发射了一系列海洋卫星，推动了海洋卫星遥感观测技术的发展。

第七节 重要国际海洋研究计划

海洋学是大科学，仅靠单一国家很难认知和解决重大海洋学问题。因此从20世纪70年代开始，多国或国际合作计划应需而生。其中，以下几个重大国际合作计划最具代表性。

一、世界气候研究规划（WCRP）

世界气候研究规划的目标是为支持全球变化研究，重点发展对气候物理系统和气候过程的基础科学认知。世界气候研究规划执行过程中，不同阶段有不同的研究重点，执行不同的研究计划。如1994年结束的热带海洋与全球大气计划（TOGA），其重点是热带海洋与大气相互作用；1998年结束的世界大洋环流实验计划（WOCE），其重点是对世界大洋重点海域环流开展合作观测；继TOGA和WOCE后，至今仍在执行的合作计划是气候变率和可预测性计划（CLIVAR）。CLIVAR有3个研究重点：一是季节气候变化和全球海洋-大气-陆地系统动力学，二是10～100年尺度上气候的变化性和可预测性，三是探测人类活动导致的全球温度和环流的变化。

二、国际地圈-生物圈规划

国际地圈-生物圈规划（IGBP）包括海岸带陆海相互作用计划（LOICZ）、全球海洋生态系统动力学计划（GLOBEC）和全球海洋通量研究计划（JGOFS）。海岸带陆海相互作用计划的主要科学目标是海岸系统的脆弱性及对社会的危害、全球变化与海岸生态系统和可持续发展的关系、人类活动对河流盆地-海岸带相互作用的影响、海岸和陆架水域的生物地球化学循环和通过管理海陆相互作用来实现海岸带系统的可持续发展。全球海洋生态系统动力学计划的主要研究内容是认知全球变化导致海洋生物种群变化的主因，该计划研究的切入点是浮游动物生物学和生物多样性。全球海洋生态系统动力学计划的后续计划是海洋生物地球化学循环与生态系统集成研究计划（IMBER）。IMBER探索年到年代际时间尺度海洋生物地球化学循环和生态系统对全球变化的敏感性，提供海洋对全球加速变化的响应及对地球系统和人类社会后续影响的综合理解和精确预测。全球海洋通量研究计划研究的重点是通过研究海洋化学、物理和生物过程，增加对海洋碳循环的认知，从而确定海洋与大气间碳输运的控制过程和改进对全球尺度海洋和大气对人类活动响应的预测能力。

三、综合大洋钻探计划

综合大洋钻探计划（IODP）是大洋钻探计划（ODP）的后继计划，该计划以先进的技术和"地球"号钻探船为基础开展大洋海底钻探研究。ODP计划的海底钻探取样为海底扩张和板块移动学说提供了确实的证据，IODP计划的目标是发现海盆和大陆板块边缘的地质史。

海洋科学是以观测为基础的科学，海上航行和观测是昂贵的，更是充满危险的。从事海洋探索和研究的先驱们为海洋科学的发展做出了巨大的贡献，有志于从事海洋研究的学者和学生们必将为认知海洋再续辉煌。

第三章 地球构造理论

本章主要介绍地球的内部结构，以及洋壳、陆壳的形成与地球内部结构之间的关系。在刚性、脆性的地球表层下面，是炽热、塑性、部分熔融的岩浆层。在漫长的地质历史上，熔岩层内部及其之下的地质活动，将地球深部物质通过洋盆裂隙和破裂带带到地表，形成地壳。

20世纪40年代以来，出于对海洋与海底矿产资源开发的需求，全球兴起了大规模的海底地质调查。到60年代中期已经获得了大量成果，从而使地质工作者的认识从陆地扩大到海底，形成了全新的洋陆认识观，诞生了板块构造学说，标志着地质学的革命性变革。板块构造学说是关于全球构造的理论，对各种地质现象做出了较合理的回答，刷新了以往许多传统认识，成为统领地质学各学科的基本理论，把地质科学推进到一个新的高度。

第一节 地球的演化与地质年代

一、地球的形状与演化

地球的形状主要是指固体地球外壳的自然形状。地球由于受公转、自转的影响，并不是一个正球体，而是一个两极稍扁、赤道略鼓的不规则球体。地球的平均半径为6 371 km，最大周长约4×10^4 km，表面积约5.1×10^8 km^2。然而，得到这一正确认识却经过了相当漫长的过程。

在我国，早在二三千年前，对地球的形状就已有"天圆如张盖，地方如棋局"的记述。汉朝张衡在《浑天仪注》中写道："浑天如鸡子，天体圆如弹丸，地如鸡中黄，孤居于内，天大而地小。天表里有水，天之包地，犹壳之裹黄。天地各乘气而立，载水而浮。"古希腊亚里士多德根据月食的景象分析认为，月球被地影遮住的部分的边缘是圆弧形的，所以地球是球体或近似球体。麦哲伦则通过一次环球航海，进一步用事实证明了地球是球体。随着人类科技的发展和现代探测技术的运用，人们最终认同地球是个两极稍扁、赤道略鼓的不规则球体。

地球的演化，主要指地球前寒武纪的演化，时间跨度自地壳形成（距今约46亿年）至寒武纪（距今约5亿7千万年前）。前寒武纪是地壳发展过程中最古老的地质历史时代，也是地球上生命开始形成和发展的初期阶段。对前寒武纪的研究对探索地球和地壳的形成过程及其演变规律以及生命起源、生命演化规律具有重要的意义。此外，前寒武纪地层还产有丰富的铁、铜、金、钴、锰、镍、铀等矿产资源。

目前，被广泛接受的地球的年龄约为46亿年。但是，在相关测年方法发明以前，研究者们一直被传统的、看似矛盾的数据搞得束手无策。在18世纪末，绝大多数的欧洲自然科学家都认为地球是非常年轻的，其年龄大约为6 000年。这个年龄并不是通过岩石学研究得出的，而是根据《圣经·旧约》得来的。

苏格兰的一位医生詹姆斯·赫顿（James Hutton），对地质学非常感兴趣。他发现《圣经》中关于上帝创造天地的记录是不正确的。《圣经》认为地球上的自然景观是十分稳定的，但是他发现了其中的地质变化：水流速度在变化，河流沉积物的分布在变化，苏格兰乡下岩石的分布位置也在变化。赫顿通过观察认为，地质变化的速度古今并没有明显的差别。他在1788年提出了均变论的理论：在地质学研究的过程中，可以通过各种地质事件遗留下来的地质现象与结果，利用现今地质作用的规律，反推古代地质事件发生的条件、过程及特点。

有一部分科学家同意赫顿的理论，然而，他的反对者却提出一系列刁难性的问题：假如地球的年龄非常老，并且长久以来侵蚀地球的力是持续不变的，为什么地球表面并没有因为侵蚀变得平坦？海洋为什么没有被沉积物填充满？是什么样的作用力可以造山？

另一理论——灾变论，可以通过阐释《圣经》中关于上帝创造天地的叙述来解释以上的疑问。灾变论认为地球是非常年轻的，在整个地质发展的过程中，地球经常发生各种突如其来的灾害性变化，并且有的灾害规模很大。例如，海洋干涸成陆地，陆地又隆起成山脉，反过来陆地也可以下沉为海洋，还有火山爆发、洪水泛滥、气候急剧变化等。当洪水泛滥之时，大地的景象就发生了变化，许多生物遭到灭顶之灾。每一次巨大的灾害性变化，就会使几乎所有的生物灭绝。这些灭绝的生物就沉积在相应的地层，并变成化石而被保存下来。这时，造物主重新创造出新的物种，使地球重新恢复了生机。原来地球上有多少物种，每个物种都具有什么样的形态和结构，造物主已记得不是十分准确了。所以造物主只是根据原来的大致印象，来创造新的物种。此理论还有另外一个优势——可以很好地解释为什么海洋生物的壳体化石可以出现在山顶。

19世纪50年代，达尔文和华莱士提出了新物种产生的合理机制——自然选择。自然选择理论认为，产生地球上压倒多数的生命形式需要相当长的时间。生物学的证据也支持古地球的存在。

19世纪后半叶，科学家在试图证明或者反对均变论、灾变论和生物进化论的过程中，有了很多新发现。在此过程中，地震仪技术不断革新，长距离传播的地震波也被发现。另外，开始了大洋钻探，绘制了更加准确的图表，采集了许多深部和高海拔的岩石矿物样品，测量了地球内部热流，识别了全球化石分布的模式。这些证据表明地球的年龄确实非常古老。这一切都促进了地质学研究的革命性发展，也促进了我们今天所知的板块构造理论的快速发展。今天看来，发现这一理论的第一步是非常艰难的，其支持者还往往被认为是疯子。

二、地球的地质年代

地质年代，最早在地质学中使用，后来应用于古地理学、考古学、古海洋学、古生物学等。

地质年代，是指地壳中不同时期的岩石和地层在形成过程中的时间（年龄）和顺序。其中，时间表述单位包括宙、代、纪、世、期、时。地质年代包含两方面含义：其一是指各地质事件发生的先后顺序，称为相对地质年代；其二是指各地质事件发生的距今年龄，由于主要是运用同位素技术，称为同位素地质年龄（绝对地质年代）。这两方面结合，构成了对地质事件及地球、地壳演变时代的完整认识，地质年代表正是在此基础上建立起来的。

地质年代表，是按时代早晚顺序表示地史时期的相对地质年代和同位素年龄值的表格。19世纪晚期地质年代表的建立是地球历史研究的重要里程碑，从此地史学逐步走向系统化、科学化、层次化。应当指出，现有的地质年代表，仍有待进一步完善和发展。

地质年代表中最大的时间单位是宙（eon），宙下是代（era），代下分纪（period），纪下分世（epoch），世下分期（age），期下分时（chron）（表3.1）。必

表3.1　地质年代表

地质时代、地层单位及其代号				同位素年龄/百万年（Ma）		构造阶段		生物演化阶段		中国主要地质、生物现象
宙（宇）	代（界）	纪（系）	世（统）	时间间距	距今年龄	大阶段	阶段	动物	植物	
显生宙（PH）Phanerozoic	新生代（Kz）Cenozoic	第四纪（Q）Quaternary	全新世（Q₄/Q_h）Holocene	2~3	0.012	联合古陆解体	（新阿尔卑斯阶段）喜马拉雅阶段	人类出现	被子植物繁盛	
			更新世（Q₁Q₂Q₃/Q_p）Pleistocene		2.58					冰川广布，黄土生成
		第三纪（R）Tertiary	新近纪（N）	上新世（N₂）Pliocene	2.82	5.3			爬行动物繁盛		西部造山运动，东部低平，湖泊广布
				中新世（N₁）Miocene	18	23.3					哺乳类划分
			古近纪（E）	渐新世（E₃）Oligocene	13.2	36.5				无脊椎动物继续演化发展	蔬果繁盛，哺乳类急速发展
				始新世（E₂）Eocene	16.5	53					（我国尚无古新世地层发现）
				古新世（E₁）Paleocene	12	65					
	中生代（Mz）Mesozoic	白垩纪（K）Cretaceous	晚白垩世（K₂）		70	135（140）		（老阿尔卑斯阶段）燕山阶段	爬行动物繁盛	裸子植物繁盛	造山作用强烈，火成岩活动矿石生成
			早白垩世（K₁）								
		侏罗纪（J）Jurassic	晚侏罗世（J₃）		73						恐龙极盛，中国南山俱成，大陆煤田生成
			中侏罗世（J₂）								
			早侏罗世（J₁）			208					
		三叠纪（T）Triassic	晚三叠世（T₃）		42			印支阶段			中国南部最后一次海侵，恐龙哺乳类发育
			中三叠世（T₂）								
			早三叠世（T₁）			250					
	古生代（Pz）Paleozoic	晚古生代（Pz₂）	二叠纪（P）Permian	晚二叠世（P₂）	40	290	印支-海西阶段	海西阶段	两栖动物繁盛	蕨类植物繁盛	世界冰川广布，新南最大海侵，造山作用强烈
				早二叠世（P₁）							
			石炭纪（C）Carboniferous	晚石炭世（C₃）	72	362（355）					气候温热，煤田生成，爬行类昆虫发生，地形低平，珊瑚礁发育
				中石炭世（C₂）							
				早石炭世（C₁）					鱼类繁盛	裸蕨植物繁盛	
			泥盆纪（D）Devonian	晚泥盆世（D₃）	47	409	联合古陆形成				森林发育，腕足类、鱼类极盛，两栖类发育
				中泥盆世（D₂）							
				早泥盆世（D₁）							
		早古生代（Pz₁）	志留纪（S）Silurian	晚志留世（S₃）	30	439		加里东阶段	海生无脊椎动物繁盛，硬壳动物繁盛	藻类及菌类繁盛，真核生物出现	珊瑚礁发育，气候局部干燥，造山运动强烈
				中志留世（S₂）							
				早志留世（S₁）							
			奥陶纪（O）Ordovician	晚奥陶世（O₃）	71	510					地热低平，海水广布，无脊椎动物极繁，末期华北升起
				中奥陶世（O₂）							
				早奥陶世（O₁）							
			寒武纪（ε）Cambrian	晚寒武世（ε₃）	60	570（600）					浅海广布，生物开始大量发展
				中寒武世（ε₂）							
				早寒武世（ε₁）							
元古宙（PT）Proterozoic	元古代（Pt）Proterozoic	新元古代（Pt₃）	震旦纪（Z/Sn）Sinian		230	800	地台形成	晋宁阶段	裸露动物繁殖		地形不平，冰川广布，晚期海侵加广
			青白口纪		200	1 000					沉积深厚造山变质强烈，火成岩活动矿产生成
	中元古代（Pt₂）	蓟县纪			400	1 400					
		长城纪			400	1 800				（绿藻）	
	古元古代（Pt₁）				700	2 500		吕梁阶段			
太古宙（AR）Archaean	太古代（Ar）Archaeozoic	新太古代（Ar₂）			500	3 000	陆核形成		原核生物出现		早期基性喷发，继以造山作用，变质强烈，花岗岩侵入 2800
		古太古代（Ar₁）			800	3 800			生命现象开始出现		
冥古宙（HD）						4 600					地壳局部变动，大陆开始形成

须说明，年表虽有时间的概念，也就是说，当获悉该化石是何宙、代、纪、世、期或时的遗物，间接可知道它形成的粗略时间，但事实上，年表的时间单位是完全人为划分的，和日历中的年月日不同，它不能使人了解每个宙、代、纪、世、期或时经历的准确时间。

地质年代从古至今依次为：隐生宙（现称前寒武纪）、显生宙。

隐生宙，现在已被细分为冥古宙、太古宙、元古宙。

显生宙，分为古生代、中生代、新生代。

古生代，分为寒武纪、奥陶纪、志留纪、泥盆纪、石炭纪、二叠纪。

中生代，分为三叠纪、侏罗纪、白垩纪。

新生代，分为古近纪、新近纪、第四纪。

第二节　地球的外部圈层

地球不是一个均质体，而是由不同状态和不同物质成分的同心圈层所组成的球体。地面以上的圈层称为外部圈层，地面以下的圈层称为内部圈层。地球的外部圈层包括大气圈、水圈和生物圈3个圈层。

一、大气圈

地球大气圈，是地球最外部的气体圈层，它包围着海洋和陆地。这一圈层分布在地面以上至少高2 000 km的范围。大气圈主要成分为氮、氧，其次为氩、二氧化碳、水蒸气，此外，还有微量的氖、氦、氪、氙、臭氧、氡、氨和氢等。地球大气圈气体的总质量，相当于地球总质量的百万分之零点八六。由于地心引力作用，几乎全部的气体集中在离地面100 km的高度范围内，其中75%的大气又集中在地面至10 km高度的对流层范围内。根据大气圈在不同高度上的温度变化，通常将其自下而上分为对流层、平流层、中间层、热层（电离层）及散逸层（图3.1）。散逸层再向外即为太阳上层大气（相对太阳）。

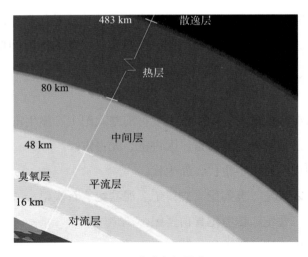

图3.1 地球大气圈分层

大气是生物生存必不可少的物质条件，也是使地表保持恒温和水分的保护层，同时也是促进地表形态变化的重要动力和媒介。

二、水圈

水圈，是指在地球表面上下，液态、气态和固态的水形成的一个几乎连续但不规则的圈层。水圈中的水上界可达大气对流层顶部，下界至深层地下水的下限，包括大气中的水汽、海洋水、地表水、土壤水、地下水和生物体内的水。水圈中大部分水以液态形式储存于海洋、河流、湖泊、水库、沼泽及土壤中；部分水以固态形式存在于极地的广大冰原、冰川、积雪和冻土中；水汽主要存在于大气中。三者常通过热量交换而部分相互转化。

水圈的主体是世界大洋，其面积占地球表面积的约71%。陆地上的湖泊、河流、沼泽、冰川、地下水，甚至矿物中的水都是水圈的组成部分。可见，水是地球表面分布最广泛的物质。同时，水也是地表最重要的物质和参与地理环境物质能量转化的重要因素。

水分和能量的不同组合使地球表面形成了不同的自然带、地带和自然景观类型，水溶解岩石中的可溶性盐分，为满足生物需要创造了前提。水分循环不仅调节气候、净化大气，而且几乎伴随一切自然地理过程促进地理环境的发展与演化。

地球上的总水量约$1.36 \times 10^9 \text{ km}^3$，其中海洋占97.2%，覆盖了地球表面积的约71%。地表水约$2.3 \times 10^5 \text{ km}^3$，其中淡水只有一半，约占地球总水量的万分之一。地下水总量$8.40 \times 10^6 \text{ km}^3$。大气中水量为$1.3 \times 10^4 \text{ km}^3$。地球上的水以气态、液态和固态三种形式存在于空中、地表和地下，这些水不停地运动着和相互联系着，以水循环的方式共同构成水圈。

水圈与大气圈、生物圈和地球内圈的相互作用，直接关系到影响人类活动的表层系统的演化。水圈也是外动力地质作用的主要介质，是塑造地球表面最重要的角色。如沟谷、河谷、瀑布都是由流水侵蚀的作用形成的；溶洞、石林、石峰等喀斯特地貌都是由流水溶蚀作用形成的。

（一）水循环

地球表面的水是十分活跃的。海洋蒸发的水汽进入大气圈，经气流输送到大陆，凝结后降落到地面，部分被生物吸收，部分下渗为地下水，部分成为地表径流。地表径流和地下径流大部分回归海洋。水在循环过程中不断释放或吸收热能，调节着地球上各层圈的能量，还不断地塑造着地表的形态。

水圈中的地表水大部分在河流、湖泊和土壤中进行重新分配，除了回归于海洋的部分外，有一部分比较长久地储存于内陆湖泊和形成冰川。这部分水量交换极其缓慢，周期要几十年甚至千年以上。从这些水体的增减变化，可以估计出海陆间水热交换的强弱。

大气圈中的水分参与水圈的循环，交换速度较快，周期仅几天。由于水分循环，地球上发生复杂的天气变化。海洋和大气的水量交换，导致热量与能量频繁交换，交换过程对各地天气变化影响极大。各国极其关注海气相互关系的研究。生物圈中的生物受洪、涝、干旱影响很大，生物的种群分布和聚落形成也与水的时空分布有极密切的关系。生物群落随水的丰缺而不断交替、繁殖和死亡。大量植物的蒸腾作用也促进了水分的循环。水在大气圈、生物圈和岩石圈之间相互置换，关系极其密切，它们组成了地球上各种形式的物质交换系统，形成千姿百态的地理环境。

（二）水的形成过程

太阳系八大行星之中只有地球是被液态水所覆盖的星球。关于地球上水的起源在学术上存在很大的分歧，有几十种不同的水形成学说。有观点认为，在地球形成初期，原始大气中的氢、氧化合成水，水蒸气逐步凝结下来并形成海洋。也有观点认为，形成地球的星云物质中原先就存在水的成分。还有观点认为，原始地壳中硅酸盐等物质受火山影响而发生反应，析出水分。另有观点认为，被地球吸引的彗星和陨石是地球上水的主要来源，甚至地球上的水还在不停地增加。

地球刚刚诞生的时候，没有河流，也没有海洋，更没有生命，它的表面是干燥的，大气层中也很少有水分。地球是由太阳星云分化出来的星际物质聚合而成的，它的基本组成有氢气、氮气以及一些尘埃。固体尘埃聚集结合形成地球的内核，外面围绕着大量气体。地球刚形成时，结构松散，质量不大，引力也小，温度很低。后来，地球不断收缩，内核放射性物质产生能量，致使地球温度不断升高，有些物质慢慢变暖熔化，较重的物质，如铁、镍等聚集在中心部位形成地核，最轻的物质浮于地表。

随着地球表面温度逐渐降低，地表开始形成坚硬的地壳。但因地球内部温度很高，岩浆活动就非常激烈，火山爆发十分频繁，地壳也不断发生变化，有些地方隆起形成山峰，有的地方下陷形成低地与山谷，同时喷发出大量的气体。地球体积不断缩小，引力也随之增加，此时，这些气体已无法摆脱地球的引力，从而围绕着地球，构成了"原始大气"。原始大气由多种成分组成，水蒸气便是其中之一。

组成原始地球的固体尘埃，实际上就是衰老了的星球爆炸而成的大量碎片，这些碎片多是无机盐之类的物质，在它们内部蕴藏着许多水分子，即所谓的结晶水合物。结晶水合物里面的结晶水在地球内部高温作用下离析出来就变成了水蒸气。喷到空中的水蒸气达到饱和时便冷却成云，变成雨，落到地面上，聚集在低洼处，逐渐积累成湖泊和河流，最后汇集到地表最低区域形成海洋。

地球上的水在开始形成时，不论湖泊或海洋，其水量不是很多。随着地球内部产生的水蒸气不断被送入大气层，地面水量也不断增加，经历几十亿年的地球演变过程，最后终于形成我们现今看到的江河湖海。

三、生物圈

生物圈是地球上所有的生物与其生存环境的总和，是地球的一个外层圈，其范围大约为海平面上下垂直约10 km。

生物圈是一个封闭且能自我调控的系统。地球是整个宇宙中唯一已知的有生物生存的地方。一般认为生物圈是从35亿年前生命起源后演化而来。现今地球上生存的各种生物都是几十亿年生物进化的结果，是生物与环境长期交互作用的产物。当地球上刚出现生命的时候，原始大气还富含甲烷、氨、硫化氢和水汽等含氢化合物，属还原性大气。现今的大部分生物都不能在其中生存。后来出现了蓝藻，它可以通过光合作用放出游离氧，使大气含氧量逐渐增多，变为氧化性大气，为需氧生物的出现开辟了道路。随着氧气的增多，在高空出现了臭氧层，减少了紫外线对生命的辐射伤害，于是过去只能躲在海水深处才能存活的生物便有可能发展到陆地上来。

生物初到陆地上的时候，遇到的只是岩石和风化的岩石碎屑，大部分高等植物不能赖以生存，只是在低等植物和微生物的长期作用下，才形成了肥沃的土壤。经过长期的生物进化，最后出现了广布世界的各种植物和栖息其间的各种动物，逐步形成了生物圈。

生物的生命活动促进了能量流动和物质循环，并引起生物的生命活动发生变化。生物要从环境中取得必需的能量和物质，就得适应环境。环境发生了变化，又反过来推动生物的适应性，这种反作用促进了整个生物界持续不断地变化。

第三节　地球的内部圈层

地球是由宇宙尘埃、气体、冰和恒星碎片组成的星云物质积聚形成。在地球的形成过程中，物质因不同的密度产生分异作用，故较深的地球圈层往往密度更大。尽管还没有直接取自地球深部的岩石证据，但是通过综合地震观测、火山气体和重力变化的相关资料，也可以简单了解地球内部各圈层的化学成分、密度、温度和深度等信息（Garrison，2007）。

一、按成分特征分层

地球内部的分层存在多种划分标准。按照成分特征，地球内部构造被分为三个圈层，分别为地壳、地幔和地核（图3.2）。

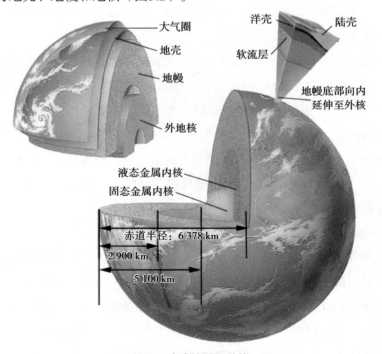

图3.2　地球的圈层结构

（一）地壳

地壳是位于固体地球最外层的轻质薄层，只占地球总质量的0.4%，其体积小于地球总体积的1%。其中，洋壳与陆壳在厚度、物质组成、年龄等方面都表现出不同的特征。薄层的洋壳主要为由氧、硅、镁、铁元素组成的暗色基性岩，密度大约为2.9 g/cm³。与之相对，较厚层的陆壳主要为由氧、硅、铝元素组成的浅色花岗质岩石，密度大约为2.7 g/cm³。地壳与地幔的分界面为莫霍面。

（二）地幔

地幔位于地壳之下的地球圈层，占地球总质量的68%和总体积的83%。地幔被认为主要由氧、硅、镁、铁元素组成，其平均密度大约为4.5 g/cm³。地幔厚度大约为2 900 km。地幔与地核的分界面为古登堡面。

（三）地核

地核是地球的最内部圈层，主要组成元素为铁（90%）和镍。此外，硅、硫及其他重元素也是其重要成分。地核的平均密度为13 g/cm³，其厚度接近3 470 km。地核质量为地球总质量的31.5%，其体积为地球总体积的16%。

二、按物理性质分层

仅仅按成分特征划分地球内部圈层，不能反映地球各圈层的物理性质及岩石学特性。地球内部不同深度的温度、压力等环境条件不同，这些环境条件反映了与之对应的组成物质的物理特征。

由较冷的坚硬地壳及地幔顶部组成的板块，直接覆盖在较热的塑性地幔之上，并且在不断相对运动。相对于化学成分，物理性质是决定这种地质运动的重要因素。因此，根据物理性质的不同，也可以将地球划分为不同的圈层。

（一）岩石圈

岩石圈是固体地球外层相对于软流圈而言的坚硬的岩石圈层，是地球外部冷的刚性表层，厚度为100～200 km。岩石圈由地球表层的陆壳、洋壳以及位于上地幔顶部较冷的刚性岩石组成。

（二）软流圈

软流圈是位于上地幔顶部、岩石圈下部的较热的、部分熔融的圈层，地震波的波速在这里明显下降，因此又称低速带，厚度为350～650 km。据推测，这里温度约1 300℃，压力有3×10^4 MPa，已接近岩石的熔点，因此形成了超铁镁物质的塑性体，在压力的长期作用下，以半黏性状态缓慢流动，故称软流圈。板块构造理论的地幔对流运动，就是在软流圈中进行的。岩石圈板块就是在软流圈之上漂移的。

（三）下地幔

下地幔从上地幔底界一直延伸到地核。软流圈与软流圈之下的地幔拥有近似的化学组成。尽管软流圈之下的地幔温度更高，但是由于急剧增大的压力，其不再表现为熔融的塑性状态。因此，其密度更大，流动速度极慢。

（四）地核

地核由两部分组成，外层地核是高密度、黏性流体，内层地核为最高密度达16 g/cm³的固体，其密度为花岗岩的6倍。内、外地核的温度都极高，平均温度约为5 500℃。最新研究表明，地核中心的温度可能高达6 600℃，这比太阳表面的温度都要高！

三、地壳均衡理论

为什么巨大的陆壳高于海平面？假如软流圈是部分熔融的塑性岩浆，那为什么高山不会因为其巨大的质量而下沉消失呢？这是因为：陆壳的高山部分"扎根"于软流圈，陆壳及岩石圈的其他部分"漂浮"在密度较高的软流圈之上。

浮力是指由漂浮在流体上的物体排出一定体积的流体产生的抵消物体自重的力。铁质的载货船之所以能漂浮在水面上，因为其排水体积足以抵消船的自重加上载货物的重量。对同一船，空船较载货船轻，所以，空船较载货船吃水浅；对应地，空船的排水体积要小于载货船的排水体积，所以，空船较载货船受到的浮力小。冰浮在水面上，总有其体积的10%要高于水面。体积越大的冰，超出水面的高度越大，其没于水面的深度也越大（图3.3）。

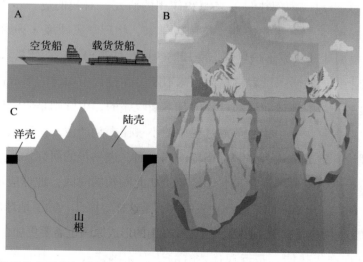

A图表示载货船排水重量与货轮自重加货物重量相平衡；B图表示冰山90%的体积没于水中；
C图表示大陆地壳"漂浮"在软流圈之上，原理与A和B相同。

图3.3　地壳均衡理论

对于陆壳来说，原理亦是如此。地球上最高的山峰——珠穆朗玛峰，高于海平面达8.84 km，依然能够支撑在地球上，是因为其下的岩石圈深深下沉在塑性的软流圈之内，其排出一定体积的软流圈物质的质量与山脉自身的质量相当。高山地区下的地壳较厚，并且山体会随着剥蚀或者加积而上升或者下降。有别于此，低洼的平原地区下的地壳则较薄。将整个陆壳运动看作漂浮在水上货船的慢动作，其表现为均衡平衡。

高山被剥蚀会怎样呢？货船因卸掉了货物会上浮，地壳同样会因为减重而抬升。经历数百万年剥蚀作用的古山脉，会将之前深埋地下的岩石暴露到地表，这种均衡再调整，会造成高山剥蚀区的地壳减薄，而沉积物堆积区的地壳下沉。

在正常的地表温度下，地壳岩石并不能像岩石圈下的软流圈一样低速流动。虽然货船或者冰川自身重量的微小变化，会引起其在垂向位置上的变化，但是岩石圈下覆的软流圈并不是流体，不会瞬时发生变形。况且，陆壳或者板块边界还受到相邻地壳块体的牵连。当抬升或者下沉的力超过周围岩石的束缚力的时候，岩石将沿薄弱面破裂产生裂隙。这种由破裂或者断层产生的均衡力引发的再平衡是地震产生的原因之一。当然，岩石圈并非总是表现为刚性、脆性的固体，因而当这种力较小时，引起的变化足够慢，其变形可能不会引起岩石破碎。

四、地球内热源

地球是一个庞大的热库，其内部温度非常高，并以多种方式不断向外散热。地球内热，由放射性元素衰变而产生，其外散的热量，维持了软流圈的可塑性和岩石圈的可运动性。关于地球内部热量的来源和作用的研究，对我们进一步了解地球的内部结构具有重要意义。19世纪末期，英国数学家、物理学家威廉·汤姆森（William Thomson），根据地球从原始炽热状态冷却的速度，估算出地球的年龄大约为8 000万年。在此基础上，地质学家试着解释在地球不断冷却过程中山脉的形成机制，提出了"干水果"模型，认为地球在冷却过程中是不断收缩的，山脉则是收缩形成的褶皱。同时，地震也被解释为是由褶皱形成过程中的不规律振动产生的。基于这种快速冷却的"褶皱"理论，地球被认为是非常年轻的，然而，进一步的研究发现，地球的年龄约为46亿年。根据热流值的计算来看，经历了如此漫长的时间，地球应该已经完全冷却了，但是，地震、火山、温泉的产生表明并不是这样。因此，除了地球形成初期的热量，一定还有其他的热量来源。此外，地震和高山的形成原因也需要更加合理的解释。

放射性衰变产生热能，是近现代才有的认识。尽管自然界中绝大多数元素是稳定的，并不会发生变化，但是有一部分元素是不稳定的，并且在它们衰变（原子核分裂）过程中会释放热量，在此过程中会有放射性物质被释放。在地球形成初期，放射性衰变释放的热量也是原始地球熔融的重要因素。地球上大部分熔融的铁下沉进入地核，并释放出大量热量。地壳和上地幔中放射性元素的持续衰变也会释放出巨大的热量。

地球内部的热量不断由内向外传导，其中一部分热量会随着软流圈和地幔的对流被带到地表。这种对流，发生在流体或者半固态物质因加热膨胀而密度降低并上涌的过程中。

因此，在经过46亿年以后，地球内部还在持续向外散发热量。这种热量正是形成高山和火山、产生地震、引发陆壳运动、形成洋盆的重要动力。

第四节　地球内部圈层分层的证据

自19世纪中期，科学家就发现低频波可以在地球内部传播。引发地震的波动多为低频波，称为地震波。地震波通过地球内部再到地表，被地震仪所接收。对获得的地震波数据加以分析研究，可进一步了解地球的内部构造。其基本原理是：地震波在不同密度和不同性质的介质中传播的速度不一致；在地下压力很高的情况下，固体物质的密度较大，地震波的传播速度较快；当地震波遇到两种不同物理性质介质的界面时，会发生反射或折射。对地震波的研究发现，地球内部存在着地震波速度突变的若干界面。这些界面显示了地球内部具有圈层状构造。

一、地震波

地震波沿地球表面和地球内部传播，分为两类：面波和体波。

（一）面波

面波沿地球表面传播，不能传入地下。面波使地表产生大幅波动，有时地表的波动看起来如海浪一般。面波的波长大，振幅大，是造成建筑物破坏的主要原因。

（二）体波

体波的破坏性不大，但对于了解地球内部构造非常有利。其中，P波（基本波），又称纵波、推进波，是一种压缩波，和声波的运动方式相同。波动时质点做前后运动，物质呈疏密交替，质点的振动方向与波的传播方向一致。S波（二次波），又称横波，是一种剪切波，其波动时质点的振动方向与波的前进方向垂直（图3.4）。

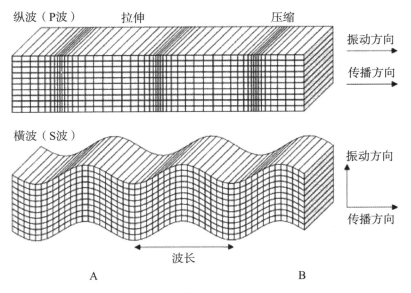

图3.4　地震波体波运动方式示意图

　　P波和S波在地震发生时几乎同时产生。但是，P波在地球中的传播速度差不多是S波的2倍。因此，P波先到达远处感知和记录地震的仪器（地震仪）处。两者都可以在固态物质中传播，但S波不能在液态物质中传播，而P波可以。因此，通过研究返回地表的地震波的特征，可以了解地球的内部构造，从而判断哪一部分是液态、哪一部分是固态还是部分熔融的（图3.5）。

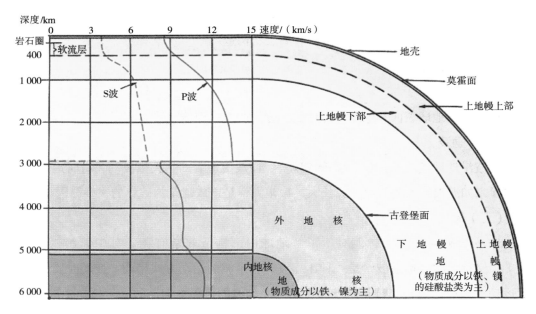

图3.5　地震波波速与地球内部构造图

二、声影区

地震波的声影区证明地核的存在。在20世纪初，英国地质学家理查德·奥尔德姆（Richard Oldham）首次通过地震仪识别出了P波和S波。如果地球内部是均一的，地震波在地球内部的传播应该是均速的，并且是沿直线传播的。然而，奥尔德姆的研究发现，地震波到达远处地震仪的时间要比预期的早。这意味着地震波在地球内部传播的速度较地球表层快，并且还被折射回地表。其解释为：地震波经过的地区可能存在不同密度、不同物态的地层。这表明地球内部并不是均一的，其性质随深度而发生变化。

1906年，奥尔德姆有了重大发现：穿过深部地球的地震波中并没有S波，认为地球内部肯定存在一个高密度流体结构（地核）吸收了S波。他进一步预测，在发生地震地区的地球另一面肯定存在一个声影区，在此广阔区域内不能检测到S波。在1914年，德国地震学家古登堡通过进一步的研究，证明了液态地核和声影区的存在。

对于可以在液态介质中传播的P波，奥尔德姆发现，P波在地球内部传播的速度要比预期慢很多。虽然P波并没有被地核吸收，但是其发生了折射（图3.6）。基于此发现，通过进一步的研究，奥尔德姆计算出核幔边界位于地表2 900 km之下。

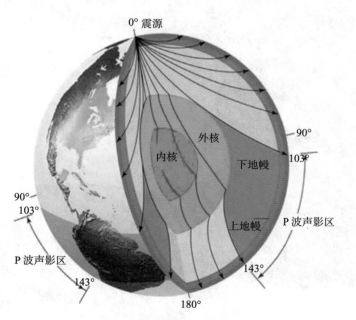

图3.6　P波声影区示意图

在20世纪30年代，发明了更加灵敏的地震仪。1935年，丹麦地震学家英格·莱曼（Inge Lehmann）在地震发生地的地球反面发现了非常微弱、低速的P波。P波在经过地核时传播速度加快，这表明地核是固体状态。各地重力的精细测量以及地球质量更加精确的计算，都进一步证明了地球圈层结构的存在。至20世纪60年代初期，新一代更加灵敏的地震仪的出现，为地质学家进一步了解地球内部构造提供了条件。

第五节　大陆漂移学说

1912年，德国气象学家阿尔弗雷德·魏格纳（Alfred Lothar Wegener）提出了大陆漂移学说，并在1915年《海陆起源》著作中做了论证。他不仅发现了大西洋两岸大陆轮廓非常吻合，而且还发现了重要的古生物、岩石、构造、冰川等证据，证明古大陆沿大西洋发生过开裂和漂移（图3.7）。

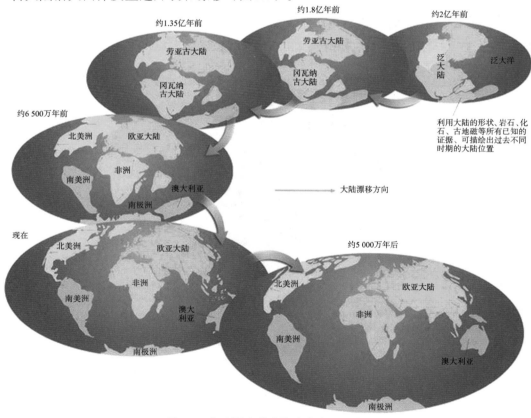

图3.7　大陆漂移学说的地球演化示意图

魏格纳认为，在距今2.5亿～3.6亿年的石炭纪-二叠纪，地球表面有个统一的大陆，称为联合古陆（Pangea）。从2亿年前的侏罗纪开始，联合古陆被分裂成若干块体（图3.8），并各自漂移，最终形成现今的洋陆布局。大陆漂移的主导思想是正确的，但是局限于当时的科学水平，魏格纳的大陆漂移学说中的大陆漂移机制存在明显的缺陷。他认为，大陆是由密度较小的花岗岩层组成的，一旦大陆被分裂，裂解的陆块就在密度较大的玄武岩层之上漂移和运动，而大陆漂移的驱动力则为潮汐力与离极力。实际上，刚性花岗岩是不可能在刚性玄武岩层上漂移的；潮汐力和离极力太小，不足以驱动大陆漂移；此外，大陆如何拼合等问题也未得到很好的解释。

图3.8　2亿年前的联合古陆

第六节　地幔对流说

英国的霍姆斯（Holmes）于1928年提出了地幔对流说，其要义是：地幔下层物质因受热膨胀而上升，地幔上层物质因温度低、密度大而下降，两者构成封闭式循环流动。在对流的早期阶段，上升的地幔流到达原始大陆中心部分，就分成两股，并朝相反方向流动，从而将大陆撕破，并使分裂的大陆块体随地幔流漂移，裂解的陆块之间便形成海洋。上升的地幔流因减压而熔融，变成岩浆，岩浆冷凝后构成洋底与岛弧。地幔流的前缘碰到从对面来的另一地幔流时，就会变成下降流，从而牵引大陆块体向下运动，并使大陆边缘挤压褶皱。当对流停止时，褶皱体因均衡作用而上升，形成山脉。与此同时，地幔流也把洋底的玄武岩往下拖曳，形成深渊，即海沟（图3.9）。

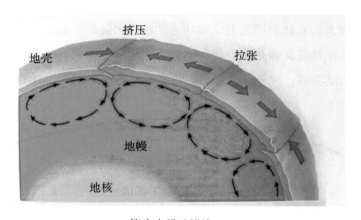

箭头表示地幔流。

图3.9　地幔对流说示意图

第七节　海底扩张学说

1961年，美国地质学家哈里·赫斯（Harry Hess）正式提出海底扩张的概念。赫斯认为，由地幔中放射性元素衰变生成的热，使地幔物质以每年数厘米的速度进行大规模的热循环，形成对流圈。它作用于岩石圈，成为推动岩石圈运动的主要动力。洋壳的形成与地幔对流有关。洋脊轴部是地幔物质或对流圈的上升部位，即离散带。海沟则是地幔物质或对流圈的下降部位，即聚合带。洋壳在离散带不断新生，并缓慢地向两侧的聚合带方向扩散。因此，洋底构造是地幔对流的直接反映。

赫斯进一步提出：地幔对流的速度为每年1 cm，对流圈在洋脊处上升，地幔物质从洋脊轴部涌出，导致洋脊轴部有高的热流值、低的重力值和隆起的地形，地震波的传播速度比正常速度低10%～20%。洋脊的两侧因逐渐变老变冷且其中破裂带已被焊接，故地震波速度有所提高。洋脊随地幔对流圈的存在而存在，其生命为3亿～4亿年。因而，整个大洋每3亿～4亿年就全部更新一次。这就决定了洋底沉积物厚度不大，且洋底缺少很古老的岩石。

当对流圈在大陆块体的下面上升时，则使大陆沿裂谷带分裂，且被分裂的两部分陆块以均一的速度向两侧运动。随此运动的持续进行，裂谷规模扩大，可演变成新的洋脊及其裂谷带。此时，大陆块是骑在软流圈地幔上被动地随地幔对流体运动而运动的。当大陆的前缘和下降的地幔流相碰时，大陆前缘将发生强烈的变形，而洋壳则向下弯曲并随下降流消减沉没。因而，大洋盆底的岩石新，年龄小，而大陆岩石老，年龄大。

海底扩张的要点可以归纳为：① 洋底不断在洋脊裂谷带形成、分离，分裂成两半分别向两侧运移，洋底不断扩张。同时，老的洋底随对流圈在海沟处潜没消减。这种过程持续不断，因而洋底不断更新。② 洋底扩张速度为平均每年数厘米，整个洋底每3亿～4亿年更新一次。③ 洋底扩张表现为刚性的岩石圈块体骑在软流圈之上运动，其驱动力是地幔物质的热对流。④ 洋脊轴部是对流圈的上升处，海沟是对流圈的下降处。如果上升流发生在大陆下面，就导致大陆的分裂和新生大洋的开启。

海底扩张学说继承了大陆漂移说与地幔对流说的基本思想，是在第二次世界大战结束后10多年海底地质考察基础上的成果集成，是对洋底形成与演化规律的合理解释。

第八节　板块构造理论

随着海底地质知识的不断更新、海底扩张证据的不断累积，板块构造学说便应运而生。它立足于海底，面向全球，是海底扩张学说的发展，是传统地质学领域的根本性变革（Wilson，1968）。板块构造的含义，是岩石圈分裂成许多巨大地体——板块，它们骑在软流圈上做大规模水平运动，致使相邻板块相互作用。板块的相互作用，从根本上控制了各种内力地质作用和外力地质作用，特别是沉积作用的进程（金性春，1984）。

一、板块边界处的相互作用

板块边缘是地质活动（岩浆、地震、变质、变形、沉积等）最强烈的地带。在板块边界处，主要发生三种运动，分别是离散、聚敛和剪切。根据板块边界的相互作用，将板块边界分为三种类型：

（1）离散型板块边界（两板块向相反方向相离运动）；

（2）聚敛（碰撞）型板块边界（两板块相向运动）；

（3）转换（剪切）型板块边界（两板块剪切错动）。

离散型板块边界处，可形成新的洋壳。上升的熔融地幔，对上覆陆壳产生巨大影响，它从下部挤压陆壳，使陆壳拱起并分离破碎。被分裂的两部分陆块在离散运动的软流圈驱动下做相离运动，在两陆块之间将形成新的洋壳。当分裂的陆壳沿新形成的扩张中心运动时，熔融岩浆将沿陆壳的破碎带上升：部

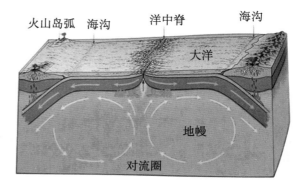

图3.10　离散型板块边界示意图

分岩浆在破碎带的裂隙中冷却凝固，部分岩浆将以火山的形式喷出地表。破碎带处形成裂谷。（图3.10）

如今地球上最大、最新的裂谷之一——东非大裂谷，就是以这种方式形成的。它从埃塞俄比亚一直延伸到莫桑比克，绵延3 000 km。这条线性巨大裂谷是一座天然蓄水库，集中了非洲大部分湖泊。在裂谷北端，裂谷变宽形成了红海和亚丁湾。在裂谷的北端和南端，海水进入裂谷——是东非中部洋壳形成的首要证据。

大西洋的形成，经历了相似的过程。像东非大裂谷一样，大西洋的扩张中心——大西洋中脊，也是离散型板块边界。两大板块沿大西洋中脊相离运动，并形成洋壳。大约在2.1亿年之前，软流圈受热上升、拉张，上覆岩石圈抬升、张裂，大西洋开始形成。

板块分离并不只发生在东非或者大西洋，也并非仅仅发生在过去的2亿年的时间里。在太平洋和印度洋同样存在大洋中脊。巨大的太平洋板块的扩张中心为东太平洋海隆和太平洋–南极洲海隆。在东非，随着板块的相离运动，很快就会分裂出另一个大陆，当裂谷变得足够深的时候，在红海会形成新的大洋。

聚敛型板块边界处，会发生大陆碰撞、岛弧形成以及地壳循环。因为地球的体积是一定的，一处分裂，相应地，另一处会聚敛。洋壳会在聚敛型板块边界处俯冲潜没。聚敛型板块边界处火山活动活跃。

洋-陆碰撞：在南美洲，西向运动的南美板块遇到东向运动的纳兹卡板块，密度较大的大洋岩石圈——纳兹卡板块俯冲潜没于密度较小的大陆岩石圈——南美板块之下（图3.11）。俯冲沿平行于南美洲西岸的海沟进行。部分洋壳及其沉积物会随着板块的俯冲和温度的升高发生熔融。以水和二氧化碳为主的挥发性组分，被排出并沿下插的板块上升，使地幔熔点降低，产生富含溶解气体的岩浆。岩浆穿过上覆地层到达地表，引发广泛的火山活动。岩浆中富含的火山气体会在接近地表时剧烈释放。美国中部和南美安第斯山脉地区的火山活动就是洋-陆碰撞的产物，同时，这些地区也是地震多发区。北美的喀斯喀特（Cascade）山脉火山以及圣海伦斯火山也形成于同样的地质过程。

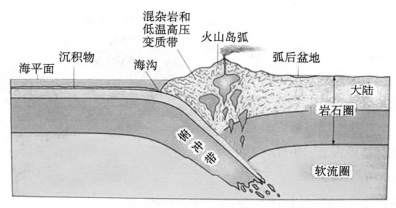

图3.11　洋-陆碰撞示意图

绝大部分下插的地壳会熔融并与地幔物质混合。但是，有一部分地壳会在地幔中持续下沉，甚至到达距离地表2 800 km的核幔边界处。1964年的阿拉斯加大地震、2004年引发毁灭性海啸的印度洋大地震，都由陆壳向洋壳俯冲引发。太平洋的板块汇聚（离散）速度要大于大西洋，有的地区速度达到每年18 cm。这也是环太平洋火山带形成的原因。

洋-洋碰撞：发生洋-洋碰撞的两个板块之中，有一板块常因较老、较冷而密度较大。由于重力原因，密度大的板块会大角度俯冲潜没于密度较小的洋壳之下。同时，洋壳发生剧烈变形，形成较深的海沟，这往往是地球最大水深的地区。同样，部分洋壳及其沉积物会随着板块的俯冲和温度的升高发生熔融。以水和二氧化碳为主的挥发性组分，被排出并沿下插的板块上升，使地幔熔点降低，产生密度较小的岩浆，岩浆上升引发较剧烈的火山活动。但是，这种岩浆喷出地表形成的是洋壳而不是陆壳，当其高于海平面时，便形成了岛弧。

碰撞型大陆边缘是巨大的"陆壳工厂"，主要进行如下地质过程：地表物质下沉—被加热—压缩—部分熔融—分离上涌—与围岩同化混染—重新回到地表。密度较小的陆壳是这一过程的主要产物，其生产陆壳物质的速度大约为每年1 km³。部分学者认为，地球陆壳都是此过程产生的花岗岩形成的。岛弧不断合并可以形成大型陆块。

陆-陆碰撞：两个大陆板块同样也可以发生碰撞。由于两板块密度相当，并不会发生板块的俯冲潜没。两板块相互挤压、抬升形成山脉。这些山脉往往是地球上最大的地貌单元，主要由海底沉积物形成的沉积岩组成。陆-陆碰撞最典型的例子，是位于印度-澳大利亚板块和欧亚板块之间，形成于4 500万年之前的喜马拉雅山脉。珠穆朗玛峰最顶部的岩石就是由浅海沉积物形成的沉积岩。

转换型板块边界处，主要发生地壳的破碎和错动。地幔之上的岩石圈板块的漂移是发生在球体表面，而不是平面。扩张轴也并不是平滑的曲线，而是许多断裂错动的锯齿状构造，这些断裂称为转换断层（图3.12）。转换断层因板块的相对运动沿其改变或转换而得名。沿此类板块边界既无板块的增生，也无板块的消减，而是相邻两个板块在转化点之间沿陡立界面的剪切错动。

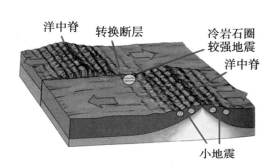

图3.12　转换断层示意图

在转换板块边界处，相邻两板块的错动可引发地震。太平洋板块的东部边界是一个长的转换断层系统。位于太平洋板块和北美板块之间的圣安第斯断层，是最著名的转换断层。太平洋板块的运动是非常平稳的，但在与北美板块的交界处，其只有集聚足够能克服摩擦力的能量，才能继续运动。当集聚的能量足够大时，太平洋板块主体就会突然沿其与北美板块的边界向西北运动，这种突然运动就是美国加州大地震发生的原因。这使加州西南沿海地区沿北美大陆边界整体向北部滑动，5 000万年之后这一地区可能会与阿留申海沟相遇。

二、板块结构的确定

板块构造学说对于地质学的意义，与进化论对于生物学的意义相当。在不同情况下，一系列表面看起来不相关的事实，本质上却是相互联系的。许多的新发现促进了我们对板块构造的理解，而最能令人信服的证据存在于年轻的大洋盆地之中（Garrison，2007）。

（一）通过剩余磁场的研究可以证明板块运动

地球现今的磁场（图3.13），是由外地核熔融金属的运动所致。指南针指向地球南极，是因为指针与地球磁场排列方向一致。从大洋中脊喷出的玄武岩浆中能够自然产出磁铁矿，其喷出地表后冷却形成固体岩石。磁性矿物就像微小的指南针，在玄武岩浆冷却到居里点（居里温度）——约580℃之下，并冷凝形成新洋壳的过程中，其产出的磁性矿物的磁场方向将与地磁场方向保持一致。因此，在这一特定时期的地磁场方向在岩石固结过程中被封存。后期地磁场大小和方向的改变，不会显著影响封存在固结岩石中的磁场特征。岩石中的剩余磁场就叫作古地磁。

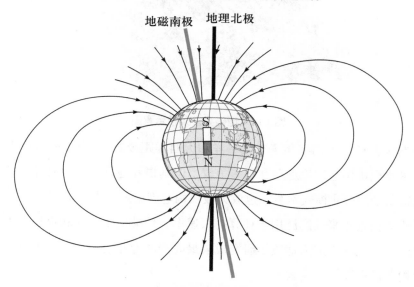

图3.13 地球磁场示意图

磁力仪可以测量岩石样品中剩余磁力的大小和方向。在19世纪50年代，地球物理学家通过在洋底拖曳敏锐的磁力仪，来探测岩石中封存的微弱磁场。数据显示，在扩张中心两侧均有对称分布的磁异常条带。其中，一些区带岩石中含有的磁性矿物的磁场方向与现今地球磁场的方向一致，而另一些区带则正好与之相反。

1963年，英国地质学家马修斯（Drummond Matthews）和瓦因（Frederick Vine）提出了一个十分合理的解释。他们在陆上层状堆积的熔岩流中发现了相似的磁场模式，并且已通过其他手段独立定年。此外，他们还发现，地球磁场在几十万年间不规则地间隔反向。交替变化的磁条带代表经历了磁极变化过程的岩石。这些研究者认为，磁场强弱交替的模式呈对称分布，这是因为在洋脊处新产生的磁性岩石由于板块运动而离散，并逐渐远离洋脊（图3.14）。

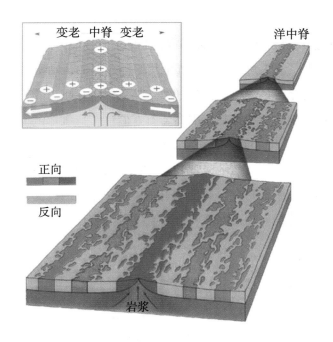

图3.14 地磁异常条带示意图

在1974年，科学家们编制了东太平洋和大西洋距今2亿年以来的海底古地磁方向变化图。尽管板块构造理论还存在很多争议，但其很好地解释了地磁异常条带的分布模式。地磁条带的分布模式本身，也成为板块构造理论最有力的证据。

古地磁数据近年来被广泛用于计算扩张速率、校准地质年代和重建古大陆。在过去的半世纪，古地磁学成为地质学研究成果最高产的专业之一。古地磁研究也为我们了解板块构造过程提供了线索。

地质学家发现，阶段性磁场反转不是地球磁场异常的唯一特征。通过测量北美、南美、欧洲和非洲的岩石磁场方向，得出现今地磁北极的位置图。可以看出，磁极好像发生过移动，它是从离现今位置很远的太平洋上的一个点移动过来的。

如果这些大陆曾经是一体的，并在地球表面一起发生过漂移，那么它们应该有现今磁极移动的明显路径，并在北极现今的位置同时终止。地质学家受这个信息的启示，很快发现了穿过苏格兰加里东山脉，并与沿纽芬兰到波士顿延伸的卡波特断层相连接的一个大断层。这个大断层的存在和其他证据都有力地证明了大陆确实携带着被磁化的岩石不断漂移。

（二）地幔柱之上的板块运动和热点同样可以提供板块构造的证据

地幔柱是自核幔边界产生的、过度加热的、大陆大小的圆柱状地幔。人们知道的最大地幔柱（超地幔柱），已抬升了整个非洲大陆，其边缘从苏格兰延伸到印度洋，从大西洋中脊延伸到红海。非洲中部是破碎的张裂带，东非裂谷将很快有新生的洋壳形成。

　　地幔柱和超级地幔柱由地核提供热量。最新研究表明，加热软流圈而为板块构造运动提供能量的热量来源于超级地幔柱携带的地核热能。在不久的过去，超级地幔柱可能是引发地球表层许多巨大构造事件的原因。大约6 500万年之前，在现今印度地区，大量的地球内部物质涌出地表。印度次大陆被超过1×10^6 km³的岩浆浸没，这些岩浆堆积形成德干高原。如果将这些岩浆均匀铺在地球表面，可达3 m厚。类似的岩浆喷出地表事件，于1 700万年前发生在如今美国西北部的太平洋沿岸，于2.48亿年前也发生在西伯利亚地区。由此产生的大量有毒气体上升进入大气，引发了地质历史上最大的物种灭绝事件之一。

　　热点是地幔相对固定的热源产生的地幔柱岩浆上升到地表的表现形式之一。热点并不总位于板块边界，其位置固定的原因至今还不为人所知。当岩石圈板块经过热点处时，板块下部由于上升熔融岩浆的作用，受热减薄，则会在热点上方形成火山。热点的位置是相对固定的，而喷出洋底的火山随板块不断运移。几百万年之后，之前形成的火山由于远离热点而不再活动，在热点上方会有新的火山形成，如此会导致在洋底形成一串火山链。

　　最著名的火山链，从现已被侵蚀了的帝王海山岭一直延伸到现在还在发育的夏威夷群岛。大约在4 000万年之前，太平洋板块的运动方向突然由大体北向转换为北偏西方向，造成了这一火山链的突然弯曲。另一个夏威夷群岛（已被命名为罗希岛），正在岛链东南端的海底发育，现在位于海面之下大约1 000 m处，大约30 000年之后将会露出海面。（图3.15）

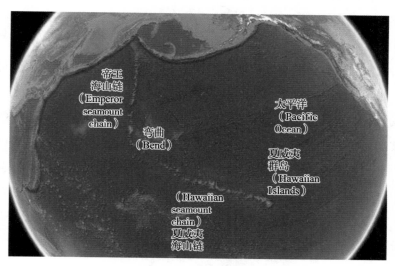

图3.15　夏威夷海山链

在太平洋中还有其他的热点，热点活动形成的岛链与夏威夷岛链的模式相同，可见，它们位于相同的岩石圈板块之上。大西洋水下的火山链相对于大西洋中脊对称分布，可见，在这里也发生着相似的过程。热点也可以在大陆地壳之下存在：黄石国家公园就被认为是在西向移动的北美板块之下的一个热点。从全球热点的位置可见，这些火山链的外形、长度和地热站位都与板块构造理论一致。

（三）沉积物年龄和分布、大洋中脊和岩体也可以提供板块构造的证据

如果大洋盆地真的是古老的，且产生沉积物的过程在大部分或全部时间内一直进行，那么洋底之上沉积物的厚度和年龄都应该很大，但现实并非如此。年轻的大洋中脊几乎没有沉积物覆盖，且最老的盆地边缘之上的沉积物厚度，是大洋本身年龄所能产生的沉积物厚度的1/20～1/15。大洋盆地最老的沉积物年龄很少超过1.8亿年，沉积物在板块边缘处的潜没是其主要原因。

大洋中脊的位置和结构清晰地记录了过去的地质事件。火山性质的洋脊岛屿，如冰岛，纵向分布的裂谷切割洋脊顶部，下沉的海床冷却形成新的洋壳，并向外移动，这些都与板块构造理论一致。深潜过程中的现场地质观察，发现转换断层和沿着洋脊的断裂带的分布也支持板块构造理论。

漂浮的大陆高原和大洋高原（淹没的小型大陆碎片）、岛弧以及花岗岩、沉积物碎片都能够与板块一起漂移，并且在板块俯冲时被刮掉。这个过程就像用一把锋利的刀子横刮桌子上冷却的蜡一样，蜡会在刀锋上积累并褶皱。陆块与海洋沉积物在板块边界处俯冲时，同样会堆积在大陆岩石圈之上。高原、孤立的部分洋壳、洋脊、古岛弧以及部分陆壳在大陆表面挤压、剪切，形成地体。陆块的厚度较大、密度低，阻止了它们的俯冲。

地体甚为常见，新英格兰、北美大陆西岸以及阿拉斯加州的大部分似乎都由这种物质聚集组成，其中有一些物质被证明来自上千千米外。比如，加拿大温哥华岛西部可能在过去的7 500万年中向北移动了3 500多千米。

奇怪的是，地体也可以包含洋壳碎片，只有0.001%大洋岩石圈没有被俯冲，反而仰冲（被刮掉）在陆地边缘之上。这些严重褶皱的岩石包含枕状玄武岩以及来自上地幔的物质，因其弯曲的形状被称为蛇绿岩。这些岩石集合体中可能含有金属矿物，就像大洋中脊扩张中心也存在金属矿物一样。未负所期，在所有大陆上都发现了蛇绿岩，其中，现今大陆边缘附近的蛇绿岩总体上比深嵌入大陆内部的蛇绿岩更为年轻。这些过去板块构造阶段的古老记录，有的年龄甚至在12亿年以上。

第四章　海底地形地貌

人类对海底的认识是隔着厚厚的海水获得的。科学家通过测量不同海区的重力异常或发射声波、雷达波等获得海底信息，然后综合这些信息绘制出海底地形图。但是，以这种方式获得的信息毕竟不如亲眼所见更加直观，于是催生了非载人/载人深潜器。

板块构造学说表明，海陆位置不是固定的，而是一个动态"推搡"的过程，较轻的大陆岩石圈漂浮在较重的大洋岩石圈之上。陆壳厚度大于洋壳，但是密度较洋壳小。海底地形是构造动力平衡和地壳均衡的结果。海底近岸的特征与邻近的大陆相似，因为二者共享花岗岩基底。大陆岩石圈在水下的部分称为大陆边缘，大陆边缘之外的深海区被称为大洋盆地。

海底地貌，是海水覆盖的固体地球表面形态的总称，是全球地形的重要组成部分。研究海底地形地貌不仅对海洋科学所有分支学科的研究均有重要意义，而且是维护国家海疆权益的科学依据。

第一节　水深测量

火星探测卫星目前已基本完成了火星地表形态的绘制，其精度可以识别出火星沙丘上的一张餐桌大小的地形。但是地球地形图的绘制却十分困难，这是由于3/4的地球被厚厚的云层和海水所覆盖，然而测深仪的诞生，使人类终于有机会看到海底的世界。

海洋测量是人类认识海洋的重要手段，居于海洋信息获取、处理、应用三元体系架构的前端和上游，为舰船航行、海洋发展、海洋工程、海洋研究以及海洋管理提供支撑。测深学，是研究水面下海/湖床深度或水体厚度的学科。测深学相当于陆地上的测高学或测绘学。

水深测量的主要功能是测定江、河、湖、海底的地形地貌。此外，在测定水流流量、泥沙、营养盐等物质输移量（通量）时，亦需测量水深以确定过水断面面积。最初测量水深的工具，是测深杆和测深绳（测深锤）。早在几千年前，人们在一条绳的一端系一块重石，然后沉入海水之中，在石头触底时，释放绳子的长度就是该处海水的深度。19世纪70年代，配备了蒸汽动力绞盘的英国"挑战者"号调查船，用挂配更沉的重物测绳进行了海底测深，但是测深方法依然没有本质的进步。"挑战者"号调查船共进行了492个站位的海底测深，确定了大西洋中脊的存在。

水深测量仪器根据不同的测量方法及水深、流速、悬沙量、精度要求，具有多种形式。测深杆、测深绳（测深锤）为最原始、最传统、最简单的测深设备，在流速不大、底床浅、水质浑浊、水草茂盛的小范围区域，是最为简单可靠的测量方法。这种方法一般只能单点测量、效率低，并且工作量很大，难以适用于大流速、深水、底床不稳定的环境，特别不适合广袤无垠的海洋环境。声波、压力式测深仪器等较先进的水深仪器问世，一定程度上解决了各种环境条件下水深测量的难题。

一、海底声波测深的发展

1914年4月，美国汤姆斯·爱迪生（Thomas Edison）公司的一个雇员发明了漂浮检波器和回声测深仪。其工作原理是通过在船头装配声学仪器，向水下发射声波脉冲，漂浮检波器检测到反射波，根据声波发射到接收的时间差换算水深。传统的测绳配重测深法，配重测绳的释放和回收要花费大量的时间，而声波测深从发射声波到接收回波只需要短短几秒，极大地提高了工作效率。1922年，新一代改进的声波探测仪诞生了，实现了海底地形剖面的连续测量。1925—1927年，德国"Meter"号考察船对大西洋14个断面水深进行了测量。通过这几个航段的测深，确认了大西洋中脊的形态，发现大西洋中脊几乎与两侧海岸线平行，这个发现也促进了地球板块构造理论的诞生。

单波束测深仪，又称为单波束声呐。其工作原理是通过发射单波束声波到水底并返回，声呐接收回波，根据声波传递时间和速度计算水深（图4.1）。对于小范围水域的测深，单波束测深仪方便快捷，效率高，优势明显，但是由于是单点测量，对于大面积海域的测量速度依旧太慢。

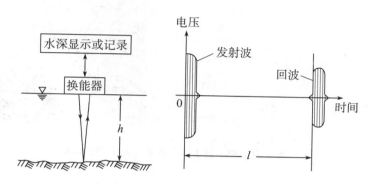

图4.1　单波束测深仪工作原理

侧扫声呐，是基于回声探测原理进行水下目标探测的，它通过系统的换能器基阵以一定的倾斜角度、发射频率，向海底发射具有指向性的宽垂直波束角和窄水平波束角的脉冲超声波，脉冲超声波在触及海底目标后发生反射和散射，利用显示器上显示各表层图像的不同特征，经过图像判读，判别其海底目标特征，用于出露于海床面以上的海底目标的探测。侧扫声呐配备有计算机图像处理甚至识别系统，可以分析海底目标的大小、形状、深度等，具有较高的分辨率。然而，侧扫声呐只能对波束空间进行粗略定向，不能精确测定海底目标深度，详细精确探测还得借助潜水员潜摸、单波束测深仪探测、多波束测深设备扫海等其他办法。

声波测深方法并不完美，例如调查船的位置不易精确定位，声速会随着海水温度、盐度、压力及浊度的变化而改变，这些因素会导致水深测量产生误差。简单的声波测深图，有时还不能很好地反映海底地形细节。即便如此，调查人员依然在1959年绘制出世界上第一张海底综合地形图。此后，传感器和计算机技术的进步，降低了测深误差，特别是多波束测深和卫星测深的出现，使测深技术上有了巨大的进步。

二、多波束测深

多波束测深系统是目前水下测深中最先进的仪器之一。与其他声波探测仪一样，多波束测深系统同样是用来测量水深的。多波束测深系统是一种可以同时获得多个

（典型256个）相邻窄波束的回声测深系统（图4.2）。多波束测深系统发射的波束垂直于调查船前进方向呈扇形展开，覆盖角度可达150°，最大测量条幅宽度超过30 km。

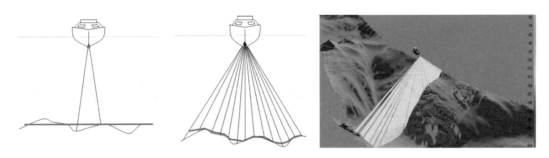

图4.2　多波束（中、右）与单波束（左）测深示意图

多波束测深系统用发射换能器阵列向海底发射宽扇区覆盖的声波，利用接收换能器阵列对声波进行窄波束接收，一次探测就能给出与航向垂直的垂面内上百个甚至更多的海底被测点的水深值，从而能够精确、快速、连续、可靠地测出调查船经过路径的一定宽度内的海底三维地形。

与单波束回声测深仪相比，多波束测深系统具有测量范围大、测量速度快、精度和效率高的优点。与传统的单波束测深系统每次测量只能获得测量船垂直下方一个海底测量深度值相比，多波束探测能获得一个条带覆盖区域内多个测量点的海底深度值，实现了测深技术从"点—线"测量到"线—面"测量的跨越，并进一步发展到立体测深和自动成图，特别适合进行大面积的海底地形探测。多波束测深系统使海底探测经历了一个革命性的变化，深刻地改变了海洋学领域的调查方式及最终成果的质量。（图4.3）

自其问世之后，有些国家已经计划把所有的重要海区都重新测量一遍。我国调查船已将多波束测深系统应用于马里亚纳海沟"挑战者深渊"。正因为多波束条带测深仪与其他测深方法相比具有很多无可比拟的优点，从20世纪60年代初开始，世界各国便相继研制了几种类型的多波束测深系统，最大工作深度200～12 000 m，横向覆盖宽度可达深度的3倍以上。目前主要有美国、加拿大、德国、挪威等国家在生产此系统。我国国产多波束测深系统的研发虽然起步较晚，但进展很快。多波束测深现已朝着高精度、智能化、多功能的组合式测深系统方向发展。

截至目前，全球共有约200条调查船装备了多波束测深系统。按照这个速率调查，要将整个海底地形描绘出来至少需要125年的时间。

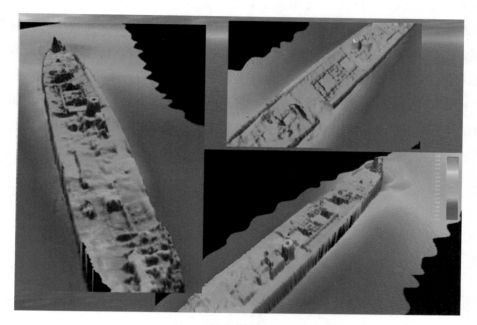

图4.3　多波束探测海底沉船例图

三、卫星测深

卫星难以直接用于测量水深，但是可以测量海面海拔高度的微小变化。通过每秒发射上千次雷达脉冲，美国海军"Geosat"卫星可以测量其与海水表面的距离（误差小于0.03 m）。由于可以精确计算卫星的位置，于是可以非常精确地得到海面的平均高度。

调查发现，不考虑海浪、潮汐和洋流的影响，海表面可发生200 m的变化幅度。造成这种现象的原因，是距地球"大块头"的远近而产生的地球表面重力差异。海底海山和洋脊将两侧的海水吸引过来，从而造成海水表面的隆起。例如海底一座半径20 km、高度2 000 m的海山，会造成海表面2 m的隆起。"Geosat""TOPEX/Poseidon""Jason-1"和"Jason-2"卫星的发展，大大加快了全球海底地形图的绘制，并发现了许多之前未被发现的海底地形。卫星测高法，是利用多年的卫星测高数据得到的平均海面和由某一给定的地球重力场模型计算得到的大地水准面，两者相减而得到海面地形的方法。

随着计算机、卫星定位、通信、人工智能（AI）等技术的快速发展，水下地形测量技术方法也在向更加简便、高效、智能、更高精度的方向发展，以满足不同用户的多样化需求。通过测深杆、测深绳、声波探测、卫星探测等测深技术获得的信息，毕竟不如亲眼所见更加直观，于是催生了非载人/载人深潜器的诞生。非载人深潜器，也称之为无人测量船、无人船、无人机等，其基本的测量原理是将传统的探测系统（单波束或多波束系统、侧扫声呐、CCD相机、水下三维激光扫描仪等），搭载在具有自动控制系统的无人测量船上，可以使人们像操纵无人机一样开展水下测量获取测区水下地形、地貌、水文及水质等信息。其优点是开展水下测量时不需要租用船只安装调试测量设备，而且操作机动灵活；缺点是无人船续航时间短，且抗风浪能力差。世界上最著名、服役时间最长的深潜器是"Alvin"号载人深潜器。

第二节　大陆边缘

大陆边缘蕴藏着丰富的油气资源，而且是天然气水合物的主要蕴藏地，具有巨大的研究价值。总体来看，固体地球表面被71%的海水和29%的陆地覆盖，并以陆壳和洋壳来进行区别，而陆壳和洋壳之间的过渡地带被称为大陆边缘。大陆边缘，是陆地与海洋相互作用的重要界面，既是大洋沉积物的"源"，又是大陆沉积物的"汇"，是沉积物最发育的地区（翟世奎，2018）。大陆边缘作为海底地形地貌之一，是陆地与大洋之间的过渡带，也是陆壳向洋壳过渡的接合部。大陆边缘可分为被动型大陆边缘和主动型大陆边缘两大类型。

被动型大陆边缘，又称稳定型大陆边缘，是由大洋岩石圈的扩张造成的、由拉伸断裂所控制的宽阔大陆边缘，其邻接的大陆和洋盆属同一板块，由大陆架、大陆坡和大陆隆所构成，无海沟发育。被动型大陆边缘在大西洋周缘最先被详细研究，故又称大西洋型大陆边缘。

主动型大陆边缘，也称活动型大陆边缘、汇聚大陆边缘等，其陆架狭窄，陆坡较陡，宽度一般仅几十千米，陆隆被海沟所取代，地形复杂，高差极大。与被动型大陆边缘位于漂移着的大陆后缘相反，主动型大陆边缘是漂移大陆的前缘，属于板块俯冲边界，地震、火山等构造运动频繁、强烈。主动型大陆边缘主要分布在太平洋周缘、印度洋东北缘等地，在太平洋周围表现最为显著，故又称太平洋型大陆边缘。

有的学者还划分出转换型（或剪切型）大陆边缘，其形成与转换断层有关。这种边缘可以是被动型的，其陆架狭窄，如几内亚湾北缘；也可以是主动型的，以浅源地震为标志，常构成洋脊与盆地间分布的大陆边缘，如加利福尼亚沿岸。

图4.4展示了南美洲西海岸的主动型大陆边缘和东海岸的被动型大陆边缘。从图中可以清楚地看到，主动型大陆边缘与板块边界一致，而被动型大陆边缘则不一定是板块边界。被动型大陆边缘在大西洋之外的其他区域也有所发现，而主动型大陆边缘则只局限于太平洋。

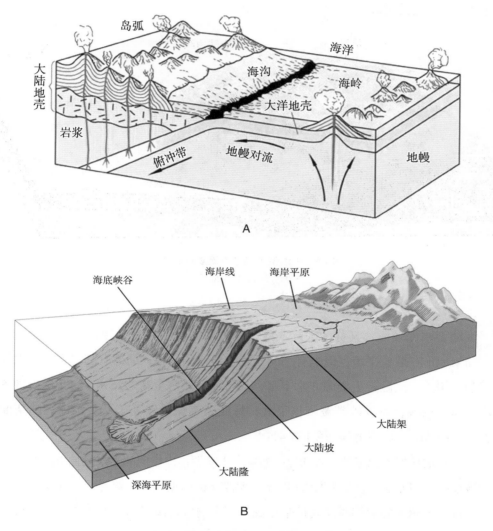

A. 主动型大陆边缘；B. 被动型大陆边缘。

图4.4 不同大陆边缘类型示意图

一、被动型大陆边缘

被动型大陆边缘一般依次由大陆架、大陆坡和大陆隆组成，无海沟发育（图4.5）。大陆架，简称陆架，是环绕大陆的浅海地带。它的范围从海岸线开始，向海洋方向延伸至海底坡度显著增大的陆架坡折线。陆架坡折处水深20～550 m，平均深130 m，也有把200 m等深线作为大陆架水深下限的。大陆坡是从大陆架外缘急剧下降到深海底的斜坡。其上界水深100～200 m，下界水深1 500～3 500 m。大陆隆也称大陆裙，位于大陆坡和深海平原之间，靠近大陆坡的地方较陡，向深海减缓，是大陆边缘和深海盆地的过渡区。

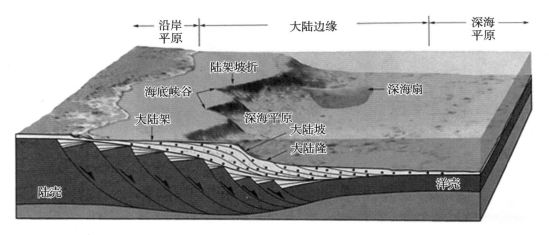

图4.5　被动型大陆边缘宏观地貌单元
（据李三忠等，2017）

（一）大陆架

大陆架水深较浅，又称为大陆浅滩，是大陆向海的自然延伸，基底为花岗质陆壳。陆架地形一般较平坦，但也有小的丘陵、盆地和沟谷；局部有基岩露出，大部分被沉积物覆盖。大陆架上资源非常丰富，如石油藏量占全球的25%，渔获量占世界海洋渔产量的90%，海滨砂矿藏量也很大，海底还有煤、铁等矿藏。全球大陆架面积约2.71×10^7 km²，约占海洋面积的7.4%。

大西洋被动型（稳定型）大陆边缘的宽广大陆架，由岸向海平缓延伸可达350 km，平均坡度0.1°，陆架坡折区水深约140 m。大西洋被动型大陆边缘是盘古（又译为潘吉亚，Pangea）超大陆裂解时海底扩张形成的，大陆岩石圈伴随着海底扩张不断被拉伸减薄，大陆板块被拖曳至水下的部分便形成了大陆架。

陆架区的沉积物，主要来源于邻近大陆风化侵蚀的陆源产物，大多通过入海的河流输送。根据地壳均衡假说，沉积物的存在会使陆架产生凹陷，从而造成更多沉积物的堆积。在外陆架区，沉积物的厚度可达15 km，最老的沉积物年龄达到了1.5亿年。

大陆架的宽度通常是由板块边界的类型所决定的。一般来说，稳定型大陆边缘的陆架区都较宽，而活动型大陆边缘陆架则较窄。几乎所有大陆边缘都有大陆架发育，但是各地陆架宽度却大相径庭，在数千米至上千千米之间。太平洋东缘和日本东部较为活动的太平洋型大陆边缘以及沿红海两岸年轻的大陆边缘的陆架较窄，而构造上稳定的大西洋型大陆边缘的陆架一般较宽。中国的大陆架也相当宽广，渤海和黄海完全属于陆架区，且东海和南海陆架延伸较远。世界上最宽的大陆架，位于西伯利亚北部的北冰洋海域，其宽度达1 300 km。陆架的宽度除了受大陆边缘构造环境的控制外，还受海水动力过程的影响，高流速的洋流会阻止沉积物的堆积。例如，佛罗里达东海岸窄小的陆架，就是墨西哥湾流的快速冲刷导致沉积物无法堆积而造成的。

由于地形平缓，陆架极易受到海平面变化的影响。距今约18 000年的末次盛冰期导致地表大部分区域被冰雪覆盖，海平面比现今位置低125 m，以致大部分陆架直接裸露，陆表面积比现在增大了18%。河流越过了当时的大陆架，将粗粒的陆源沉积物搬运至现在的外陆架区域。冰川消融之后，海平面开始上升，沉积物又开始在内陆架上堆积。

大陆架上矿产资源十分丰富，且大陆架水深较浅，开采起来十分方便。许多陆地上勘探和开采的技术可以直接用于大陆架资源的开发。资源的开发有赖于理论基础的发展，而人类对大陆架的了解已足以支持大陆架油气资源的勘探和开采。

（二）大陆坡

大陆坡是大陆架和深海盆地之间的过渡地带，是从大陆架外缘急剧下降到深海底的斜坡。大陆坡主要由河流搬运入海的陆源沉积物组成。在主动型大陆边缘，大陆坡沉积物中也可能含有部分板块俯冲时刮擦下来的大洋沉积物和洋壳物质。典型陆坡的坡度大约4°，即使最陡峭的陆坡坡度也不会超过25°。总体上来看，主动型大陆边缘陆坡坡度要大于被动型大陆边缘。陆坡平均宽度约20 km，最大水深不超过3 700 m，陆坡的底界为一个大陆的真正边界。在被动型大陆边缘，陆坡常随水深增大而逐渐变缓，并下延形成大陆隆；而在主动型大陆边缘，则恰恰相反，陆坡会随着水深的增大而逐渐变陡，下延至海沟。

陆架坡折是大陆架和大陆坡的分界线。全球陆架坡折的水深惊人地一致，约140 m，但也有例外。例如，南极海域由于有巨厚的冰川覆压，在重力均衡作用下，大陆发生了一定程度的凹陷，陆架坡折处水深300～400 m。

多数大陆坡表面发育有次一级的地形，如海盆、海岭、海底峡谷等，其中尤以横断面呈"V"形的海底峡谷最为普遍。陆坡坡地起伏较大，存在构造断裂形成的峡谷、重力流刻蚀形成的沟谷、断层崖壁形成的构造阶地、陆架外缘滑塌形成的陡坎，以及由于密度较小的岩盐、石膏等受到挤压应力而向上拱起形成的底辟等微地貌形态。

（三）海底峡谷

全球大陆架上发育了上百条海底峡谷，常见于大陆及大型岛屿的边缘，谷深数百米，宽数千米，其上端有的始于大河河口，下端在陆隆上分散成许多支谷。海底峡谷是横切大陆架和大陆坡并终止在大陆隆上的海底谷地，常为浊流刻蚀而成，也是陆源沉积物进入深海盆地的主要通道，其下端常堆有巨型扇状沉积体，称为深海扇（图4.6）。

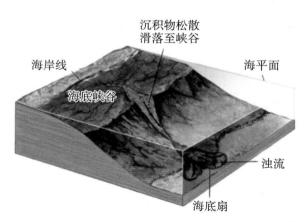

图4.6 沿海底峡谷的沉积物重力流形成的深海扇

海底浊流，又称海底沉积物异重流，类似于陆地山沟里的泥石流，是在重力驱动下沿斜坡远距离运动的高密度、高含沙、高流速的一种稀发性流体，常由地震触发。密度远大于周围海水的富含沉积物的浊流，沿着斜坡以达27 km/h的速度流动。

地震引发的浊流沿着陆坡向下运动时，会对陆坡造成强烈的侵蚀，导致海底峡谷的形成，这也解释了河流作用不到的区域依然有海底峡谷发育的现象。我国南海东北部发育着大量的海底峡谷，是研究现代海底浊流过程及其沉积的天然实验室，不但具备地震导致海底滑塌从而引发海底浊流的条件，更具备高泥沙浓度河流引发海底浊流的先例。

海底峡谷不仅是一种典型的海底地貌，也是陆源碎屑物质向深海输送的主要通道，水团、沉积物、营养物质，甚至垃圾和污染物都会通过海底峡谷从海岸运移至深水区。另外，海底峡谷与石油、天然气水合物的成藏关系紧密，峡谷的形成演化对石油天然气的聚集与运移会产生影响，海底峡谷出口的深海扇内部粗碎屑沉积物是重要的油气储集场所。

（四）大陆隆

大陆隆简称陆隆，又称大陆基、大陆裙等，位于大陆坡和深海平原之间，是陆源沉积物在陆坡脚堆积形成的巨大楔状沉积体（图4.7）。大陆隆坡度平缓，常发育厚层浊流沉积、等深流沉积和滑塌沉积等，可形成海底复合扇。来自大陆架的沉积物会沿着陆坡向下缓慢运移，堆积在坡脚，但是陆隆的大部分沉积物是由浊流搬运而来的。大陆隆一般分布在水深2 000～5 000 m的部位，宽度100～1 000 km，靠近大陆坡的地方较陡，向深海延伸较缓，平均坡度0.5°～1°。世界上规模大的陆隆一般都形成于有大的河流供给的海区。深海底流是塑造陆隆形态的重要因素，在地转科氏力的作用下，地层边界流将浊流搬运至坡脚的沉积物裹挟起来，使其沿着海底均匀散布。陆隆主要出现在被动型大陆边缘，而在主动型大陆边缘通常缺失。陆隆主要位于大西洋、印度洋、北冰洋和南极洲的大部分边缘地区，或沿西太平洋边缘海盆陆侧分布。

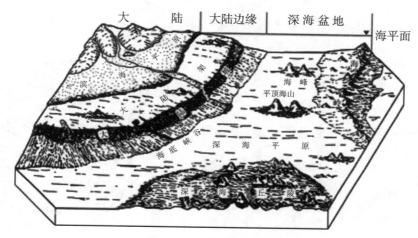

图4.7　大陆隆示意图

二、主动型大陆边缘

主动型大陆边缘陆架相对于被动型大陆边缘来说要窄小很多，也不如被动型大陆边缘陆架那样平缓。主动型大陆边缘陆架地形十分复杂，这种特征主要是由于其陆架受到了断层、火山活动和构造变形的控制，从而导致其地形区别于受沉积过程控制的被动型大陆边缘陆架。然而，少数的太平洋海域（东南亚地区）也具有宽广的陆架，我国东海也有宽广陆架，这种现象主要是由于这些海区在离岸区发育了大量的火山岛和珊瑚礁，形成了多条岛链，有利于沉积物堆积，从而有利于建造较宽的大陆架。

除了前述的被动型大陆边缘所述及的地貌单元之外，主动型大陆边缘由洋往陆方向有时还可分出海沟、岛弧和弧后盆地三种基本的地貌单元，三者构成"沟弧盆体系"，在西太平洋最为典型，故称之为西太平洋型大陆边缘（图4.8A）。在南美洲西海岸，只有平行海沟展布的火山弧或高大山脉，而没有岛弧和弧后盆地，此种称为安第斯山型大陆边缘（图4.8B）。

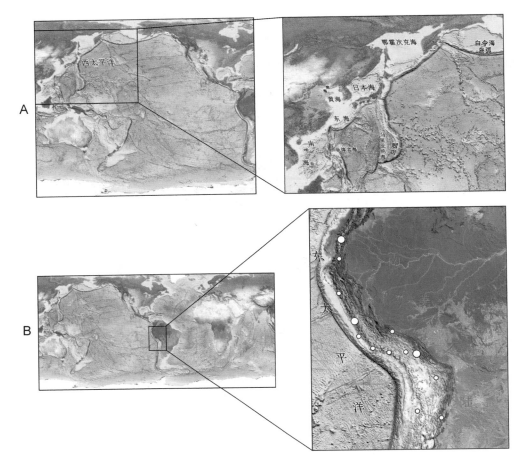

A. 西太平洋型大陆边缘；B. 安第斯山型大陆边缘。

图4.8　活动型大陆边缘的两种典型地貌组合

（一）海沟

海沟是位于海洋中的两壁较陡、狭长的、水深大于5 000 m的沟槽，是海底也是地表最深的地方，最大水深可达到11 000 m，比珠穆朗玛峰的高度还要大20%。海沟多分布在大洋边缘，而且与大陆边缘相对平行，比周围的洋盆低1～6 km。海沟是地球上地质构造运动最活跃的地区之一，许多大规模的地震和海啸都与海沟的构造运动有关。

海沟主要分布于环太平洋活动大陆边缘周围，也见于印度尼西亚以西的印度洋和大西洋加勒比海域。在太平洋西部和印度洋，海沟与岛弧平行排列，构成统一的沟弧系（图4.9）。在太平洋东部，海沟与陆缘火山弧链相伴随。马里亚纳海沟约70 km宽、2 550 km长、（10 920±10）m深（冯士筰等，1999），是典型的海沟。

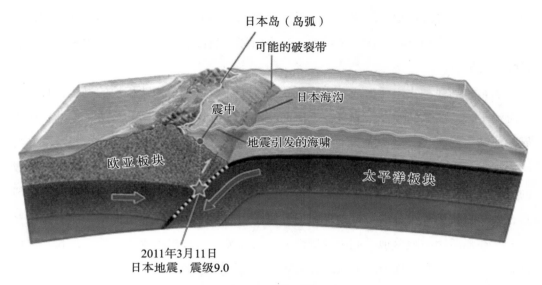

图4.9 大洋海沟剖面示意图

海沟有以下特征:

（1）海沟长一般在500～4 500 km，宽40～120 km。海沟在平面上大多呈弧形向大洋凸出，横剖面呈不对称的"V"形，近陆侧较陡，近洋侧较缓，并且近陆侧水深一般比近洋侧更深。

（2）海沟两侧普遍具有阶梯状的地貌，地质结构复杂，发育蓝闪石片岩相高压低温变质带。海沟中的沉积物一般较少，主要包括深海、半深海相浊流沉积和滑塌沉积。海沟是大洋地壳与大陆地壳之间的接触过渡带。

（3）海沟的两面峭壁大多呈不对称的"V"形，沟坡上部较缓，下部较陡。平均坡度为5°～7°，偶尔也会发现45°以上的斜坡。

（4）海沟为重力负异常带，热流值低于地壳平均热流量。

（5）沿海沟分布的地震带是地球上最强烈的地震活动带。震源通常自洋侧向陆侧加深，构成自海沟附近向大陆方向倾斜的震源带（贝尼奥夫带）。

在现代海沟的研究基础上，古海沟的鉴定有三个主要标志：蛇绿岩套；高压低温变质带，以蓝闪石片岩为特征，发育挤压和剪切构造；混杂岩。板块俯冲作用常被用于解释海沟成因。但海沟的形成与俯冲的机理相当复杂，仍有待深入综合研究。

（二）岛弧和火山弧

岛弧是由位于海沟向陆一侧且平行于海沟的火山岛和海山组成的一条线状弧形岛链。岛弧向陆方向常为边缘海盆地，主要位于西太平洋大陆边缘，如阿留申岛弧、日本岛弧、马里亚纳岛弧、汤加岛弧等。在东太平洋大陆边缘，呈弧状分布的一系列火山之后没有边缘海盆地，故称为火山弧。岛弧和火山弧，主要位于活动大陆边缘，都是强烈的火山活动产物，构成了环太平洋火山带，是目前地球上岩浆作用和地震活动最强烈的地方。

通常，岛弧和火山弧形成于大洋板块向下俯冲至另一个构造板块的过程，且常常与海沟平行。岛弧的俯冲一侧是一个深而窄的大洋海沟，它是俯冲板块、仰冲板块边界的地球表面痕迹。当含饱和水的大洋板块俯冲时，随着俯冲深度增加，板块承受的压力越来越大。这些压力把水挤出板块，带到了地幔中。在板块之下，地幔熔体形成的岩浆上升，就形成了与俯冲区域平行的岛弧（或火山弧）。因此，岛弧岩浆岩一般具有大洋板块俯冲组分的贡献。岛弧岩性以安山岩为主，但在靠近海沟一侧有拉斑玄武岩，在弧后边缘海盆地一侧出现碱性岩。火山弧，可以出露水面，称为岛弧；也可以完全在海面下，则称为海山弧或海山链。

需要注意的是，这些岛弧应避免与热点火山链相混淆。所谓热点火山链，是当构造板块移过地幔柱热点时，一个接一个形成于板块中部，因此火山链的年龄从一端到另一端有序变化。夏威夷群岛就是一个典型的热点火山链：较老的岛屿在西北部，较新的岛屿在东南部。与此明显不同的是，岛弧与火山弧通常不会表现出这种年龄分带性。

（三）弧后盆地

弧后盆地是指岛弧靠陆一侧的深海盆地，又称为边缘海盆地，一般由弧后扩张形成，水深2 000～5 000 m，与海沟、岛弧组成沟弧盆体系（图4.10）。弧后盆地在许多

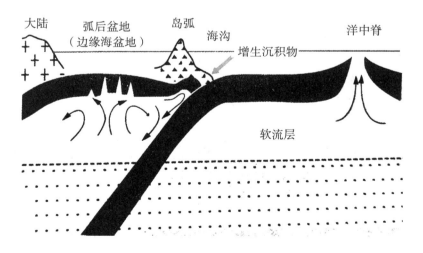

图4.10　沟弧盆体系和弧后扩张示意图
（引自翟世奎，2018）

大洋边缘均有分布，尤以西太平洋边缘最为典型，如白令海、鄂霍茨克海、日本海、我国东海和南海、菲律宾海等。从我国长江口出发，沿着东南方向，会依次经过东海陆架、陆坡、冲绳海槽、琉球岛弧、琉球海沟、菲律宾海盆等地貌。同海沟和岛弧的分布一样，弧后盆地主要分布于大洋边缘，但在大洋中也有存在，如马里亚纳海盆和菲律宾海盆等。

弧后盆地的成因是长期以来令人费解的问题。自海底扩张学说问世和大量的调查资料获取之后，人们注意到这些弧后盆地相对于一般的陆缘海和内海具有一些独特性：多与海沟和岛弧相伴生，水深较大（多在2 000～4 000 m），生成年代多较岛弧及其相邻的大洋盆地年轻，张性断裂发育，地壳厚度介于大陆和大洋地壳之间且主要由类似于大洋海底的岩石组成，地壳活动强烈，热流值很高。以上特征不难使人们想到弧后盆地在成因上必然与沟弧系统有关。板块构造理论认为，大洋岩石圈板块在海沟处的俯冲作用打乱了地幔的平衡，导致次生地幔上升流和热地幔物质上涌，成为弧后扩张的动力，引起岛弧裂离大陆或岛弧本身分裂而在其间形成弧后盆地（图4.10）。这种现象在海洋地质学中又称为"弧后扩张"。有学者注意到太平洋板块东缘的俯冲作用并未形成边缘盆地，说明俯冲带的存在可能还不是弧后扩张的充分条件（翟世奎，2018）。弧后扩张可能与仰冲板块、俯冲板块的厚度和物化性质、俯冲角度、俯冲速度、俯冲方向等有关，尚有待深入综合研究。

第三节　大洋盆地

大洋盆地是海洋的主体，约占海洋总面积的45%，其周边有的与大陆隆相邻，有的直接与海沟相接（图4.11）。大洋盆地主要在水深4 000～5 000 m的开阔水域。深海洋盆的地质结构与大陆边缘具有明显的差异，主要由洋中脊体系和沉积物覆盖的洋壳组成。总体上来看，深海洋盆地形平坦，但局部发育有海岛、海山及死亡或正在活动的火山。深海沉积物记录了周边大陆风化产物供给和生物生产力贡献的历史，反映了洋盆的年龄。

大洋盆地的主要地形地貌有深海平原、海山、无震海岭、海山链、岛链、环礁等，个别地方还存在海洋蓝洞。

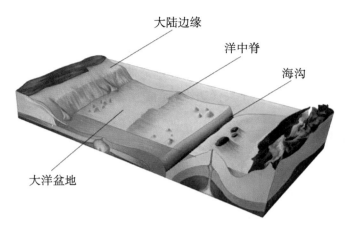

图4.11　大洋盆地示意图

一、深海平原

深海平原，是大陆隆与深海丘陵、洋中脊之间的最平坦的海底，为地球表面最平坦的部分，大约占海洋面积的40%，水深介于3 700～5 500 m，沉积物主要是陆源或浅海来源，主要由浊流带来的砂和粉砂等陆源物质组成，有的由硅质软泥、钙质软泥、褐黏土组成，还有少量被风力携带过来的沉积物。由于沉积物的覆盖，深海平原的基底并不会直接出露，但是在测深仪探测下还是能够看到其基底主要由枕状大洋玄武岩组成，可延伸至陆坡。

深海平原主要分布于大西洋和印度洋海域，而在太平洋则较少，因为太平洋大陆边缘的泥沙大多被困在深海沟和边缘海域。深海平原非常平坦。1947年，美国伍兹霍尔（Woods Hole）海洋研究所对大西洋海域的一个大型深海平原进行调查时发现，整个平原的水深变化只有数米。

深海丘陵通常成群出现，代表大洋基底的高架部分，相对高差不超过1 000 m，坡度为1°～15°。海山代表孤立的火山，但相对高差超过1 000 m。

从大陆边缘向洋中脊，沉积物厚度逐渐减薄，靠近洋中脊的地方，沉积物的厚度几乎为零。沉积物的厚度、年龄与海底扩张有关。地幔物质在大洋中脊中央裂谷上涌并形成新的洋壳，同时推动先前形成的洋壳向中脊两侧运移。新形成的洋壳由玄武岩组成，并起伏不平，但在离开中脊向两侧的运移过程中不断接受沉积物。洋壳（底）距中脊越远，年龄越老，其上的沉积层也就越厚，直至填平了原先的山间洼地而形成了深海平原。在几乎没有沉积物覆盖的洋壳，一些海底火山直接出露，形成深海丘陵，相对高差一般不超过200 m。

在一些深海平原沉积物的表层分布有大量的多金属结核（图4.12），这是铁、镍、钴和铜等金属元素的富集体，是未来可为人类开发利用的海底矿产来源。

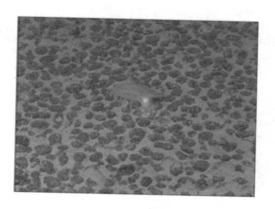

图4.12　深海平原多金属结核

二、海山

深海洋盆内部发育了大量的分布范围不大的孤立火山，这些近似圆锥形的火山大多数未出露海平面，被称为海山。海山的相对高差一般超过1 000 m，坡度较陡，介于20°～25°。小规模海山的平面形态多呈近圆形或近椭圆形；大规模海山总体呈不规则长条形。有的海山出露海面，形成岛屿。这些海山大部分起源于火山，但是大多数早已停止活动。海山之中，有一些顶部平坦、呈截圆锥状的台地，称之为海底平顶山（又称盖奥特，Guyot）（图4.13）。

图4.13　海底平顶山及形成示意图
（左图据张伙带等，2018）

在海底平顶山山顶采集的样品中有浅海生存的珊瑚和腹足类化石，这些化石应是地壳沉降的证据。

海山可能单独发育或者集体产出形成海山群。尽管在热点附近也会发育大量的海山，但是大多数海山被认为是形成于洋中脊扩张中心的死亡的火山岛。海底扩张导致这些火山岛不断远离洋中脊，洋壳冷凝收缩也使得它们高度不断降低，最终形成现今的海山。根据现有的数据，太平洋内部有超过10 000座海山，大约占全球海山数量的1/2。

三、无震海岭、海山链和岛链

无震海岭是海岭的一类，指除了端点之外几乎不发生现代火山和地震活动的海底山系，又称不活动海岭。由火山熔岩构成的无震海岭，一般起伏不大，顶面较平坦，两坡较陡，主要分布在岩石圈板块内部构造相对稳定、没有裂谷和转换断层处。

无震海岭主要由一系列（三个以上）呈线状排列、规模巨大的海底火山组成。如若没有露出海面，则称为海山链，如皇帝海岭；若有断续链状的海底火山露出海面，则构成岛链，如夏威夷海岭南端的夏威夷群岛（图4.14）。无震海岭为长形隆起，绵延700～5 000 km，宽250～400 km，高出洋盆2 000～4 000 m。这里地壳较周围洋盆厚得多，有的可达20 km。无震海岭在三大洋中都有分布，太平洋中分布最广，较典型的是太平洋的夏威夷海岭和皇帝海岭、大西洋的鲸鱼海岭和里岛格兰德海岭、印度洋的东经90°海岭。

无震海岭（或海山链或岛链）通常远离大洋中脊，主要分布在岩石圈板块内部，构造上相对稳定，很少发生地震，不存在像洋中脊那样扩张和产生洋壳的现象，也没有在大洋中脊普遍存在的中央裂谷、转换断层及其所形成的破碎带。无震海岭的重力异常一般呈正的自由空间异常，布格异常与周围洋盆相比偏低。磁异常有线状、等轴状或不规则形状，与洋盆的条带状磁异常很不一致，说明无震海岭的成因不同于正常洋壳，故无法根据磁异常得出海岭的年龄。海岭的热流值大体与周围洋盆相当或略高。构成无震海岭的岩石与大洋中脊玄武岩有所不同，无震海岭的岩石种类较多，有拉斑玄武岩，碱性玄武岩及其他碱性岩类，中、酸性岩，等等。这可能是由其岩浆源地不同于洋中脊玄武岩以及岩浆的分异程度较高所致。组成海岭的火山岩的年龄一般要比下伏的洋壳年轻得多。无震海岭的一个显著特征是现代火山活动只发生在海岭的一端，而且自该端起沿海岭向另一端年龄逐渐增大（图4.14）。根据这种现象，威尔逊提出了热点说来解释无震海岭的成因。

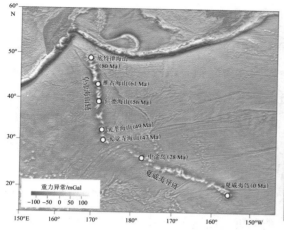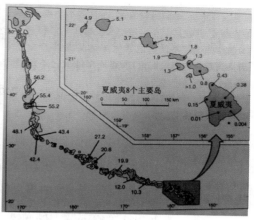

图4.14　太平洋的皇帝海岭和夏威夷海岭及火山岩年龄
（引自翟世奎，2018；姜兆霞等，2019）

关于无震海岭成因的说法主要有两个。热点说认为，热点相对于地幔是固定的，可以作为板块运动的参考系，这类无震海岭源于相对固定在外地核和上下地幔转换带的地幔柱，当板块移动至热点（地幔柱顶部）之上时，随着热点处的岩浆喷发而形成火山，从而发育了无震海岭。板块裂缝说认为，向北和向西俯冲消亡的太平洋板块在这些岛链的东南边撕开裂口，导致地幔岩浆泄漏。太平洋板块中的撕裂口火山随板块向西北方向漂移，而经纬度特定的撕裂位置相对板块向东南方向移动，并产生新的撕裂口，生成新的火山岛，久而久之，形成无震海岭。

由皇帝海岭与夏威夷海岭组成的海山链位于北太平洋中部，是全球最著名的海底火山链，其自北西至南东延伸，长度大于6 000 km。它主要由两部分组成：走向为N10°W的皇帝海岭和走向为N110°E的夏威夷海岭（图4.14）。各海岭年龄从西北到南东逐渐变年轻，同时二者走向上存在一个明显的60°转折。皇帝–夏威夷海底火山链是目前研究太平洋板块运动、地幔对流、构造、地球化学演化和岩石圈特征的一个热点区域。

热点说认为，当岩石圈板块跨越固定的夏威夷热点之上时，地幔物质喷出地表，形成火山。先形成的火山随着太平洋板块移动离开热点，逐渐熄灭形成死火山，同时，在热点上部对应的洋壳上又会喷发形成新的火山。如此不断推陈出新，发育成今天所看到的北西–南东向、由老到新的一列火山链，显示了太平洋板块在热点上方移动的轨迹，并记录了太平洋板块运动的方向（图4.14）。无震海岭延伸的方向，代表了板块运动的方向和轨迹。而皇帝海岭与夏威夷海岭之间的弯折可能是太平洋板块相对于固定热点运动方向发生60°的转向引起的。

四、环礁

礁（石）是指海洋中由岩石或钙质珊瑚堆积而成的接近水面的岩状物，可露出也可不露出水面。如果礁石直接生长在岸上，则称为岸礁。在我国海南岛四周就有零星的珊瑚岸礁分布。若礁石生长在海岸附近而又不与海岸连接，且平行海岸生长，像城堡一样，则称为堡礁，又称"离岸礁"。世界上最大的堡礁，是澳大利亚东海岸外的大堡礁，断断续续长达2 010 km，距澳大利亚大陆16～240 km。澳大利亚大堡礁与海岸之间隔着一条宽带状的浅海潟湖。若礁石位于离岸有一定距离的外海且形成孤岛，则称为岛礁。在大洋中还存在逼临海面而生长的环状礁体，称为环礁，其内常发育潟湖（图4.15）。

岸礁、堡礁和环礁，都属于珊瑚礁。珊瑚礁是由造礁珊瑚虫的石灰质遗骸和石灰质藻类长期堆积而成的一种礁石。珊瑚虫是海洋中的一类腔肠动物，其在生长过程中能吸收海水中的钙和二氧化碳，分泌出石灰石，变为自己生存的外壳。每一个单体的珊瑚虫只有米粒大小，它们群居在一起，一代代地新陈代谢，不断分泌出石灰石，并黏合在一起。这些石灰石经过压实、石化，形成礁石，即所谓的珊瑚礁。

环礁，是深海中的另一种独特地貌，属于呈环状分布的珊瑚礁，中间有封闭或半封闭的潟湖，多数逼临海面，多半由珊瑚、双壳贝、有孔虫等钙质动物外壳和钙质藻堆积而成，在其上常生长着茂盛的椰子和红树林等。世界上的珊瑚礁，多存在于赤道南北纬大约20°的范围内，尤以赤道中西太平洋为最多。比较典型的环礁是太平洋的马绍尔群岛和印度洋的马尔代夫群岛。由于环礁多是从水深为4 000 m的四周海底升高到现今的海面附近，所以周围海面之下的坡度都相当陡，最大坡度接近90°。环礁内侧多是水深30～100 m的潟湖，湖底沉积了大量钙质生物碎屑。

环礁之下多是玄武岩海山。因此，人们推测环礁的成因是在早期形成的火山岛上先形成岸礁，随着海底的沉降和礁体的生长，火山被淹没于水下，形成现在所见到的环礁（图4.15）。

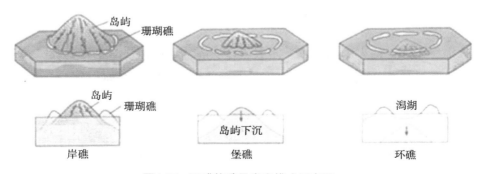

图4.15　环礁构造及发育模式示意图

随着火山岛的形成和沉降，依次出现岸礁、堡礁和环礁。我国南海的现代环礁大量发育，主要分布在西沙、中沙、东沙以及南沙群岛。至今，南海已经发现30多个生物礁油气田，古生物礁作为一种重要的油气储层而备受关注。

五、海洋蓝洞

在某些碳酸盐岩海岸附近及岛礁水面上，存在一汪深蓝色的圆形或椭圆形水域，从高空看，仿佛是大海的瞳孔，这种海底突然下沉的巨大"深洞"被称为海洋蓝洞。海洋蓝洞的名字，源于从海面之上观看对比周边的水域时，这个海底"深洞"呈现昏暗又神秘的深蓝色调。

全世界海洋中分布着大小不同、形态各异的蓝洞，如巴哈马群岛长岛上的迪恩斯蓝洞、红海北部的达哈布蓝洞、中美洲洪都拉斯伯利兹的灯塔蓝洞、马耳他戈佐蓝洞等。世界已知最深的海洋蓝洞——永乐龙洞，位于我国南海西沙群岛永乐环礁中的晋卿岛与石屿之间的礁盘上，深达300 m，距离海南省三沙市永兴岛约70 km（图4.16）。

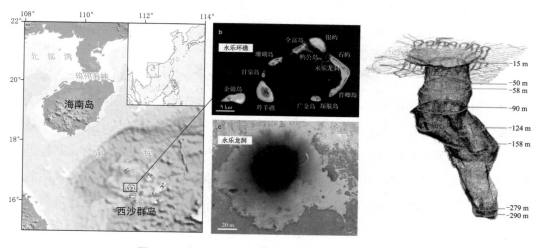

图4.16 中国西沙永乐龙洞位置、平面与三维形态
（引自范德江等，2018；Qiao等，2020）

海洋蓝洞洞体内水动力较弱，具有特殊的物理化学条件和生态环境。无氧和弱氧化的环境也有利于保留原始的水体、沉积遗迹和远古的化石残骸以及完整的生物骨骼，因此海洋蓝洞不仅是优质的旅游资源，而且在全球气候变化、海洋生态学、碳酸盐岩地球化学和古生物研究等方面具有较高的科研价值。例如，在蓝洞洞底，发现存在冬季正常平静海况下形成的由细颗粒碳酸盐沉积物构成的纹层，以及夏季热带风暴海况下形成的粗颗粒碳酸盐夹层（Gischler等，2013；Van Hengstum等，2014）。

永乐龙洞在水深10 m以下区域与外海无大规模连通；水体温度、盐度、密度存在多个跃层，155 m以下区域水文要素几无变化，在水深90 m以深为无氧状态（毕乃双等，2018）。永乐龙洞洞底浅埋沉积物以砂质组分为主，平均沉积速率为0.19 cm/a，在不同部位分别出现沉积物变粗、砂含量增多、沉积速率骤然加快的现象，其与西沙地区台风活动频繁相关（李建坤等，2018）。永乐龙洞的溶解态无机营养盐在表层浓度较低，但随着深度的增加，出现几个峰值（姚鹏等，2018）。永乐龙洞的中底部海水年龄有6 000多年（Qiao等，2020）。

永乐龙洞沉积物堆积在洞壁斜坡、中部转折平台以及洞底等部位。洞壁沉积物粒度较粗，阶地平台及洞底沉积物较细。龙洞沉积物绝大部分为钙质生物碎屑，以砂粒级碎屑为主，含砾石碎屑、粉砂碎屑，分选和磨圆差；龙洞侧壁沉积物基本属于碳酸盐矿物，绝大多数为文石、方解石，它们主要为礁坪来源的钙质生物碎屑；化学元素组成以钙、镁、锶为主（范德江等，2018）。龙洞沉积作用以机械捕获作用为主，垂直沉降作用为辅。永乐龙洞复合体，17 m以上岩石年龄距今7 500年，是全新世海平面上升时期形成的现代珊瑚礁体，没有经历过海平面下降引起的成岩作用；17～35 m岩石形成时代早于25 000年，是经历了大气淡水成岩作用的晚更新世喀斯特溶洞，且在高海平面时期于17～23 m以浅的空间内广泛发育洞内珊瑚礁（罗珂等，2019）。

海洋蓝洞的成因，目前认为有两种，即石灰岩溶洞成因与珊瑚礁生长结构成因（盖广生，2016；张伙带，2018）。石灰岩溶洞成因属于经典的成因类型，其形成与海平面变化和近岸存在大片石灰岩区域密切相关。在地球的冰期阶段，海平面下降，例如，在末次盛冰期，海平面下降到目前海平面下约130 m的地方，这时大陆架近岸的大片石灰岩区域出露成为陆地，石灰岩受到弱酸性的地下水侵蚀，逐渐形成溶洞，和陆地上岩溶地形区溶洞的成因相同。到了间冰期，海平面逐渐上升到达目前的高度，淹没了这些溶洞，就形成了这种蓝洞。在这一类型的蓝洞中，保存有大量石笋、石钟乳等；洞壁裂隙发育，往往形成若干个与外海水相连的通道，使洞内水体与外海水存在一定交换；洞底还可能有石灰岩壁或洞顶发生侵蚀坍塌掉落的大量产物。目前发现的大多数海洋蓝洞都属于石灰岩溶洞成因。珊瑚礁生长结构成因认为，全新世以来，珊瑚礁迅速生长，孤立的礁体快速生长并逐渐形成聚集状的潟湖礁体，随着海平面的上升，礁体也快速生长，并逐渐封闭成近似圆形的蓝洞结构。在这类蓝洞内没有观察到石笋、石钟乳等产物，洞内没有和外海水发生交换的通道，底部存在珊瑚砂，其特征和石灰岩溶洞成因的蓝洞有显著差异。

第四节 洋中脊体系

洋中脊，又名中央海岭，简称为洋脊，是贯穿四大洋的全球规模最大的洋底山系。全球洋中脊系统连绵约84 000 km，其面积占全球面积的22%。洋中脊存在于所有大洋盆地中，并且几乎把大西洋、印度洋各分为两部分，故通常又被称为大洋中脊。尽管经常被称为洋中脊，但是它们超过60%的脊段并不位于洋盆的中部。洋中脊是岩浆作用形成的一条规模巨大、贯穿全球的火山链，是洋壳生长的地方。洋中脊一般没有沉积物覆盖，高出海底2 km左右。在某些地方，洋中脊直接出露海表，形成岛屿，例如大西洋中的冰岛、亚速尔群岛以及太平洋中的复活节岛等。

虽然整个地球上的洋中脊都是连续的，但由于在洋中脊延伸方向上，存在着许多转换断层，因此整个洋中脊有很多处被错断开。此外，沿着洋中脊的延伸方向存在着狭长的中央裂谷，其是由裂谷两侧的高角度断层形成的地堑。

虽然同为巨大的山脉，但是海底山脉和陆地山脉的生成机制不同。陆地山脉大多是由于板块相互挤压形成，洋中脊则是新的洋壳生成的地方。

一、洋中脊

根据其形态，全球洋中脊体系大体可划分为太平洋-印度洋中脊和印度洋-大西洋-北冰洋中脊。这两条巨型洋中脊在中印度洋罗德里格斯三联点交汇，共同构成全球最重要的扩张板块边界，在球面上形成类似希腊字母"Ω"形的几何分布特征（图4.17）。洋中脊的起点和终点分别为东北太平洋的探索者洋中脊和北冰洋加科尔洋中脊。不同洋盆（太平洋、印度洋、大西洋、北冰洋）的洋中脊之间存在强烈的构造转换特点。

洋中脊是洋壳生长的地方，又称为增生带，地幔物质在这里涌出，冷凝成为新的洋壳并将早先形成的洋壳从洋中脊依次向两侧推开，洋壳年龄随着与洋中脊距离的增加而增大。这里是现代地壳最活跃的地带，火山活动、热液事件、构造运动频发，水平断裂（转换断层）广布。

图4.17　全球洋中脊体系分布

洋中脊具备以下地质地球物理基本特征：

（1）脊顶水深一般2 000～3 000 m，平均2 500 m左右，有些地方高出水面成为岛屿，如冰岛、亚速尔群岛、复活节岛等。

（2）洋中脊宽度变幅较大，一般数百至几千千米，最宽（如太平洋中脊）可超过4 000 km。

（3）洋中脊地形相当复杂，一系列岭谷相间排列，在纵向上呈波状起伏的形态。

（4）从洋中脊相对于深海平原隆起的地方算起，其面积约占大洋底的1/3，可谓世界规模最大的环球山系。

（5）洋中脊体系全部由拉斑玄武岩构成，是海底火山作用的产物，是现代火山作用带。

（6）洋中脊体系具有较强的热流背景。

（7）沿洋中脊轴部有频繁的地震活动，是全球最主要的浅源地震活动带。

根据洋中脊的全球分布、运动学特征及其初始形成时与泛大陆的构造几何关系，全球洋中脊体系可以分为外支和内支洋中脊。

（1）外支洋中脊，主体分布于太平洋，并延伸进入印度洋及红海，包括探索者洋中脊–东太平洋洋隆–东南印度洋中脊–西北印度洋中脊–亚丁湾红海，起源于泛大洋及冈瓦纳大陆内部。（图4.18）

（2）内支洋中脊，由西南印度洋中脊–大西洋中脊–北冰洋加科尔洋中脊组成，起源于泛大陆内部，扩张速率以超慢速、慢速为特征。（图4.18）

内支洋中脊和外支洋中脊之间，通过中印度洋罗德里格斯三联点进行构造衔接，同时在西南印度洋中脊形成密集的转换断层系，以进行构造转换和斜向扩张，使南大西洋与东南印度洋中脊实现构造上的衔接。

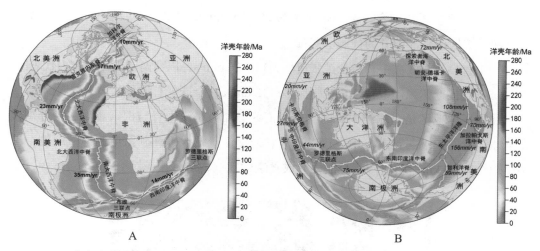

A. 白色实线为内支洋中脊，灰线为外支洋中脊，黑色数字为洋中脊全扩张速率。
B. 白色实线为外支洋中脊，灰线为内支洋中脊，黑色数字为洋中脊全扩张速率。

图4.18　全球内支、外支洋中脊及洋壳年龄分布图
（引自Müller等，2008，Demets等，2011）

外支洋中脊与内支洋中脊两者之间通过俯冲带、转换断层以及弥散性板块边界实现全球板块构造在运动上的平衡，并保持地球的球形几何形态恒定。外支洋中脊在全球板块构造上造成泛大洋缩减，并持续被太平洋取代，直接推动了环太平洋俯冲带的形成；内支洋中脊造成大西洋盆、印度洋盆中生代以来持续扩张。中生代以来，外支洋中脊和内支洋中脊共同作用引起非洲板块、印度-澳大利亚板块向北运动，新特提斯洋盆关闭，形成特提斯（阿尔卑斯山-喀尔巴阡山-扎格罗斯山-喜马拉雅山）碰撞造山带，并通过洋中脊的扩张平衡了相关岩石圈板块之间的距离缩短。

外支洋中脊始于东太平洋洋隆，终于红海扩张中心。扩张速率整体表现为由慢速到快速，再到超慢速的过程。在东太平洋洋隆南段全扩张速率高达156 mm/a，为全球扩张速率最快的区域，代表着全球最活跃的扩张板块边界。

内支洋中脊始于罗德里格斯三联点，经西南印度洋中脊、大西洋中脊、北冰洋加科尔洋中脊，终止于西伯利亚，扩张速率整体表现为极慢速—慢速—极慢速—超慢速的过程。

从洋中脊的全球空间分布可以看出，全球内、外支洋中脊为两个相对独立的洋中脊系统。两个洋中脊系统均表现为中部扩张速率快、两端扩张速率降低的趋势。

根据全扩张速率,全球洋中脊可以分为以下5类(Macdonald,1982):

(1)快速扩张洋中脊,全扩张速率为80~150 mm/a,以东太平洋洋隆为主要代表。

(2)中速扩张洋中脊,全扩张速率为55~80 mm/a,以东南印度洋中脊为代表。

(3)慢速扩张洋中脊,全扩张速率为20~55 mm/a,以中大西洋中脊、中印度洋中脊和卡尔斯伯格洋中脊为代表。

(4)极慢速扩张洋中脊,全扩张速率为12~20 mm/a,以西南印度洋中脊为代表。

(5)超慢速扩张洋中脊,全扩张速率<12 mm/a,全球仅有加科尔洋中脊属此类。

北太平洋地区是全球洋中脊的首尾交汇区。加科尔洋中脊与探索者洋中脊分别代表全球洋脊的末端与首端。中生代以来,它们交汇于北太平洋阿留申俯冲带两侧,首尾相距约3 000 km,斜向构造交汇,形成复杂的区域构造格局(图4.19)。

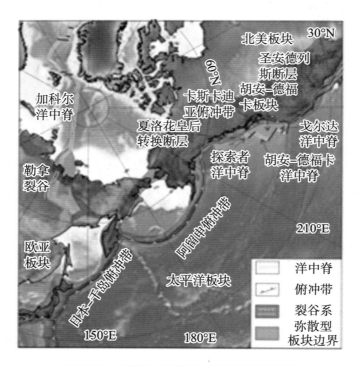

图4.19　全球洋中脊首尾交汇的区域构造图

二、洋中脊中央裂谷

中央裂谷,是沿洋中脊轴部延伸的巨大地堑型断裂谷,宽约30多千米,平均深度达2 000 m。其特点是沿着大洋中央裂谷有浅源地震带和高热流值带的分布。中央裂谷中新鲜的席状和枕状熔岩,是来自地幔的岩浆沿散布中央裂谷中的裂隙喷溢的产物。以"黑烟囱"著称的高温热液喷口,及其伴生的不依靠光合作用而生存的深海生物群落，沿轴部裂谷产出。喷出的热液最高温度可达350℃，并伴生铜、铁、锌等多种矿产。中央裂谷总长约80 000 km，并与大陆上的裂谷带首尾相接，从而构成了世界上规模最宏大的张性裂谷带。

1977年，美国伍兹霍尔海洋研究所利用"阿尔文"（Alvin）号深潜器在东太平洋海隆加拉帕戈斯（Galapagos）附近首次发现了海底热液活动，海底热液烟囱体高度可达20 m。黑色富金属流体从烟囱体喷口喷出，流体温度可达350℃。关于热液流体的成因，普遍的认识为水−岩反应模式：海水沿着洋壳裂隙下渗，不断靠近岩浆房，在这个过程中，海水被逐渐加热，并从岩石中淋滤萃取金属元素。富金属流体由于温度较高、密度较低，会沿着构造裂隙上升喷出海底，形成热液烟囱体。热液烟囱体总体上可分为黑烟囱流体和白烟囱流体（图4.20）。黑烟囱流体主要由金属硫化物组成，温度很高；而白烟囱流体主要由硫酸盐组成，温度较低，一般不超过100℃，但是具有较高的酸度。关于两种烟囱体的成因，一般认为与水−岩反应的程度及热液流体的循环深度有关，相分离作用也可能在其中扮演了重要角色。

图4.20　海底热液喷口

自人类在东太平洋海隆加拉帕戈斯首次发现热液喷口后，陆续在大西洋中脊、鄂霍次克海、加利福尼亚湾、胡安德福卡（Juan de Fuca）等地发现了海底热液活动。科学界一致认为，海底热液活动在洋中脊是非常普遍的，尤其在快速扩张洋中脊更为发育。1990年7月，科学家在西伯利亚南部贝加尔湖中发现了热液喷口，这是人类首次在淡水中发现热液活动。这一发现表明，这个世界上最古老、最深的湖泊可能在未来的某一天由于亚洲大陆的解体而变成大洋的一部分。

并不是所有的热液喷口都会形成烟囱体，有的热液活动区热液硫化物会以网脉状或热液丘状体形式产出。低温喷口流体的形成可能与流体喷出海底之前海水的混合作用有关。热液喷口周围海水的温度一般在8～16 ℃，明显高于正常底层海水的温度（3～4 ℃）。在这些热液喷口周围栖息了大量的热液生物（图4.21）。

图4.21　海底热液生物

据估计，全球大洋海水大约每1 000万年以热液流体的模式完成一次循环。热液喷口的流体酸度极高，并富含大量的金属元素和挥发组分，可能对海水和大气的化学成分产生重要影响，并可能与大型金属矿床的形成有关。

中央裂谷在全球洋中脊分布差异较大，据分析，这与板块扩张速度有关，在全扩张速度1～5 cm/a的慢速扩张洋中脊，如大西洋中脊和西南印度洋中脊，中央裂谷的宽度为10～30 km、深1 500～3 000 m；全扩张速度5.5～8 cm/a中速扩张洋中脊，中央裂谷的宽度为7～20 km、深50～400 m；全扩张速度9～10 cm/a的快速扩张洋中脊，如东太平洋中脊，无中央裂谷。有学者认为，这一现象取决于岩浆供给和拉张量的关系：岩浆供给充分，地幔上涌而形成的新洋壳跟得上板块拉张分离过程，无中央裂谷；反之，岩浆供给欠充分，形成的新洋壳跟不上板块分离拉张，就形成裂谷地形。

从不同扩张速率脊段垂直于洋中脊走向的地形剖面看，大西洋中脊地形相对陡峻、狭窄，具有明显的中央裂谷（图4.22A、B）；印度洋中脊地形相对大西洋中脊平缓、宽阔，但也具有中央裂谷（图4.22C、D）；太平洋中脊地形相对而言是最宽、最平缓的，不具有中央裂谷（图4.22E）。

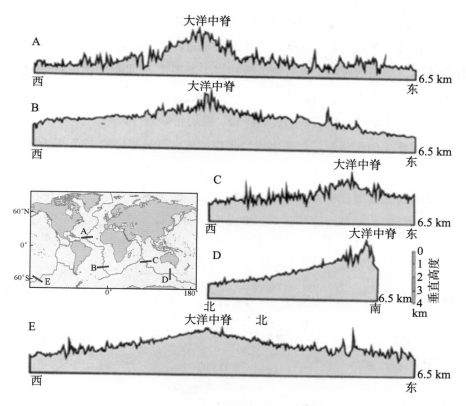

图4.22 垂直于大洋中脊走向的地形剖面图

三、破碎带与转换断层

从大西洋中脊空间分布图可以看到，大西洋中脊并不是一条直线，而是呈一条"S"形曲线，并被转换断层分隔。转换断层常与洋中脊轴部垂直，错开距离从几十千米到几百千米不等。转换断层因其连接两个脊段的顶端而得名，在这里增生运动转换为走滑运动，地震活跃。洋壳各处不能均匀地扩张，因此海底扩张就会导致洋中脊各处发生不均匀、非对称的离散，从而形成转换断层和洋中脊破碎带。准确地说，洋中脊构造带活跃的部分称为转换断层，而转换断层之外的构造带称为洋中脊破碎带。转换断层两侧洋壳运动方向相反，而洋中脊破碎带两侧洋壳运动方向相同。

水平方向的错动和垂向的升降使得转换断层往往不是一个断层面，而是一个断层（破碎）带。Menard（1954）把这种地形极不规则、具线形脊和断崖的狭长断层带定义为破碎带。洋中脊被破碎带错断，被错开的洋中脊之间的一段破碎带上常常有地震发生。破碎带是地形参差不一的线形延伸带，它以海槽、陡崖及其他如大型海山或陡峻的不对称性为标志，通常穿过海岭两翼再延伸很长距离。在有些情况下，作为表层或地下构造，破碎带可穿过洋壳直至地幔，甚至到达软流圈，成为软流圈地幔物质上侵或溢出的出口（图4.23）。破碎带是由无定向的裂口和裂隙破坏的岩石带，裂隙可能由矿物充填，呈网状脉络，也可能大致相当于断裂带。同断层相伴生的破裂带内充填有由断层壁撕裂下来的岩石碎块、碎石和由断层作用而形成的黏土物质。破碎带也称碎裂带，有的被重新胶结起来形成破碎岩、断层角砾岩等。

洋壳及其伴生的张裂带是洋壳生成和张裂的地方。最年轻的玄武岩产出于洋中脊火山活动的中心，随着与洋壳距离的增加，岩石的年龄逐渐变老。新生洋壳在海底扩张作用下会不断被推离洋中脊，并逐渐冷却收缩。慢速扩张洋中脊剖面相较于快速扩张洋中脊更加陡峭，这是慢速扩张洋中脊火山活动较弱，洋壳生成和冷却速率较慢导致的。

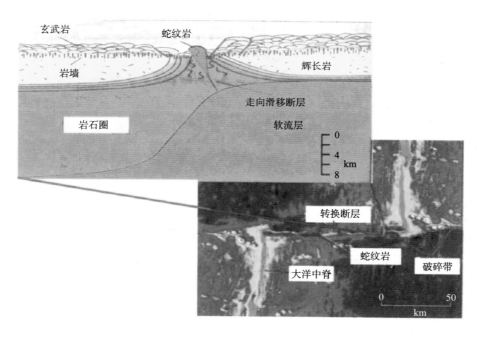

图4.23 转换断层所形成的破碎带及其软流圈地幔溢出或出露
（下图据Hamblin等，1998）

　　洋中脊体系在宏观上构成全球性海底山脉，但在微观上并非连续不断，它被一系列与脊轴垂直或近于垂直的横向大断裂带切割，在这种横切洋中脊的巨型水平剪切断裂作用下形成了一系列转换断层（图4.24）。洋中脊被一些横向的断裂错开，其间距为50～300 km，这种断裂带大多与洋中脊轴段正交，好像是后期形成的"平移断层"将洋中脊轴线错开。实际上，这并非一般的平移断层，而是大洋板块向两侧运动所形成的一种特殊断裂，Wilson（1965）称之为转换断层。转换断层是大洋中脊在特殊环境下，由于不同脊段在扩张速度、方向和强度等因素上的差异所形成的断裂构造。

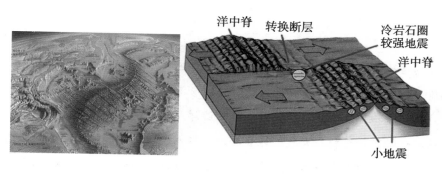

图4.24　大西洋中脊及转换断层示意图

　　转换断层几乎是连续分布的。如果我们把转换断层同一侧看作同一个刚性板块，那么根据转换断层、俯冲带、造山带就能把地球划分成若干个刚性板块，这就是大陆构造中划分的几大刚性板块。这意味着通过转换断层、俯冲带和造山带定出的板块，符合刚性板块的特性，是解释转换断层是板块构造运动在地表运动表现形式的重要依据。

　　洋中脊的发现，是近代地质学的一项重大成就，在科学史上具重要的意义，使得整个地球科学发生了革命性的变化，人类对地球的认识也向前迈出了一大步。正是洋中脊的发现，让魏格纳的大陆漂移学说开始得到重视，由此导致了海底扩张学说的诞生，并在20世纪60年代末进一步发展成现在被人们普遍接受的板块运动理论。

　　迄今为止，对洋中脊的研究取得了很大进展，如20世纪70年代末通过"阿尔文"号深潜器发现东太平洋的黑烟囱，以及随后的80年代发现快速扩张的太平洋中脊轴部岩浆房等。但关于洋中脊的很多认识仍是模糊和肤浅的，特别是关于洋中脊的动力学问题目前仍缺乏统一而明确的认识。因此，随着"国际大洋中脊研究计划（InterRidge）"和"综合大洋钻探计划（IODP）"等国际性合作组织对洋中脊的持续深入研究，人们对洋中脊的认识必将越来越深入。

第五章　海水的物理性质与海洋的层化结构

海洋约占地球水圈总水量的97%，是以水为主又含有约3.5%盐分的天然水体。海水的性质首先决定于水的性质，其次受其中所含溶解盐分的影响，与海水中其他溶解成分、悬浮颗粒物、胶体甚至生物也有关。海洋是地球水圈的贮库之一，通过蒸发—降水、结冰—融冰等过程与大气、地表和地下水以及冰川等其他水的贮库之间发生水的迁移循环，水本身也在海水、水蒸气、淡水（注意：不是纯水）以及冰之间发生形态转化。因此，了解海水的物理性质先要从纯水的属性开始，再对其含有的盐分产生的各类影响进行探究，进而从物理性质出发认识海洋水体的结构以及基本物理化学要素的分布特征。

第一节　水的物理化学性质

水乃是普通且常见之物，但有着不寻常却易被忽视的特性。从物理和化学角度看，水有两个显著特性：① 水有很强的溶解能力，在物理、化学等作用和生命等活动中是良好的媒介；② 水具有非常大的热容量，对于地球热收支和气候起到重要的平衡作用。下面以水分子的结构和性质为起点去认识。

一、水的基本物理化学性质

（一）水分子的极性与强溶解能力

纯水是一种化合物。水是由氢和氧两种元素按2∶1结合而成的，分子式是H_2O。

氢原子和氧原子之间以共价键结合，两种原子各拿出一个电子组成电子对，电子对被二者共享，各原子的电子层都达到满电子数从而稳定存在（图5.1）。一个氧原子与两个氢原子形成两个等同的共价键，键角为104.5°。氢和氧原子的电子层数均较少，原子核对核外电子吸引力强。由于原子序数较大的氧原子核中有8个带正电荷的质子而氢只有1个质子，氧对共用电子对的吸引能力大于氢，因此电子对在两原子之间的分配不对称，更偏向于氧原子一边，导致氧原子一端带部分负电荷，氢原子一端带部分正电荷。这种电荷不对称的性质称为"极性"，具有极性的化学键为"极性键"。由于构成水分的氢氧原子不为线性对称，正负极性不能相互抵消，水分子成为一种"极性分子"。

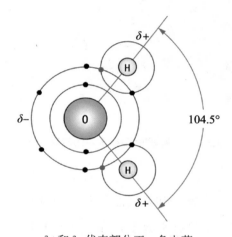

δ+和δ-代表部分正、负电荷

图5.1　氢氧原子形成共价键构成水分子并具有极性的示意图

极性是水具有强溶解能力的原因。当水分子与另一种极性化合物的分子（非电解质，如蔗糖）接触时，各自所带正负电的一端会互相吸引，该化合物的分子会被水分子包围且彼此分开，成为水合分子，与水分子混溶在一起成为"溶液"，这种作用则叫作"溶解"（图5.2）。同样，水分子与由阴、阳离子组成的无机盐（如氯化钠）接触时，带负电的一端会吸引阳离子，而带正电的一端会吸引阴离子，这样会把盐类的阴、阳离子分开，各自形成水合离子而溶解。使阴、阳离子彼此分离的作用叫作"电离"或"解离"，能电离的物质叫作"电解质"。解离后的水合阴、阳离子与水分子混溶在一

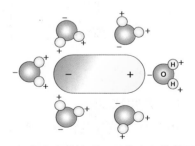

+、-仅代表电荷性质，不代表电荷数目。

图5.2　水中非电解质溶解

起，成为电解质溶液。如图5.3所示为电解质NaCl在水中的电离和溶解 [NaCl（s）+（m+n）$H_2O \rightleftharpoons Na^+ \cdot mH_2O + Cl^- \cdot nH_2O$]。因此，水分子所具有的极性使它对许多极性化合物具有非常强的溶解能力，特别是无机盐类。这是海水能够含盐的性质基础。

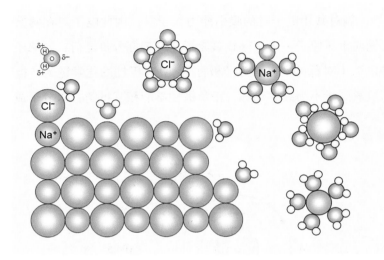

图5.3　电解质NaCl在水中的电离和溶解

液态的水中也存在水的电离。由于水分子的极性和水分子间的相互作用，少量水分子会发生电离，成为水合氢离子和氢氧根离子（图5.4）。

因此，即使纯水中也不只有水分子存在，还有共存的水合氢离子和氢氧根离子。H_3O^+可简记作"H^+"，但溶液中不存在非水合的裸氢离子。然而，水的解离能力很弱，在25℃条件下，纯水仅有$1/10^7$可以解离，因此水是一种极弱的电解质。作为极弱电解质，纯水具有很高的电阻率（>18 MΩ·cm），电阻率可用来检验水的纯度。

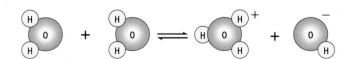

图5.4　水的电离

（二）水中的氢键

由于具有较强的极性，水分子中的氢（带部分正电荷）与另一极性分子中电负性高、带部分负电荷的原子（X）相互吸引，即以O—H…X的方式作用，称为"氢键"。氢键虽达不到化学键的键能，但强于一般分子间的范德华力。水分子与水分子

之间能够形成氢键，即一个水分子中带负电荷的氧原子
一端会吸引另一水分子带正电荷的氢原子一端，导致水
分子与水分子之间相互作用增强而发生缔合，使水以缔
合物的形式存在（图5.5）。水分子缔合与温度有关，温
度低时分子热运动减弱，有利于缔合分子数量增加。

液态水和固态冰中都有氢键，但在非凝聚态的水蒸
气中水分子的分散程度大，不形成氢键。

氢键是使水具有不同寻常热性质的基础，如较高的
冰点和沸点、较高的热容、较高的蒸发潜热等，并且使
水主要以液态形式在地球表面广泛存在。

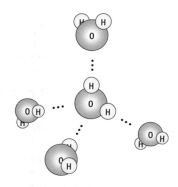

**图5.5　水分子间的氢键
与水缔合物的形成**

二、水的热性质

水的热性质包括水的沸点、冰点、密度和热容等一系列物理性质，是决定海水热
性质的基础要素。海水由于含有盐分，其热性质在纯水的基础上发生进一步改变，
附加了盐分的影响。因此，了解海水性质需要先从水的热性质开始，再过渡到含盐
后的情况。

（一）水的沸点、冰点和三相点

温度和热量是常用来描述热性质的要素，但二者是不同的。

从分子运动论观点来看，温度是分子平均平动能的标志，是分子热运动的集
体表现，含有统计意义。温度相同的不同物质，其分子平均平动能相同。

而热量是物体内能改变的一种量度，内能从温度高的一方向温度低的一方传递。
任何物质都有一定数量的内能，这跟组成物质的原子、分子的无序运动有关。当两种
不同温度的物质处于热接触时，它们之间发生内能交换至双方温度一致。该内能交换
量即为热量，热量是一种过程量。

氢键的存在使水分子之间的作用力增强，在液态水气化为水蒸气时打破氢键作用
需吸收更多热量，气化时的温度更高；同理，氢键的作用会在液态水降温时更容易凝
固结冰。因此，与同主族第三周期的H_2S（常温常压下为气态，分子中S的电负性低，
不能形成氢键）等相比，常压下的水具有更高的沸点和冰点（图5.6）。沸点和冰点均
与压强有关，压强为101 325 Pa条件下，水的沸点和冰点分别为99.974℃和0.002 519℃
（采用国际温标ITS-90，含义见本章第二节）。

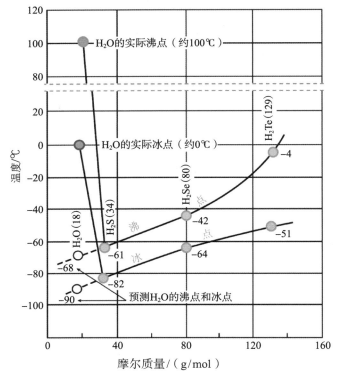

图5.6　氢键的存在使水的冰点和沸点远高于其他氧族元素的氢化物
（修改自Libes，2009）

在温度为273.16 K（即0.01℃，注意：略高于水在101 325 Pa时的冰点）、压强为611.657 Pa条件下，水蒸气、液态水和固态冰三相共存。在$p-t$图上该温度和压强所构成的数据点为水的三相点。水的三相点温度是确定温度标度的基准点。

（二）水的密度

单位体积物质的质量为密度。密度受温度和压强的影响，其变化是水的热性质的体现。与一般物质相似，常压下当温度降低时，水的密度增加，即分子热运动减弱导致体积收缩的作用是主要影响因素，符合热胀冷缩规律。

然而，当温度接近冰点时，水的密度变化具有特殊性：常压下温度为3.978℃时，水具有最大密度999.97 kg/m³ [（999.974 95±0.000 84）kg/m³]；温度继续降低，则密度有所减小，至冰点0℃（实际为0.002 519℃）时降为999.84 kg/m³，为"反常膨胀"。水继续放出热量则结冰，冰的密度急剧降至916.7 kg/m³（图5.7）。

反常膨胀的原因是什么？答案还是氢键的作用。当温度低于3.978℃时，分子热运动的影响减弱；以氢键缔合的水分子的数量进一步增加，使分子的紧密程度减小，导致体积增大，从而使密度从最大值开始向减小的方向转变。

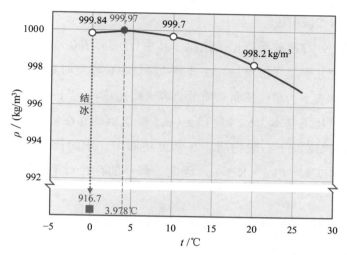

图5.7　水的密度随温度的变化及结冰时密度降低（101 325 Pa）

　　当温度降至冰点，水由液态转变为固态后，几乎全部水分子缔合为一个大的整体（六方晶体，为"Ih冰"；高压下冰还有其他形态），水分子中氧与两个氢之间的键角从约105°变为略大于109°，使水分子通过稳定的氢键形成三维网状的规则六边形晶格，结构与氢键经常断裂和重组的液态水相比明显疏松（图5.8），体积增加了约8%，密度变小。温度继续降低，冰的密度会增加，但也不会达到液态水的密度。因此水凝固形成的冰的密度小于水，导致冰漂浮在水面上。

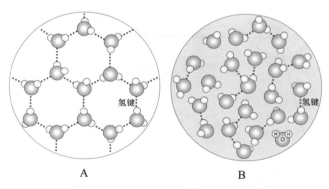

图5.8　固态冰中稳定的氢键（A）和液态水中经常断裂与重组的氢键（B）以及缔合状态的对比

（三）水的相变过程中热量的传递和温度的变化：热容、蒸发潜热和融化潜热

　　在相态不变的情况下，水等分子放出或吸收热量引起温度升高或降低，这种热量称作"显热"（又称"感热"）；而在熔化（或融化）、蒸发等相变过程中温度是不变的，但放出或吸收热量的过程却同样在发生，这种热量称作"潜热"。常压下从冰到

87

液态水再到水蒸气的过程中温度随吸收热量增加的变化见图5.9，变化曲线由两条水平线段和三条近似斜线段组成。

首先，看图5.9中3段斜率近似的线段，其中1段显示在0～100℃范围内水的温度随吸收热量的累积几乎呈线性增加。在升高或降低单位温度时某物质所吸收或放出的热量为热容，通常表示为单位质量物质的热容，即比热容。与一般物质相比，水具有较高的比热容，常压下基本为4.2 kJ/（kg·K）。氢键的存在使水分子热运动增强而导致温度升高的程度低于一般物质。在常见物质中，水的比热容仅次于可用于制冷技术的液氨［4.7 kJ/（kg·K）］。因此，海洋的存在对平衡地表温度能起到重要作用。

图5.9中，在-40～0℃范围内冰的温度随吸收热量的增大也几乎为线性增加。冰的比热容约为2.1 kJ/（kg·K）。

其次，水平线段部分是相变过程。从表征物质的性质角度，融化潜热和蒸发潜热也以单位质量计，分别为比融化潜热和比蒸发潜热。图5.9中位于0℃的水平线段即冰融化过程中所吸收的热量，在84～418 kJ/kg范围，冰的融化潜热为334 kJ/kg。

图5.9中最引人注目的，是位于100℃的直线段即水的蒸发过程，吸收的热量在837～3 098 kJ/kg范围，水的比蒸发潜热高达2 261 kJ/kg。为什么水的蒸发潜热如此之大？为什么水的蒸发潜热远大于冰的融化潜热？氢键的作用是最主要的原因。

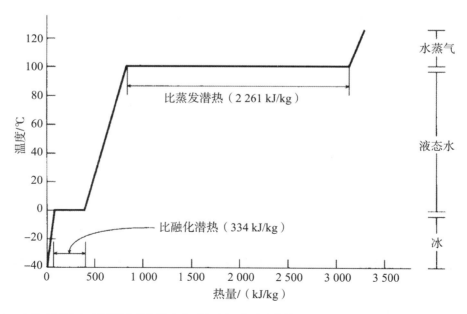

图5.9 水从冰到液态水再到水蒸气的变化过程中温度随吸收热量累积量的变化（压强为101 325 Pa）
（修改自Libes，2009）

液态水中的水分子之间是通过氢键缔合的，而水蒸气中的水分子之间没有氢键作用。水蒸发时需断开所有氢键，因而要消耗很多额外的能量。与水相似，冰中存在数目更多的氢键，但冰融化过程中断开的氢键只是其中一小部分（约百分之几），所以冰的比融化潜热远不及水的比蒸发潜热大。与水的比热容情况相似，常见物质中冰的比融化潜热仅次于氨。

水的蒸发是在不同温度下都能发生的过程。蒸发潜热受温度的影响，但不同温度下水的蒸发潜热差异不大。

水是常见物质中比蒸发潜热最高的。海洋的存在使地球的热收支被水的蒸发–凝聚过程所平衡，温度变得相对稳定。

（四）水的蒸气压

在开放空间中存在的水，部分水分子会因热运动而逸出液体表面成为水蒸气，形成气–液两相共存的状态（图5.10）。同样，气相中的水分子也发生凝聚，回到液相表面成为液态的水。

气相中水蒸气的压强 $[p(H_2O)]$ 为蒸气压。当水分子蒸发逸出液相的速率与凝聚回到液相的速率相等时，即达到了蒸发平衡，此时净蒸发量为零。平衡时气相中水蒸气的压强 $[p^*(H_2O)]$ 为水的饱和蒸气压，在能明确区分时也简称为水的"蒸气压"。

水的饱和蒸气压与温度有关，温度越高则饱和蒸气压越大。25℃时纯水的饱和蒸气压为3.184 kPa，99.974℃（ITS–90）时则为101.325 kPa。当某温度下水的饱和蒸气压高到与外部压强相同时即发生沸腾，该温度就是沸点。

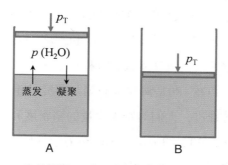

p_T 为总压强，$p(H_2O)$ 为水的蒸气压。

图5.10　水在开放空间中蒸发并可达到蒸发平衡（A）；在无开放空间中的水不蒸发（B），如深海

饱和蒸气压与气相中是否有其他气体分子存在无关，即在同一温度下，真空的空间与含有空气的空间在蒸发平衡后水的饱和蒸气压相同。

相同温度下含有溶质的水的饱和蒸气压 $[p'(H_2O)]$ 与纯水的相比下降，若是稀溶液则具有以下关系：

$$p'(H_2O) = p^*(H_2O) x(H_2O) \tag{5.1}$$

其中，$x(H_2O)$ 为溶液中纯水作为溶剂的分数（$\leqslant 1$）。该式为拉乌尔定律（Raoult's Law）的表达式。

第二节　海水的温度、盐度、密度与海水热力学方程

纯水的热力学性质受温度和压强影响。对含有盐分的海水来说，则还要增加盐度变量，即海水的热力学性质是温度、压强和盐度的函数。其他重要但不易测量或无法直接测量的物理性质以此3个要素为基础进行计算求得。

作为海水的基本物理量，温度、压强（深度）和盐度是海洋观测所能直接获得的要素，而在海洋学研究中同样基本且关键的物理量——密度，却不易直接测定，多数情况下是由以上3个要素间接求算的。早期，海水的物理性质如密度、比热容、蒸发潜热、热膨胀系数等与温度、压强和盐度之间的关系是一些经验公式，不同公式的条件、适用范围和所考虑的因素不完全相同，相互间关联性较为缺乏，适用性和结果准确性的差异也较大。盐度作为衡量海水盐分含量的要素，其定义和测量技术被多次修改或更新。1978年，建立了实用盐度标度，这是对盐度定义和测定方法的极大完善。在此基础上提出的国际海水状态方程1980（the international equation of seawater state 1980，EOS-80）被联合国教科文组织（UNESCO）推荐使用。

EOS-80是海水状态变量温度、压强、盐度和密度（或比容，相当于体积变量）之间相对完善的经验函数关系，与气体状态方程的意义类似，被称为"海水的 p-V-T 关系"。在此后30年里，EOS-80是海洋学观测与研究的重要基础之一，得到了广泛应用。随着海洋学研究的推进，人们对密度变量的精密度和准确性提出了更高要求。再由于新的国际温标（ITS-90）的采用、水的热力学性质方程的更新（Goldberg等，1992），以及以海水电导为基础的实用盐度与海水化学组成之间存在差异的影响，EOS-80的求算结果与海水实际情况的偏离不可忽略。联合国海洋研究科学委员会（SCOR）和国际海洋物理科学联合会（IAPSO）组建了第127工作组（WG127）进行研究，提出新的国际海水热力学方程2010（the international thermodynamic equation of seawater 2010，TEOS-10），于2009年在联合国教科文组织政府间海洋学委员会（UNESCO/IOC）第25次会议上被推荐使用，代替EOS-80。

TEOS-10给出了海水各热力学性质及相互间的理论关系，以绝对盐度（S_A）代替EOS-80所采用的实用盐度（S_P），系统考虑了海水化学要素的空间变化；采用保守温度（Θ）代替位温（θ），以海水吉布斯函数为基础变量求算各种热力学性质（Feistel，2008），包含了EOS-80所不能计算的各种物理量，适用范围得以扩大。TEOS-10不像EOS-80那样可输入变量代入方程直接计算，而是开发了吉布斯海水GSW软件库（the Gibbs-seawater software library，Matlab语言）和海水-冰-空气SIA软件库（the seawater-ice-air software library，Visual Basic和Fortran语言）运算。这两个软件库可从www.TEOS-10.org网站下载，并有TEOS-10手册供参阅使用（IOC等，2010）。

在本节所介绍的海水物理量中，符号、有关定义式或关系式按TEOS-10的形式给出。

TEOS-10中一阶和多阶（偏）导数用下角标方式表示，如：$\dfrac{\mathrm{d}g}{\mathrm{d}P}=g_P$，$\left.\dfrac{\partial^2 g}{\partial P^2}\right|_{S_A,t}=g_{PP}$。

一、海水压强

压强为单位面积水体或空气受到的压力，SI单位为"帕斯卡（Pa）"。标准态压强（$p^\ominus$）原为101 325 Pa（即标准大气压强，相当于760 mm汞柱），目前已修改为100 000 Pa，但由于原有文献或手册中的大量常数或物理量的条件等无法及时更改，现物理和化学等学科在实际应用中尚存在两种不同标准态压强并用的现象。海洋学中目前仍采用$P_0 \equiv 101\,325$ Pa为绝对标准大气压强。

某深度海水的压强为绝对压强（P）。由于海水的压强随深度而发生直接变化，海洋学观测和研究中常使用"海水压强（p）"，定义为绝对压强减去绝对标准大气压强（P_0）：

$$p=P-P_0 \tag{5.2}$$

在海洋学观测和研究中，海水压强经常采用的单位为"分巴（dbar）"。由于1 bar=100 000 Pa，海水压强每增加1 dbar所对应的水深增加量近似为1 m。在大气压强为101 325 Pa时，海水深度为0 m，海水压强为0 dbar；如某海区海水深度为4 000 m时，海水压强为4 063 dbar，即海水压强大致直观反映了海水深度（图5.11）。当然，海水深度与压强之间并非固定关系，也不是线性关系。压强还受海水密度的影响，密度又与温度和盐度有关。TEOS-10中压强与深度之间的换算，是对S_A和Θ进行垂向分层，通过重力势（Φ）进行的。

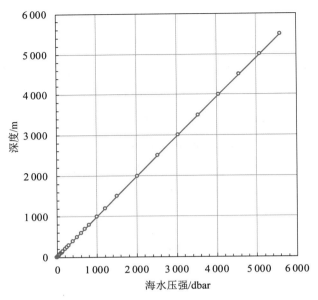

图5.11 海水深度与海水压强的关系

二、海水的温度及其变量

（一）温度和温度标度

如已所述，温度代表了分子（以及离子等其他粒子）热运动的剧烈程度，是分子平均平动能的量度。热力学温度又称绝对温度，是国际单位制（SI）的七个基本物理量之一，符号为"T"，SI单位为"开尔文（K）"。绝对零度为0 K，是粒子动能低至量子力学最低点时的温度，为理论下限值。0 K时纯物质、完美晶体的熵为零（热力学第三定律）。热力学温度的基准点以水的三相点温度等于273.16 K来确定，1 K等于水的三相点温度的1/273.16。常用的摄氏温度符号为"t"，定义为$t/℃=T/K-273.15$。1℃与1 K大小相同。

温度的实际测量采用实用温度标度，已修订多次。目前实行的是"1990年国际温度标度（ITS-90）"，该温度标度定义温度为热电阻比（W）的函数，$W=R(t)/R_0$，即在温度t测得的电阻R_t与参考温度（ITS-90中为0.01℃）下的电阻R_0的比值。在海洋学范围内温度采用铂电阻温度计测定。

以往数十年中，海洋观测及一些海洋学物理量（如实用盐度）的定义多基于前一温标即"1968年实用温度标度（IPTS-68）"，与ITS-90的温度值有轻微差异。ITS-90温标（t_{90}）和IPTS-68温标（t_{68}）之间有两种换算方法，由于海水温度范围不大，在海洋学中采用桑德斯（Saunders）线性转换公式：

$$t_{68}=1.000\ 24\ t_{90} \tag{5.3}$$

在−2～40℃范围内，与另一更精确的拟合公式计算结果的差异（<0.03 mK）小于热力学温度的不确定性（1 mK），因此该换算满足海洋学要求。

若原t_{68}=15.000℃，则现t_{90}=14.996℃。目前实用盐度（PSS−78）计算中的温度标度仍为IPTS−68，而观测所得温度资料采用的却是ITS−90，在实用盐度求算时需进行温标转换。

海洋观测中海水温度（t）即原位温度（in situ temperature）记录为摄氏温度，并为海水热力学方程所采用。进行热力学计算时要转换为热力学温度（T）：$T=T_0+t$，摄氏零度T_0=273.15 K。

（二）海水的位温和保守温度

海水具有可压缩性，在无质量交换情况下绝热增加压强时，海水微团体积会缩小，温度则升高。这种绝热变化为等熵且等盐的条件，在该条件下海水实测温度随压强的变化率为"绝热递减率（adiabatic lapse rate，符号为'Γ'）"：

$$\Gamma=\Gamma\left(S_{\mathrm{A}},t,p\right)=\left.\frac{\partial t}{\partial P}\right|_{S_{\mathrm{A}},\eta} \tag{5.4}$$

为消除压强变化对温度的影响，定义"位温（potential temperature，符号θ）"为将流体微团绝热膨胀或压缩到参考压强（p_{r}，通常取100 000 Pa或101 325 Pa）时所具有的温度，它适用于大气和海水。海水位温是在等熵等盐且无机械能耗散的可逆过程中将深层海水提升到某参考面（一般为海面，此时p_{r}=0 dbar）时所具有的温度。深层海水p大于p_{r}，其位温小于原位温度（t），表示为$\theta=t-\Delta t$。$-\Delta t$为绝热递减率Γ对压强的积分，即

$$\theta=\theta\left(S_{\mathrm{A}},t,p,p_{\mathrm{r}}\right)=t+\int_{P}^{P_{\mathrm{r}}}\Gamma\left[S_{\mathrm{A}},\theta\left(S_{\mathrm{A}},t,p,p'\right),p'\right]\mathrm{d}P' \tag{5.5}$$

根据热力学关系中比熵$\eta\left(S_{\mathrm{A}},\theta,p_{\mathrm{r}}\right)=\eta\left(S_{\mathrm{A}},t,p\right)$或利用比吉布斯函数$-g_T\left(S_{\mathrm{A}},\theta,p_{\mathrm{r}}\right)=-g_T\left(S_{\mathrm{A}},t,p\right)$（该关系为位温的定义式），以迭代法求解位温。

式（5.4）、式（5.5）及后续式中压强符号为"P"的，是强调此处其单位需采用"Pa"。

热力学意义上具有保守属性的海水温度变量为"保守温度（conservative temperature，符号Θ）"，它正比于海水比位焓（符号为"h^0"），是目前海水热力学方程（TEOS−10）运算中所使用的温度变量：

$$\Theta=\left(S_{\mathrm{A}},t,p\right)=\widetilde{\Theta}\left(S_{\mathrm{A}},\theta\right)=h^0\left(S_{\mathrm{A}},t,p\right)/c_p^0=\widetilde{h}^0\left(S_{\mathrm{A}},\theta\right)/c_p^0 \tag{5.6}$$

比位焓是在等熵等盐条件下将海水压强（p）改变至参考压强（p_r通常为0 dbar）时所具有的比焓：

$$h^0\left(S_A, t, p\right) = h\left(S_A, \theta, 0\ \text{dbar}\right) = \tilde{h}^0\left(S_A, \theta\right) = g\left(S_A, \theta, 0\ \text{dbar}\right) - \left(T_0 + \theta\right) g_T\left(S_A, \theta, 0\ \text{dbar}\right)$$
$$(5.7)$$

比位焓与保守温度的比例常量c_p^0按式（5.8）求算：

$$\frac{h\left(S_{SO}, 25\,℃, 0\ \text{dbar}\right) - h\left(S_{SO}, 0\,℃, 0\ \text{dbar}\right)}{25\text{K}} \approx 3\,991.867\,957\,119\,63\ \text{J/（kg·K）}\quad(5.8)$$

其中，S_{SO}=35.165 04 g/kg，$h\left(S_{SO},\ 0\,℃,\ 0\ \text{dbar}\right)$=0。取15位有效数字精确定义$c_p^0$，即$c_p^0 \equiv 3\,991.867\,957\,119\,63$ J/（kg·K）。

式（5.4）至式（5.8）及其中物理量的含义可通过本节第三、四和五条的内容理解。

> 说明：保守温度在忽略误差的情况下具有保守性，即在等压条件下两流体微团混合，无质量和内能输入时某物理量保持不变的属性。位温以及位势密度等则具有位势属性（potential property），是压强改变而无质量交换以及湍流动能与内能之间无内部转换时某物理量保持不变的属性。应注意区分。

三、海水的盐度

盐度反映的是海水中溶质（主要为无机盐分）的含量，本质上是一个化学要素。海水主要成分的化学性质稳定且组成比相对恒定（见第七章），盐度成为海水物理性质的决定因素之一，因此将其作为基本且极为重要的物理要素在本章进行介绍。

（一）盐度概念及其发展

盐度是度量海水含盐量的要素。海水的含盐量，即海水中溶解物质的质量分数为绝对盐度（absolute salinity，符号为"S_A"），单位为"g/kg"。

然而，绝对盐度难以通过蒸发–称量的方式直接测定。直至海水组成恒定比规律被证实后，马丁·克努森（Martin Knudsen）等于1902年提出了可操作的盐度初始定义：将1 kg海水中所有Br$^-$和I$^-$取代为Cl$^-$，所有碳酸盐取代为氧化物后所含溶解无机盐的质量。（盐度的单位为"g/kg"，当时以"‰"表示。）该盐度值比海水实际含盐量略低，盐度为35.00 g/kg的海水其绝对盐度约为35.16 g/kg。

由于按上述定义测定海水盐度操作复杂、耗时且难以在船上实施，在定义盐度的同时也定义了氯度，并给出了氯度的测定方法和盐度−氯度关系式（S‰=1.805 Cl‰+0.030，S‰、Cl‰均为当时使用的符号）。氯度测定及该关系式在此后60余年的海洋观测中广为应用，做出了很大贡献。

基于海水组成恒定比规律，盐度与海水电导之间也具有对应关系。后来，随着电导测量技术的提高，于1969年提出了盐度−电导关系式和测定方法（Wooster等，1969）。由于该方法不适于海洋深层水，无法用于温盐深剖面仪（CTD）原位测定中，加之海水组成恒定比规律有相对性问题，不久之后被继续修订，于1978年提出了实用盐度标度（UNESCO，1981a，1981b）。2010年海水热力学方程（TEOS−10）中需使用绝对盐度进行计算，又提出参考盐度标度以及对绝对盐度进行估算的方法。

（二）氯度

海水氯度最初定义为1 kg海水中总的卤离子（Br$^-$、I$^-$）等价于氯的质量（当时以"‰"表示氯度的单位），以标准海水（standard seawater，SSW）为参考标准，用硝酸银沉淀滴定法测定。由于标准海水无法作为氯度的永久性标准，以及相对原子质量的修改会对结果产生影响，1940年提出以纯银为参考标准，将氯度定义修改确定为：

沉淀0.328 523 4 kg海水中的卤离子所需纯银的质量（克数）为氯度。

请注意这是明确的海水氯度概念，与氯度最初定义的含义不相同，但保持了数值上的连续性。氯度的符号为"Cl"，单位为"g/kg"。

实用盐度标度建立后，海水样品的氯度成为不依赖于盐度的独立要素。

对于标准海水或参考海水（reference composition，RSW），氯度与实用盐度（S_p）间有以下确定关系，并可用于海水样品氯度与实用盐度的相互估算：

$$S_p=1.806\ 55\ Cl \tag{5.9}$$

尽管氯度是最初作为盐度测定的辅助要素定义的，在电导技术应用于盐度测定后已较少用于实际观测，但氯度的保守性优于盐度，且其定义清楚、测定方法恒定。在海水组成恒定比受影响较大的区域，如河口混合区，氯度仍是指示水体混合的最佳保守性要素；在对盐度标度进行补充修改时，海水氯度仍是重要的参考要素。

另外，海水主要成分常以其质量分数（w）与氯度的比值反映与海水组成恒定比关系的一致性或差异性。

（三）实用盐度标度

1978年海洋学常用表和标准联合专家小组（the joint panel of oceanographic tables and standards，JPOTS）会议推荐了实用盐度标度（the practical salinity scale，PSS-78），包括绝对盐度的定义、实用盐度的参考标准与定义式、温度和压强校正方法等内容，由UNESCO公布实施。

实用盐度标度是基于海水样品在15℃（IPTS-68）、一个标准大气压强（101 325 Pa）下与标准KCl溶液的电导比（K_{15}）来确定，溶液中KCl质量分数为35.435 6 g/kg。为保持与先前盐度标度的连续性，氯度为19.374 0 g/kg的标准海水，其盐度为35.000 0，与该标准KCl溶液的电导率相同，即C（35，15℃，0 bar）$/C$（KCl，15℃，0 bar）$=1$。因此，海水样品的电导比为：

$$K_{15}=C(S_\mathrm{P}，15℃，0\ \mathrm{bar})/C(\mathrm{KCl}，15℃，0\ \mathrm{bar}) \tag{5.10}$$

实用盐度（符号为"S"；为了与当前其他盐度变量区分，也可写作"S_P"）由K_{15}按以下方程式定义：

$$S_\mathrm{P}=\sum_{i=0}^{5} a_i K_{15}^{i/2} \tag{5.11}$$

其中，$\Sigma a_i=35.000\ 0$，适用范围是$2 \leqslant S_\mathrm{P} \leqslant 42$。当$K_{15}=1$时，$S_\mathrm{P}$准确为35。

为适于在室温（一般非15℃）条件下用盐度计测定盐度，或用CTD在现场原位测定盐度，PSS-78给出了温度和压强的校正方法，适用的温度范围是$-2℃ \leqslant t_{68} \leqslant 35℃$，压强范围是$0 \leqslant p \leqslant 1\ 000$ bar。温度校正方法为：

$$S_\mathrm{P}=\sum_{i=0}^{5} a_i R_t^{i/2}+\frac{t_{68}-15}{1+k(t_{68}-15)}\sum_{i=0}^{5} b_i R_t^{i/2} \tag{5.12}$$

R_t为在某温度（t_{68}）时测得的海水样品与$S_\mathrm{P}=35$的标准海水的电导比，$R_t=C(S_\mathrm{P}，t_{68}，0\ \mathrm{bar})/C(35，t_{68}，0\ \mathrm{bar})$；$k=0.016\ 2$，$\Sigma b_i=0$。

压强校正方法为：

$$R=C(S_\mathrm{P}，t_{68}，p)/C(35，15℃，0\ \mathrm{bar}) \tag{5.13}$$

R为CTD测得的电导比，由3项组成：$R=R_p R_t r_t$。其中，海水样品的压强效应$R_p=C(S_\mathrm{P}，t_{68}，p)/C(S_\mathrm{P}，t_{68}，0\ \mathrm{bar})$；标准海水的温度效应$r_t=C(35，t_{68}，0\ \mathrm{bar})/C(35，15℃，0\ \mathrm{bar})$。二者与温度及压强的关系为：

$$R_p=1+(e_1 p+e_2 p^2+e_3 p^3)/[1+d_2 t_{68}+d_2 t_{68}^2+(d_3+d_4 t_{68})R] \tag{5.14}$$

$$r_t=\sum_{i=0}^{4} c_i t_{68}^i \tag{5.15}$$

由$R_t=R/(R_p r_t)$求得R_t，再据式（5.12）计算S_P。系数a_i、b_i、c_i、d_i和e_i的值见表5.1。

表5.1　实用盐度公式的系数

i	a_i	b_i	c_i	d_i	e_i
0	0.008 0	0.000 5	$6.766\ 097 \times 10^{-1}$		
1	−0.169 2	−0.005 6	$2.005\ 64 \times 10^{-2}$	3.426×10^{-2}	2.070×10^{-5}
2	25.385 1	−0.006 6	$1.104\ 259 \times 10^{-4}$	4.464×10^{-4}	-6.370×10^{-10}
3	14.094 1	−0.037 5	$-6.969\ 8 \times 10^{-7}$	4.215×10^{-1}	3.989×10^{-15}
4	−7.026 1	0.063 6	$1.003\ 1 \times 10^{-9}$	-3.107×10^{-3}	
5	2.708 1	−0.014 4			

资料来源：UNESCO，1981a；UNESCO，1981b。

实用盐度是可直接测定的海水盐度。目前，在无特别说明的情况下，实测的盐度值都是实用盐度标度的结果。

实用盐度的量纲为1，且不具备氯度和绝对盐度的单位表示为"g/kg"的实际意义。有文献以"psu"作其单位，是不正确的，不应该使用。

> **说明：** 国际标准海水是氯度和实用盐度实际测定时使用的参考标准。由IAPSO监制，采自北大西洋表层海水，经过滤和灭菌处理并调整盐度后，准确测定电导比，封装在防止蒸发的细口瓶中，标注电导比K_{15}和实用盐度。标准海水的化学组成非常恒定，通过对各主要成分的准确测定并调整化学平衡后，按2005年国际相对原子质量给出了参考组成盐度标度中的"参考组成"。我国生产中国标准海水。

（四）参考盐度标度与绝对盐度估算

由于采用新的国际温标（ITS-90）、水的热力学性质方程的更新，以及海水状态方程（EOS-80）在实际应用中因海水成分的空间变化（如硅酸、CO_2等）而带来一定偏差等，TEOS-10中采用绝对盐度（S_A，单位为"g/kg"）替代实用盐度用于密度等各要素的计算，并可表示从0至海水饱和时的任意盐度。然而，绝对盐度只是一个理论概念，溶质组成是会因外部条件而变的，如水样中平衡CO_2（aq）$+H_2O \Longleftrightarrow$ $H^+ + HCO_3^-$、$H_2O \Longleftrightarrow H^+ + OH^-$随温度或pH而移动，溶质的组成和质量以及水的质量都随之变化，但水样的总质量和总组成却都未改变。当温度和压强恒定时，水样的密度是不改变的，因此当前TEOS-10中采用绝对盐度（S_A）实际以密度绝对盐度（S_A^{dens}）作为该方程的盐度变量，称作绝对盐度并记为S_A。

为估算海水的绝对盐度，引入了"参考组成盐度标度（reference-composition salinity scale）"。海水样品的参考组成盐度（S_R, reference-composition salinity），简称作"参考盐度（reference salinity）"，由实用盐度乘以盐度单位转换因子u_{PS}给出：$S_R \approx u_{PS} \times S_P$（$S_P = 35$时为等号），$u_{PS} \equiv$（35.165 04 g/kg）/35 $\approx$ 1.004 715 g/kg。

35.165 04 g/kg是实用盐度为35的参考海水的绝对盐度（各主要成分的量的总和），参考海水相当于将具有参考组成（reference composition，各主要成分量的比固定且已通过标准海水准确测得）的海盐溶于纯水中所得到的溶液，为实物标准海水的模型（Millero等，2008；Wright等，2011）。标准海水的参考盐度是对其绝对盐度的最佳估计。海水样品的参考盐度为与其电导比相同的参考海水所具有的绝对盐度。

对于参考海水或标准海水，$S_A = S_R$。实际海水样品的绝对盐度则通过参考盐度转换：

$$S_A = S_R + \delta S_A(p, \lambda, \phi) \tag{5.16}$$

$\delta S_A(p, \lambda, \phi)$是绝对盐度差（absolute salinity anomaly），是海水压强（p）、经度和纬度（λ和ϕ）的函数。WG127采集了811个水样，通过测定海水密度发现其与溶解硅酸有确定关系，而硅酸空间分布资料已充分掌握，因此得到δS_A与压强、纬度和经度的关系［该计算采用GSW软件库中的 *gsw_SA_from_SP* 函数，也可通过SIA软件库中$S_A(T, p, \rho)$的逆函数得到］。

四、海水吉布斯函数

海水吉布斯函数是通过温度、压强和盐度3个直接观测的要素运用海水热力学方程求算各热力学性质的桥梁。我们需要先简要了解其中的热力学原理，并以此理解前述内容所涉及的热力学问题。

（一）主要热力学性质

内能（U）、焓（H）、熵（Σ）、吉布斯函数（Gibbs function，G；单位为"J"）、赫姆霍兹函数（F）与体积（V）、温度（T）、压强（P）、质量（m）等构成描述所研究体系热力学状态的基本物理量。对于单位质量的海水，上述要素中各广度量表示为比内能（u）、比焓（h）、比熵（η）、比吉布斯函数（g）、比赫姆霍兹函数（f）和比容（v）等强度量（"比"字在能区分时有时被忽略）。这些物理量及相互之间的关系见表5.2。

表5.2　海水热力学变量及相互关系

定义或基本关系	微分关系	导出关系
$h=u+Pv$	$\mathrm{d}u=T\mathrm{d}\eta-P\mathrm{d}v$	温度：$T=\dfrac{\partial u}{\partial \eta}\Big|_v=\dfrac{\partial h}{\partial \eta}\Big|_P$
$g=h-T\eta$	$\mathrm{d}h=T\mathrm{d}\eta+v\mathrm{d}P$	压强：$p=-\dfrac{\partial u}{\partial v}\Big|_\eta=-\dfrac{\partial f}{\partial v}\Big|_T$
$f=u-T\eta$	$\mathrm{d}f=-\eta\mathrm{d}T-P\mathrm{d}v$	比容：$v=\dfrac{\partial h}{\partial P}\Big|_\eta=\dfrac{\partial g}{\partial P}\Big|_T$
$g=f+Pv$	$\mathrm{d}g=-\eta\mathrm{d}T+v\mathrm{d}P$	比熵：$\eta=-\dfrac{\partial f}{\partial T}\Big|_v=-\dfrac{\partial g}{\partial T}\Big|_P$

（二）海水比吉布斯函数

海水各热力学性质均取决于温度（t）、海水压强（p）和绝对盐度（S_A）3个物理量。由于存在表5.2中所示关系，可将海水比吉布斯函数g作为一个基本变量（单位为"J/kg"），由海水S_A、t和p导出，表示为$g(S_A,\ t,\ p)$，再用来求算其他各热力学性质。根据表5.2，如海水比容（$v=\dfrac{\partial g}{\partial P}\big|_{S_A,\,T}$）即直接由海水比吉布斯函数给出。

海水比吉布斯函数为纯水项g^W与盐分项g^s之和：

$$g(S_A,\ t,\ p)=g^W(t,\ p)+g^s(S_A,\ t,\ p) \tag{5.17}$$

运用GSW软件库通过温度、海水压强和绝对盐度进行求算，或采用SIA软件库〔输入和输出变量均为SI单位，绝对盐度单位为"kg/kg"；温度为绝对温度（T），单位为"K"；压强为绝对压强（P），单位为"Pa"〕运算。

热力学中需规定标准状态作为热力学量的参照，如物理化学中理想溶液在任意温度（T）、标准压强（p°=100 000 Pa）和溶质浓度为标准质量摩尔浓度（b°=1 mol/kg）时为标准状态。对于海水体系，标准海洋性质（standard ocean property，标记为"SO"）为标准海洋绝对盐度、标准海洋温度和标准海洋压强（S_{SO}，t_{SO}，p_{SO}）=（35.165 04 g/kg，0℃，0 dbar）时的性质，此时$h(S_{SO}$，0℃，0 dbar）=0，$\eta(S_{SO}$，0℃，0 dbar）=0。

五、海水的密度

（一）海水的比容和密度

海水的比容（specific volume，符号v）为单位质量海水所具有的体积，是绝对盐度S_A和温度T恒定条件下比吉布斯函数（g）对压强（P）的偏导数。比容是温度、压强和绝对盐度的函数，表示为$v(S_A,\ t,\ p)$，即

$$v=v(S_A,\ t,\ p)=g_P=\dfrac{\partial g}{\partial P}\Big|_{S_A,\,T} \tag{5.18}$$

海水的密度（density，符号ρ）是单位体积海水的质量，单位为"kg/m^3"。海水密度是温度、压强和绝对盐度（不是实用盐度或参考盐度等）的函数，表示为$\rho(S_A, t, p)$。海水密度是比容的倒数：

$$\rho = \rho(S_A, t, p) = (g_P)^{-1} = \left(\frac{\partial g}{\partial P}\bigg|_{S_A, T}\right)^{-1} \tag{5.19}$$

在很多海洋学理论研究和模型中，可将密度表示为位温或保守温度的函数：

$$\rho = \tilde{\rho}(S_A, \theta, p) = \hat{\rho}(S_A, \Theta, p) \tag{5.20}$$

运用TEOS-10求算的海水密度因考虑了海水化学组成的影响从而使结果更加准确，但TEOS-10较为复杂，涉及许多物理量的转换，使用不够方便。在对密度值的精度要求不非常高的情况下，如将化学组分的物质的量浓度（单位：mol/L）换算为海水浓度（注意不是质量摩尔浓度，为单位质量海水中所含该组分的物质的量，单位为"mol/kg"，见第六章）时，所用海水密度仍可采用EOS-80（表5.3）代入现场观测的温度（转化为t_{68}）、海水压强和实用盐度计算。

表5.3　国际海水状态方程（EOS-80）

$v^p = v^0(1-p/K)$，$\rho^p = \rho^0[1/(1-p/K)]$，其中：

$\rho^0 = 999.842\,594 + 6.793\,952 \times 10^{-2}t - 9.095\,290 \times 10^{-3}t^2 + 1.001\,685 \times 10^{-4}t^3 - 1.120\,083 \times 10^{-6}t^4 + 6.536\,332 \times 10^{-9}t^5 + (8.244\,93 \times 10^{-1} - 4.089\,9 \times 10^{-3}t + 7.643\,8 \times 10^{-5}t^2 - 8.246\,7 \times 10^{-7}t^3 + 5.387\,5 \times 10^{-9}t^4)S + (-5.724\,66 \times 10^{-3} + 1.022\,7 \times 10^{-4}t - 1.654\,6 \times 10^{-6}t^2)S^{1.5} + 4.831\,4 \times 10^{-4}S^2$

$K = 19\,652.21 + 148.420\,6t - 2.327\,105t^2 + 1.360\,477 \times 10^{-2}t^3 - 5.155\,288 \times 10^{-5}t^4 + S(54.674\,6 - 0.603\,459t + 1.099\,87 \times 10^{-2}t^2 - 6.167\,0 \times 10^{-5}t^3) + S^{1.5}(7.944 \times 10^{-2} + 1.648\,3 \times 10^{-2}t - 5.300\,9 \times 10^{-4}t^2) + p[3.239\,908 + 1.437\,13 \times 10^{-3}t + 1.160\,92 \times 10^{-4}t^2 - 5.779\,05 \times 10^{-7}t^3 + S(2.283\,8 \times 10^{-3} - 1.098\,1 \times 10^{-5}t - 1.607\,8 \times 10^{-6}t^2) + S^{1.5}(1.910\,75 \times 10^{-4})] + p^2[8.509\,35 \times 10^{-5} - 6.122\,93 \times 10^{-6}t + 5.278\,7 \times 10^{-8}t^2 + S(-9.934\,8 \times 10^{-7} + 2.081\,6 \times 10^{-8}t + 9.169\,7 \times 10^{-10}t^2)]$

	S	$t/℃$	p/bar	$\rho/(kg/m^3)$	K/bar
检验值：	35	5	0	1 027.675 47	22 185.933 58
	35	5	1 000	1 069.489 14	25 577.498 19

资料来源：Millero等，1980；Millero等，1981；UNESCO，1981a。

注：ρ为密度，K为割线体积模量，S为实用盐度，t为温度（1968年实用温标），p为海水压强（单位为"bar"），比容$v=1/\rho$；角标0为海面（p为0 bar，即总压强为101 325 Pa）。

适用范围：t：$-2 \sim 40℃$；S_P：$0 \sim 42$；p：$0 \sim 1\,000$ bar；准确性9×10^{-3} kg/m^3。

（二）位势密度

与位温相似，海水微团在等熵等盐条件下改变为参考压强p_r时的密度为位势密度（potential density，符号ρ^θ），简称位密，为等熵等盐压缩率κ（S_A，t，p）对压强的积分：

$$\rho^\theta\left(S_A,t,p,p_r\right)=\rho\left(S_A,t,p\right)+\int_P^{P_r}\rho\left(S_A,\theta,\left[S_A,t,p,p'\right],p'\right)\kappa\left(S_A,\theta,\left[S_A,t,p,p'\right],p'\right)\mathrm{d}P'$$

（5.21）

由比吉布斯函数计算ρ^θ的方程为：

$$\rho^\theta\left(S_A,t,p,p_r\right)=\rho\left(S_A,\theta,\left[S_A,t,p,p_r\right],p_r\right)=g_p^{-1}\left(S_A,\theta,\left[S_A,t,p,p_r\right],p_r\right)$$（5.22）

类似于密度与位温或保守温度的函数形式，位势密度（ρ^θ与ρ^Θ是等同的）也可如下表示：

$$\rho^\theta\left(S_A,t,p,p_r\right)=\rho^\Theta\left(S_A,t,p,p_r\right)=\hat\rho\left(S_A,\eta,p_r\right)=\tilde\rho\left(S_A,\theta,p_r\right)=\hat\rho\left(S_A,\Theta,p_r\right)$$（5.23）

（三）密度差和位密差

密度差（density anomaly，符号为"σ^t"或"σ_t"）或称条件密度，是一个旧的密度量度，是在原位温度（t）条件下以海水压强为零（$p=0$ dbar）时的密度减去1 000 kg/m³所得，但不是规范的表示方式。密度值的有效数字较多，有6～7位且前2位数字一般相同，去掉前2位后表达简便，特别在等值线图中能更明了：

$$\sigma^t=\sigma^t\left(S_A,t,p\right)=\rho\left(S_A,t,0\ \mathrm{dbar}\right)-1\ 000\ \mathrm{kg/m^3}=g_P^{-1}\left(S_A,t,0\ \mathrm{dbar}\right)-1\ 000\ \mathrm{kg/m^3}$$

（5.24）

σ^t是计算位势密度的近似方法，进而可近似计算位温。σ^t目前已很少采用。

同样，位势密度也可表示为位密差（potential density anomaly）或称条件位密（符号为"σ^θ"或"σ_θ"）；比容也可表示为比容差δ（S_A，t，p）。σ^θ目前仍广泛使用，表示为：

$$\sigma^\theta\left(S_A,t,p,p_r\right)=\sigma^\Theta\left(S_A,t,p,p_r\right)=\rho^\theta\left(S_A,t,p,p_r\right)-1\ 000\ \mathrm{kg/m^3}$$

$$=\rho^\theta\left(S_A,t,p,p_r\right)-1\ 000\ \mathrm{kg/m^3}=g_P^{-1}\left(S_A,\theta\left[S_A,t,p,p_r\right],p_r\right)-1\ 000\ \mathrm{kg/m^3}$$（5.25）

海水的温度和密度均受压强的影响。某站点海水的温度（包括原位温度、位温和保守温度）、盐度（包括实用盐度和绝对盐度）、实际密度和位势密度随深度的变化见图5.12。

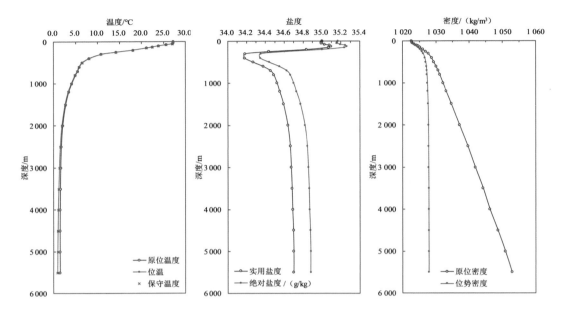

图5.12　太平洋某站点（17°N，162°W）海水温度、盐度和密度随深度的变化
（仿自Knauss，1996）

六、海水的其他热力学性质

在TEOS-10中，海水的基本热力学性质有22项，包括温度、压强、各盐度变量、吉布斯函数、比容、密度、内能、焓、熵、化学势、热容、渗透系数、声速等；导出物理量有42项，包括位温、位焓、保守温度、位密、融化潜热和蒸发潜热、蒸气压、冰点温度、沸点温度、渗透压和重力势等。详细内容请参阅TEOS-10手册（IOC等，2010）。除本节第一至五条已给出的之外，我们再介绍部分反映海水热力学性质的物理量（表5.4）。

表5.4 海水的部分其他热力学性质及其表达式

热力学性质	定义式或表达式
等压热容（isobaric heat capacity）	$c_p = c_p(S_A, t, p) = \left.\dfrac{\partial h}{\partial T}\right\|_{S_A, p} = -(T_0+t)g_{TT}$
等容热容（isochoric heat capacity）	$c_v = c_v(S_A, t, p) = \left.\dfrac{\partial u}{\partial T}\right\|_{S_A, v} = -(T_0+t)(g_{TT}g_{PP}-g_{TP}^2)/g_{PP}$
等温压缩率（isothermal compressibility）	$\kappa^t = \kappa^t(S_A, t, p) = \rho^{-1}\left.\dfrac{\partial \rho}{\partial P}\right\|_{S_A, T} = -v^{-1}\left.\dfrac{\partial v}{\partial P}\right\|_{S_A, T} = -\dfrac{g_{PP}}{g_P}$
等熵等盐压缩率（isentropic and isohaline compressibility）	$\kappa = \kappa(S_A, t, p) = \rho^{-1}\left.\dfrac{\partial \rho}{\partial P}\right\|_{S_A, \eta} = -v^{-1}\left.\dfrac{\partial v}{\partial P}\right\|_{S_A, \eta} = -\rho^{-1}\left.\dfrac{\partial \rho}{\partial P}\right\|_{S_A, \theta} =$ $-\rho^{-1}\left.\dfrac{\partial \rho}{\partial P}\right\|_{S_A, \Theta} = \dfrac{(g_{TP}^2 - g_{TT}g_{PP})}{g_P g_{TT}}$
渗透系数（osmotic coefficient）	$\phi = \phi(S_A, t, p) = -\left[g(S_A, t, p) - g(0, t, p) - S_A\left.\dfrac{\partial g}{\partial S_A}\right\|_{T,P}\right]\left[m_{SW}R(T_0+t)\right]^{-1}$
热膨胀系数（thermal expansion coefficient）	$\alpha^t = \alpha^t(S_A, t, p) = -\dfrac{1}{\rho}\left.\dfrac{\partial \rho}{\partial T}\right\|_{S_A, p} = v^{-1}\left.\dfrac{\partial v}{\partial T}\right\|_{S_A, p} = \dfrac{g_{TP}}{g_P}$, α^θ、α^Θ略
绝热递减率（adiabatic lapse rate）	$\Gamma = \Gamma(S_A, t, p) = \left.\dfrac{\partial t}{\partial P}\right\|_{S_A, \eta} = \left.\dfrac{\partial t}{\partial P}\right\|_{S_A, \Theta} = -\dfrac{g_{TP}}{g_{TT}} = \left.\dfrac{\partial^2 h}{\partial \eta \partial P}\right\|_{S_A} =$ $\left.\dfrac{\partial v}{\partial \eta}\right\|_{S_A, p} = \dfrac{(T_0+t)\alpha^t}{\rho c_p} = \dfrac{(T_0+\theta)}{c_p^0}\left.\dfrac{\partial v}{\partial \Theta}\right\|_{S_A, p} = \dfrac{(T_0+\theta)}{c_p^0}\left.\dfrac{\partial^2 h}{\partial \Theta \partial P}\right\|_{S_A} =$ $\dfrac{(T_0+\theta)\alpha^\theta}{\rho c_p^0} = \dfrac{(T_0+\theta)\alpha^\theta}{\rho c_p(S_A, \theta, 0)}$
盐收缩系数（saline contraction coefficient）	$\beta^t = \beta^t(S_A, t, p) = \dfrac{1}{\rho}\left.\dfrac{\partial \rho}{\partial S_A}\right\|_{T,p} = -\dfrac{1}{v}\left.\dfrac{\partial v}{\partial S_A}\right\|_{T,p} = -\dfrac{g_{S_A P}}{g_P}$, β^θ、β^Θ略
声速（sound speed）	$c = c(S_A, t, p) = \left(\left.\dfrac{\partial P}{\partial \rho}\right\|_{S_A, \eta}\right)^{0.5} = (\rho\kappa)^{-0.5} = g_P\left(\dfrac{g_{TT}}{g_{TP}^2 - g_{TT}g_{PP}}\right)^{0.5}$
热压系数（thermobaric coefficient）	$T_b^\theta = T_b^\theta(S_A, t, p) = \beta^\theta\left.\dfrac{\partial(\alpha^\theta/\beta^\theta)}{\partial P}\right\|_{S_A, \theta} = \left.\dfrac{\partial \alpha^\theta}{\partial P}\right\|_{S_A, \theta} - \dfrac{\alpha^\theta}{\beta^\theta}\left.\dfrac{\partial \beta^\theta}{\partial P}\right\|_{S_A, \theta}$ $T_b^\Theta = T_b^\Theta(S_A, t, p) = \beta^\Theta\left.\dfrac{\partial(\alpha^\Theta/\beta^\Theta)}{\partial P}\right\|_{S_A, \Theta} = \left.\dfrac{\partial \alpha^\Theta}{\partial P}\right\|_{S_A, \Theta} - \dfrac{\alpha^\Theta}{\beta^\Theta}\left.\dfrac{\partial \beta^\Theta}{\partial P}\right\|_{S_A, \Theta}$
混合增密系数（cabbeling coefficient）	$C_b^\theta = C_b^\theta(S_A, t, p) = \left.\dfrac{\partial \alpha^\theta}{\partial \theta}\right\|_{S_A, p} + 2\dfrac{\alpha^\theta}{\beta^\theta}\left.\dfrac{\partial \alpha^\theta}{\partial S_A}\right\|_{\theta, p} - \left(\dfrac{\alpha^\theta}{\beta^\theta}\right)^2\left.\dfrac{\partial \beta^\theta}{\partial S_A}\right\|_{\theta, p}$ $C_b^\Theta = C_b^\Theta(S_A, t, p) = \left.\dfrac{\partial \alpha^\Theta}{\partial \Theta}\right\|_{S_A, p} + 2\dfrac{\alpha^\Theta}{\beta^\Theta}\left.\dfrac{\partial \alpha^\Theta}{\partial S_A}\right\|_{\Theta, p} - \left(\dfrac{\alpha^\Theta}{\beta^\Theta}\right)^2\left.\dfrac{\partial \beta^\Theta}{\partial S_A}\right\|_{\Theta, p}$
冰点温度（freezing temperature）	$g^{Ih}(t_f, p) = g(S_A, t_f, p) - S_A g_{S_A}(S_A, t_f, p)$，由其求解$t_f$
融化潜热（latent heat of melting）	$L_p^{SI}(S_A, p) = (T_0+t_f)\times\left(\eta - S_A\left.\dfrac{\partial \eta}{\partial S_A}\right\|_{T,p} - \eta^{Ih}\right)$
水蒸气压（采用绝对压强）（vapor pressure）	$g^V(t, P^{vap}) = g(S_A, t, P^{vap}) - S_A g_{S_A}(S_A, t, P^{vap})$，$\left.\dfrac{\partial P^{vap}}{\partial S_A}\right\|_T = \dfrac{S_A g_{S_A S_A}}{g_P - S_A g_{S_A P} - g_P^V}$
沸点温度（boiling temperature）	$g^V(t^{boil}, P) = g(S_A, t^{boil}, P) - S_A g_{S_A}(S_A, t^{boil}, P)$，由其求解$t^{boil}$

左侧分组：部分基本热力学性质（第1—9行）；部分导出性质（第10—14行）

续表

热力学性质		定义式或表达式
部分导出性质	蒸发潜热（latent heat of evaporation）	$L_p^{SA}(A, S_A, t, p) = h^{AV} - A\dfrac{\partial h^{AV}}{\partial A}\Big|_{T,p} - h + S_A\dfrac{\partial \eta}{\partial S_A}\Big|_{T,p}$
	渗透压（osmotic pressure）	$g(0, t, p^W) = g(S_A, t, p) - S_A\dfrac{\partial g}{\partial S_A}\Big|_{T,p}$，$p^{osm} = p - p^W$
	最大密度温度（temperature of maximum density）	$g_{TP}(S_A, t, p) = 0$，由该条件求出 $t_{MD}(S_A, p)$

注：m_{SW} 是参考组成溶质的质量摩尔浓度，A 是气态干空气的质量分数，R 为摩尔气体常量。上角标中 Ih 和 I 是 Ih 冰，S 是海水，W 是纯水，V 是水蒸气，A 是含蒸气的空气。

（一）比热容

比热容包括等压比热容（c_p）和等容比热容（c_V）。二者接近，c_V 略小于 c_p，海洋学中更常用 c_p。海水 c_p 约为 3.99 kJ/（kg·K），较纯水的约低 5%。空气的比热容约 1 kJ/（kg·K），密度仅约为海水的 1/800。1 m³ 海水降低 1℃ 所释放的热量可使 3 100 m³ 空气升高 1℃，可见海洋对地球温度的平衡能力之大。

（二）比蒸发潜热、比融化潜热和饱和蒸气压

海水的比蒸发潜热 L_p^{SA} 和比融化潜热 L_p^{SI} 受盐度影响很小，与纯水接近，一般情况下可只考虑温度的影响。如 0℃ 时标准海水（S_{SO}）的蒸发潜热为 2 498.510 kJ/kg，而纯水的为 2 499.032 kJ/kg，差别很小。海水含盐导致饱和蒸气压 P^{vap} 低于纯水，如 0℃ 时标准海水（S_{SO}）的饱和蒸气压为 602.403 Pa，而纯水的为 613.760 Pa（TEOS-10 结果）。

（三）热膨胀系数、绝热递减率和最大密度温度

海水温度高于最大密度温度（t_{MD}）时，温度升高时海水膨胀引起体积随温度的增加率为热膨胀系数，可分别表示为原位温度、位温和保守温度的热膨胀系数 α^t、α^θ 和 α^Θ。绝热递减率（Γ）也称作"绝热温度梯度"，已在位温相关内容中介绍，为等熵等盐条件下海水实测温度随压强的变化率。

海水温度低于 t_{MD} 时，热膨胀系数和绝热递减率将改变符号。当 $S_A > 23.8$ g/kg 时，t_{MD} 低于冰点温度（t_f）。最大密度和冰点在季节和空间上相互影响，对水体的层化稳定性等非常重要。t_{MD} 系在热膨胀消失的条件下求解计算。在 S_A 为 0～35 g/kg 范围内，t_f 和 t_{MD} 随 S_A 的变化见图 5.13。

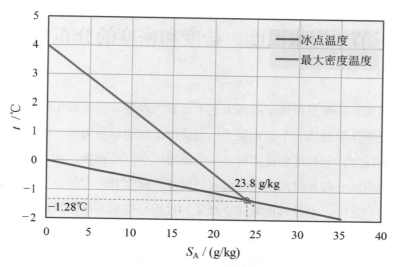

图5.13　海水的冰点温度t_f和最大密度温度t_{MD}随S_A的变化

（四）沸点温度升高和冰点温度降低

与纯水相比，海水含盐导致了饱和蒸气压下降，而饱和蒸气压的这种变化使海水的沸点温度（t^{boil}）升高，冰点温度（t_f）降低。前者基本不出现在自然条件下，但后者在中纬度冬季或高纬度海区则普遍发生。海水冰点温度随盐度增加而降低的情况已表示在图5.13中。

（五）压缩性

海水压缩性用压缩率表示，为压强变化引起体积的负变化率，包括等温压缩率（κ^t）和等熵等盐压缩率（κ），二者的表示式（表5.3）均包含吉布斯函数的二阶导数。前者为等温有热交换的情形，后者为绝热情形。压缩率随温度、压强和盐度的升高而减小。冷的海水更易被压缩。两个密度相同但温度、盐度不同的海水微团，当下沉到同一深度后，冷但盐度较低者被压缩的程度更大，密度增加得更明显。

海水的压缩率较小，在动力海洋学中为简化运算常忽略海水的压缩性。然而，基于海洋的深度和深海中非常高的压强，假若海水不存在压缩性，海面将会升高30 m左右。另外，压缩率是海洋声学中基本且重要的物理量。

以上介绍了海水的主要物理性质，它们的含义和计算方法等还要通过TEOS−10及其手册等进一步理解和运用。

第三节　海水温度、盐度和密度的分布与变化

海水的温度和盐度是海洋学的两个基本要素，温度、盐度和压强又决定了海水的密度。密度是海洋学的第三个基本要素，它使海水在地球重力场中发生分配。而压强反映了海水的深度，与纬度和经度构成了表征海洋空间的参数，加上时间变量，可描述海洋要素的空间分布和时间变化。海水的温度、盐度和密度的分布与变化是海洋学研究的基本内容之一，也是其他海洋学现象和过程研究的基础信息或背景资料。海洋学中几乎所有现象都与它们有密切联系。

海水的温度和盐度的变化是由能量的循环和物质的循环引起的。海洋吸收太阳光能使表层海水温度升高，导致水的蒸发，进而引起盐度的增加；而降水和陆地径流的输入又使盐度降低，同时向海洋输入新的物质。温度和盐度的变化改变了海水的密度，是引起海水运动的原因之一；海水在运动中又携带物质和能量发生迁移。应该说，海洋热收支和由其引发的水循环是影响海水温度、盐度和密度分布与变化的根本原因。

一、海洋热收支与表层海水对全球温度的缓和作用

（一）海洋热收支

海洋热收支一方面影响了温度的分布和变化，另一方面引发了水循环，影响了盐度的分布和变化。

海洋热收支主要发生在海面，地热等对其影响相对较小。水体总热交换量为热收支余项（Q_w），由太阳辐射能（Q_s）、海面净回辐射能（Q_b）、蒸发耗热（Q_e）、海洋与大气感热（即"显热"）交换量（Q_h）以及海洋内部热交换（Q_v）（图5.14）引起：

$$Q_w = Q_s + Q_b + Q_e + Q_h + Q_v \qquad (5.26)$$

太阳辐射为短波，Q_s为正值，且随纬度和季节而变化。Q_s在低纬度地区高，高纬度地区低；温带海域夏季高，冬季低。

海洋在吸收太阳短波辐射的同时，也以长波的形式向大气辐射部分能量，大部分被大气中的水蒸气和CO_2吸收。这部分能量连同大气直接吸收的太阳短波辐射能，以长波的形式向四周辐射（包括外部空间），向下的部分为大气回辐射，被海洋吸收。Q_b为海面辐射能与大气回辐射能之差，为负值。

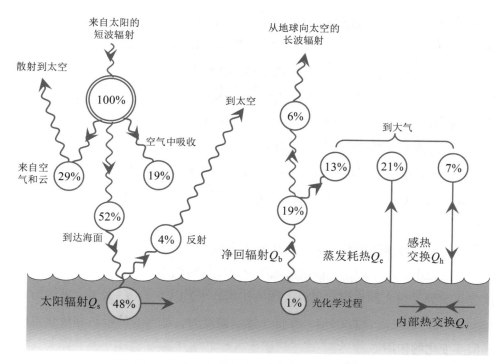

图5.14　太阳辐射及海洋热收支分配示意图
（改自Talley等，2011）

海面吸收太阳辐射的能量引起水分蒸发，变为水蒸气进入大气中，部分能量以蒸发潜热的形式失去，被水蒸气带入大气中。大气中水蒸气凝结为雨水时又以凝聚潜热的形式释放出来，但后者几乎全部保留在大气中。因此蒸发过程主要使海洋耗热。蒸发耗热$Q_e = -L \times E$，L为水的比蒸发潜热，E为蒸发量。Q_e几乎总为负值。

海洋表层水温和气温一般是不相等的，两者之间通过热传导也有热量交换，即为感热交换。Q_h可为正或负，量值取决于海气之间温差以及风速。

发生在海洋内部的热交换主要是因为水体中存在温度梯度，以平流、湍流混合或热传导的形式发生交换的净结果，Q_v可为正或负。

在海洋热收支各项中，太阳辐射能（Q_s）有着明显的纬度差异，但通过Q_e和Q_h等与大气发生相互作用以及通过Q_v发生迁移，使不同海区、不同季节的Q_w有正也有负，最终缓和了全球温度的差异。

（二）表层海水对全球温度的缓和作用

海洋热收支主要发生在海洋上层。海洋巨大的表面积以及水所具有的非常高的比热容、比蒸发潜热和比融化潜热，使海洋能减缓地球表面温度的变化，成为有效的平衡器。

物质通过吸收或释放热能的方式抵抗温度变化的倾向叫作热惯性（thermal inertia）。因为海水有很高的比热容，所以即使海水吸收或释放了很多热量，海水的温度也不会升高或降低很多。因此，高比热容的海水［3.9 kJ/（kg·K）］有着很好的热惯性，而低比热容的花岗岩［0.83 kJ/（kg·K）］则热惯性差，导致了沿海和内陆地区的气候有显著差别。同为沿海地区，空气流越过海洋而来的地方冬暖夏凉，而空气流来自陆地的地方则有较大的年气温差。

海水非常高的比蒸发潜热和比融化潜热也是缓和温度的重要因素。海水吸收的太阳辐射能大约有1/2导致了海水的蒸发，Q_w为正且高的海区蒸发量大，海水的温度升高却较有限。

冬季高纬度海域Q_h明显为负，而其他各项都很小，海水失去热量而结冰，但结冰过程中温度是不变的，因此，极地区域冬夏季交替时期冰盖面积的缩小和扩大对缓和温度变化起到了很大的作用。另外，冰的比热容［2.1 kJ/（kg·K）］虽约为液态水的1/2，但大约是花岗岩的2.5倍，在低于冰点温度时，冰本身的吸热和放热也能起到缓和温度变化的作用。

除以上介绍的通过水和冰本身吸热和放热以及结冰和融冰所起到的缓和作用外，海水的流动也从热带向高纬度海区输出了大量的热（Q_v项）。因为海水比热容高，所以如北太平洋的黑潮和北大西洋的湾流等海流向北部区域输运的热量是巨大的。

海水蒸发产生的水蒸气挟带的大量的热进入大气（Q_e项），通过大气环流向高纬度地区输送，并在凝结降水过程中释放出来，缓和了这些区域因太阳辐射少而引起的温度降低。空气和海水流动都传递热，但海水的高蒸发潜热意味着海水蒸发通过大气传递的热多于海水流动本身，即流动的空气向两极传递了约总热量的2/3，海流传递剩余的1/3。

综上，表层海水是通过多个过程对全球温度发挥缓和作用的：一是水和冰本身的吸热和放热、结冰和融冰能够缓和温度变化，二是海流输运、海水蒸发、大气输运对全球热量分配起到了平衡作用。

（三）海洋中水的迁移与平衡

海洋热收支引起了水的质量迁移，由蒸发、降水、陆地径流（河流、地下水和冰川运动）以及结冰、融冰等过程构成了地球水循环。受热收支的不均衡以及地理因素影响，海洋水量收支的各过程也不均衡且存在明显的时空变化与差异，进而主要影响盐度分布。

蒸发：海面蒸发量约为$437 \times 10^3 \text{ km}^3/\text{a}$，相当于海面高度下降速率为$121 \text{ cm}/\text{a}$。水蒸发量分布不均匀：南、北副热带海域为极大值，达$140 \text{ cm}/\text{a}$；至两极海域不足$10 \text{ cm}/\text{a}$（图5.15A）。蒸发导致表层海水盐度增加。

降水：海面降水量约为$392 \times 10^3 \text{ km}^3/\text{a}$，相当于海面高度上升速率为$109 \text{ cm}/\text{a}$。降水量分布也不均匀：赤道附近降水量最大，达$180 \text{ cm}/\text{a}$；至南、北副热带降至$60 \text{ cm}/\text{a}$；南、北两半球极锋附近又显著增多，然后向两极方向迅速减少。除大于$50°$高纬度区域外，降水量变化曲线几乎与蒸发量为反位相关系（图5.15A）。降水导致表层海水盐度降低。

陆地径流：主要包括河流和地下水向海洋的输入，补充平衡了海洋蒸发量与降水量的差值。河流是陆地径流的主要形式，地理差异很大。进入大西洋的年径流量居首，相当于海面高度上升速率为$23 \text{ cm}/\text{a}$，以亚马逊河（约占全球径流量的20%）、刚果河、密西西比河及欧洲河流为主；进入印度洋的年径流量次之；太平洋面积大，所有陆地年径流量相当于海面高度上升速率为$7 \text{ cm}/\text{a}$；全球海洋径流量平均相当于海平面高度上升速率为$12 \text{ cm}/\text{a}$。陆地径流的输入导致近岸区域海水盐度降低，形成冲淡水。

结冰和融冰：高纬度地区温度低，水以冰的形式存在。世界大洋3%～4%面积被冰覆盖，地球上冰的量约占水圈总量的2.15%，假如全部融化流入海洋会使海面高度上升66 m。极地海域的冰全年存在，冬季以结冰过程为主，夏季冰部分融化，在一定长时间尺度上结冰与融冰的量基本对等。在个别区域或不同季节会存在不平衡的情况。海冰被海水冲击到陆地上会使海洋失去水，陆地上冰融化又向海洋输入水，影响海洋水量平衡。全球变暖则会影响结冰与融冰之间的平衡，值得关注和研究。

在气候变化影响不大的情况下，整个世界海洋的水量收支应该是平衡的，但就不同区域和时间而言则不一定处于平衡，并引起海洋中流动的迁移。根据以上对水循环过程的讨论，某局部海域水量收支表示为（冯士筰等，1999）：

$$q = P + R + M + U_{in} - E - F - U_{out} \tag{5.27}$$

其中，q为水的净收支量，P为降水，R为陆地径流，M为融冰，E为蒸发，F为结冰，U_{in}为海流及混合流入，U_{out}为流出。

对整个世界海洋而言，结冰与融冰相抵消，流入与流出相抵消，表示式简化为：

$$q = P + R - E \tag{5.28}$$

在全世界海洋中，三者也是相互抵消的。对于局部海域，也可用上式表示收支变化，因为多数非极地海区不存在结冰与融冰影响，有封闭环流存在的海区流入与流出相抵消，因此q不一定为零。远离陆地的大洋区域R可忽略，$q=P-E$且随纬度有明显变化。再如，太平洋$P+R>E$，$q>0$；大西洋$P+R<E$，$q<0$；北冰洋蒸发少，径流多，$q>0$。大西洋需要太平洋和北冰洋的水补充。蒸发量和降水量的经向分布（随纬度的变化）见图5.15A。

当$q<0$时，表层海水的盐度增加；而$q>0$时，盐度减小。除近岸外的大洋海域的陆地径流量很小，而蒸发量与降水量之差（$E-P$）成为影响表层海水盐度的主要因素。在60°S～40°N范围内盐度的经向分布与（$E-P$）的经向分布十分相似，为"马鞍形"分布（图5.15B），两者之间为近似线性关系。

二、海水物理化学要素分布与变化的特征及表示方式

（一）要素分布变化图

要素的时空分布是海洋学研究关注的基本内容，由于时空范围大，变化形式多样及影响因素复杂，多以分布或变化图的方式来描述，这是"海洋学"的英文为Oceanography而非Oceanology的一个主要特点。图的形式主要有：① 要素随空间坐标的变化图，包括主要随深度的变化图即垂向分布图或称铅直分布图，也有要素随经度、纬度或水平距离的水平变化图等；② 要素随时间的变化图，也称过程变化图；③ 要素的等值线分布图，包括纵、横坐标为纬度和经度的平面分布图，以及横坐标为经度、纬度或水平距离，纵坐标为深度的断面分布图，还有横坐标为时间，纵坐标为深度的时间剖面图，要素的水平均以等值线给出，等间隔量等值线的疏密程度代表了要素变化梯度的大小；④ 点聚图或曲线图，应用最多的是温度-盐度图（temperature-salinity diagram，多采用$\theta-S$图，如图5.16），纵坐标为温度，横坐标为盐度，辅以位势密度等值线为背景，主要用于水团分析。计算机绘图技术可给出更为直观的三维立体图及动态变化图等。学习海洋学要了解这些图所给出的信息，理解其意义。

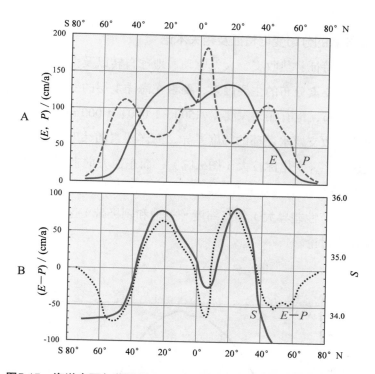

图5.15　海洋表面年蒸发量E、降水量P（A）和蒸发与降水量之差E−P、
盐度S（B）的径向分布示意图
（重绘自Dietrich等，1980）

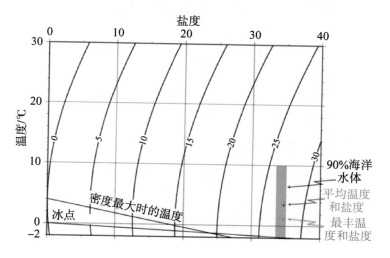

等值线为σ_t/（kg/m）
阴影部分为90%的海洋水体，海水的平均温度和盐度点、最丰温度和盐度点标注在图上。
图5.16　大范围的温度−盐度图
（Talley等，2011）

（二）海洋中要素的分布变化特征及相关术语

平面分布及主要特征：热收支、大气驱动、地球自转以及由它们引起的海洋外部和内部水循环是影响要素分布的主要因素，要素在海洋上层的变化显著。平面分布主要研究海水表层的分布，也有在某深度（如500、1 000、4 000 m等）给出的平面分布上进行比较。由于热收支及水循环的纬度差异，海洋要素随纬度的变化即沿经线的南北分布为"经向分布"，变化性较大（图5.17）；而东西方向上要素多呈带状分布，在相近纬度上差异相对较小，常分为低纬度（赤道和热带）、中纬度（热带向极一侧，包括副热带，季节性差异大）和高纬度（极地和副极带）区域，以及靠近陆地的近岸区域进行描述或讨论。

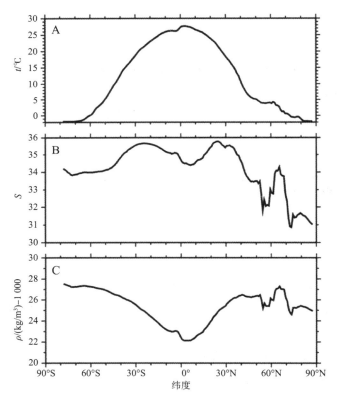

赤道以北为1月、2月和3月，以南为7月、8月和9月各大洋数据平均值。

图5.17 世界大洋冬季表层海水温度（A）、盐度（B）和密度（C）的经向分布

（引自Talley等，2011）

垂向分布及主要特征、跃层：根据在垂直方向上各要素在海洋上部变化幅度较大，在深水中变化幅度很小的特点，通常将海水分为四层：上层、中层、深层和底层。上层包括混合层和跃层。混合层是风动力或浮力作用引起海水混合而致，要素差异较小。跃层是要素垂向变化梯度很大的深度范围，主要是温跃层，也有密跃层和盐跃层。中层、深层和底层都在温跃层以下。深层水体积大，但要素变化幅度较小。

水团和水型：海洋中存在性质（反映在数个要素的量值上）相近且体量较大的水体。早在1916年，"水团"这一术语已被引入海洋学中描述这一特征。水团是源地和形成机制相近，具有相对均匀的物理、化学和生物特征及大体一致的变化趋势，而与周围海水存在明显差异的宏大水体。水团内部的特征并非绝对相同，但与周围水体的差异是明显的、可区分的（Sverdrup等，1942；Brown等，1989a；冯士筰等，1999）。大洋中一些水团有专门的名称，如北大西洋深层水（North Atlantic deep water，NADW）、南极中层水（Antarctic intermediate water，AAIW）等。

若水体完全均匀，性质（通常是温度和盐度）相同，在温−盐图上汇聚为一个点，则称为"水型"，即性质相同的水体元的集合为水型。由此引伸，水团是性质相近的水型的集合。水团来源处的水型则称作"源水型"。

海洋中绝大多数水团都是在海洋表面获得其初始特征的，受热力学或动力学因素影响而迁移，离开表层下沉到与其密度相当的深度。水团在迁移过程中与周围水体发生交换或混合，温盐性质会有所改变，该作用为水团变性。浅海水团易变性而大洋水团则相当稳定。

有时也用陆地水文学术语"水系"对不同水团进行区分，通常只考虑一种性质相近即可，即符合一个给定条件的水团的集合为水系。如外海水系和沿岸水系以盐度的高低来划分。

（三）海水温度和盐度的变化范围及海洋的层化结构

海水的温度和盐度有很大的变化性，但从体积角度看，它们的范围是相当集中的（图5.18）。75%的水体温度在0～6℃，盐度在34～35；50%的水体温度在1.3～3.8℃，盐度在34.6～34.8；世界大洋海水的平均温度（位温）为3.5℃（太平洋为3.4℃，大西洋为3.7℃，印度洋为3.7℃），平均盐度为34.7［太平洋为34.6（最低），大西洋为34.9（最高），印度洋为34.8］。

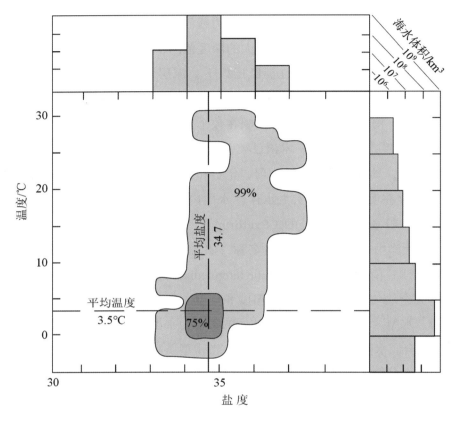

图5.18 世界大洋99%的海水温度和盐度的范围及体积分布
（改自Gross，1987）

海洋热收支影响海水温度，热收支引起的水循环又影响盐度，二者都影响海水的密度。密度的差异导致海水在重力场中按密度进行分配，使海水呈现为以密度分层的结构形式。海水密度由表及底是从低向高增大的，具有很好的稳定性。温度的变化幅度远大于盐度，是影响密度的主要因素；近岸区域径流输入和高纬度区域融冰水流入使盐度变化幅度增大，对密度影响的显著性增强。在高纬度海域，表层海水冷却导致密度增加，离开表面下沉到与其密度相当的深度。下沉过程中水体一般是沿着等位密面迁移的。因此，海洋为分层明显、稳定性好的动态层化结构（图5.19）。这种层化结构进而影响或决定了海洋中多种物理化学要素的分布。

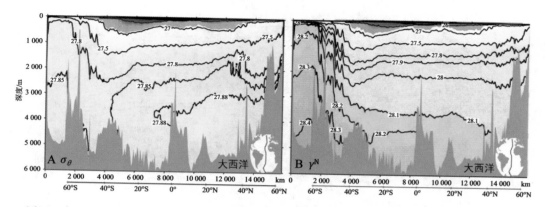

σ_θ因压强参考面选择在海面，深层有密度等值线逆转现象；而γ^N（不是热力学量，仅供了解，不要求掌握）是将压强参考面逐渐由表及深接近连续变化校正密度所得，反映了按密度分层单调增长式的层化结构。

图5.19　大西洋南北断面海水条件位密σ_θ（A）和条件中性密度γ^N（B）的分布（单位：kg/m³）
（引自Talley等，2011）

三、海水温度、盐度和密度的分布与变化

由上可知，各影响因素通过密度作用使海洋水体呈现为稳定的层化结构。在海水最基本的三项要素中，温度和密度和分布形式相对简单，盐度的分布形式相对复杂。

（一）温度的分布与变化

海水温度的分布与变化主要由热收支和海洋内部水循环即大洋环流两方面因素所决定。

温度的平面分布：大洋表层海水温度（surface seawater temperature，SST）在$-2\sim30℃$，年平均17.4℃。由赤道向两极，SST逐渐降低（图5.17A、图5.20）；从南北副热带到温带海区，等温线偏离带状分布，在大洋西部向高纬度方向弯曲，在大洋东部则向赤道方向弯曲，显然这是大洋环流造成的；在寒、暖流交汇区域，等温线密集，SST梯度大，形成"极锋"（图5.20）。夏季SST的经向梯度比冬季要小。

温度的垂向分布：由于太阳辐射主要在海洋表面，不能到达深层，海水温度随深度增加而递减，典型垂向分布形式见图5.21。如副热带海区表层水温约20℃，500 m层约8℃，1 000 m层约5℃，4 000 m层1~2℃。对于温度和密度的垂向分布，前述上层、中层、深层和底层的划分方式可简作上层（包括上混合层和温跃层）和深海（图5.21）。为消除压强的影响，垂向分布讨论中均为位温。

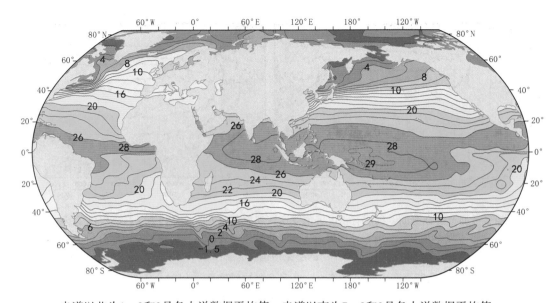

赤道以北为1、2和3月各大洋数据平均值，赤道以南为7、8和9月各大洋数据平均值。

图5.20　世界大洋冬季表层海水温度（SST，单位：℃）的分布
（重绘自Talley等，2011）

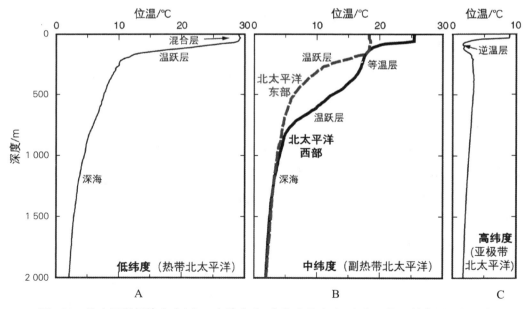

图5.21　北太平洋低纬度（A）、中纬度（B）和高纬度（C）海区位温的典型垂向分布
（Talley等，2011）

上混合层内海水温度较高且均匀，其下海水温度降低，垂向变化梯度很大，为温跃层（图5.21和图5.22）。中低纬度海域温跃层全年存在，叫作"主温跃层"或"永久性温跃层"。主温跃层在赤道海域的深度较浅，约300 m；在副热带海域加深，能扩展到600 m（南大洋20°S～30°S）至800 m（北大西洋40°N附近）；向高纬度海域又逐渐变浅，至副极带海域升达海面，为近似"W"形（图5.22）。主温跃层以上为温度较高的暖水区，之下是温度较低的冷水区；冷、暖水在副极带海面交汇，温度梯度很大，形成极锋。极锋向极一侧没有暖水区，冷水区直达海面（图5.22和图5.20）。

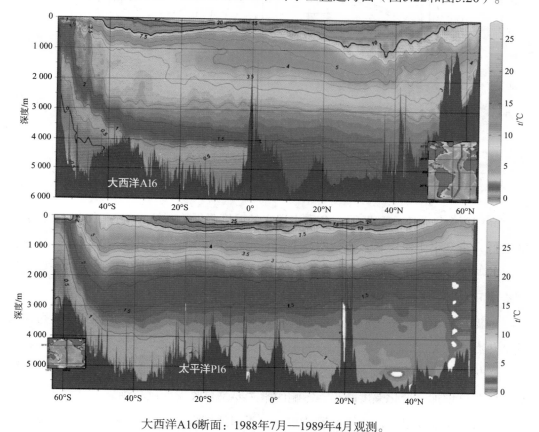

大西洋A16断面：1988年7月—1989年4月观测。
太平洋P16断面：1991年3月—1992年10月观测。

图5.22　大西洋和太平洋准经向断面海水位温的分布

（改自Schlitzer，2000；http：//ewoce.org）

在上混合层从暖水区表面至混合所及深度，风、浪、流等动力作用和蒸发、降温、增密等热力作用使海水强烈混合而成为接近均匀的水体。上混合层的深度有区域差别，也有明显的季节性变化。上混合层在低纬度海区一般不越过100 m，赤道附近只有50～70 m甚至更浅。夏季混合层很浅，浅至数米或不存在；冬季混合层加深，低纬度海区可达200 m，中纬度海区能达数百米至主温跃层。

温带海区夏季表层海水升温，温度梯度增至很大，可形成很强的季节性温跃层；冬季表层海水降温增密引起上下对流而混合，季节性温跃层消失。季节性温跃层的生消变化见图5.23。温带近岸海区的深度较浅，只有季节性温跃层的生消，如我国的渤海和黄海等。

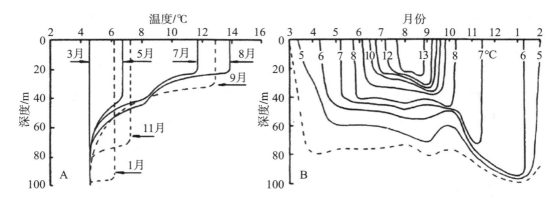

A. 1、3、5、7、8、9和11月温度的垂向分布；B. 温度变化的时间剖面图。

图5.23　东北太平洋某站点（50°N，145°W）上混合层内温度垂向分布的逐月变化及季节性温跃层的生消

（Talley等，2011）

高纬度海区没有主温跃层，冬季表层水的温度降低，甚至小于深层，但表层水的盐度低，密度小于深层水，不会明显下沉，至水深100 m左右出现逆温现象。夏季表层水的温度升高，在逆温层之上形成混合深度较浅的均匀层，其下保留有冬季形成的"冷中间水"，这是高纬度海区温度垂向分布的典型现象（图5.21C）。

逆温现象也可由平流造成。在一些相对封闭的海沟深处也出现逆温现象，可能与受地热影响有关。

温度的时间变化：海水温度的时间变化包括日变化和季节变化，主要发生在表层，随深度增加，变化幅度减小。影响因素主要是热收支，也与潮流等有关。大洋中水温的日变化幅度很小，一般不超过0.3℃。近岸海域海水温度受潮流影响会呈现周期性变化，甚至水温的昼夜差异会被掩盖。

赤道海区SST年变化幅度小于1℃，是由太阳辐射年变化幅度小所致。极地海区SST年变化幅度也小于1℃，与结冰和融冰的缓和作用有关。

中纬度大洋海区SST年变化幅度大，达9℃；寒暖流交汇处水温年变化幅度可达15℃（如湾流和拉布拉多寒流交汇处、黑潮和亲潮交汇处）。近岸海域的深度较浅，受陆地影响，水温的年变化幅度可超过20℃（东海、日本海以及黑海）甚至30℃（渤海浅水区）。

（二）盐度的分布与变化

海水盐度的分布与变化主要受水循环，包括蒸发、降水、径流、结冰、融冰等海洋与外部的水交换，以及海流等海洋内部水迁移过程的影响，是结合了海水温度的影响并按密度分层的结果，但它比温度和密度的分布更加复杂。分布与变化讨论中的盐度值均为直接观测所得的实用盐度结果。

盐度的平面分布：大洋表层海水盐度在赤道海区略低，南北副热带海区最高，高纬度海区较低（图5.24），经向分布为马鞍形，主要是蒸发和降水（$E-P$）影响的结果，在高纬度海区也与结冰和融冰有关（图5.15、图5.17B）。从量值上看，盐度的差别似乎不大，但足以显示不同海区和深度之间盐度的差异，并可对水团进行分辨和对来源进行指示。

大洋表层海水盐度的平均值以北大西洋为最高（35.5），南大西洋和南太平洋居中（35.2），北太平洋最低（34.2）。北、南大西洋副热带海区表层盐度很高，大于37；一些相对封闭、蒸发量高的边缘海，表层盐度大于39（波斯湾、地中海）甚至超过40（红海）。降水量远超过蒸发量的印度洋北部，太平洋西部和中、南美西岸盐度则相对较低；陆地径流量大的沿岸海区（如黑海、波罗的海）盐度很低；高纬度边缘海的盐度较低，但在大西洋东北部和北冰洋的挪威海、巴伦支海盐度却较高，是来自低纬度的高盐洋流输入的结果（图5.24）。

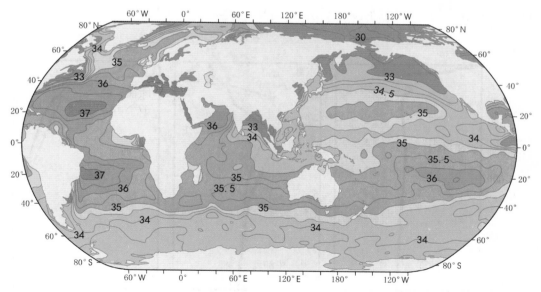

赤道以北为1月、2月和3月各大洋数据平均值，赤道以南为7月、8月和9月各大洋数据平均值。

图5.24　世界大洋冬季表层海水盐度的分布
（重绘自Talley等，2011）

除盐度经向分布特征和局部区域特征外，大洋表层水最明显的差异是大西洋盐度较高而北太平洋盐度较低。大西洋沿岸无高大山脉，北大西洋蒸发的水汽从东北信风带进入北太平洋，释放于巴拿马湾一带。南太平洋东岸的安第斯山脉使南太平洋西风带携带的大量水汽上升凝结，释放于智利沿岸，而越过安第斯山脉下沉的干燥气流又加剧了南大西洋表层水的蒸发。印度洋副热带海区盐度较高的海水可越过非洲南端进入南大西洋东部，而南太平洋东部降水量较大则盐度下降。这些因素导致两大洋表层海水盐度有显著差别。

盐度的垂向分布：盐度分布的复杂性更多体现在垂向分布上。与温度的分布明显不同，盐度的垂向变化往往不是单调的，而是有高低变化，且因区域而异。

图5.25给出了北太平洋位于不同纬度的站点2 000 m以内盐度的垂向分布，形式多样。中纬度海区以副热带太平洋为例，由于净蒸发量高，靠近表层的海水盐度较高；其下在600～1 000 m深盐度降低，1 000～1 500 m深盐度又升高且随深度增加而相对稳定（图5.25B）。在热带和副热带南部，表层海水盐度通常稍低；在100～200 m接近温跃层顶部的深度，盐度升高，出现尖锐的次表层最大值（图5.25A）。该高盐水下潜于盐度低、温度高的热带表层水之下，流向赤道方向，在各副热带环流区向赤道一侧均可发现（见图5.26断面分布）。由于其盐度最大值这一可识别的特征和中纬度高盐水下潜这一共同的历史，该水体获得了成为一个水团的资格，但名称较多，有"副热带下潜水（subtropical underwater）""盐度最大水（salinity maximum water）""副热带次表层水"等。

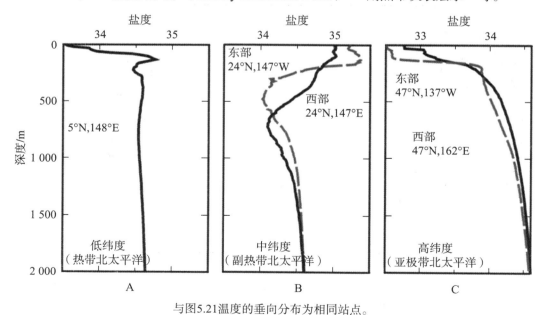

与图5.21温度的垂向分布为相同站点。

图5.25 北太平洋低纬度（A）、中纬度（B）和高纬度（C）海区盐度的典型垂向分布
（Talley等，2011）

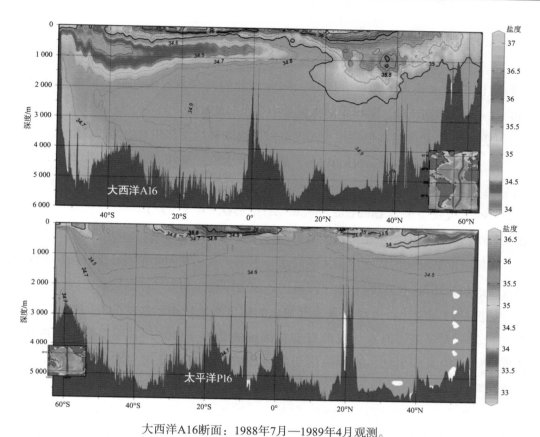

大西洋A16断面：1988年7月—1989年4月观测。
太平洋P16断面：1991年3月—1992年10月观测。

图5.26 大西洋和太平洋准经向断面海水实用盐度的分布
（改自Schlitzer，2000；http://ewoce.org）

低纬度热带海区由于蒸发与降水的差（$E-P$）小，表层水盐度较低；在最大盐度水层之下出现的低盐层也是由副热带环流区北侧盐度稍低但密度更大的水的下潜导致的（图5.25A）。极地和高纬度海区有较高的降水量，加上径流和季节性融冰水流入，海表面为低盐水，向下则盐度升高，形成盐度递增的跃层（图5.25C）。表层低盐水的存在是产生逆温现象（图5.21C）的原因。

从图5.26可以看出，在中等深度（500～1 500 m）多为低盐水，但也有高盐的中层水。南极周围45°S～60°S的南大洋表层海水盐度较低，较低的温度使其密度增大、下潜，并在3个大洋向赤道方向扩展，在高盐次表层水下形成低盐的南极中层水（AAIW），在大西洋中越过赤道可达20°N，在太平洋中也可到达赤道，在印度洋中只限于10°S以南。北半球下沉的低盐水势力较弱，北太平洋形成盐度更低的中层水，向南扩展仅越过20°N。高盐次表层水和低盐中层水之间形成盐度递减的盐跃层（图5.26，图5.25B），中层水盐度虽低，但温度更低，低温增密补偿了低盐降密作用，其密度仍大于次表层，故能稳定存在。

与南大洋和北太平洋不同，北大西洋次表层以下中层深度是高盐水而非低盐水。这是由于地中海蒸发量大但径流量小，高盐水溢出流向北大西洋，下潜至密度与南极中层水相当的深度。同样，印度洋北侧的来自红海和波斯湾的高盐水在600～1 600 m向南延伸，阻碍了南极低盐中层水向北扩展。

中层以下是盐度略高但在很大深度范围内温度和盐度都相对均匀的深层水，范围最广的是北大西洋深层水（NADW），源地是北大西洋高纬度海区的表层海水，盐度较高但温度很低、密度较大。在南大西洋，NADW南侧之下是盐度略低于NADW但温度更低的南极底层水（Antarctic bottom water，AABW），源地主要是南极陆架上的威德尔海，与南极中层水相似盐度较低的海水在极地周围降温而结冰，所余海水的盐度升高但温度最低而形成密度最大的海水，下沉至底层并向北扩展，部分与NADW混合并通过热盐环流向印度洋和太平洋输送，成为印度洋和太平洋深层水。

盐度的时间变化：大洋海水盐度变化的幅度本来较小，盐度的时间变化也不及温度明显。大洋表层海水盐度的日变化幅度通常小于0.05；其下层受内波影响，盐度变幅可能大于表层。近岸海区受潮流影响，盐度能显出与潮流相似的周期性变化。

盐度的季节变化与蒸发、降水、径流、结冰和融冰以及海流等水循环过程有关，如在温带近岸海域的丰水期和枯水期，海水盐度分别降低和升高，并有分布差异。总的来说，盐度的时间变化有区域性特点，不具备整体性的特征。

（三）海水密度的分布与变化

如同温度，讨论密度的空间分布也要消除压强的影响，采用位势密度表示。密度主要受空间变化幅度较大的温度的影响，与温度的分布和变化更为相似。高纬度海区温度差异小，结冰和融冰以及径流输入使盐度有较大的变化，对海水密度的影响增大。前文已对海水按密度分层的分布特点进行了介绍，此处做简要补充。

表层海水密度的分布：在中、低纬度海域和南大洋表层海水密度的经向分布主要随温度而变化，两者有上下镜像对映的关系（图5.17A、C），即低纬度海区表层水密度小，中、高纬度海区表层海水的密度增大（图5.27），从赤道附近的$\sigma_\theta=22$ kg/m³变化至南、北纬50°～60°海区的$\sigma_\theta=26～28$ kg/m³（图5.17C）。北半球高纬度50°N以北海区密度随盐度分布的波动而变化，是由于海水温度已接近于冰点而变化很小，导致盐度对密度影响的显著性增加（图5.17B、C）。如北冰洋边缘盐度较低的东西伯利亚海等，表层海水的密度也较低（图5.27）。

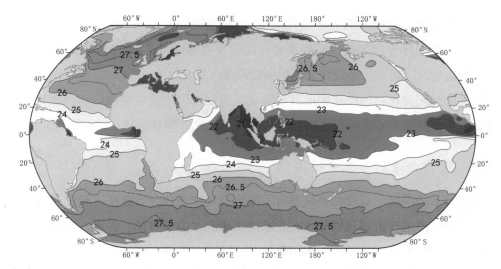

赤道以北为1月、2月和3月各大洋数据平均值，赤道以南为7月、8月和9月各大洋数据平均值。

图5.27　世界大洋冬季表层海水密度［为条件位密σ_θ/（kg/m³）］的分布

（重绘自Talley等，2011）

密度的垂向分布：密度的垂向分布见图5.28和图5.19。中、低纬度海区，表面混合层内密度较低且较为均匀，其下密度急剧增加，变化梯度大，与主温跃层相对应，为密度跃层，深水中密度高但增加幅度很小，不同纬度的密度差异也很小，2 000 m以深的σ_θ=27.6～27.9 kg/m³。中纬度海区出现了随季节生消的季节性密度跃层，密度的垂向分布与温度的垂向分布大致有镜像对映的关系。低纬度海区表层与深层海水温度的差异很大（图5.21A），密度差异也相应大，致使密度跃层的强度大；副热带海区密度跃层的强度则减弱（图5.28）。

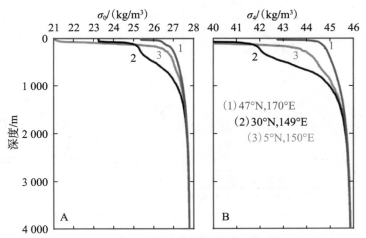

A. 参考面为海面，p_r=0 dbar的条件位密，表示为σ_0；B. 参考面约为4 000 m深，p_r=4 000 dbar的条件位密，表示为σ_4。深层水温度差异小，但压强效应明显，取4 000 dbar为参考面也是讨论深、底层水时避免位密逆转现象（图5.17A）的手段之一。

图5.28　北太平洋高、中、低纬度海区条件位密的分布

（Talley等，2011）

高纬度海区海水密度的上下差异较小，表层密度为$\sigma_\theta=27$ kg/m³或更高，密度跃层很弱。夏季融冰水流入使表面较浅的一层盐度明显降低（图5.25C），密度也有所降低，与盐度跃层对应，形成浅而弱的密度跃层（图5.28）。

密度的时间变化：因海水密度首先取决于温度，但也受盐度的影响，故其时间变化主要依从于温度，而在局部区域也随盐度发生变化，即具有复杂性，不再介绍。

四、世界大洋的主要水团简介

鉴于海水的温度、盐度和密度具有不同但有规律性的分布特征，根据温盐等观测资料可以对水团进行识别和划分，在此基础上研究水团的特征、强度、源地与形成机制、消长及变性等规律或过程。水团分析是海洋综合观测实施后的基础性工作，对物理、化学和生物等各海洋分支学科都是必需的背景资料。一个水团的温度、盐度、密度性质非常接近，其化学要素如溶解氧、磷酸盐浓度等也非常接近，即使它们是不保守要素。

水团分析有定性、定量等不同方法，如主要依据温-盐图的定性综合分析法、根据浓度混合理论和温-盐图解几何学方法进行的浓度混合分析法，以及概率统计方法和模糊数学方法等（冯士筰等，1999）。我们根据位温和实用盐度资料，通过$\theta-S$图（图5.29）对世界大洋一些主要水团做简要介绍。

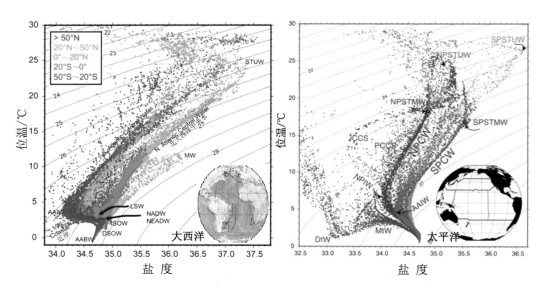

图5.29　大西洋和太平洋海水的$\theta-S$图

（引自Talley等，2011）

由对温度、盐度和密度分布的介绍可知，垂直方向上海水可分为上层、中层、深层和底层，其中上层包括上混合层和温跃层。基于温度和密度的垂向分布具有相对单调的变化特征，对中、低纬度海区采用了以主温跃层为界，其上为上混合层即暖水区，其下为深水即冷水区的简单划分水层的方式。盐度的分布比温度和密度复杂，温跃层以上的暖水区要区分为表层和次表层。由于温、盐跃层要素变化梯度大，是水团的边界，从宏观层级上可将世界大洋划分为5种水团，即暖水区的表层水和次表层水，冷水区的中层水、深层水和底层水。

在$t(\theta)-S$图上，一个点或密集的点簇代表一个水团，两个分离的点或点簇间的过渡带为两水团之间的混合区。图5.29是大西洋和太平洋海水的$\theta-S$图，能够看出均具有规律性特征。

为方便认识，我们以大西洋为例采用$\theta-S$示意图并结合大西洋断面示意图进行介绍（图5.30）。

（1）表层水团：有区域性和季节性差异，一般在论述大洋水团时仅简述甚而省略。

（2）次表层水团：包括中央水团、赤道水团和亚极地水团。中央水团是各大洋南北次表层的中央部分，如北大西洋中央水（NACW）、南大西洋中央水（SACW），它们是互通的；太平洋南、北部各有庞大的中央水团，其间横亘着赤道水团；印度洋也有赤道水团，而大西洋则没有。亚极地水团，是副热带下沉向极流动与当地水体混合形成的水团，如亚南极水（SAAW）。

（3）中层水团：中心深度约1 000 m，有低盐和高盐中层水团区分。南极中层水（AAIW）是低盐低温水团，在大西洋一侧强劲，从南大洋向北扩展并越过赤道；北太平洋中层水与AAIW类似。受地中海水（MW）影响的北大西洋中层水是典型的高盐水团，红海和波斯湾也在印度洋形成高盐水团。

（4）深层水团：是世界大洋中厚度最大且温盐变幅小的水团，在$\theta-S$图上点簇非常集中，如北大西洋深层水（NADW），起源于北大西洋北端较高盐度的冷水下沉，其向南大洋扩展，对太平洋和印度洋深层水有很大贡献，而北太平洋（盐度低）和印度洋（北部温度高）没有形成深层水的条件。

（5）底层水团：如南极底层水（AABW）主要在南极边缘海威德尔海形成，温度很低（低于0℃），冬季结冰增盐至密度达最大而下沉形成，但盐度略低于NADW。北极底层水的生成量少，散布范围较小。

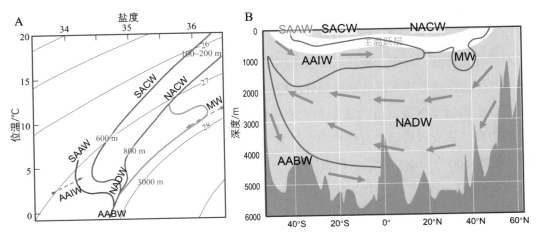

A. $\theta-S$示意图；B. 盐度断面分布中的水团示意图。

暖水区：北大西洋中央水（NACW），南大西洋中央水（SACW），亚南极水（SAAW）；

冷水区：南极中层水（AAIW），地中海水（MW），北大西洋深层水（NADW），南极底层水（AABW）。

图5.30　大西洋的主要水团

（仿自Millero，2013）

第四节　声和光在海洋中的传播

声和光是能量传播的两种方式，也是生物对自然感知和信息传递的重要途径。声和光作为波在介质中传播都有折射、反射、散射和吸收等现象。我们对声和光在大气中的传播情形较熟悉，即可见光在空气衰减很小，能传播很远，但声在空气中很容易衰减，传播距离非常有限。然而，在海水介质中，它们的传播情形与在空气中却恰好相反，光由于被散射和吸收而容易衰减，而声在海水中衰减很小，可以传播很远。尽管它们表现出各不相同的特性，但在海洋研究及应用技术领域中发挥着同样重要的作用，也都是现代海洋探测的重要手段。

一、海洋中的声及其传播

（一）海水中的声速及影响因素

声波是一种在弹性介质中因压力迅速变化而传播的能量。声速与传播介质的压缩性有关，在压缩性越小的介质中传播速度越高。海水中的声速大约是空气中的4.5倍。声速（c）即声波的传播速度，其与海水介质的压缩率（κ，海水的压缩率，一般采用等熵等盐压缩率）和密度有关，根据TEOS-10用吉布斯函数求算（表5.4）：

$$c=c\left(S_{A},t,p\right)=\sqrt{\partial P/\partial\rho|_{S_{A},\eta}}=\sqrt{\left(\rho\kappa\right)^{-1}}=g_{P}\sqrt{g_{TT}/\left(g_{TP}^{2}-g_{TT}g_{PP}\right)} \qquad (5.29)$$

其中，声速的单位是m/s，密度（ρ）的单位是kg/m³，偏导数中压强（P）的单位是Pa，等熵等盐压缩率κ的单位是Pa⁻¹。若压强单位是dbar，需进行换算。

海水的压缩率和密度均是温度、压强和盐度的函数，因此海水中的声速受温度、压强和盐度的影响。海水是非均匀介质，各处的声速不同。海水温度对海水的压缩率的影响较显著，温度降低时海水的压缩率增大而导致声速降低；密度随温度降低而升高，但对声速影响的结果可忽略。海水压强对密度的影响也小于对海水的压缩率的影响，压强增大时海水的压缩率减小而导致声速增加。海水的压缩率随盐度升高而降低，但远小于温度和压强的影响（图5.31）。总的来说，温度、压强和盐度主要通过对海水的压缩率的影响而改变声速，影响程度是温度＞压强＞盐度（盐度的变化幅度小，影响较弱，通常忽略）。温度升高1℃，声速约增加5 m/s；盐度增加1，声速约增加1.14 m/s；海水深度变化约100 m，即压强增加约1 MPa时，声速增加约1.75 m/s。

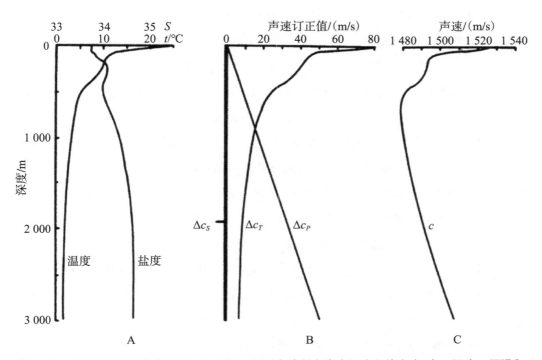

图5.31　北太平洋OSP站（39°N，146°W；1959年资料）海水温度和盐度（A）、温度、压强和盐度对声速影响的订正值（若用TEOS-10计算则不需分别订正）（B）以及声速（C）的垂向分布（Talley等，2011）

（二）海洋中的声速分布与声的传播

海洋中的声速依赖于温度、压强和盐度，受温度和盐度典型垂向分布的影响，大洋水中声速的变化范围一般为1 450～1 540 m/s。在海洋上层温度较高，声速较大；随深度增加，温度降低，声速减小。随深度继续增加，温度的变化幅度减小，压强成为主要影响因素。温度和压强随深度增加此消彼长的作用使声速在某一深度达到最小值，该深度之下继续增加（图5.31B、C）。除高纬度海区温度较低且随水深变化很小的区域外，中、低纬度海区声速的垂向分布中都会出现最小层。该层从高纬度海区的海面附近到低纬度海区的1 000 m上下，温度的分布是影响声速最小层深度的主要因素。声速最小层深度还与地形有关，如该深度在北大西洋约为1 200 m，在北太平洋约为600 m。高纬度海区表层温度接近恒定甚至有逆温现象，声速可能在表面最小。海水中声速的变化以及最小层的存在，对声波在海洋中的传播具有重要意义。

海洋中的声波在由海水、海面和海底构成的空间中传播，因海水中声速场分布差异导致声线发生折射而发生传播路径改变。声传播中声信号的衰减与海水介质的吸收、海水中气泡及浮游生物或海水团块的散射、波动海面的反射和散射以及海底沉积层的反射和吸收等作用有关。

声速最小层的存在使声波的能量集中于该层附近。当位于声道轴附近的声源发出的声线以较小角度向上或向下传播时，声线因声速变化发生折射而弯曲，大多数不经海底或海面反射，即向上传播的声波在声速增加时向下折射，而向下传播的声波则向上折射，以声速最小深度为轴线，在该层上下反转传播（图5.32A），形成一个范围固定的深海声道也称为SOFAR声道（sound fixing and ranging channel），声速最小层也叫作声道轴。沿SOFAR声道，声波可以传出很远，远超过一般的传播距离。

浅层的声道叫作表面波导（surface duct），浅层声源向下的声线能向上折射，向上的声线则被表面向下反射后再向上折射，实现远距离声传播。约60 m深有一声速极大层，因声线到达该层时折射方向会分裂为向上弯曲至表面和向下弯曲至深水，存在声波不能传播到达的区域，为声影区（shadow zone），是潜水艇可以隐蔽的区域（图5.32B）。浅水（＜200 m）中声波在海面和海底之间也能发生反射。另外，在海洋上混合层中，由于强跃层对声波的反射作用也形成声道。

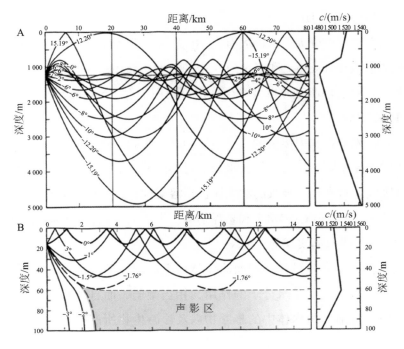

A. 声源靠近声速最小层的声波在中、低纬度开阔大洋（声速最小层约1 100 m）声道中的传播典型剖面图；B. 高纬度海区声波通过表面波导传播。

图5.32　海洋中的声线示意图
（改自Talley等，2011）

海洋中声学技术的应用很多，如回声探测技术，该技术在海洋观测中取代了传统的用钢丝绳测定水深；还有海底地形地貌的声学测绘，以及应用于波高、潮位、海流观测及鱼探测仪等。

二、海洋中的光及其传播

海洋占地球表面积约71%，吸收了大多数来自太阳的光照。阳光穿过空气进入海洋，既提供了光合作用所需的能量，也向上层海洋输送了热量。光在水中和空气中的行为不同：一是水中光的传播速率只有空气中的3/4；再是由一系列波长组成的可见光在海洋上层与水分子及其中溶解的和悬浮的物质相互作用，被吸收和散射而急剧衰减，以至于深海中无光而且寒冷。达到海洋上层的光也经后向散射或再发射从海洋表面返回到大气，可以在海面上方通过仪器如激光雷达、卫星等进行观测。海洋遥感卫星可携带多种传感器，能提供表面水温、浮游植物生物量及相关产物等海洋研究的重要信息。

（一）海洋的光学性质

海洋的光学性质可分为海水的固有光学性质和表观光学性质。固有光学性质主要指海水对光的吸收（absorb）和光在海洋中的散射（scatter）。表观光学性质则包括反射率、向下和向上辐照衰减以及光合作用可利用辐射（photosynthetically available radiation，PAR）等。

光的吸收：光能在水中损失的一个主要因素是吸收。进入海洋中的光大部分被水分子所吸收，光能主要转化为内能。水分子对不同波长的光的吸收有选择性，长波比短波更易被吸收。对光产生吸收的物质还包括溶解成分如有色溶解有机物（chromatic dissolved organic matter，CDOM）和悬浮物等。生物通过光合作用将光能转变为化学能也是通过对光的吸收而实现的。

光的散射：光受介质微粒作用而改变传播方向的现象为散射，包括分子散射和粒子散射。分子散射主要是水分子的作用，相当微弱，而且海水与纯水的散射没有明显差别；粒子散射是由水体中的悬浮物以及浮游生物所产生的，对光散射起着主要作用。

光的衰减：海水对光的吸收和散射造成光的衰减，通常在海洋上层100 m以内衰减至很弱。在清澈的大洋海水中，光吸收是衰减的主要因素，此时光衰减相对缓慢；但在生物量较高的海洋中，特别是生物量和悬浮物量都高的近岸水体中，散射对光衰减的影响显著。

光衰减表现为光照度随水深增加而降低，通常近似为指数衰减形式：

$$I = I_0 \mathrm{e}^{-Kz} \tag{5.30}$$

其中，I是在深度z的光强，I_0是海洋表面的光强，K是光衰减系数（单位为"m^{-1}"）。衰减系数在不同海区差异很大，$K=0.02\ \mathrm{m}^{-1}$可代表最清澈的大洋水中的情形，光的传播可超过100 m深；而$K=2\ \mathrm{m}^{-1}$则属于悬浮物含量高的浑浊水的情形，光的传播仅能达约3 m。

可见光波长的范围是380~780 nm，即从紫光到红光。光衰减系数因波长而异，在清澈的大洋水中，蓝光（波长约为450 nm）的衰减系数最小，穿透得更深；而黄光、橙光和红光的衰减系数较大，穿透到达的深度很浅。在浑浊的近岸水中，各波长光的衰减系数均增大，此时光衰减系数最小的是光谱中的黄光部分，其他波长的光很快被吸收（图5.33）。与清澈大洋水相比，浑浊近岸水中光穿透超过1 m深时的相对能量已明显减少且以黄光的相对较高，穿透超过10 m深的光已很少（图5.33）。

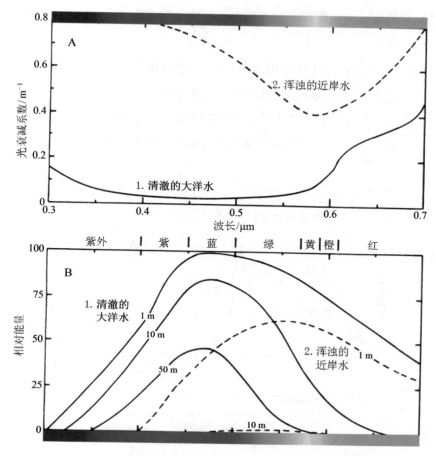

图5.33　海洋中光衰减系数（A）和到达1、10、50 m深的相对能量（B）
（改自Talley等，2011）

在清澈和浑浊海水中光衰减的波长选择可解释为什么洁净清澈的大洋海水是明丽的深蓝色。波长较长的红光、黄光在较浅的深度已被吸收而衰减，到达深层并在水柱中被散射的是蓝光，从海面看到散射而来的光即为深蓝色。到浑浊海区，最大透射波长从蓝光向黄光变动，看到的水色呈现蓝绿色、绿色以及黄绿色，甚至水质较差的水体呈现为黄褐色。海水中浮游生物以及悬浮颗粒物的存在也影响水色。

（二）海水的透明度、水色和海色

光在海水中穿透能力的高低用光的透射率来反映。在海洋观测中常用目视法测量的透明度，指肉眼能辨识的物体在海水中所能达到的最大深度。海水透明度采用简便的工具透明度板（通常是直径为30 cm的白色圆板，Secchi disc）观测。在科考船背光一侧将其垂直下放入海水中，至透明度板在视线中消失，再向上提升至刚刚能看见，两个深度的平均值即为透明度。这样测得的透明度只有相对意义，不是光实际能穿透的深度。

现代海洋原位光学观测中使用很多仪器测量海水的光学性质，如光透过率、衰减率以及荧光等。但透明度板在海洋观测中仍为基本的工具。

图5.34显示了在大洋中测得的海水透明度以及叶绿素a的浓度，两者大致呈上下对映关系。该关系反映了生物量越少，海水透明度越大即越清澈的现象。

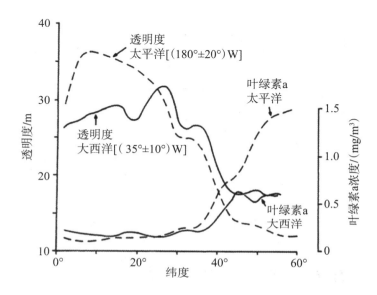

图5.34　由透明度板测得的太平洋和大西洋平均透明度与纬度的关系
（引自Lewis等，1988）

在测量透明度的同时，将透明度板提升到透明度一半深度时，俯视透明度板上方的颜色，与水色计的颜色进行比较，记录最接近的色号所得的结果为水色。水色主要由水下向上辐照的光谱组成。水色计是从蓝色、蓝绿色、绿色、黄绿色到黄褐色再到褐色共21种颜色的系列，由稳定的化学试剂配制而成，封存在玻璃管中，依次编号。蓝色为1号，水色最佳。

从海面观看到的海洋的颜色为海色，通常由海面反射光与散射光的光谱和水下各因素导致的向上辐射光的光谱组成，其中海面反射的天空的颜色占很大比例。目前卫星遥感观测的即海色，将数据处理后可分析出不同信息。

（三）海洋真光层

真光层为水柱中支持净初级生产的水层，一般以水体辐照度衰减至水体表面辐照度1%的深度为真光层深度。在该深度，浮游植物利用微弱的光进行光合作用，生产的有机物只能维持自身的呼吸消费，即光合总生产速率与呼吸速率相互补偿，净生产为零。中纬度大洋海区年平均真光层深度约为70 m，有的近岸海区却不超过5 m甚至更浅。

用透明度板测得的海水透明度与真光层深度之间有一定关系，有学者推荐以透明度乘以3作为真光层深度的估算值，但该系数在浑浊程度不同的区域并不恒定。海洋真光层深度可由卫星遥感观测得到（图5.35），将之与利用透明度板测得的结果进行比对，发现具有相对一致的特征。

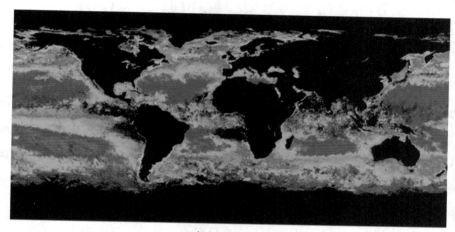

真光层深度/m

5 10 20 30 40 50 60 70 80 90 100 110 120 130 140 150 160 170 180

图5.35 卫星遥感观测的海洋真光层深度
（引自Talley等，2011）

第六章　海水中的化学组分

由于水具有很强的溶解能力，海水中包含了大量的溶解成分。溶解成分中含量最高的当属无机盐类，从而使海水具有含盐这一最基本也最显著的特征。海水溶解盐分中只有十余个元素占比居高位，元素周期表中其他元素在海水中的浓度都很低。海水溶解成分中还含有溶解气体和少量的有机物，除溶解成分外海水中还有悬浮颗粒物和胶体。一些元素或组分的含量虽低，但在海洋中广泛参与生物过程。生物活动对海水中多种组分的含量、迁移和转化产生重要的影响。此外，海水混合、运动以及陆地径流输入、海洋–大气和海水–海底沉积物的相互作用也对海水中的化学组分产生影响，构成陆地–海洋–大气及海底体系中元素的生物地球化学循环（图6.1）。

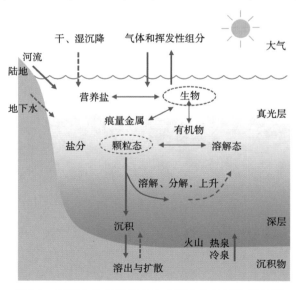

图6.1　海洋中的化学组分和主要生物地球化学过程

第一节　海水主要成分和痕量元素

海洋中包含水及溶解于水中的组分，其中水约占96.5%，溶解盐分约占3.5%。按海水总量1.33×10^{18} m³计，总盐量达4.6×10^{16} t。如果将这些海盐从海水中分离出来平铺在海底，其厚度可超过60 m。理论上地球环境中存在并循环的元素均应出现在海洋中，目前有近90种元素（包括一些人工放射性元素）被检出。海水中溶解成分的含量悬殊，通常综合其含量、溶存状态和性质可分为主要成分、微量元素（包括痕量元素，或统称为痕量元素）、溶解气体、营养盐、溶解有机物、放射性核素等。海洋中的盐分来自何处？海水中的化学成分如何分布和变化？本节从海洋中盐分的来源讲起，对海洋主要成分和痕量元素进行介绍。

因性质和含量差异，海水中元素或组分的量实际上采用具有不同适用性的物理量表示：化学上使用的"浓度"即物质的量浓度，符号为"c"，单位为"mol/L"或"μmol/L"等，多用于表示海水中浓度变化幅度较大且有效数字不超过3位的成分，如营养盐、痕量元素以及痕量活性气体等。由于海水的温度和压强变化范围大，物质的量浓度值并不保守，不适于表示变化幅度较小且对准确度要求高的组分或参数，这些组分或参数则多采用单位质量海水中组分的质量或物质的量来表达。前者为"质量分数"或"质量比"，多用于表示海水主要成分，符号为"w"，单位采用"g/kg"或"mg/kg"；后者不是化学上常用的浓度变量（注意：该浓度是以单位质量海水计量，不同于质量摩尔浓度以单位质量溶剂计量），有的著作中称其为"海水浓度"，本教材中也用符号"c"表示，明确其单位为"mmol/kg""μmol/kg"或"nmol/kg"等，多用于表示溶解气体、痕量元素以及总碱度（total alkalinity，TA）、总碳酸盐等参数。环境监测中常用的质量浓度（单位为"g/L"或"mg/L"）因涉及成分的具体形式，在海洋科学研究中不常采用。另外，"含量"一词不是物理量，是对混合物组成的模糊表达方式，是各种不同的量的泛指，可用于定性描述。

一、海洋中化学元素的循环

（一）海洋中盐分的来源与输入

自然界的水一直处于循环过程中，最突出的环节是海洋、陆地地表水的蒸发与大气降水（图6.2）。地球表面的水循环是不均衡的，海洋年蒸发量为$437 \times 10^3 \, km^3$，占地表年总蒸发量$503 \times 10^3 \, km^3$的87%。地表年总降水量与总蒸发量是相等的，海洋之上年降水量为$392 \times 10^3 \, km^3$，仅占总降水量的78%；而陆地年降水量为$111 \times 10^3 \, km^3$，大于其年蒸发量$66 \times 10^3 \, km^3$。因此，陆地降水与蒸发量之差即为年入海径流量$45 \times 10^3 \, km^3$，补足海洋蒸发与降水量之差。

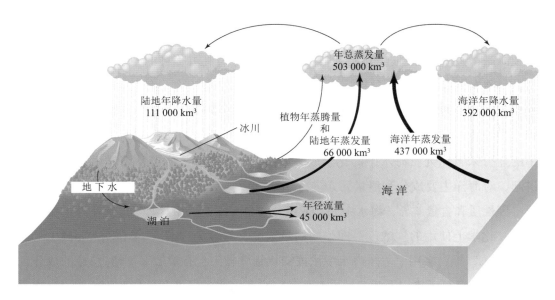

图6.2　地球表面的蒸发与降水
（改自Garrison等，2016）

当降水与陆地表面接触时，会参与岩石风化作用，溶解其中的Ca^{2+}、Na^+、Mg^{2+}、K^+以及HCO_3^-、CO_3^{2-}、SO_4^{2-}等阴、阳离子，并汇聚到陆地径流中。因此，河水是含有少量溶解成分和悬浮固体的淡水，河流入海在输入水的同时也输入了溶解成分和泥沙。而在蒸发过程中从海洋表面移除的几乎是纯水，溶解盐分就被保留在海水中。因此，岩石风化产物是海水盐分的主要来源，河流是主要的输入途径。地下水流入海洋、大气传输以干湿沉降的方式进入海洋、冰川运动等也是岩石风化产物向海洋输入的途径。

此外，火山喷出物和海底热泉是海水溶解成分的另外两个主要来源。

（二）海水中溶解成分的变化与移除

海水中的盐分是否为这些外界输入的溶解成分的简单浓缩呢？如果外界一直向海洋输入溶解物质，海水中盐分的含量又是否会越来越高，使海水变得越来越咸呢？

将海水与向海洋中输入溶解成分的量最大的河水进行比较，可发现海水与河水中溶解成分含量高低的顺序不相同。河水中含量最高的阴、阳离子分别是HCO_3^-和Ca^{2+}，而海水中含量最高的阴、阳离子则分别是Cl^-和Na^+，由此可见河流入海后溶解成分的比例发生了变化。

表6.1列举了钠、钾和钙等元素在岩石、河水和海水中的含量，发现K/Na和Ca/Na的值从岩石到河水再到海水依次明显减小。

表6.1 钠、钾、钙、铝、铁在岩石、河水和海水中的平均含量

项目名称	质量分数/（mg/kg）					质量分数比	
	Na	K	Ca	Al	Fe	K/Na	Ca/Na
岩石	1.20×10^4	2.31×10^4	2.57×10^4	8.09×10^4	3.91×10^4	1.93	2.14
河水	5.5	1.7	23.8	0.032	0.061	0.31	4.33
海水	10.8×10^3	0.40×10^3	0.41×10^3	3×10^{-5}	3×10^{-5}	0.037	0.038

数据来源：Chester等，2012。

表6.1显示，在岩石风化过程中钠最易从岩石中溶出，河水中K/Na值较岩石中的减小。而河流入海后，由于海水中的悬浮颗粒物及沉积物中的黏土矿物具有很大的阳离子交换容量并有足够长的交换时间，能移除一些溶解阳离子。对于电荷数相同的Na^+和K^+，水合离子半径较小的K^+更容易被黏土矿物所交换，使海水中的K/Na值进一步降低。

再如，表6.1中河水中阳离子Ca^{2+}主要来源于地表碳酸盐岩风化，平均含量大于Na^+；而海水中Na^+含量却远大于Ca^{2+}。海洋中钙质生物吸收Ca^{2+}形成硬组织，降低了海水中Ca^{2+}的存留率，使海水中Ca^{2+}含量明显低于Na^+。

海水中钠、钾和钙含量均远大于河水，在海水中明显积累。而相反，表6.1中铝和铁在海水中的含量却远小于河水。这是由于在河口区河水与海水混合，pH和盐度变化导致溶解Fe^{3+}和Al^{3+}等水解生成胶体并进而凝聚，从水体中移除，同时还能共沉淀其他过渡金属离子。这种作用被称作"河口过滤器"，相当于在河水与海水混合过程中有些溶解元素被选择性地滤除了。多数过渡金属元素在海水中的浓度小于河水。

因此，海水中的溶解成分不是河水成分的简单浓缩，海洋也不是盐分简单积聚的场所。海洋每时每刻接受从外界输入的物质，也通过一系列化学、生物、地质等过程向外输出物质。海洋像一个巨大的反应器，一部分溶解成分通过生源产物沉积、蒸发岩沉积、阳离子交换、埋藏和孔隙水输出、逆风化作用、板块构造与水热活动等过程从海洋中清除，进入沉积物中，而不同元素有着不同的移除机制。一些证据表明，海洋自形成以来，海水化学成分从原始海水向现代海水演化；现代海水大约在数亿年至十亿余年内基本稳定，即海洋在接受来自"源（source）"输入物质的同时，也以不同途径向"汇（sink）"输出物质。海水的化学成分基本处于"稳态（steady state）"，即在一定尺度上，海洋中某元素的总量不随时间而变化，总盐量也无显著变化，但处于不断循环更新的过程当中。

二、海洋中元素的逗留时间

（一）元素的逗留时间

为反映各元素在海洋中的循环更新速率，Barth（1952）提出"元素逗留时间（residence time）"概念，即"某元素以稳定速率向海洋输送，将海水中该元素全部置换出来所需要的时间（单位：年）"。或表述为"某元素以稳定速率向海洋输送，从进入海洋时算起直到从海洋中被移除出去所需的平均时间"。

元素逗留时间的前提条件是：① 海洋中的元素处于稳态；② 元素在海洋中是均匀的。若以 A 表示某元素在海洋中的总量，Q 为年输入量，R 为年输出量，则其逗留时间为：

$$\tau = \frac{A}{Q} = \frac{A}{R} \tag{6.1}$$

因为海洋处于稳态，则 $Q=R$，即

$$\frac{\mathrm{d}A}{\mathrm{d}t} = 0 = Q - R \tag{6.2}$$

逗留时间是就整个海洋而言的，是反映海洋中元素性质和行为的重要参数。逗留时间长的元素在海水中的含量高，分布较均匀，且不易参与化学与生物过程；而逗留时间短的元素在海水的含量低，分布不均匀，较广泛地参与化学或生物等过程。一些元素在海洋中的平均逗留时间（mean ocean residence time，MORT）见图6.3。若考虑海洋的年龄为39亿年，元素的逗留时间都小于甚至远小于此值，因此，即使逗留时间最长的元素，在海洋中也已更新了很多次。

局部水体中物质或元素的周转速率也可用逗留时间表示，此时要注意区分与全大洋元素平均逗留时间性质和含义的不同，该情况下也被称作周转时间（turnover time）。

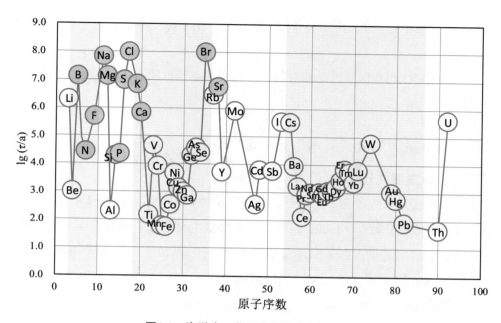

图6.3 海洋中一些元素的平均逗留时间

［主要根据Chester等（2012）、Pilson（2013）及Broecker等（1982）并部分结合其他文献数据绘制］

（二）化学元素的保守性与非保守性

第五章中说明，在等压条件下两流体微团混合、无质量和内能输入时某物理量保持不变的属性为严格意义上的保守性。从化学角度，元素具有"保守性"与否主要看是否受生物地球化学过程的影响。在一定时空尺度上以及观测误差允许范围内，按照元素参与或受物理、化学和生物等过程影响的程度，将海水中的元素或组分大致分为保守性元素和非保守性元素。

保守性元素几乎不参与化学或生物过程，其空间和时间分布主要受物理过程控制，如蒸发、降水、水团混合。保守性元素为逗留时间长（$10^{5.5} \sim 10^{8}$ a）的元素，如 Cl、Br、Na 等属于海水主要成分的元素，在海水中的含量高，分布较均匀。有数个痕量（或微量）元素也为保守性，逗留时间较长（$10^{4.8} \sim 10^{6.5}$ a）。

非保守性元素除受物理过程控制外，还参与化学过程、生物过程或地球化学过程。非保守性元素的逗留时间一般较短（多数小于 10^{4} a），如 Fe、Al、Mn 等绝大多数痕量元素，它们在海水中的含量低，分布差异很大。

营养元素 N、P、Si 的逗留时间并不太短（$10^{4} \sim 10^{5}$ a），但属典型的非保守性元素，在海洋分布很不均匀，是生物作用致其在海洋中内部发生再分配与循环的结果。

Ge、As、Se、Cd等伴随营养元素参与生物循环，是非保守痕量元素中逗留时间相对较长的元素。

元素的保守性与非保守性是相对的，除与元素本身性质有关外，也受环境因素及源-汇效应的影响。

三、海水主要成分及海水组成恒定比规律

（一）海水主要成分

海水主要成分与微量元素的划分，是选取了"1 mg/kg（即$w_i=1 \times 10^{-6}$）"作为界限。海水中质量分数$w_i > 1$ mg/kg的成分为海水主要成分，即对盐度可产生显著贡献的成分。它们的总量占据了海洋总溶解盐分的99.9%以上，且性质相近，包括5种阳离子Na^+、Mg^{2+}、Ca^{2+}、K^+、Sr^{2+}，5种阴离子Cl^-、SO_4^{2-}、HCO_3^-（和CO_3^{2-}）、Br^-、F^-，以及主要以分子存在的H_3BO_3，共11种成分（图6.4）。

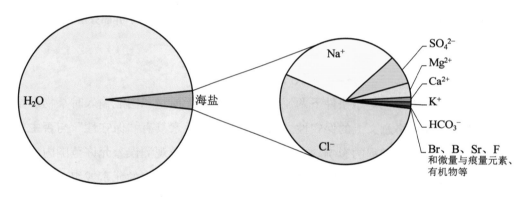

图6.4　海水及其主要溶解成分

需要说明的是，海水中$w_i > 1$ mg/kg的溶解成分还包括溶解硅酸［$Si(OH)_4$］，但它的性质与主要成分明显不同；还有水中的氢和氧（以及溶解于海水中的氧气等），都不列为主要成分。

海水主要成分的特点是性质稳定，在海洋中的分布基本是均匀的。其含量变化主要受海水混合、蒸发、降水等物理过程的影响，而受生物活动的影响非常小，为保守成分。

主要成分中保守性略差的阳离子是Ca^{2+}。由于钙质生物吸收海水中的Ca^{2+}形成生源碳酸钙作为其介壳或骨骼，在表层水中Ca^{2+}的含量会略低，而在深层水中碳酸钙溶解使Ca^{2+}含量略为升高。受类似生物影响的阳离子还有Sr^{2+}。海水中的溶解碳酸盐（包

括HCO_3^-、CO_3^{2-}和溶解CO_2等）也因在生物生产中被同化为有机碳而具有一定非保守性，其性质和变化规律在第四节进行介绍。

海水主要成分的另一特点是，各主要成分含量之间具有恒定比关系。

（二）海水组成恒定比规律

1819年，马赛特（A. Marcet）根据在各大洋不同海域采集的样品的分析结果，提出"全世界所有海水水样都含有同样种类的成分，这些成分相互之间具有非常接近恒定的比例关系，而这些水样只有含盐量总值不同的区别"。该规律被马赛特–迪特马（W. Dittmar）等对1872—1876年英国"挑战者"号环球海洋调查期间从世界各大洋中不同深度采集的水样进行的精确分析所得的结果（Dittmar，1884）所证实，被称作"海水组成恒定比规律"或"马赛特–迪特马规律"。

海水组成恒定比规律的原因是，热盐环流导致的海洋垂直混合的平均时间约为1 000 a，而主要成分具有较长的逗留时间（$>10^5$a）。这些成分从进入到移出海洋的平均时间远大于海洋垂直混合的时间，故在海洋中混合均匀，并保持非常接近的比例。因此，海水组成恒定比规律只适用于海水主要成分，不适于含量低的溶解气体、营养盐和痕量元素等。

海水组成恒定比规律的存在，使得对盐度进行定义及测定具备了可行性，也使得海水热力学参数与海水化学组成之间的关系简化为与盐度的关系，从而使海洋科学观测与研究的开展获得了极大的方便。

海水组成恒定比规律只是一个相对性的规律。近岸径流的输入、海底火山活动和热液的输入以及生物作用等多种过程，会引起某些组分的含量在局部区域发生变化而偏离恒定比。相距较远的北太平洋表层水和北大西洋表层水主要成分的组成也有轻微但可分辨的差异。

海水主要成分的组成恒定性常以氯度比值（r_i）表示，为某主要成分（i）的质量分数（w_i，单位为"g/kg"）与水样的氯度（Cl，单位为"g/kg"）之比：

$$r_i = w_i/Cl \tag{6.3}$$

实际水样中某成分氯度比值的变动反映了该成分相对于组成恒定性的偏离程度。

海水主要成分含量的测定是一项对准确性和精密度要求均高的工作，不易掌握。由于存在组成恒定性，一般情况下海水主要成分的含量不需直接测定，而是根据海水样品的氯度（或盐度）与氯度比值结合进行估算。海水各主要成分的含量、平均逗留时间及氯度比值见表6.2。

表6.2　海水主要成分的含量（实用盐度为35）、逗留时间及氯度比值和变化范围

成分	质量分数/ （g/kg）[①]	平均逗留时间[②]/a	氯度比值[①]	大洋水氯度比值的范围[⑤]
Cl^-	19.352 71	1.0×10^8	0.998 904	—
Na^+	10.781 45	7.0×10^7	0.556 492	0.553 5～0.556 6
SO_4^{2-}	2.712 35	1.0×10^7	0.140 000	0.139 4～0.140 6
Mg^{2+}	1.283 72	1.4×10^7	0.066 260	0.066 2～0.067 1
Ca^+	0.412 08	7.0×10^5	0.021 270	0.021 1～0.021 3
K^+	0.399 10	7.0×10^6	0.020 600	0.020 0～0.020 9
HCO_3^-（CO_3^{2-}）	0.119 57	8.3×10^4	0.006 172[③]	—
Br^-	0.067 28	1.0×10^8	0.003 473	0.003 40～0.003 51
$B（OH）_3$	0.027 39	1.4×10^7	0.001 325[④]	0.001 30～0.001 40
Sr^{2+}	0.007 95	6.0×10^6	0.000 410	0.000 38～0.000 44
F^-	0.001 30	5.0×10^5	0.000 067	0.000 064～0.000 090

注：① 系参考海水中各主要成分的质量分数（实用盐度为35）和氯度比值（Millero等，2008）。

② 据Chester等（2012）、Pilson（2013）和Broecker等（1982）等。

③ 将溶解无机碳的各种形式（CO_2、H_2CO_3、HCO_3^-和CO_3^{2-}）简单加和所得（因与pH有关，一般不用于实际计算）。

④ 将$B（OH）_4^-$折算为$B（OH）_3$计。

⑤ 综合Lyman等（1940）对Dittmar（1884）数据的再计算以及Culkin等（1966）、Riley等（1967）、Morris等（1966）、Millero（2013）和Millero等（2008）等的研究结果。

四、海水中的痕量元素

（一）海水微量元素与痕量元素

与主要成分的划分相对应，海水微量元素是指$w_i < 1$ mg/kg的元素，但不包括溶解气体、营养盐和放射性核素（Brewer，1975）。后来发现低于1 mg/kg的各元素浓度相差很大，其中只有Li、Rb、Ba、I、Mo的浓度在50 nmol/kg ～50 μmol/kg，为微量元素；而绝大部分元素的浓度小于50 nmol/kg，为痕量元素（trace elements，TE；Bruland，1983）。按该方式区分的海水中主要、微量和痕量元素的浓度范围及分布类型见图6.5。为强调低浓度特征，目前研究中多统称该类微量与痕量元素为"痕量元素"。海洋化学中痕量元素尚无统一定义［如$c < 100$ μmol/kg为痕量元素（Libes，2009）］，多数情况下与主要成分之外的"微量元素"是同一含义。

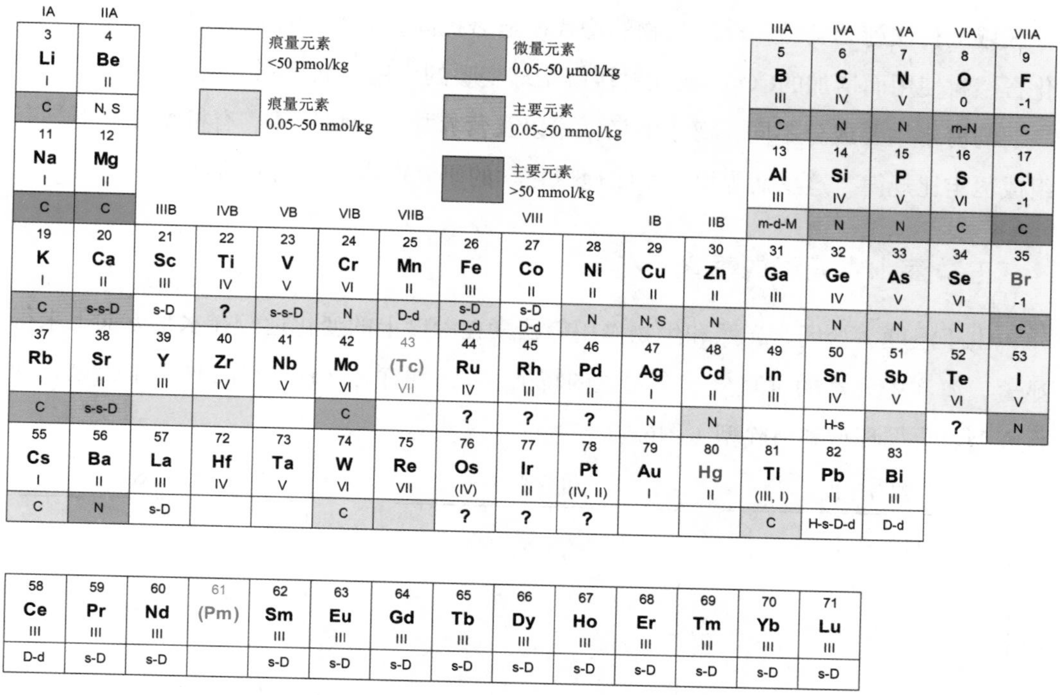

图例：
- 痕量元素 <50 pmol/kg
- 痕量元素 0.05~50 nmol/kg
- 微量元素 0.05~50 μmol/kg
- 主要元素 0.05~50 mmol/kg
- 主要元素 >50 mmol/kg

IA	IIA	IIIB	IVB	VB	VIB	VIIB	VIII	VIII	VIII	IB	IIB	IIIA	IVA	VA	VIA	VIIA
3 Li I · C	4 Be II · N,S											5 B III · C	6 C IV · N	7 N V · N	8 O 0 · m-N	9 F -1 · C
11 Na I · C	12 Mg II · C											13 Al III · m-d-M	14 Si IV · N	15 P V · N	16 S VI · C	17 Cl -1 · C
19 K I · C	20 Ca II · s-s-D	21 Sc III · s-D	22 Ti IV · ?	23 V V · s-s-D	24 Cr VI · N	25 Mn II · D-d	26 Fe III · D-d	27 Co II · D-d	28 Ni II · N	29 Cu II · N,S	30 Zn II · N	31 Ga III · N	32 Ge IV · N	33 As V · N	34 Se VI · N	35 Br -1 · C
37 Rb I · C	38 Sr II · s-s-D	39 Y III	40 Zr IV	41 Nb V	42 Mo VI · C	43 (Tc) VII	44 Ru · ?	45 Rh III · ?	46 Pd · ?	47 Ag I · N	48 Cd II · N	49 In III · H-s	50 Sn IV	51 Sb V	52 Te VI · ?	53 I V · N
55 Cs I · C	56 Ba II · N	57 La III · s-D	72 Hf IV	73 Ta V	74 W VI · C	75 Re VII	76 Os (IV) · ?	77 Ir III · ?	78 Pt (IV, II) · ?	79 Au III	80 Hg II	81 Tl (III, I) · C	82 Pb II · H-s-D-d	83 Bi III · D-d		

58 Ce III · D-d	59 Pr III · s-D	60 Nd III · s-D	61 (Pm)	62 Sm III · s-D	63 Eu III · s-D	64 Gd III · s-D	65 Tb III · s-D	66 Dy III · s-D	67 Ho III · s-D	68 Er III · s-D	69 Tm III · s-D	70 Yb III · s-D	71 Lu III · s-D

C：保守型；N：营养盐型；S：清除型；m-N：营养盐镜像型；m-d-M：中等深度最小型；
s-D：表层消耗型；s-s-D：表层轻微消耗型；D-d：深层消耗型，H-s：表层高型；
H-s-D-d：表层高深层消耗型。
元素符号下面的罗马数字为海水中该元素的主要价态。

图6.5　海水中元素的浓度范围及分布类型
[根据Bruland（1983）原图结合Bruland等（2014）中的结果重新绘制]

（二）痕量元素的特点

海水中痕量元素的浓度低，逗留时间短，随地理位置、深度、季节等有较大的变化。痕量元素的存在形式、生物地球化学属性及迁移和转化规律比较复杂，绝大多数具有非保守性。

许多痕量元素能被生物吸收和富集，广泛参与生物过程。有些痕量元素是生物必需元素，如Fe、Mn、Cu、Zn、Ni、Se等，浓度适当时会促进生物生长，缺少时会限制生物生长，过高则产生抑制作用甚至致毒；有些痕量元素是生物非必需元素，如Pb、Hg、Cd、As等，对生物生长具有抑制作用并在高浓度时致毒。

尽管海水中痕量元素的浓度很低，但生物需求量通常也很少，一般不会成为生物量的限制因素。然而，在高营养盐低叶绿素（HNLC）海区，如亚北极北太平洋、东赤道太平洋和南大洋等开放大洋上升流区，海水中溶解铁的可获取性可能成为浮游植物生长的限制因素，即"铁假说（the iron hypothesis）"（Martin等，1991）。在这些区域进行铁施肥实验，浮游植物的增代率显著提高，有利于促进海水吸收大气中因化石燃料使用而增加的CO_2，故在对缓解全球变暖的作用方面得到了关注。

与海水主要成分不同，海水痕量元素以及营养盐、溶解气体、有机物等都不具有组成恒定比规律，这反而为海洋生物地球化学的研究提供了有用的信息。

五、海水中元素的垂直分布

由于温度、盐度、光照和生物作用等因素在深度上的变化远较在水平方向上来得显著，海洋中元素的垂直分布有明显的特征。元素垂直分布可分作3种基本类型，即保守型、再循环型和清除型（图6.6）。

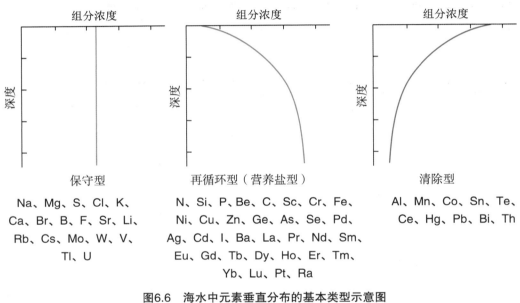

图6.6　海水中元素垂直分布的基本类型示意图
（重绘自Brown等，1989b）

保守型分布是元素在海水中的浓度随深度变化基本保持不变，主要原因是这些元素为保守性的，不参与化学和生物作用。包括主要成分的各元素（为强调Ca和Sr在真光层中有很轻微的亏损，有时它们也被列入再循环型中），以及微量浓度范围中的Li、Rb、Mo，痕量浓度范围中的Cs、V（表层有轻微亏损）、W、Tl和放射性核素U。

再循环型分布是指元素在真光层内被生物吸收致使浓度降低，部分生物碎屑、排泄物以及死亡生物体以颗粒态在重力作用下下沉至深层，在深水中被分解或溶解，以无机溶解形式返回海水中，即发生了再循环，浓度升高。由于N、P、Si等营养元素都是再循环型分布，因此又称为营养盐型分布。如微量浓度范围中的Ba、I，痕量浓度范围中的大多数元素如Fe、Ni、Zn、Cu、As、Cd，以及放射性核素Ra等是再循环型分布。再循环型分布按表层浓度的高低可分为表层耗尽型和表层轻微消耗型，按再生机制可进一步分为浅水再循环型（如Cd、As）、深水再循环型（如Zn、Ge）和浅水与深水再循环结合型（如Ni、Se）等。

清除型分布是元素从海洋表面由大气、河流或从陆架区输入，在表层海水中浓度较高，由于易发生水解或被颗粒物吸附，这些元素从海水中被较快地移除，在深水中浓度降低，如Mn和Pb等。

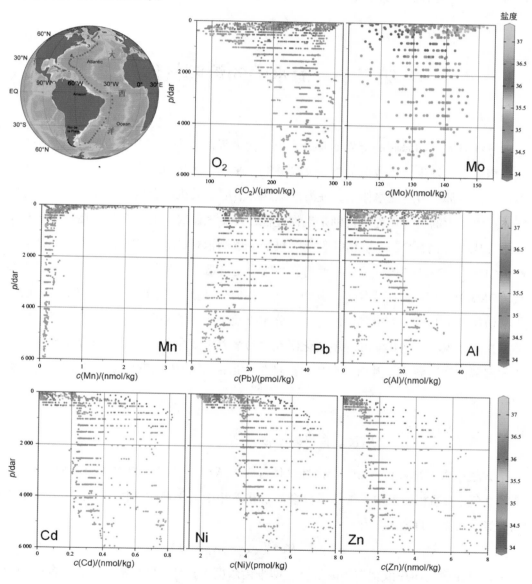

图6.7 GEOTRACES大西洋GA02断面一些溶解痕量金属元素及溶解氧的垂直分布
2010年5月至2011年3月
（改自Mawji等，2015；http://www.egeotraces.org）

除3种基本分布类型外，由于沉积物溶出、大洋中脊附近热液活动、缺氧水中还原形态溶解度增大或减小等影响，会出现中等深度最低值〔如Al、Cr（Ⅲ）〕或最高值（如Mn、Fe、Co）类型的分布。各元素主要垂直分布类型标注于图6.5中。

为进一步认识和研究痕量元素在海洋中的分布和循环，2003年国际上启动了痕量元素及其同位素海洋生物地球化学循环国际研究（GEOTRACES）计划，已取得了一系列成果。部分金属元素的垂直分布见图6.7。

第二节 海水中的溶解气体

海洋与大气和海底的交界面是最广泛的两大界面。海水与其上方的空气组成气-液两相体系，发生气体成分的溶解交换并趋于平衡。大气气体成分如N_2、O_2、CO_2、惰性气体等都可溶解在水体中，使海水除含有溶解的无机和有机成分外，也含有溶解气体。海洋中的一些过程，特别是生物过程，发生气体成分的生产与消耗。如光合作用中生成O_2，消耗CO_2；生物呼吸或有机物分解则消耗O_2，释放CO_2；而厌氧分解则产生CH_4、N_2O、H_2S等气体。一些海洋生物也生产低分子量的挥发性组分，如二甲基硫（DMS）、挥发性卤代烃等。其中一些气体成分是重要的温室气体，与全球气候变化密切相关。海水中溶解气体的含量、分布以及生产、消耗和循环与许多海洋过程有关，在海洋生物地球化学和环境变化研究中扮演着重要角色。本节重点介绍海水中气体的溶解度和溶解氧，并对一些痕量活性气体做简要介绍。而CO_2则在第四节海洋碳循环中介绍。

一、大气气体成分在海水中的溶解与交换

大气中含有N_2、O_2、CO_2、惰性气体等气体成分，与海水构成气相-液相平衡体系。在气-液两相体系中，气体成分会溶解在液相中，平衡时气体在两相中的含量之间有经验关系，即亨利定律：

$$p(g) = Hc^* \; [\text{或} c^* = K_H p(g)] \tag{6.4}$$

式中，c^*为该气体在液相中的溶解度（即平衡浓度）；H是亨利常数（其倒数K_H为溶解度系数），与温度、盐度和气体的种类有关；$p(g)$为气体在气相中的分压。

空气气体成分作为非理想气体应采用逸度（f）表示理想气体中与分压（p）有关的关系，但因与分压量值的差别不显著，可用p代替。分压的SI单位为"Pa"，在化学平衡式中应表示为$p/p^{\ominus}$，$p^{\ominus}$=101 325 Pa，$p/p^{\ominus}$的量纲为1（相当于传统单位"atm"）。目前在海洋科学中仍通常以p表示$p/p^{\ominus}$，单位"atm"也仍有使用，如$p(CO_2)$=400 μatm，相当于$p(CO_2)/p^{\ominus}$=400×10^{-6}=4.00×10^{-4}。

除受大气总压强和湿度的变化影响外，空气中不变气体成分的分压基本恒定。因此，气体在海水中的溶解度（$c*$）主要受控于温度、盐度和气体自身的性质。

由于海水温度及盐度会经常发生变化，气体成分在海水中的溶解通常不处于平衡状态，溶解气体的实际浓度（c）一般偏离其溶解度（$c*$）。气体浓度的单位为"μmol/kg""μmol/L"或"mg/L"等。非SI单位"mL/L"也常用来表示溶解气体的浓度，为1 L水样中含有的溶解气体相当于标准状况（101 325 Pa，273.15 K；表示为"STP"）下的体积（单位为"mL"），国际上仍通用。

（一）气体在海水中的溶解度

计算气体溶解度的公式有很多。Weiss（1970）采用大气总压强为101 325 Pa、相对湿度为100%的空气与海水平衡进行测定，温度和盐度的影响分别采用热力学关系和经验方程，将各气体成分的溶解度与绝对温度和实用盐度的关系表示为：

$$\ln c* = A_1 + A_2\frac{100}{T} + A_3\ln\frac{T}{100} + A_4\frac{T}{100} + S\left[B_1 + B_2\frac{T}{100} + B_3\left(\frac{T}{100}\right)^2\right] \quad (6.5)$$

通过测定O_2、N_2、CO_2、Ar、Ne、He、CH_4和N_2O等各种气体在海水中的溶解度随温度和盐度的变化，给出了各项系数（Weiss，1970，1971），得到了广泛应用。

后来对气体溶解度有进一步研究，特别对O_2的溶解度公式进行了一些修改，如García等（1992）的公式如下：

$$\ln c* = A_0 + A_1 T_S + A_2 T_S^2 + A_3 T_S^3 + A_4 T_S^4 + A_5 T_S^5 + S(B_0 + B_1 T_S + B_2 T_S^2 + B_3 T_S^3) + CS^2 \quad (6.6)$$

$$T_S = \ln\left[(298.15-t)/(273.15+t)\right] \quad (6.7)$$

式中，t为摄氏温度。Hamme等（2004）按该方程形式又研究了N_2、Ne和Ar的溶解度，公式中各溶解气体的系数见表6.3。

表6.3 大气气体成分在海水中的溶解度公式系数

系数	O$_2$	N$_2$	Ne	Ar
A_0	5.808 71	6.429 31	2.181 56	2.791 50
A_1	3.202 91	2.927 04	1.291 08	3.176 09
A_2	4.178 87	4.325 31	2.125 04	4.131 16
A_3	5.100 06	4.691 49		4.903 79
A_4	−0.098 664 3			
A_5	3.803 69			
B_0	−0.007 015 77	−0.007 441 29	−0.005 947 37	−0.006 962 33
B_1	−0.007 700 28	−0.008 025 66	−0.005 138 96	−0.007 666 70
B_2	−0.011 386 4	−0.014 677 5		−0.116 888
B_3	−0.009 515 19			
C	−2.759 15 × 10^{-7}			

资料来源：García等，1992；Hamme等，2004。

注：空气总压强为101 325 Pa，气体溶解度单位为"μmol/kg"。

气体溶解度随温度升高而降低，随盐度升高也降低，但温度变化比盐度变化对同一气体溶解度的影响显著得多。在盐度为35的海水中，气体的溶解度随温度的变化见图6.8。相对分子质量较高的气体的溶解度受温度影响的程度更显著。

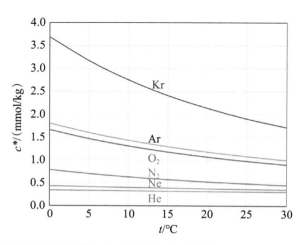

图6.8 大气气体成分在海水（盐度为35）中的溶解度（气体分压均为101 325 Pa）随温度的变化

当风浪导致空气气泡潜入海水、生物作用以及温度变化等过程发生时，溶解气体的实际浓度（c）会偏离其溶解度。偏离情况可用气体饱和度（σ）表示：

$$\sigma = \frac{c}{c^*} \times 100\% \qquad\qquad (6.8)$$

$\sigma < 100\%$ 为不饱和，$\sigma > 100\%$ 为过饱和，$\sigma = 100\%$ 则恰好为饱和。

深层海水不与大气接触，无气–液两相平衡，不存在"气体溶解度"。因此，求算深层水气体饱和度时，需假定深层水曾到达海洋表面并与大气平衡，下沉过程中未发生混合和热量交换，并使用位温替代现场温度计算"溶解度"，以与实际浓度进行对比来恒量溶解气体亏损或盈余等偏离程度。

（二）气体在海–气界面间的交换

海水混合、温度变化、风浪作用以及生物光合作用、呼吸作用等都会导致气体成分实际浓度（c）偏离溶解度（c^*）。此时，在海–气界面则会发生气体成分的迁移交换。当 $c < c^*$（$\sigma < 100\%$）时，气体会从大气溶入海水；当 $c > c^*$（$\sigma > 100\%$）时，气体会从海水逸出，向大气中释放。例如，在高纬度海域，表层海水温度很低，气体的溶解度增大，空气成分会大量溶解进入海水中，并随冷却增密的海水下沉进入深层水中，如同一个巨大的"溶解度泵"将空气成分不断向海洋中输送，使海洋深层水并不缺氧。而在中低纬度海域，温度较高的表层海水中光合作用产生的 O_2 则会逸出进入空气中。

气体在海–气界面间的交换速率以扩散通量（F）表示。扩散通量为单位时间通过单位面积的扩散量，可用薄层扩散模型（滞膜模型）计算。海洋上方为湍流大气相，某气体组分在空气中的分压均一为 $p(g)$，与海水中该气体的溶解度（c^*）对应；海水表层为湍流液相本体，溶解气体在海水中的分压均一为 p，对应溶解气体的实际浓度 c（$c = K_H p$）；海–气交界处的液相部分为将两个湍流区隔开的扩散薄层（图6.9），假定相间的分压或浓度变化都发生在该薄层中且为线性。

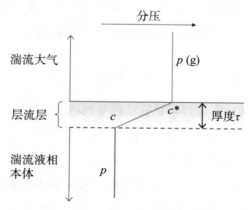

图6.9　气体在海–气界面间交换的薄层扩散模型

若该气体在dt时间内通过面积为A的薄层中的扩散量为dN，则扩散通量F〔单位为"mol/（m²·s）"〕用菲克（Fick）第一定律描述：

$$F=\frac{\mathrm{d}N}{A\mathrm{d}t}=\frac{D\,(c^*-c)}{\tau}=e\,(c^*-c)=e\Delta c \qquad (6.9)$$

式中，D为该气体的分子扩散系数（单位为"m²/s"），τ为扩散层厚度（单位为"m"，一般为数十至百余微米厚）。由于$c^*=K_H p(g)$，$c=K_H p$，则

$$F=\frac{DK_H\left[\,p(g)-p\,\right]}{\tau}=E\left[\,p(g)-p\,\right]=E\Delta p \qquad (6.10)$$

因此，

$$F=e\Delta c=E\Delta p \qquad (6.11)$$

式（6.9）至式（6.11）中，$e=D/\tau$，$E=DK_H/\tau$。e和E分别为两种不同形式的气体交换系数，分别用于由浓度差和分压差计算气体扩散通量。e的单位为"m/s"，相当于气体分子穿过海–气界面的运动速率，又称为"活塞速率"。

气体交换的速率与海水温度、风速以及气体的性质有关。公式中D、K_H等均是温度的函数，并与气体性质有关，因此e或E受温度的影响。温度升高使气体扩散系数增大，但溶解度降低，改变了浓度差，对交换速率的影响需具体分析。风速增大会使海水表面扩散层厚度τ减小，气体交换系数e增加，提高气体交换的速率。有学者给出$e=8.0u^2/Sc^{0.5}$，u为风速（单位为"m/s"），Sc为施密特（Schmidt）数，$Sc=v/D$，v为黏度，单位与扩散系数相同，Sc量纲为1。由此给出的e，单位为"cm/h"（8.0是带有单位的量），将风速的影响包含其中。

该薄层扩散模型是气体在海–气界面交换的最简单的模式。实际上，气相一侧也存在扩散层，用双膜模型处理更为精确。

二、海水中的溶解氧

（一）海洋中氧的来源与消耗

海洋中的O_2首先来源于空气中的O_2通过海–气界面溶解于海水中；其次为海洋真光层中发生光合作用产生的O_2。

O_2通过海–气界面溶解于海水中还是从海水逸出到空气中，取决于海水中O_2的实际浓度与溶解度的大小差异。高纬度海区表层水温低，O_2的溶解度大，空气中的O_2溶解在海水中，并在冷却过程中随海水密度增加而下沉，使O_2能够补充到既不与大气接触又无光合作用的深海中。

海洋中O_2的消耗过程，一是海洋生物的呼吸作用；二是有机物的分解；三是少量

无机还原性组分的氧化，但较前两者相比微乎其微，在正常大洋水中可忽略。

海水中O_2的消耗程度可用表观耗氧量（apparent oxygen utilization，AOU）表示，即

$$AOU = c^*(O_2) - c(O_2) \tag{6.12}$$

AOU越大，O_2的消耗就越多，浓度越低。

（二）海水中溶解氧的分布

海水中溶解氧的分布受控于氧气的输入与消耗。正常大洋水中溶解氧的垂直分布形式具有以下特征：表层海水中的O_2与大气基本达到平衡，由于海面风浪导致气泡溶于水中以及植物光合作用，会略微过饱和。在真光层内约50 m深度，光合作用产生的O_2不能立即扩散，会有暂时性积累，表现为过饱和〔$\sigma(O_2)$为105%～110%〕。真光层以深以有机物分解耗氧为主，溶解氧随深度降低，变为不饱和。在1 000 m上下（200～1 200 m）中层水深度出现溶解氧的最低值，这一深度为氧最小层（oxygen minimum）。氧最小层以下到深水中，溶解氧逐渐升高并稳定，是由高纬度海域下沉冷水携溶解的O_2补充所致。溶解氧的典型垂直分布见图6.10。

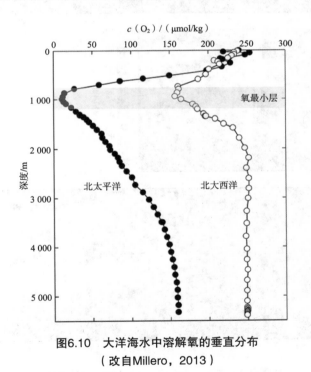

图6.10　大洋海水中溶解氧的垂直分布
（改自Millero，2013）

大西洋、印度洋和太平洋3个大洋中溶解氧的断面分布见图6.11。由于大洋传送带（图6.12A）作用，北大西洋深层水（NADW）来自表层水冷却下沉，含有高溶解氧。NADW在大西洋深层向南运动，至南极附近与沿陆架陆坡下沉生成的南极底层水

（AABW）部分混合，向东再向北进入印度洋和太平洋。因生源颗粒有机物下沉分解不断耗氧（图6.12B），溶解氧从大西洋至印度洋和太平洋逐渐降低。图6.11显示，太平洋深层水溶解氧明显低于大西洋，而各大洋表层水则因与大气接近于平衡，溶解氧基本一致。北太平洋中层水氧最小层 $c(O_2)$ 可低至20 μmol/kg（图6.10），是由太平洋生产力相对较高，生源有机物耗氧效应更明显所致，也与大洋深层水中耗氧量随深水环流不断积累，使向上的 O_2 扩散补充量降低有关。

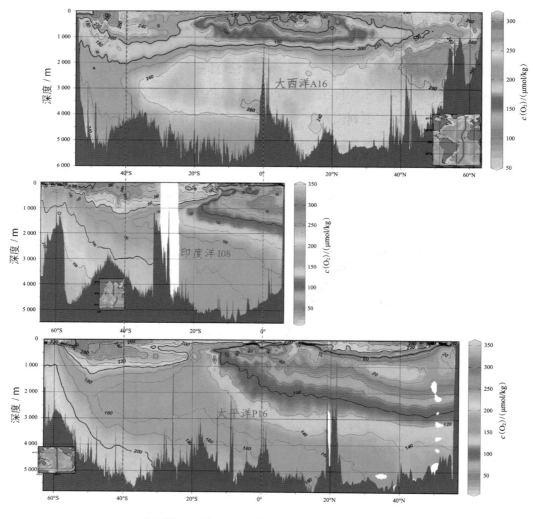

大西洋A16断面：1988年7月—1989年4月观测。

印度洋I08断面：1994年12月—1995年3月观测。

太平洋P16断面：1991年3月—1992年10月观测。

图6.11　大西洋A16断面、印度洋I08断面和太平洋P16断面海水中溶解氧的分布

（改自Schlitzer，2000；http://ewoce.org）

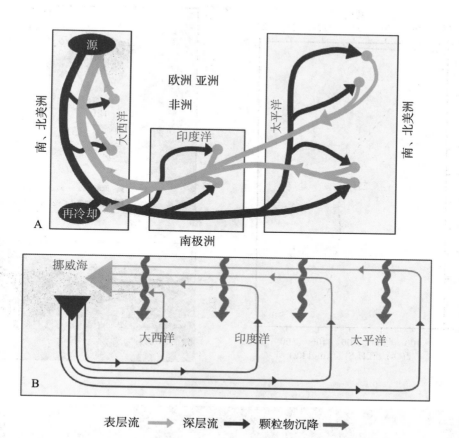

A. 大洋传送带平面示意图；B. 三大洋大洋传送带纵切示意图。

图6.12　海洋深水环流示意图：大洋传送带
（重绘自Broecker，1974）

（三）海洋中的低氧现象

如上所述，正常大洋水整体上不缺氧。约1 000 m深为溶解氧最小层，是由于真光层输出的生源颗粒有机物分解消耗水柱中更多的溶解氧，耗氧效应积累至该深度使$c(O_2)$达到最低，但仍有来自上下水中含量较高的溶解氧向该层中扩散补充并维持稳定。然而，在一些较封闭的深水海盆，如波罗地海、黑海等，由于地形阻碍使高纬度海域下沉形成的深层水不能流入，溶解氧得不到补充，会出现低氧乃至无氧的现象。如黑海200 m以深是典型的无氧区，下沉的生源颗粒有机物分解将SO_4^{2-}还原为总硫化氢（ΣH_2S，为HS^-、H_2S和S^{2-}的总和），总硫化氢浓度随水深增加而升高（图6.13A）。

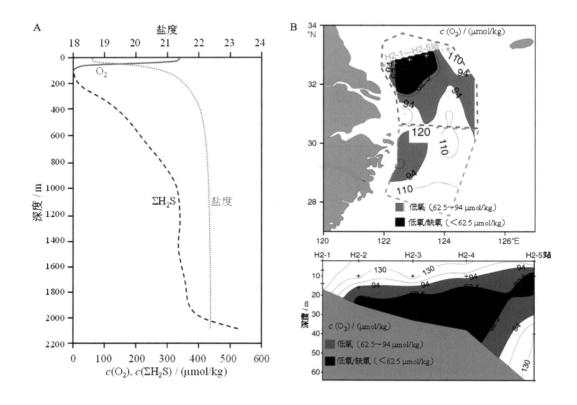

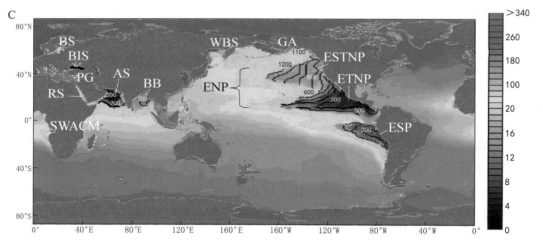

A. 黑海盐度、溶解氧和总硫化氢（ΣH₂S包括HS⁻、H₂S和S²⁻）的垂直分布，100 m以深为无氧区（引自Pilson，2013）；B. 近岸河口区季节性低氧现象（上图：2006年8月长江口以外海区近底层水溶解氧的平面分布，下图：H2-1—H2-5断面溶解氧的分布；Zhu等，2011）；C. 海洋低氧带［图中色条标度为溶解氧，单位：μmol/kg；等值线为低氧带（OMZ）深度，单位：m；ENP. 东部北太平洋；ESTNP. 东部副热带北太平洋；ETNP. 东部热带北太平洋；ESP. 东部南太平洋；BB. 孟加拉湾；AS. 阿拉伯海；Paulmier等，2009］。

图6.13　海水中的低氧和无氧现象

一些近岸海域，特别是河口区域会出现季节性低氧现象。如长江口、密西西比河口，河水输入营养盐会引起丰水期富营养化，导致生物量增大，生源颗粒物含量高，在重力作用下沉降至较深水中，耗氧分解，使溶解氧降低。在夏季，当季节性温跃层形成时，上下水交换受阻，深水中的溶解氧得不到补充，从而引起季节性低氧。一般以溶解氧小于2 mg/L（相当于1.4 mL/L或62.5 μmol/kg）为低氧，富营养化和海水层化是季节性低氧的主要原因。长江口以外海区2006年8月观测的季节性低氧现象见图6.13B。冬季海水混合发生后，低氧现象消失。

此外，在阿拉伯海、孟加拉湾以及北太平洋东部副热带、热带和南太平洋东部海域，出现了数十至数百米深度的次表层水中的低氧带（oxygen minimum zone，OMZ），低氧带面积约占海洋面积的8%，并有逐渐扩展趋势（图6.13C）。该问题可能与全球气候变化有关，如温度升高使新形成水团中O_2的浓度降低，并导致了呼吸速率的增加，减弱了深海中O_2的补充速率等。这一现象引起了广泛关注。

三、海水中的痕量活性气体

海水中一些痕量气体来自于浮游植物、细菌或有机物的光化学氧化，海洋主要是大气中这些气体的源。该类气体包括一些含硫气体，如二甲基硫 [（CH_3）$_2$S；简称DMS]、甲硫醇（CH_3SH）、羰基硫（COS）、二硫化碳（CS_2）等；含卤素气体即卤代烃类，如氯甲烷（CH_3Cl）、三氯甲烷（$CHCl_3$）、碘甲烷（CH_3I）、碘乙烷（C_2H_5I）、溴碘甲烷（CH_2BrI）、氯碘甲烷（CH_2ClI）、二碘甲烷（CH_2I_2）等；含氮气体，如氧化亚氮（N_2O）、烷基硝酸酯等；含碳气体，如CH_4、CO；还有H_2。

而另有一些气体，海洋则是大气中这些气体的汇，包括O_3、SO_2、氰化氢（HCN）、氰甲烷（CH_3CN）、氯氟烃（简称CFCs）等。

这些气体的含量都很低，具有生物或化学活性，一般称作痕量活性气体。一些痕量活性气体的产生机制及海气通量见表6.4。

表6.4　海水中的一些痕量活性气体

气体	主要产生机制	海–气净通量[①]（Tg/a）	占大气中该组分源或汇的量[②]
DMS	浮游植物	15～33（以硫计）	80%
COS	光化学	−0.1～0.3	40%
CH_3Cl	浮游植物（可能）	0.2～0.4	7%～14%
CH_3Br	浮游植物（可能）	−0.020～−0.011	−17%～−9%
$CHBr_3$	大型藻	0.22	70%

气体	主要产生机制	海–气净通量[①]（Tg/a）	占大气中该组分源或汇的量[②]
CO	光化学	10～650（以碳计）	3%～20%
N_2O	硝化/反硝化	11～17（以氮计）	60%～90%
CH_4	细菌	15～24	3%～5%
H_2	生物光化学	1	5%
O_3		－500	

资料来源：Libes，2009。

注：① 输送通量由海洋向大气为正值，由大气向海洋为负值。

② 某组分为大气中该组分的源为正值、汇为负值。

与CO_2相似，海水中许多痕量活性气体如CH_4、N_2O等也是温室气体，与气候变化密切相关。海洋向大气释放一些痕量温室气体会加剧温室效应；而释放的某些气体如DMS在大气中转化为硫酸盐结合在气溶胶中，成为凝云结核（CNN），会增加云量，降低到达地面的太阳辐射，又会对温室效应起到缓解作用（CLAW假说）。

第三节　海洋中的营养盐

海洋中化学元素的含量、分布、迁移和变化在很大程度上受到生物的影响。与生物活动最密切的要数C、N、P、Si、Ca、S和O等元素。表层海水中无机氮、磷、硅的含量较低，在生物生长与繁殖过程中会被耗尽，从而直接限制了生物量，因此，化学海洋学上狭义的"营养盐"一般专指N、P和Si的无机盐类，它们的含量、形态和分布受生物作用的影响。广义的营养元素则应是生物活动需要的各种元素，还包括Na、Mg、K以及Fe、Ni、Cu、Zn等多种痕量元素，除Fe等有时有限制作用外，其他元素虽然含量低，但生物需求量也少，一般不限制生物生产。本节主要对传统上的营养元素——P、N和Si进行介绍。

一、海洋中的营养盐及相关形态

海洋中的营养盐主要来源于陆地岩石风化等自然过程和农田施肥、生活污水排放等人类活动，通过陆地径流、大气输送进入海洋。海洋底火山、热液活动和沉积物释放等也向海水输入营养盐。营养盐在海洋生物作用下于海洋内部发生循环。在真光层内，营养盐经生物光合作用被吸收，成为生物体的组成部分。生物代谢物以及死亡生物体在真光层内或下沉到深水中分解、矿化，营养元素最终以溶解无机形式返回到海水中的过程为营养盐再生。

（一）海洋中的磷

磷是构成生物核酸类遗传物质（DNA、RNA）、细胞膜（磷脂）及能量传递中的载体三磷酸腺苷（ATP）的重要元素，在生物活动中能被快速吸收，是生物生长不可替代的必需元素。海水中的无机磷酸盐含量为从低于检测限至约3 μmol/L，在不同区域和不同深度差异较大，在近岸河口区或缺氮水中会更高。

磷酸是弱酸，在海水中有多种解离形式，包括$H_2PO_4^{2-}$、HPO_4^{2-}和PO_4^{3-}，可统一写作PO_4-P（有时称作"正磷酸盐"）或溶解无机磷（DIP）。在海水pH约为8的条件下，主要存在形式是HPO_4^{2-}，其次为PO_4^{3-}。

海水分析报告中经常使用的术语"可溶性活性磷（soluble reactive phosphorus，SRP）"则是与钼酸铵显色所测定的磷的化合物，除正磷酸盐外，还有少量可水解的有机磷。无机磷酸盐以及在酶催化作用下可分解的部分有机磷都能被生物利用。

含磷洗涤剂的使用与排放会使近岸海水中含有多聚磷酸盐（polyphosphate）。多聚磷酸盐不能被生物利用。除近岸受人类活动影响的区域外，大洋水中几乎不含有多聚磷酸盐。因此，理论上DIP虽包括多聚磷酸盐，但因其含量低，DIP与SRP的主体都是正磷磷盐（PO_4-P），在海洋观测中可不严格区分DIP与SRP，后文均以DIP表示。

海水中磷的形态通常可分为总溶解磷（DTP）和颗粒磷（PP），二者合量为总磷（TP）；总溶解磷（DTP）又可分为溶解有机磷（DOP）和DIP。在生物作用下，磷的不同形态之间发生转化：在生物光合作用中，DIP被生物吸收，成为颗粒磷的一部分。生物也通

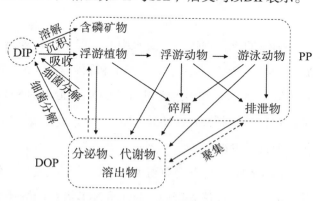

图6.14　海洋中磷的形态与转化

过代谢或溶解向水中释放DOP。在生物大量生长和繁殖时期，海水中的DIP几乎被耗尽，在表层水中的浓度降至很低，同时，PP和DOP的含量升高。而DOP和PP又会在细菌作用下分解，最终再生为DIP。磷的形态与转化示意图见图6.14。

真光层内高生产力季节DIP被生物吸收而几乎耗尽，海水中的DOP为磷的主要形态。在营养盐再生为主的季节，DOP和PP分解和溶解，DIP会成为主要形态。大洋深层水中以颗粒物溶解和有机物分解作用为主，DIP是深水中磷的主要形态。

（二）海洋中的氮

氮是构成海洋生物体内蛋白质和氨基酸、核酸等多种功能物质的必需元素。海洋中的氮循环对海洋生产力和碳向深层的输出具有主控作用，而海洋中氮的收支平衡尚难以准确估算，因而具有复杂性。

海洋中能被生物直接利用的无机氮化合物包括硝酸盐（NO_3^-）、亚硝酸盐（NO_2^-）和铵盐（NH_4^+），氮的化合价分别是+5、+3和-3。三者都是氮的营养盐，合称为溶解无机氮（dissolved inorganic nitrogen，DIN）。此外，一些固氮生物在DIN缺乏时可能固定海水中的溶解氮气（N_2）。

NH_4^+在海水中有以下平衡：$NH_4^+ + H_2O \rightleftharpoons H^+ + NH_3 \cdot H_2O$（简作$NH_4^+ \rightleftharpoons H^+ + NH_3$）。$NH_3$与$NH_4^+$被合称为"氨态氮"。在海水pH条件下，$NH_4^+$是氨态氮的主要形式，占约98%。

1. 溶解无机氮的含量

NO_3^-是有氧条件下的最高价态，DIN的3种形式中以NO_3^-为主，其含量范围大致为从低于检出限至43 μmol/L，近岸河口区会更高。海水中NO_2^-浓度一般较低；在生物生消循环的旺盛期，海水中NH_4^+以及NO_2^-有一定含量；在缺氧水中NH_4^+和NO_2^-的浓度会较高。表层生物吸收DIN，使其基本耗尽，浓度会低于检出限。

2. 海水中氮的形态及其转化

因氮的化合物较多，海水中氮的形态比较复杂。一般也根据分析操作方式，将总氮（TN）分为总溶解氮（DTN）和颗粒氮（PN）；总溶解氮（DTN）又可分为溶解有机氮（DON）和溶解无机氮（DIN，即$NO_3^- + NO_2^- + NH_4^+$）。然而，海水中的溶解无机氮化物还包括N_2O、NO_2、NO、NH_2OH、尿素等，它们都参与氮的循环与形态转化，但含量少得多。

由于NH_4^+的价态与有机氮相同，无须改变氮的价态即可在酶的作用下合成为氨基酸，因此NH_4^+被优先吸收。NO_3^-和NO_2^-需在硝酸还原酶和亚硝酸还原酶的作用下还原为+3价的NH_4^+，再被生物利用。某些生物在DIN缺乏时也会通过酶的作用利用低分子量的溶解有机氮。

光合作用中DIN被生物吸收，转化为颗粒态氮（PN）。生物通过代谢或溶解作用，向水中释放DON。PN溶解或降解也转化为DON。DON和PN分解最终又再生为DIN。

生物固氮是海洋中一些固氮生物通过固氮酶作用将溶解氮气转化为氨等氮的化合物，继而被生物利用。

DON和PN分解首先生成NH_4^+，为氨化作用。在有氧条件下由于微生物作用，NH_4^+被氧化转化为NO_2^-，再进一步氧化为NO_3^-，该过程为硝化作用。

在缺氧或无氧水以及沉积物中，有机物在厌氧微生物作用下分解时，NO_3^-作为电子受体被消耗，转化为NO_2^-、N_2O乃至N_2，以气体形式被脱除的过程，为脱氮作用（denitrification）或"反硝化作用"。

还有厌氧铵氧化作用，即NO_2^-与NH_4^+在微生物作用下反应生成氮气。

海洋中氮的各种形态及转化与循环过程见图6.15。该图强调了氮的生物利用以及硝化和脱氮过程。

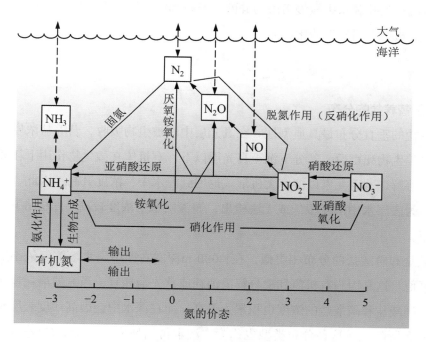

图6.15　海洋中氮的形态与转化

（改自Karl等，2001）

（三）海洋中的硅

硅是地壳中丰度较高的元素，仅次于氧，排第2位。海水中的溶解硅（记作DSi或SiO_2-Si）主要来自于岩石风化。海水中的溶解硅有硅酸与硅酸盐之间的解离平衡：$H_4SiO_4 \rightleftharpoons H^+ + H_3SiO_4^-$。在海水pH范围内，硅酸（>95%）是主要存在形式，但习惯上有时仍统称"硅酸盐"。硅酸能聚合生成多聚硅酸，但在海水中是以单硅酸为主，单硅酸易被生物利用。海水中溶解硅酸的浓度为从低于检出限至约170 μmol/L，河口区浓度也较高。

硅是硅藻、硅鞭藻、放射虫、海绵等硅质生物的必需元素，它们吸收海水中的溶解硅酸形成自身的骨架或介壳等硬组织，其成分是无定形二氧化硅，含约10%的水，成分大致表示为$SiO_2 \cdot 0.4H_2O$，称作生源硅（biogenic silica）或蛋白石（opal）。其中硅的化合价与硅酸中的硅相同，都是+4价。生源硅以颗粒态从海水中沉降至沉积物中，成为沉积物的生源成分之一。在一些以硅质生物为优势种的大洋海域，沉积物中生源硅的含量较高，为硅质软泥（siliceous ooze）。

海水悬浮颗粒物中含有通过河流和大气输入的黏土类矿物（以铝硅酸盐为主），与生源硅等构成颗粒态硅。海水中的溶解硅酸处于不饱和状态，生源硅和铝硅酸盐等在海水或沉积物孔隙水中缓慢溶解为硅酸。与磷和氮不同，海水中的硅只在溶解无机态和颗粒无机态之间发生转化。

二、海洋中营养盐的分布与变化

（一）营养盐的分布

营养盐的垂直分布最具典型性。在真光层中因被生物吸收，营养盐浓度很低，乃至被耗尽。生物死亡后，部分下沉至真光层以下，有机体在微生物作用下耗氧分解，或硬组织溶解，营养元素以溶解无机形式返回到海水中，浓度升高。因此，营养盐的垂直分布为表层水中浓度很低或无法检出，而深层水中浓度较高（图6.16），为再循环型分布。

硝酸盐和磷酸盐的分布相类似，在1 000 m深左右即中层水溶解氧最小层会出现浓度最高值。这是因为有机氮和磷分解需消耗或首先消耗氧，当氧的消耗量积累达到最大时，硝酸盐和磷酸盐的浓度也积累为最高；而在深水中会因高纬度表层水冷却下沉输入而有所降低。这种分布类型也称为"浅水再循环型"，As、Cd等痕量元素属此类垂直分布。硅的再生与氮和磷不同，与氧的消耗无关，只是溶解作用，浓度随深度增加不断升高，或达到最高值的深度会更深（图6.16）。这种分布类型也称为"深水再循环型"，Ge等痕量元素和总碱度（见第四节）属此类垂直分布。

北大西洋深层水中营养盐浓度明显低于北太平洋（图6.16）。这是由于大洋深层水起源于大西洋北端和南端，下沉颗粒物和再生营养盐尚较少；而当深层水输送至印度洋和太平洋时，颗粒物下沉量以及营养盐再生量不断积累（图6.12），深层水中营养盐浓度随海水年龄增长从大西洋到印度洋和太平洋而逐渐升高。

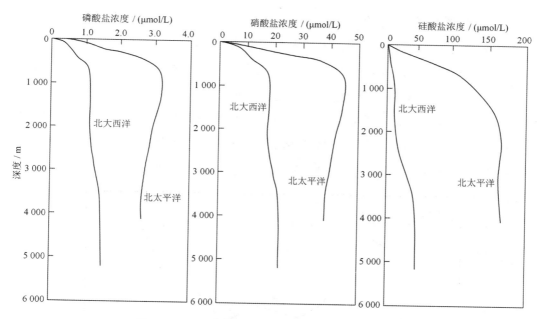

图6.16 海洋中磷酸盐、硝酸盐和硅酸的垂直分布

（改自Millero，2013）

营养盐在海洋中的分布受陆地输入和生物活动的影响较大，与海洋水团结构和海水运动也有关。以表层海水中硝酸盐含量的平面分布为例，在近岸海域营养盐浓度较高，特别是在河口区，由于陆地岩石风化、农田施肥以及生活污水的排放，是高营养盐区域。赤道东太平洋、亚北极海区和南大洋以及陆架边缘上升流区有较高的营养盐浓度，这是由深水中高浓度营养盐被上升流携带至真光层中所致。副热带区域营养盐浓度低，是贫营养海区（图6.17）。

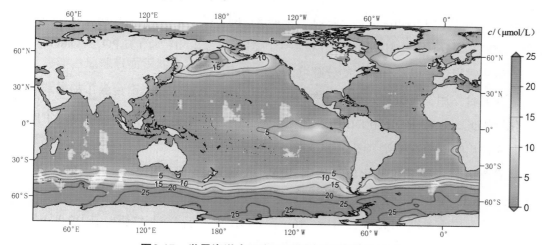

图6.17 世界海洋表层海水硝酸盐浓度的平面分布

（改自Garcia等，2014；http：//www.nodc.noaa.gov）

（二）营养盐的季节变化

中纬度海域海水中的营养盐浓度主要受生物活动影响而呈现出明显的季节性变化特征。以英吉利海峡观测的磷酸盐为例，冬季由于生物光合作用弱，磷酸盐充分再生，浓度较高。春季浮游植物生长，磷酸盐被消耗，浓度降低，至夏季保持较低的水平；秋季光合作用减弱，颗粒及溶解有机磷再生，磷酸盐浓度升高，至冬季达到最高（图6.18）。在该海域也同时观测到溶解无机氮和硅酸盐有相似的季节变化特征。近岸海域径流输入的季节性差异也影响海水中营养盐浓度的变化。

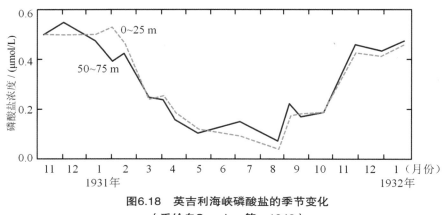

图6.18　英吉利海峡磷酸盐的季节变化
（重绘自Sverdrup等，1942）

（三）营养盐的生物利用与计量关系

光合作用中无机碳被同化为有机碳，无机氮和磷也同时被吸收和转化到有机物中。对不同海区浮游植物和浮游动物的元素含量进行测定，得到的统计平均结果为碳、氮和磷之间有相对固定的计量关系，即C：N：P=106：16：1，称为雷德菲尔德（Redfield）比值（Redfield等，1963）。根据该比例，将浮游植物光合作用过程表示为：

$$106CO_2+16HNO_3+H_3PO_4+122H_2O \rightleftharpoons （CH_2O）_{106}（NH_3）_{16}（H_3PO_4）+138O_2$$

生物呼吸作用以及有机物的分解可以表示为相反的过程。

在光合作用及有机物分解过程中，碳、氮、磷以及氧之间大致按该比例发生协同变化。因此，水柱中DIN和DIP与表观耗氧量之间成线性关系，而在溶解氧最小层发生脱氮作用时则会有偏差（图6.19A）。

有学者将雷德菲尔德比值扩展到硅藻，表示为C：Si：N：P=106：15：16：1（Brzezinski，1985）。

大洋深层水无机N/P值大致为15～16（图6.19B），与雷德菲尔德比值中的N/P值接近，在表层水以及近岸水中则有一定变化甚至有较大差异。海水与生物中N/P值的相似性反映了营养盐含量与生物利用之间存在着密切、相互的影响与制约关系。当海水中N/P值明显偏离16并低于一定浓度（即阈值，如DIN＜1 μmol/L，DIP＜0.1 μmol/L）时，会发生氮限制或磷限制。硅限制的阈值则一般为2 μmol/L。中低纬度大洋表层水中营养盐含量都低，由图6.19B可见，多数情况下当硝酸盐耗尽（下沉的大洋表层水中亚硝酸盐和铵盐更少）时，磷酸盐尚有少量剩余，因此，一般认为氮是大洋中主要限制性营养盐。

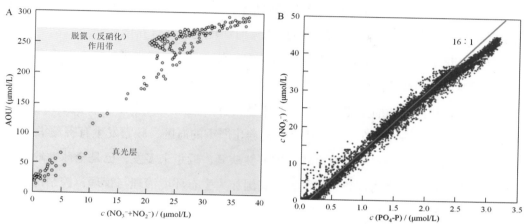

A. 表观耗氧量与营养盐的关系（阿拉伯海）；B. 大洋海水中硝酸盐与磷酸盐的关系（WOCE资料）。

图6.19　营养盐之间的关系以及表观耗氧量与营养盐的关系
（改自Libes，2009）

然而，上述大洋中氮限制的问题存在争议。有人认为氮缺乏可通过固氮来补足；也有人认为必须把有机态氮和磷的生物利用考虑在内。在一些硅藻大量繁殖的海域如南大洋40°S～50°S，表层水中的硅先于硝酸盐被耗尽，说明可能存在着硅限制。

三、海洋富营养化

富营养化是指海洋、湖泊、河流等水域由贫营养向富营养转化的现象。原意为水体老化致使湖沼类型变迁的过程，即非人为作用导致的天然富营养化。随着人类活动的加剧，目前富营养化多指由人为影响导致水体中氮、磷等营养成分浓度上升，致使水质恶化，并引起生态系统中生物构成的失衡，甚至发生有害藻华等具有生态危害的环境污染问题。营养盐（氮、磷）在引起富营养化时被列为污染物。

污染物输入到海洋中一般会对生物造成危害并导致生物生产力的下降。营养盐增加的影响有两个方面：一是水体营养水平适度提高会使生物生产力增加、渔业产量提高，对气候变化也有益处（如吸收CO_2、释放DMS缓解全球变暖等）；二是水体富营养化导致生态系统失衡，生物多样性降低，对生物生产力和渔业资源造成危害。作为环境问题讨论的富营养化更强调人为原因引起危害的一面。根据2015年国家海洋局生态环境保护司发布的《海水质量状况评价技术规程（试行）》，富营养化为海水中的氮、磷等营养元素的浓度超过正常水平的过程。

近岸河口区往往是高营养盐含量的区域。由于降水冲刷和污水排放，富含氮、磷等元素的营养物质被输入到近海水域中。氮主要来源于农业中含氮化肥的使用以及含有机物污水的排放。化石燃料燃烧使有机氮转化为氮氧化物，再随雨水进入天然水体系中。磷主要来自磷矿开采、磷肥和含磷合成洗涤剂的使用等。海水中氮、磷等营养元素以及有机物含量的大幅度增加，导致近岸海洋环境的富营养化。

富营养化是严重威胁海洋环境的污染问题。水体中氮、磷水平的升高能提高海洋生产力，会加快一些藻类的生长速度，干扰水体中生物的平衡，使一些有害生物大量繁殖，引起食物网结构的变化。近岸海域水体富营养化是赤潮等有害藻华发生的先决条件之一。一些近海海域在春夏季成为富营养化严重的海区，频繁发生有害藻华。

水体富营养化还会引起近岸水体的季节性缺氧，近年来多发，已是全球性的环境问题，对海洋环境和生物资源频生危害。我国加大生态环境治理与管理，控制污染物排放，近年来富营养化问题已明显缓解。

第四节　海洋中的碳及其循环

海洋中存在着多种化学平衡，如酸碱平衡、氧化还原平衡、络合平衡、沉淀溶解平衡、吸附解吸平衡、离子缔合平衡等。这些平衡影响了海水中化学组分的存在形式和含量，导致了化学组分的变化和迁移。其中，酸碱平衡是海洋中最基本也最为普遍的化学平衡，对海水pH、CO_2在海-气界面间的交换有重要影响。本节仅述及海水中的酸碱平衡，并对海水碳酸盐体系和碳循环进行介绍。

一、海水中的酸碱平衡

海水中的酸碱平衡主要是一些弱酸-弱酸盐及一些弱碱的平衡，主要有：CO_2—H_2CO_3—HCO_3^-—CO_3^{2-}、$B(OH)_3$—$B(OH)_4^-$、H_3PO_4—$H_2PO_4^-$—HPO_4^{2-}—PO_4^{3-}、$Si(OH)_4$—$SiO(OH)_3^-$、NH_4^+—NH_3、HF—F^-、HSO_4^-—SO_4^{2-}以及缺氧水中H_2S—HS^-—S^{2-}等，还包括水的解离平衡。固液作用、生物作用中也存在酸碱平衡。

在化学学科中，酸和碱有不同类型的定义。一般情况下将溶液中能给出质子（即氢离子，H^+）的物质称为"酸"，接受质子的物质称为"碱"。然而，质子的给出与接受是相对的，即酸和碱是相对的，与质子参考水准的选取有关。海水体系中含量最高的弱酸-弱酸盐是碳酸盐体系，因此以CO_2和H_2O为参考水准，海水中的酸（质子供体）有H^+及HSO_4^-、HF、H_3PO_4等，而碱（质子受体）则有HCO_3^-、CO_3^{2-}、$B(OH)_4^-$、OH^-及HPO_4^{2-}、PO_4^{3-}、$SiO(OH)_3^-$、NH_3等（缺氧水中有HS^-）。H_2O、CO_2以及$B(OH)_3$、$H_2PO_4^-$、H_4SiO_4、NH_4^+、H_2S等都不计为酸或碱，F^-、SO_4^{2-}及Cl^-等都不是碱。反映和研究海水酸碱性质或平衡的参数主要是pH和总碱度，以下做简要介绍。

（一）海水pH

酸碱解离平衡的存在使海水中含有一定量的H^+。溶液的酸碱性，即H^+的多和少，可用pH来反映：

$$pH = -\lg a(H^+) \tag{6.13}$$

式中，$a(H^+)$为H^+的活度，与游离H^+浓度$[c(H^+)_F]$的关系为$a(H^+) = \gamma(H^+) \cdot c(H^+)_F$，其中$\gamma(H^+)$为$H^+$的活度系数，与离子强度有关。

海水pH的定义及测定有一定复杂性，一般采用实用标度，如NBS标度、总氢离子浓度标度、游离氢离子浓度标度、海水氢离子浓度标度等。同一海水样品按不同pH标度进行测定，数值有一定差别。目前，碳酸盐体系研究中考虑了除H^+外其他质子供体，如与海水主要成分有关的HSO_4^-和HF。常用的pH实用标度见表6.5。

表6.5 pH实用标度

pH标度	关系式	说明
NBS标度	$pH(NBS) = pH_B \dfrac{(E_B + E_X)F}{RT\ln 10}$	样品与标准缓冲溶液的离子强度不同，存在液体接界电位差，影响测定精度。
总氢离子浓度标度	$pH(T) = -\lg c(H^+)_T$, $c(H^+)_T = c(H^+)_F + c(HSO_4^-)$	总氢离子即总质子供体，由游离氢离子和硫酸氢根组成，但将氢氟酸的贡献忽略。
海水氢离子浓度标度	$pH(SWS) = -\lg c(H^+)_{SWS}$, $c(H^+)_{SWS} = c(H^+)_F + c(HSO_4^-) + c(HF)^-$	也是一种总氢离子浓度标度，由游离氢离子、硫酸氢根和氢氟酸组成。
游离氢离子浓度标度	$pH(F) = \lg c(H^+)_F$	pH（F）仅是游离氢离子浓度的负对数，可通过计算求得。

注：NBS标度采用国际上推荐的NBS（原美国国家标准局）标准缓冲溶液作参考标准，用电位法对未知溶液进行测定：E_B和pH_B为标准缓冲溶液的pH和电位测量值，E_X为未知溶液电位值。

总氢离子浓度标度和海水氢离子浓度标度也是以电位法测定海水pH为基础，分别采用无氟离子和含氟离子的人工海水配制的标准缓冲溶液作参考标准。

用总氢离子浓度标准、海水氢离子浓度标准测定海水pH可获得较高的精度（测定方法有电位法和分光光度法），适于碳酸盐体系的研究。采用这两种pH标度的测定操作较复杂，一般的海洋观测中仍可使用化学检测中常用的NBS标度。然而，由于海水是中等浓度的电解质溶液，用NBS标度测定海水pH时受到液体接界电势差的影响，使pH测定精度和物理意义受到一定影响。

大洋海水的pH一般在8.0左右，在7.5～8.2范围内变化，呈偏微弱的碱性，是海水化学组成长期演变与调节的结果。温度、盐度改变，或光合作用、呼吸作用、有机物分解、海-气CO_2交换等的发生，均会引起海水pH的变化。由于碳酸盐体系是海水中含量最高的弱酸-弱酸盐体系，海水pH主要由碳酸的解离平衡控制。

海水中的H^+也参与固液平衡，如黏土矿物伊利石［$KAl_3Si_3O_{10}(OH)_2$］和高岭石［$Al_2Si_2O_5(OH)_4$］之间发生的离子交换：

$$KAl_3Si_3O_{10}(OH)_2(s)+1.5H_2O+H^+ \rightleftharpoons 1.5Al_2Si_2O_5(OH)_4(s)+K^+$$

在由原始海水向现代海水演化过程中，该类离子交换对海水pH起到长期控制作用。

（二）海水总碱度

总碱度是反映天然水体中弱酸根离子含量的一个参数。海水中含有相当数量的HCO_3^-、CO_3^{2-}、$B(OH)_4^-$、HPO_4^{2-}和$SiO(OH)_3^-$等弱酸阴离子，它们都是质子受体。当用强酸（如盐酸）中和时，这些弱酸根会转化为不解离的弱酸形式，并消耗H^+。单位质量（或体积）海水中，所有弱酸根阴离子（酸解离平衡常数的负对数$pK'_a>4.5$）中和到CO_2终点时所需要H^+的量，称为海水总碱度（TA），其表示式为：

$$TA=c(HCO_3^-)+2c(CO_3^{2-})+c[B(OH)_4^-]+c(OH^-)-c(H^+)+c(HPO_4^{2-})$$
$$+2c(PO_4^{3-})-c(H_3PO_4^0)+c(SiO(OH)_3^-)+c(NH_3)+c(HS^-)-c(HSO_4^-)$$
$$-c(HF^-)+\cdots \tag{6.14}$$

式中，各离子浓度的系数为其被中和时消耗H^+的量与其自身的量的比率，海水中原有的质子供体（H^+、HSO_4^-、H_3PO_4等）的量则要从中减去。

在海水pH范围内，HCO_3^-、CO_3^{2-}、$B(OH)_4^-$对TA的贡献大于99.9%，H^+、OH^-以及PO_4^{3-}、HPO_4^{2-}、$SiO(OH)_3^-$和H_3PO_4等均可忽略，正常大洋水中TA的表示式可简化为：

$$TA \approx c(HCO_3^-)+2c(CO_3^{2-})+c[B(OH)_4^-] \tag{6.15}$$

该式所给出的总碱度也被称作"实用碱度"。碳酸盐贡献的部分为碳酸盐碱度（CA），硼酸盐贡献的部分为硼酸盐碱度（BA）：

$$CA=c(HCO_3^-)+2c(CO_3^{2-}) \tag{6.16}$$

$$BA=c\left[B\left(OH\right)_4^-\right] \qquad (6.17)$$

这两个关系式在进行平衡计算时会用到。其他成分对总碱度的贡献可合并为剩余碱度，其量很少，一般可以忽略。总碱度可直接用盐度滴定海水测得。

碳酸盐和硼酸都是海水主要成分。海水为电中性且主要成分之间具有恒定比关系，阳离子和阴离子Cl^-、SO_4^{2-}、Br^-、F^-电荷之差则由HCO_3^-、CO_3^{2-}、$B\left(OH\right)_4^-$等弱酸根离子填补，其量值也应基本恒定，且与盐度成一定比例。因此，表层海水（pH为8.0～8.2）的总碱度有一定的保守性。

在受污染的水体、缺氧水以及沉积物孔隙水中，HS^-、HPO_4^{2-}、PO_4^{3-}等弱酸根阴离子及NH_3对总碱度的贡献不可忽略。在讨论某些过程中总碱度的变化时，相关的离子及H^+和OH^-不能忽略。

海水总碱度首先受盐度的影响，盐度较高的水体的总碱度也较高。海水中生源碳酸钙的沉淀与溶解会引起海水中溶解碳酸盐的变化，导致总碱度改变。为反映总碱度受生物及化学作用的影响，一般使用将盐度校正为35后的NTA来消除水团及其他物理过程的影响：

$$NTA=\frac{TA}{S_P}\times 35 \qquad (6.18)$$

二、海洋中的碳和碳酸盐体系

海水中溶存着大量碳的化合物，其中无机碳的主要存在形式是HCO_3^-、CO_3^{2-}、H_2CO_3和溶解CO_2［表示为$CO_2\left(aq\right)$］。海水碳酸盐体系是海洋中重要而复杂的体系，参与海-气界面、沉积物-海水界面过程以及海水介质中的化学反应，控制着海水的pH并直接影响许多化学属性，与生命活动也有重要关系。此外，多年来持续使用化石燃料释放大量CO_2，大气中CO_2的含量增加，导致温室效应加剧并影响全球气候。而海洋可作为大气CO_2的调节器，海水碳酸盐体系对大气CO_2含量有重要的缓冲作用。

碳循环与全球气候变化有着直接的联系，海洋碳循环是全球碳循环的重要环节。海洋中碳的形态涉及无机碳（海水碳酸盐体系）和有机碳的各种形态，可归纳为：

$$总碳\begin{cases}溶解碳\begin{cases}溶解无机碳（DIC）：CO_2（aq）、H_2CO_3、HCO_3^-、CO_3^{2-}\\溶解有机碳（DOC）\end{cases}\\颗粒碳\begin{cases}颗粒无机碳（PIC）：CaCO_3（s）\\颗粒有机碳（POC）\end{cases}\end{cases}$$

（一）海水碳酸盐体系

海水碳酸盐体系，是指海水中以不同形式存在的无机碳各分量之间的平衡、相互转化、存在形式以及与其有关的体系，又称作"海水二氧化碳体系"或"海水二氧化碳系统"。

海水中溶解无机碳有4个分量，包括$CO_2(aq)$、H_2CO_3以及解离形成的HCO_3^-和CO_3^{2-}。由于H_2CO_3的含量极少，一般不足$CO_2(aq)$的0.2%，通常将前二者合并为游离二氧化碳$[CO_2(T)]$，即$c[CO_2(T)]=c[CO_2(aq)]+c[H_2CO_3]$。海水中溶解无机碳各分量的总和为"海水总二氧化碳""海水总碳酸盐（ΣCO_2或TCO_2）"或"总溶解无机碳（DIC）"：

$$DIC=c[CO_2(aq)]+c(H_2CO_3)+c(HCO_3^-)+c(CO_3^{2-})=c[CO_2(T)]+c(HCO_3^-)+c(CO_3^{2-})$$

（6.19）

DIC可通过将海水酸化转化为CO_2后直接测定。由于DIC构成要素与总碱度相似，一般使用将盐度校正为35后的NDIC反映受生物及化学作用的影响：

$$NDIC=\frac{DIC}{S_P}\times 35$$

（6.20）

（二）海水碳酸盐体系中的化学平衡

海水碳酸盐体系各分量之间以及与外界有多种平衡，包括CO_2在海–气界面间的溶解交换、水化、解离、沉淀溶解平衡以及与生物之间的作用等（图6.20）。

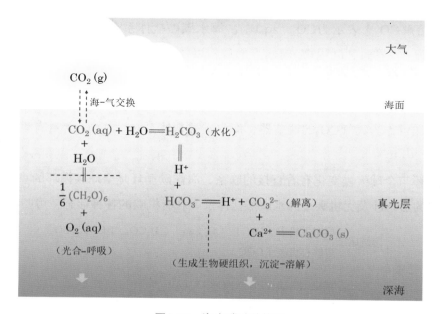

图6.20　海水碳酸盐体系

1. CO_2在海-气界面间的溶解交换平衡

$$CO_2(g) \Longrightarrow CO_2(T)$$

$CO_2(g)$表示空气中的气态CO_2。上述平衡中两种相态CO_2浓度之间的关系可用亨利定律表示：

$$c*[CO_2(T)] = K'_0 \cdot p[CO_2(g)] \qquad (6.21)$$

式中，$c*[CO_2(T)]$是游离二氧化碳的平衡浓度即溶解度；K'_0为CO_2在海水中的溶解度系数，是温度和盐度的函数（Weiss，1974）；$p[CO_2(g)]$为大气中CO_2的分压。

若$c[CO_2(T)]$是海水中游离CO_2的实际浓度（一般不正好等于其溶解度$c*[CO_2(T)]$），则依据上式可给出：$c[CO_2(T)] = K'_0 \cdot p[CO_2(SW)]$，其中$p[CO_2(SW)]$可简作$p(CO_2)$，表示为：

$$c[CO_2(T)] = K'_0 \cdot p(CO_2) \qquad (6.22)$$

$p(CO_2)$叫作"海水二氧化碳分压"，相当于与该水样达到平衡的空气中CO_2的分压。$p(CO_2)$是表示海水中二氧化碳$[CO_2(T)$或$CO_2(aq)]$含量的基本参数，可用气-水平衡法直接测得。

若$p(CO_2) = p[CO_2(g)]$，则CO_2恰好处于海-气平衡，无CO_2净交换。若$p(CO_2) < p[CO_2(g)]$，海水会吸收大气中的CO_2，是大气CO_2的汇；反之，海水则向大气释放CO_2，是大气CO_2的源。海水和大气间CO_2分压的差别是CO_2溶入或逸出海洋的直接原因。

目前，学术界倾向于使用海水CO_2逸度$[f(CO_2)$，即逸度系数$\gamma(CO_2)$与海水CO_2分压的乘积，为热力学量，与分压相差约0.1%]代替CO_2分压，更符合实际气体情况。

2. CO_2与H_2O结合生成H_2CO_3

$$CO_2(aq) + H_2O \Longrightarrow H_2CO_3$$

该平衡的常数很小，$K' \approx c(H_2CO_3)/c[CO_2(aq)] \approx 1/670$，是$H_2CO_3$的量很少的原因。

3. H_2CO_3在水溶液中存在两级解离平衡

第一级解离平衡为：

$$H_2CO_3 \Longrightarrow H^+ + HCO_3^-$$

由于H_2CO_3量少，与CO_2的水合平衡合并为：

$$CO_2(aq) + H_2O \Longrightarrow H^+ + HCO_3^-，\ 平衡常数\ K'_1 = \frac{a(H^+)c(HCO_3^-)}{c[CO_2(T)]}$$

第二级解离平衡为:

$$HCO_3^- \rightleftharpoons H^+ + CO_3^{2-}, \quad 平衡常数 K_2' = \frac{a(H^+)c(CO_3^{2-})}{c(HCO_3^-)}$$

由以上解离平衡可知, 海水的pH与碳酸盐体系分量浓度的关系为:

$$pH = pK_1' + \lg \frac{c(HCO_3^-)}{c[CO_2(T)]} = pK_2' + \lg \frac{c(CO_3^{2-})}{c(HCO_3^-)} \quad (6.23)$$

碳酸盐体系计算中需扣除硼酸盐碱度, 涉及硼酸的解离平衡:

$$B(OH)_3 + H_2O \rightleftharpoons H^+ + B(OH)_4^-, \quad 平衡常数 K_B' = \frac{a(H^+)c[B(OH)_4^-]}{c[B(OH)_3]}$$

K_1'、K_2'、K_B'和K_0'以及后面要介绍的溶度积常数(K_{sp}')等均为表观平衡常数, 各组分变量使用最直观的浓度, 也包括活度(如H^+)。表观平衡常数是温度、盐度(离子强度)和压强(深度)的函数。采用不同的pH标度, 表观平衡常数值不同, 因此必须与pH标度相匹配。

上述平衡的存在使海水具有一定的酸碱缓冲性, 即加入少量酸或碱后, 平衡分别向左或右移动, 而pH无显著改变。海水酸碱缓冲容量的高低与DIC的量有关。海水DIC远高于淡水, 缓冲容量较淡水体系明显为高。

4. $CaCO_3$的沉淀-溶解平衡

$$Ca^{2+} + CO_3^{2-} \rightleftharpoons CaCO_3(s), \quad K_{sp}' = c(Ca^{2+})c(CO_3^{2-})$$

真光层中的碳酸钙主要由生物作用生成; 碳酸钙的溶解是化学作用, 主要发生在深水中。

5. 与有机碳相关的生物作用

光合作用、呼吸作用及有机物分解是与有机碳相关的生物作用, 涉及碳形态的转化以及O_2和CO_2的生成与消耗, 以简略的形式表示为:

$$CO_2(aq) + H_2O \rightleftharpoons \frac{1}{6}(CH_2O)_6(表示碳水化合物) + O_2(aq)$$

(三)海水碳酸盐体系的参数及其分布

海水碳酸盐体系各分量无法直接测定, 一般通过测定相关参数, 再根据化学平衡计算求得。四个可直接测定的参数为pH、总碱度(TA)、总溶解无机碳(DIC)、海水CO_2分压$[p(CO_2)$或逸度$f(CO_2)]$。考虑海水组成恒定性, 在温度、盐度、压强一定的条件下, 四个参数中只有两个独立变量。测定其中至少两个参数, 将平衡常数关系式、各参数的表达式联立方程可求算碳酸盐体系各分量, 用以研究CO_2收支和转化迁移等。该计算相对复杂, 目前有方便的软件可采用。

由于上述平衡的存在, 海水碳酸盐各分量与海水pH有关(图6.21), 在海水pH范围内，HCO$_3^-$是主要形式。表层海水pH约为8，此时CO$_3^{2-}$居次，CO$_2$（T）的量最少，占DIC的不到1%。

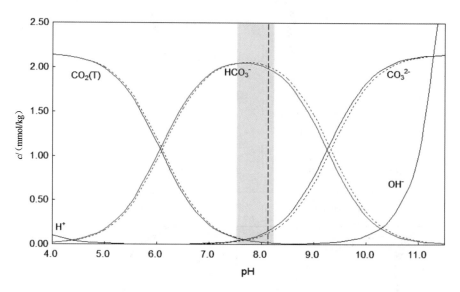

盐度为35，DIC为2 155 µmol/kg的海水；实曲线、虚曲线分别为15℃和10℃时各分量的变化；浅蓝色部分为海水pH范围，虚直线为表层海水pH。

图6.21　海水碳酸盐分量随pH的变化

在海水pH范围内，当表层海水吸收大气CO$_2$时，DIC增加，平衡按以下方式移动：

$$CO_2 + CO_3^{2-} + H_2O \rightleftharpoons 2HCO_3^-$$

海水中HCO$_3^-$增加而CO$_3^{2-}$减少，pH会降低。当深水中有机物分解释放CO$_2$时，pH也同样降低，DIC增加。当生物光合作用时吸收CO$_2$，海水pH则升高，DIC减少。单纯增减CO$_2$对TA无影响，但伴随生物作用，营养元素的吸收与释放涉及质子得失，对TA有轻微影响。真光层内生物生成碳酸钙时，pH降低，DIC减少，TA也减少；深水中碳酸钙溶解时，pH则升高，DIC和TA都增加。因此，海水pH随深度增加呈现出规律性变化，在中层水氧最小层达到最低，与溶解氧的垂直分布形式类似；而海水CO$_2$分压则与pH呈相反的变化趋势（图6.22）。NTA和NDIC也呈现出在深水中增加的现象：NDIC变化既与有机物分解有关又与碳酸钙溶解有关，为浅水与深水再循环结合型分布；NTA随深度增加主要是碳酸钙溶解的结果，为深水再循环型分布（图6.22）。与溶解氧和营养盐的垂直分布类似，受大洋传送带的影响，各参数在北大西洋和北太平洋深水中有着规律性差异。

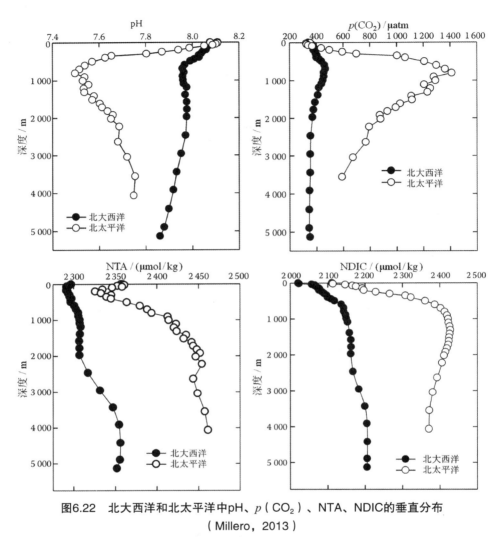

图6.22 北大西洋和北太平洋中pH、$p(CO_2)$、NTA、NDIC的垂直分布
(Millero, 2013)

（四）碳酸钙的沉淀溶解与碳酸钙补偿深度

海洋中的钙质生物吸收海水中的Ca^{2+}和CO_3^{2-}生成固相的碳酸钙硬组织。在深水中，这些生源碳酸钙逐渐溶解。生源碳酸钙有方解石和文石两种矿物，其K'_{sp}不同。方解石较文石稳定，K'_{sp}（方解石）$< K'_{sp}$（文石）。

海水中Ca^{2+}和CO_3^{2-}实际浓度的乘积$c(Ca^{2+})c(CO_3^{2-})$为离子积（IP），将IP/K'_{sp}定义为碳酸钙饱和度。表层海水中的碳酸钙是过饱和的，即饱和度大于1。这种状况有利于生物吸收钙和碳酸盐生成硬组织。

无论是方解石还是文石，K'_{sp}均随温度降低有增大趋势，随压强增加而明显增大，即随着海水深度的增加，K'_{sp}增大。加上深水中有机物分解释放CO_2导致pH降低，促进碳酸钙的溶解：

$$CaCO_3(s) + CO_2 + H_2O \Longrightarrow Ca^{2+} + 2HCO_3^-$$

在某一深度，K'_{sp} 与 $c(Ca^{2+})$ $c(CO_3^{2-})$ 的乘积相等，该深度为碳酸钙的饱和深度。饱和深度以深，碳酸钙变为不饱和，溶解速率增大。在某一深度，碳酸钙的溶解速率与沉积速率（即来自上层海水沉降的颗粒碳酸钙的补充速率）相等，该深度为碳酸钙补偿深度（carbonate compensation depth，CCD），通常以沉积物中$CaCO_3$含量约为5%的深度来确定。

方解石和文石的CCD不等，文石的CCD较浅，方解石的CCD一般在3 000～5 500 m，与海水pH和碳酸钙通量有关。因此，在以钙质生物生产为主的海区，浅于CCD的沉积物中含有较多的生源碳酸钙，为钙质软泥（calcareous ooze）。CCD以深的海底沉积物中碳酸钙组分极少（大型骨骼等溶解较慢）。

三、海洋中的有机碳

海水中的有机物含量较少，但组成复杂，性质差异大。海洋中的有机物来源于生物生产以及陆地和海底输入。其中海洋内部由生物合成的有机物以碳计约为50×10^{15} g/a，是海洋有机物的主要来源。

（一）海洋初级生产和海洋有机物

海洋中的初级生产是指自养生物利用太阳能进行光合作用，或利用化学能进行化能合成作用，同化无机碳为有机碳的过程。在生产过程中，海洋生物合成了多种有机物并贮存了能量。

海洋中的有机物种类繁多，但含量很低，主要包括碳水化合物、氨基酸和多肽、色素、维生素、类脂物、烃类和卤代烃，以及海洋腐殖质等。除能对少部分有机物进行分析并确定其成分外，多数是未鉴定的物质。

（二）海洋中的有机碳及其形态

定量化表示海水中的有机物是较为困难的。有机物的含碳量为有机碳（OC），通常以OC来反映有机物的多少。

有机碳按其溶解形态分可为溶解有机碳（DOC）和颗粒有机碳（POC）。两者是以过滤操作来划分的。滤液中的有机碳为DOC。但除真溶解态的有机物以外，还含有胶体有机组分，其含量以碳计则为胶体有机碳（colloidal organic carbon，COC）。POC包括有生命和无生命两部分，有生命或活体（living）POC主要为浮游生物；无生命（non-living）或碎屑（detritus）POC，包括死亡生物、粪粒、各种有机聚集体和其他复杂有机颗粒，也主要来源于浮游植物。海洋中DOC、COC、POC的量（以碳计）及相对关系见图6.23。

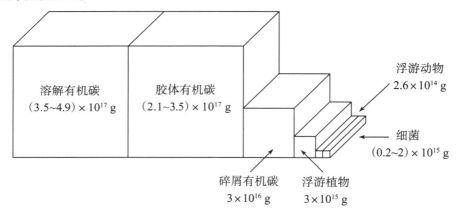

图6.23　海洋中的有机碳

［引自Cawet（1978），结合Libes（2009）部分数据改绘］

有机碳的量可采用质量或物质的量表示。贮库中总碳量多以质量计；表示碳与其他元素的关系或进行对比时则多以物质的量计。大洋水DOC（含COC）占TOC的90%～99%，平均约95%，是有机碳的主要形态。真光层中由于生物光合作用，DOC和POC含量相对较高，并有明显的季节性变化；深水中DOC和POC由于分解而含量降低（含量因受水团影响有波动），垂直分布见图6.24。通过DOC随水体垂直对流交换以及POC在重力作用下垂直沉降，在真光层中生成的有机碳迁移至深海，并在迁移过程中逐渐分解，这是海洋碳循环的重要过程。深水中的DOC主要由难分解的有机物组成，浓度较恒定且在各大洋深水中无显著差别。

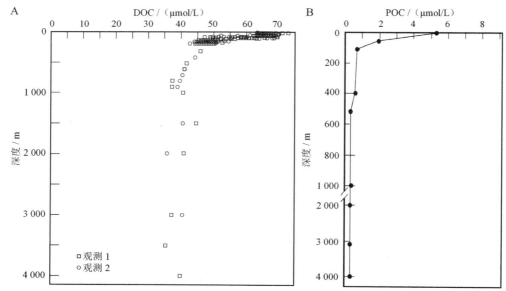

图6.24　海洋中溶解有机碳（A）和颗粒有机碳（B）的垂直分布

（改自Carlson等，1995；Williams，1971）

四、海洋碳循环与气候变化

生物生产、呼吸作用，碳酸盐分量的解离平衡、碳酸钙的沉淀–溶解，颗粒物的聚集和与溶解态间的相互转化，颗粒物沉降、埋藏，有机物分解，以及海–气交换、径流输入等各种过程，构成了海洋中碳的循环（图6.25）。

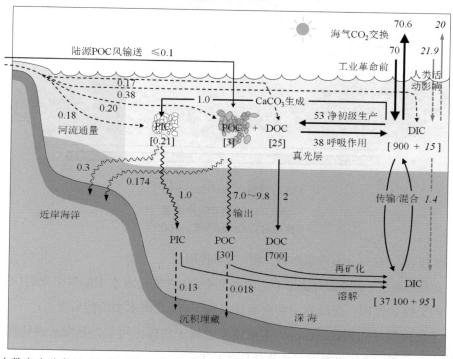

方括号中数字为贮存量（加号后的数字为受人类活动影响的增加量），单位为"10^{15} g"；箭头上数字为通量，单位为"10^{15} g/a"；斜体数字并用灰色带虚线箭头指示的为受人类活动影响的通量，系19世纪80—90年代的平均值。

图6.25　海洋碳循环
（改自Libes，2009）

碳循环与气候变化密切相关。工业革命以来，化石燃料的燃烧使CO_2排入大气，引起大气中CO_2浓度的增加，温室效应加剧，使地球环境面临变暖的危险。大气中CO_2增加1倍，温度将增加2～3℃。海洋是一个比大气容量更大的碳库，海洋碳循环是全球碳循环的重要环节，对缓解全球变暖有重要作用。

据估计，工业革命以来，排放进入大气中的CO_2约有5×10^{15} g/a（以碳计），其中约30%被海洋吸收。海洋吸收大气中CO_2的机制是：当表层海水CO_2分压小于大气CO_2分压时，大气中CO_2会被吸收进入海水，海水是大气CO_2的源；反之，则由海水向大气释放，海水是大气CO_2的汇。世界海洋表层海水CO_2分压分布不均衡，一些区域是大气CO_2的汇，而有些区域则是源（图6.26）。结果是，海水对大气而言是CO_2的"净"汇。

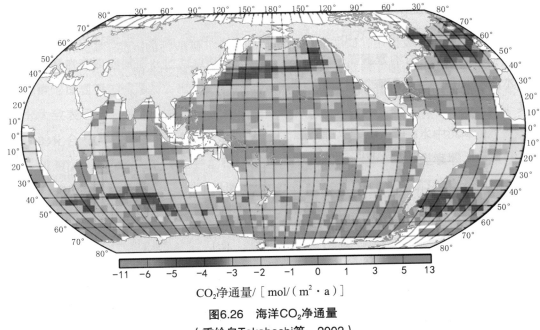

CO₂净通量/［mol/（m²·a）］

图6.26 海洋CO₂净通量

（重绘自Takahashi等，2002）

海水吸收大气CO₂，有一系列的"泵"发挥作用。

一是溶解度泵（solubility pump），即大气中CO₂在表层海水中溶解引起的CO₂在海–气界面间交换的作用，交换方向和交换量取决于CO₂在海水中的溶解度。

二是物理泵（physical pump，溶解度泵也属于物理作用），是海水的物理运动对CO₂的输送。溶解度泵和物理泵往往协同作用对CO₂进行交换和输运。

三是生物泵（biological pump），在海洋碳循环中的作用非常关键，是以生物为载体或由生物过程驱动，将碳等与生物活动密切相关的元素从海洋上层输送至海洋深层的作用。该作用重点强调通过生物生产与转化，结合重力沉降及分解或溶解等一系列过程，碳由表层向深层输送，即生物碳泵，分为有机碳泵和碳酸盐泵。

生物有机碳泵的运转有利于海水吸收大气中的CO₂，对缓解温室效应的加剧具有重要意义。它包括真光层内的光合作用生成有机碳（OC）、呼吸作用和消费转移、有机碳自真光层向深层沉降迁移、在深层水中有机物的分解等过程，并推动溶解度泵运转，从而使CO₂从大气进入海洋表层，再输送至海洋深层与大气隔离并保存数百年，可使大气CO₂浓度增加程度在一定时段内得到缓解（图6.27）。新生产水平高的海域，生物有机碳泵效能高。

生物碳酸盐泵在生源碳酸钙产生的同时因补偿CO_3^{2-}的消耗会有少量的CO₂生成（$2HCO_3^- \rightleftharpoons CO_3^{2-}+CO_2+H_2O$）。该过程是大气CO₂的弱源，不同于有机碳泵的作用。

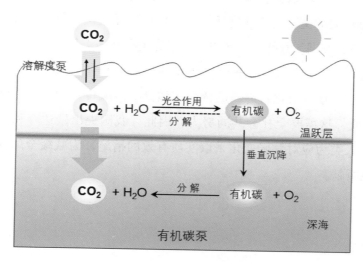

图6.27 海洋生物有机碳泵

对照图6.26可发现，副热带海区是大气CO_2的源，因为表层海水温度较高，CO_2溶解度较低，生物生产力也较低，生物泵作用弱，以释放CO_2为主。赤道东太平洋因上升流携带高p（CO_2）的深水至表层也成为大气CO_2的源。而南大洋和40°N以北的北太平洋、北大西洋等有机碳垂直通量较高的区域，生物泵效率较高，成为CO_2的汇。北大西洋北端高纬度海区表层水温低，CO_2溶解度大，因溶解度泵作用而吸收大气CO_2；海水冷却下沉为物理泵作用，将CO_2输送至海洋深层，是CO_2的汇。

海洋吸收了大气中增加的CO_2，海水DIC较工业革命前升高。DIC升高的部分叫作"人为CO_2"，年升高量为1～2 μmol/kg，且北大西洋的增加量较多。

五、海洋酸化

海洋吸收大气中增加的CO_2能使全球变暖在一定程度上得到缓解。然而，海水吸收CO_2会导致碳酸盐体系平衡的移动（图6.20）。海水吸收CO_2时平衡$CO_2 + CO_3^{2-} + H_2O \rightleftharpoons 2HCO_3^-$向右移动，使$HCO_3^-$浓度增加，$CO_3^{2-}$浓度降低。由$pH = pK_2' + \lg \dfrac{c(CO_3^{2-})}{c(HCO_3^-)}$可知，此时pH降低，海水中$H^+$浓度增加。

由海洋从大气吸收人类活动释放的过量CO_2所引起的海洋pH降低的现象叫作"海洋酸化（ocean acidification，OA）"。自工业革命至今，表层海水平均pH下降了约0.1，相当于H^+浓度增加了30%。海洋酸化能引起一系列环境和生态问题。

海洋酸化会导致碳酸钙饱和深度变浅，表层海水碳酸钙饱和度降低，甚至变为不饱和。K'_{sp}相对较大的文石的饱和度通常用来指示海洋酸化的影响。海洋酸化会对钙质生物如颗石藻、珊瑚、有孔虫、棘皮类、甲壳类、软体类等产生危害，并引起生物群落结构变化。人们对此高度重视并开展了多方面的研究。减缓全球变暖和海洋酸化问题，根本上要减少对化石燃料的依赖，做到节能减排，开发新能源，从源头上控制CO_2的排放，这需要全社会共同努力。因此，我国提出碳达峰和碳中和目标，这将大力推动人类为应对气候变化采取实质有效的措施，为减缓全球变暖和海洋酸化做出根本性贡献。

第七章 大气的运动

大气时刻处于运动状态，其运动的形式和规模复杂多样、多变：既有水平运动，也有垂直运动；既有规模宏大的全球性运动，也有尺度很小的局地性运动。大气的运动使不同地区、不同高度间的热量、水分和其他物质得以传输和交换，是海洋和大气相互作用、信息传递与效应体现的主要载体。大气运动使不同性质的空气得以相互接近、相互作用，直接影响着天气、气候的形成和演变。

第一节 气压和风

一、气压和气压场

（一）气压的概念

单位地球表面所承受大气柱的总重量，称为大气压强，简称气压。一个地方气压的高低决定于大气柱的长短和大气柱中的空气密度。现国际通用单位为"百帕（hPa）"。气压是随时间和空间变化的物理量。相同地点、不同时间，气压不同；相同时间、不同地点，气压也不同。气柱中质量增多，气压就升高；质量减少，气压就下降。

（二）气压的水平分布

在铅直方向上，气压随高度增加而降低。各地热力和动力条件不同，使得不同地点气压随高度增加而降低的速度不同，因此同一水平面上气压往往不同。为了表示空间气压分布情况，采用等压面和等压线的概念。等压面是空间气压相等的各点构成的面，如850 hPa等压面上各点的气压值都等于850 hPa。由于气压随高度增加而降低，所以高值等压面在下，低值等压面在上。由于同一高度上各地气压不同，等压面不是平面，而是曲面。等压面的起伏形势是和水平面上气压的分布相对应的。气压高的地方等压面上凸，气压低的地方等压面下凹。图7.1是等压面在等高面上的投影，反映了等压面与等高线的关系。由图7.1可见，和等压面凸起部分相对应的是一组闭合等高线构成的高值区域，高度值由中心向外递减。同理，和等压面下凹部分相对应的是一组闭合等高线构成的低值区域，高度值由中心向外递增。因此，海平面图中等高线的高、低中心即代表气压的高、低中心。

等压线与等高面的交线，称为等压线。也就是同一等高面上气压相等各点的连线。同一等高面与空间各等压面的交线，构成等高面图。从等高面图上，可以看出该等压面上气压的分布情况。目前，我国气象台绘制的地面天气图，就是高度为0 m的海平面气压分布图。

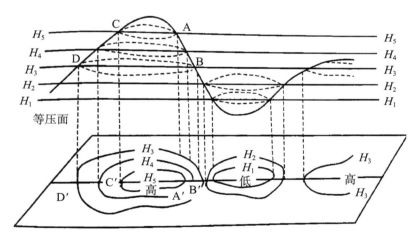

图7.1　等压面在等高面上的投影
（引自肖金香等，2014）

（三）气压场的基本型式

由于地表的非均一性及动力、热力等因子的影响，气压并非呈简单的纬向分布。在水平气压场中等压线的各种组合形式称为气压系统。不同气压系统的结构、流场和天气特征各异。图7.2、图7.3给出气压场的几种基本形式。

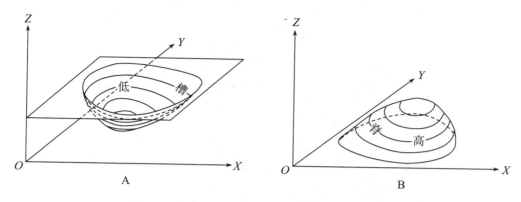

图7.2 低压（A）和高压（B）的空间等压面图示
（引自贺庆棠等，2010）

1. 低气压

由闭合等压线所构成的中心气压比四周气压低的区域称为低气压，简称低压，又称气旋。空间等压面向下凹，形如盆地（图7.2A）。

2. 低压槽

由低压延伸的狭长区域称为低压槽，简称槽。在槽中，各等压线弯曲最大处的连线称为槽线。气压值在槽线上最低，向两侧递增。

3. 高气压

由闭合等压线所构成的中心气压比四周气压高的区域称为高气压，简称高压，又称反气旋。空间等压面向上凸起，形如小丘（图7.2B）

4. 高压脊

由高压延伸出来的狭长区域称为高压脊，简称脊。在脊中，各等压线弯曲最大处的连线称为脊线。气压沿脊线最高，向两边递减。

5. 鞍形气压场

由两个低压与两个高压相对交错组成的中间区域称为鞍形气压区，简称鞍。其附近空间等压面形如马鞍（图7.3）。

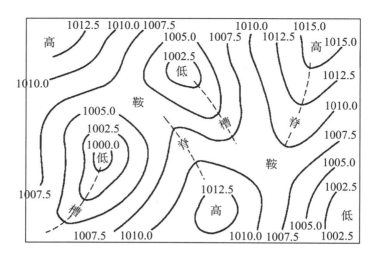

图7.3　气压场的几种基本形式
（引自贺庆棠等，2010）

（四）气压场变化的原因

气压是经常变化的，变化的根本原因是其上空大气柱中空气质量的增多或减少。气柱中质量增多，气压就升高；质量减少，气压就下降。

1.水平气流的辐合与辐散

水平气流的辐合与辐散引起空气质量在某些区域堆聚，而在另一些区域流散。空气质点向周围流散，引起气压降低，这种现象称为水平气流辐散。相反，空气质点聚积，引起气压升高，这种现象称为水平气流辐合。实际大气中空气质点水平辐合、辐散的分布比较复杂，有时下层辐合、上层辐散，有时下层辐散、上层辐合。因而某一地点气压的变化依整个气柱中是辐合占优势还是辐散占优势而定（图7.4）。

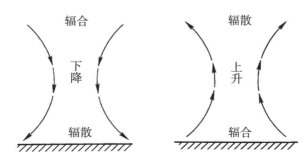

图7.4　水平气流的辐合、辐散和垂直运动的相互关系
（引自贺庆棠等，2010）

2. 空气的上升和下沉运动

出现空气垂直运动区域的上层和下层会出现水平气流的辐合和辐散。如图7.4所示，上层有水平气流辐合、下层有水平气流辐散的区域，基于气体的连续性，从而出现空气的下沉运动；反之，则会出现空气的上升运动。空气的上升和下沉会引起气压场的变化。

3. 不同密度气团和移动

不同性质的气团，密度往往不同。如果移到某地的气团比原来的气团密度大，则该地上空气柱质量会增大，气压随之升高；反之，该地气压就要下降。

二、风与作用力

（一）风的概念

空气相对于地面的水平运动称为风。风是一个向量，既有大小（风速），又有方向（风向）。风向是指风的来向。地面风向用16个方位表示（图7.5），从正北开始按顺时针方向，每隔22.5°为一个方位角。高空风用方位度数表示，即以0°（360°）表示正北，90°表示正东，180°表示正南，270°表示正西。

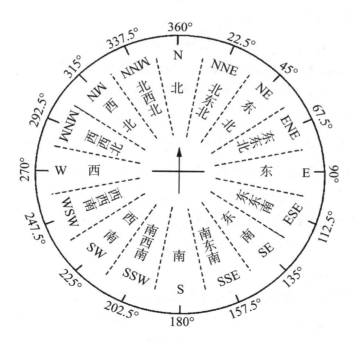

图7.5　风向的16个方位
（引自姜世中，2020）

风速大小也可用风力等级来表示。目前把风分成13级，有的国家在13级基础上又增至18级。最早提出13级分法的是英国海军将领蒲福（Beaufort），因此基于13级分法的风力等级表又称为蒲福风力等级表。

（二）作用于空气的力

任何物体的运动都是在力的作用下进行的，空气水平运动也不例外。作用于空气水平方向的力有水平气压梯度力、摩擦力、科氏力（地球自转产生的偏向力），空气做曲线运动时还受到惯性离心力的作用。其中，水平气压梯度力是产生空气运动的原动力，其他力只有在空气运动时才表现出来，起到影响空气水平运动速度的作用。这些力之间的不同组合，构成了不同形式的大气水平运动。

1. 水平气压梯度力

（1）水平气压梯度：气压梯度是表征气压在空间变化快慢的一个向量，其方向垂直于等压面，由高压指向低压，大小等于单位距离内气压的减少值，表达式为：

$$\nabla P = -\Delta P/\Delta N \qquad (7.1)$$

式中，∇P 为气压梯度，ΔN 为两等压面间的垂直距离，ΔP 为两等压面间的气压差。由于气压梯度是从高压指向低压，沿着气压梯度的方向，气压总是降低的，因此，ΔP 恒为负值，为了使气压梯度取正值，在 $\Delta P/\Delta N$ 前加负号。气压梯度可以分解为水平气压梯度 ΔP_h 和垂直气压梯度 ∇P_z。

（2）水平气压梯度力：单位质量空气在气压场中由于水平气压分布不均匀而受到的力称为水平气压梯度力。其方向为垂直于等压线由高气压区指向低气压区。水平气压梯度力的大小与水平气压梯度成正比，与空气密度成反比。

2. 科氏力

科氏力指运动物体在旋转参照系中所受到的一种视示力。这种视示力不是作用在物体上的真实的力，而是观察者在旋转坐标系上所受到的假想力，是为了在非惯性参照系里应用牛顿定律而引进的一种惯性力。科氏力分为水平科氏力和垂直科氏力。垂直科氏力与重力相比可以忽略不计，而水平科氏力对空气水平运动有重要作用，因此，人们常将水平科氏力简称为科氏力。

3. 惯性离心力

当空气质点做曲线运动时，就转动坐标系统内的观察者看来，在曲线轨道上运动的空气质点，时刻受到一个离开曲率中心向外的力的作用，这个力是空气质点为保持沿惯性方向运动而产生的，因而称为惯性离心力。惯性离心力的方向与空气运动方向垂直，由曲率中心指向外缘。它的大小与空气运动速度的平方成正比，与曲率径成反比。与科氏力相类似，惯性离心力也是在旋转相对坐标系中空气所受到的一种视示力。

4.摩擦力

空气运动时因受地面摩擦和气层间的相互摩擦作用而减速。这种因摩擦而产生的阻力，称为摩擦力。摩擦力可分为外摩擦力和内摩擦力。

（1）外摩擦力是当空气在近地面运动时，粗糙地面对空气运动的阻力。其大小与风速成正比，方向与风向相反。

（2）内摩擦力是在速度不同或者方向不同的相互接触的两个空气层之间产生的一种相互牵制的力。内摩擦力又可分为湍流摩擦力和分子摩擦力。在流速不同的气层间通过湍流交换作用，使流速慢的气层加速、流速快的气层减速，从而使流速有趋向一致的趋势，这种阻力称为湍流摩擦力。在流速不同的气层间通过分子不规则运动交换动量，使流速慢的气层加速、流速快的气层减速，这种阻力称为分子摩擦力，亦称分子黏滞力。湍流摩擦力比分子摩擦力大几万到几十万倍，所以，一般情况下，相较湍流摩擦力，分子摩擦力可以忽略不计。

（三）自由大气中的空气水平运动

自由大气中可以不考虑摩擦力的作用。因此，当空气做直线运动时，只需考虑水平气压梯度力和科氏力的作用；当空气做曲线运动时，还需要考虑惯性离心力的作用。

1.地转风

自由大气中，平直等压线情况下，水平气压梯度力与水平科氏力相平衡时，空气的等速、直线水平运动称为地转风。图7.6表示在等压线平直的气压场中，原静止的单位质量空气受水平气压梯度力的作用自高压向低压方向运动。当它一开始运动时（A点），水平科氏力立即产生，并使运动向右偏转（在北半球）。随后，在水平气压梯度力的不断作用下，空气水平运动速度越来越快，水平科氏力也随之变大，使运动向右偏转也越来越大。最后，当水平科氏力增大到与水平气压梯度力大小相等、方向相反时（B点），空气就沿着与等压线平行的方向做匀速直线运动，这就形成了地转风。地转风方向与水平气压梯度力方向垂直，即与等压线平行。在北半球，背风而立，高压在右，低压在左；南半球相反。以上风压关系称为白贝罗风压定律。

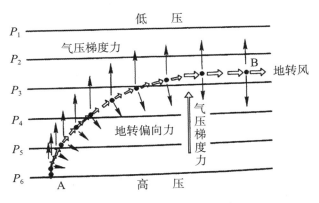

图7.6 北半球地转风形成示意图
（引自贺庆棠等，2010）

实际大气中，中高纬度自由大气的实际风与地转风比较接近。在低纬度，由于科氏力很小，地转风的概念不适用。

2. 梯度风

在自由大气中，空气质点做曲线运动时，水平气压梯度力、科氏力及惯性离心力达到平衡时的风称为梯度风。

做曲线运动的气压系统有高压和低压之分。在北半球低压系统中，梯度风平行等压线做反时针旋转（图7.7A），称为气旋；高压系统中，梯度风平行于等压线做顺时针旋转（图7.7B），所以高压又称为反气旋。南半球则相反。北半球在低压中，水平气压梯度力G的方向指向中心，科氏力A和惯性离心力C的方向自中心向外。在高压中，水平气压梯度力G和惯性离心力C的方向自中心向外，科氏力A指向中心。梯度风仍遵守白贝罗风压定律。梯度风的方向平行于等压线。在北半球，背梯度风而立，高压在右，低压在左；南半球则相反。

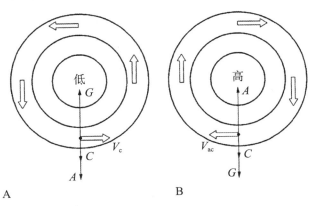

图7.7 低压（A）和高压（B）中的梯度风（北半球）
（引自姜世中，2020）

186

3. 热成风

在自由大气中，由水平温度梯度而引起的上、下层地转风的向量差称为热成风。热成风实质上就是地转风随高度的改变量，主要用于描述地转风随高度变化的快慢程度。热成风与等温线的关系类似于地转风与等压线的关系。热成风平行于等温线。在北半球，背热成风而立，高温在右，低温在左；南半球则相反。

（四）摩擦层中空气的水平运动

在摩擦层中空气运动受到摩擦力的影响，风速减弱，风向受到干扰，使空气质点不再沿着等压线运动，而是与等压线有一交角，即斜穿等压线，自高压指向低压。

当地面层等压线为平行直线时，作用于运动空气的力有水平气压梯度力、水平科氏力和摩擦力。当3个力达到平衡时，便出现稳定的地面平衡风（图7.8）。风向斜穿等压线，由高压指向低压。风向与等压线之间的交角（α）和风速减小的程度取决于摩擦力的大小。摩擦力越大，交角越大，风速减小得越多。

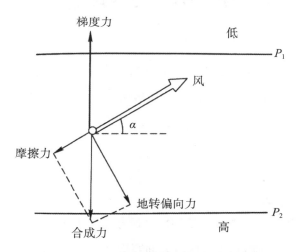

图7.8 平直等压线气压场中的摩擦风
（引自贺庆棠等，2010）

在等压线弯曲的气压场中，例如，闭合的高压和低压中，空气做曲线运动，必须考虑惯性离心力的作用。当空气做稳定运动时，水平气压梯度力、水平科氏力、摩擦力及惯性离心力达到平衡，地面风速比相同气压场对应的梯度风速要小，风斜穿等压线由高压吹向低压。

在北半球，低压中的空气总是按逆时针方向旋转，并向中心辐合，产生上升运动；高压中的空气总是按顺时针方向旋转，并由高压中心向外辐散，引起下沉运动（图7.9）。

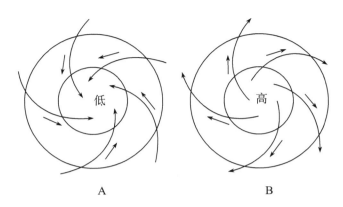

图7.9 摩擦层中低压（A）和高压（B）的气流
（引自贺庆棠等，2010）

第二节 大气环流

大气环流一般指具有全球规模的、大范围的大气运行现象，其水平尺度在数千米以上，垂直尺度在10 km以上，时间尺度在数天以上。大气环流既包括平均状态，也包括瞬时现象。

一、大气环流模式

（一）单圈环流模式

太阳辐射是地球的主要能源。低纬度区域接受的太阳辐射能量多，区域表面热量丰富，高纬度区太阳辐射能量少，区域表面寒冷，因而产生南北气温差异。

假设地球表面是均匀的，并且不考虑地球自转产生的科氏力效应，那么赤道地区空气受热膨胀上升，极地空气冷却收缩下沉，赤道上空的气压就会高于极地上空同一高度上的气压。在水平气压梯度力的作用下，赤道高空的空气向极地上空流去，赤道上空气柱质量减小，使赤道地面气压降低而形成低气压区，称为赤道低压。极地上空因有空气流入，地面气压就会升高而形成高压区，称为极地高压。于是在低层就产生了自极地流向赤道的气流，该气流补充了赤道上空流出的空气质量。这样在极地与赤道之间构成了如图7.10所示的南北向闭合环流，称为单圈环流。单圈环流是1735年英国哈德莱（Hadley）提出来的一个设想。

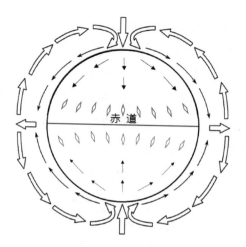

图7.10 单圈环流模式
（引自贺庆棠等，2010）

（二）三圈环流模式

事实上，由于地球自转，只要空气一有运动，地转科氏力就随即发生作用。当空气由赤道上空向极地流动时，起初科氏力作用很小，空气基本上是顺着气压梯度力方向沿经圈运行。随着纬度的增加，科氏力作用逐渐增大，到30°N上空堆积并下沉，使低层产生一个高压带，称为副热带高压带，赤道则因空气上升形成赤道低压带，这就导致空气从副热带高压带分别流向赤道和高纬度地区。其中，流向赤道的气流受科氏力的影响，在北半球成为东北风，在南半球成为东南风，分别称为东北信风和东南信风。这两支信风到赤道附近辐合上升，形成一个低纬度地区的环流圈，称为信风环流圈或热带环流圈。如图7.11，它很像哈德莱的单圈环流模式，故也称为哈德莱环流圈。

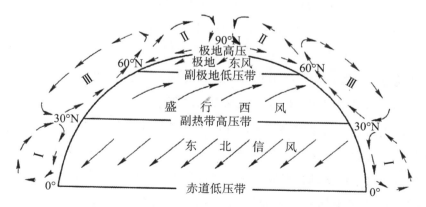

Ⅰ.哈德莱环流圈；Ⅱ.极地环流圈；Ⅲ.费雷尔环流圈。

图7.11 三圈环流模式
（引自贺庆棠等，2010）

副热带高压带向北的分支也要向右偏转（在北半球），形成中纬度低层偏西风。另外，极地寒冷、空气密度大，地面气压高，形成极地高压带。极地高压带的空气，在低层向南流动，在科氏力的作用下向右偏转，成为东北风。在大约60°N附近，它与北上的偏西气流汇合。南来的暖空气沿北来的冷空气爬升，从高空分别流向极地和副热带，故在60°N附近由于气流流出，低层形成副极地低压带。高空流向极地的气流部分与下层从极地流向低纬度的气流构成极地环流圈；自高空流向副热带处的气流部分与地面由副热带流向高纬度流动的气流构成中纬度环流圈，也称为弗雷尔（Ferrel）环流圈。

极地环流圈与费雷尔环流圈之间的气流，在对流层低层辐合，在高层辐散。由于来自极地的空气温度低，从副热带向北的气流温度高，两支气流的辐合区气温的差异很大，在南北方向的水平温度梯度非常大，构成了几乎绕地球一周的行星锋区，称为极锋。而在对流层的高层，出于类似的原因，来自费雷尔环流圈和哈德莱环流之间向南、向北气流的辐合也构成水平温度梯度很大、具有行星尺度的副热带锋区。

在赤道与极地之间形成三圈经向环流，同时在近地面形成了三个纬向风带——极地东风带、中纬度西风带和低纬度信风（东风）带，这些风带常被称为行星风带。纬向东、西风带和经向三圈环流的共同作用，造成某些地方空气质量的辐合和另一些地区空气质量的辐散，使一些地区的高压带和另一些地区的低压带得以维持。在赤道地区，由于南、北两个半球季节差异，来自两个半球气流的辐合区，称为热带辐合带（ITCZ）。ITCZ是绝大部分台风初始"胚胎"形成的主要地带。ITCZ大体上随着太阳直射点纬度的季节变化而南北移动。在北半球的夏季，ITCZ可以在南亚大部分地区的上空形成持续性更强的季风进行扩张，而且在ITCZ中还不时会发生热带气旋。在南半球的夏季也会出现类似的情况，只不过ITCZ不像北半球那样显著，热带气旋的数目也只有北半球的1/2。在赤道活动带的南北侧，大陆沙漠地区的主要特征是高气压区、下沉空气运动、降水稀少。由此朝向南极或北极方向的是全球涡旋不绝的中纬度低压带，在这里，大量的空气抬升形成大范围的层云。这里的降水通常较为均匀，降水强度也比热带地区小很多，但局地风暴引起的降水强度却可以很大。在极地地区，每年夏季的冰雪融化使云量增多。无论在南半球还是北半球，极地海冰的变化都十分显著。另外，许多北半球大陆在冬季为积雪所覆盖，积雪面积有着明显的年际变化。极地地区的空气做下沉运动，形成了南北两极特别是南极的干冷空气。

三圈环流的模式大体反映了大气环流的最基本情况，但实际观测大气环流则因海陆分布和地形等影响，与上述三圈环流的模型存在差异，南、北半球的环流分布也是不对称的。比如，大量的观测都表明中纬度高空如同地面流场一样为西风带，而三圈环流理论模型得出的中纬度高空东风带看起来似乎与实际观测相矛盾。其实，从大的范围来看，界于高纬度地区和低纬度地区之间的中纬度地区，是高、低纬度热量交换的必经地区，季节性风速大是必然特征。重要的是，中纬度地区南北向气温的梯度相比低纬度和高纬度要大得多。正是由于高纬度气温低，低纬度气温高，地转风受热力场分布不均匀的影响，在垂直方向上出现西风随高度增大的显著特征（不同高度两个等压面上地转风的矢量差称为热成风，风向与两个等压面之间平均厚度的等值线平行）。因此，中纬度南、北方向气温梯度的存在导致了盛行西风带的产生，也将费雷尔环流圈在对流层上层上升的东北气流"抵消"掉。因此，三圈环流中费雷尔环流圈在对流层上层并非不存在。只要增加考虑中纬度热成风显著的因素，就可很好地理解与实际观测的差异。

热成风原理可用来解释大气对流层高层出现的急流。与三圈环流相对应的两条行星锋区中的热成风效应远大于其他地区。受行星锋区的影响，西风风速随着高度升高快速增大，在对流层顶附近达到最大，形成高空西风急流（对流层以上的平流层，水平气温的梯度与对流层相反）。于是，分别对应极锋锋区和副热带锋区，在南、北两个半球大气对流层顶附近，分别存在着极锋西风急流和副热带西风急流。

然而，在亚洲、北印度洋等地区，上述三圈环流、行星锋区及西风急流的特征并不完全符合。特别是北半球夏季，在青藏高原南侧的大气对流层顶附近，却出现一条高空东风急流。这是因为亚洲是世界上最显著的季风区域。

（三）沃克环流

在赤道地区，由于经圈直接热力环流（哈德莱环流）的存在，赤道上空大气自地球表面向高空运动。全球海陆具有相间分布的特点，特别是赤道太平洋地区东冷西暖，因此在其上空形成垂直于地球表面的热力环流圈。在南太平洋副热带高压东侧的南美西海岸，强烈下沉气流受冷海水影响降温后随偏东信风向西流动，当到达赤道西太平洋附近因受热上升转成高空西风，以补充东部冷海区的下沉气流，于是形成在赤道太平洋东侧下沉、西侧上升的东西向闭合环流，此环流称为沃克环流。沃克环流完全是由于赤道地区大尺度东西方向热力不均匀分布引起的。

如图7.12所示，在马来群岛、非洲东部和南美中部地区，海洋是热源，大气上升运动强烈，产生大量的积云，积云释放大量潜热，可产生丰富的降水。而非洲西部和南美西部沿海，由于冷海水自深层向表层上升，形成海洋热汇，气流下沉。这种东西方向海洋水温的差异，引起纬向气压差，使热源区空气上升，从高空流至热汇区下沉，低空流又从热汇区流向热源区，形成3个东西向的垂直环流圈，其位置分别在热带太平洋、大西洋和印度洋。热带太平洋和大西洋的环流圈为顺时针环流圈，热带印度洋的为逆时针环流圈。这些环流圈强度都很弱，且经常处于变化中。

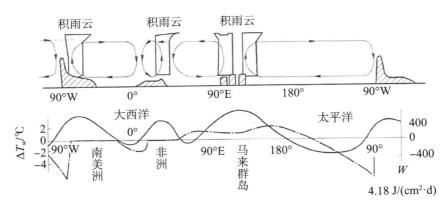

图7.12 沃克环流示意图
（引自葛朝霞等，2020）

二、平均大气环流和季节变化

北半球大气水平环流的主要特点是，在中高纬度对流层中高层盛行着以极地为中心的沿着纬圈方向的西风带，在西风带上面还有大尺度的平均槽脊（图7.13）。

由于500 hPa等压面平均在5.5 km高度附近，所以可用它来表示对流层的垂直平均环流状况。在高空，地转风原则更加适用，所以可将500 hPa等高线近似地看成流线，亦可将平均高度场看作平流流场。分析图7.13的两张图可以看到冬夏季对流层中部的平均环流有以下特征。

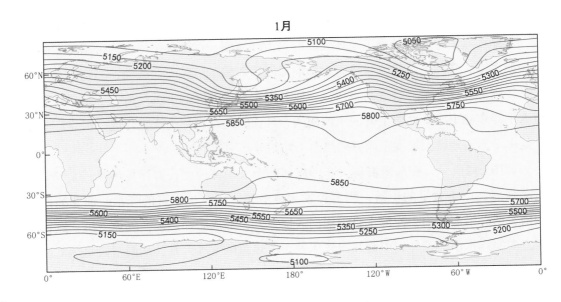

1月

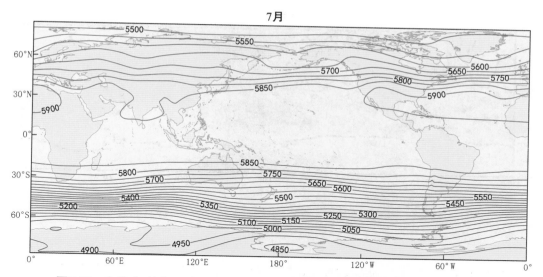

图7.13　北半球1月和7月气候平均500 hPa等压面上高度场分布（单位：位势米）
（重绘自黄荣辉，2005）

　　南、北半球无论冬夏，环绕极区都存在一个气旋式涡旋，称为极地涡旋，简称极涡。但是两个极涡的中心都不在南北极点区域。1月，北半球的极涡有两个中心，其中较强的一个位于格陵兰岛西边的巴芬湾上空，较弱的一个位于东部西伯利亚的北冰洋沿岸；7月，只有一个中心，偏在西半球的加拿大极区。南半球极涡无论冬夏季都只有一个中心，偏在南太平洋一侧。两半球的极涡都是冬季强于夏季。冬季极涡向低纬度扩张，夏季向极地收缩。这种季节变化在北半球更为明显。冬季环绕极涡的西风风速约比夏季强1倍。

　　北半球大气环流的基本特征之一是西风基本气流上叠加着行星尺度的平均槽脊，称为北半球西风带平均槽脊，一般在45°N～55°N的纬度带内。冬季500 hPa平均环流呈三槽三脊型：三个平均槽分别位于亚洲大陆东岸、北美大陆东岸，以及乌拉尔山以西的欧洲东部上空，前两者振幅较大，而第三者振幅要小得多。三个平均脊分别位于阿拉斯加、西欧沿岸和贝加尔湖地区的经度上，其中两大洋东部的平均脊较强。

　　南半球500 hPa平均层的水平环流情况与北半球差别比较大。图7.14中的南半球中纬度看起来基本是平直气流。因此采用在相同纬度上，计算绕地球一周位势高度的平均值，再将各经度的位势高度值减去平均值的方法，绘制位势高度偏差的空间分布图（图7.14）。

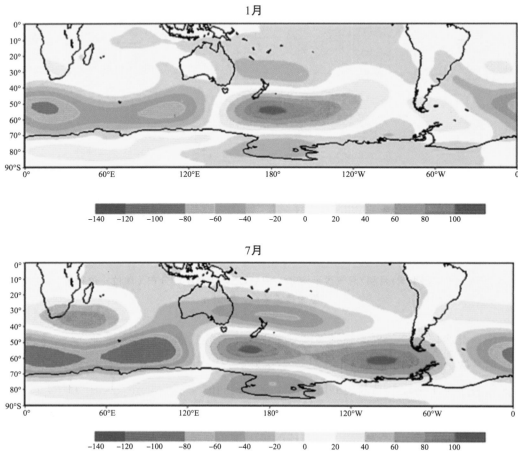

图7.14　南半球500 hPa位势高度纬向偏差的空间分布（单位：位势米）

　　在南半球夏季（1月）对流层平均层上，环绕中高纬度（50～60）°S的纬度带里，基本是南太平洋位势高度偏高，大西洋和印度洋位势高度偏低。南半球冬季（7月）的基本环流形势与夏季类似，但变化幅度更大。特别是澳大利亚西南方向的南印度洋上空和德雷克海峡西侧，季节变化的幅度更大。无论是冬季还是夏季，南极上空的极涡平均位置都在罗斯海附近的上空。

　　把500 hPa位势高度场和海平面气压场相比较，明显可见其高低空气压系统是互相对应的：冬季阿留申低压和冰岛低压分别位于东亚大槽和北美大槽前部流线散开区的下面，而蒙古高压和加拿大高压则分别位于大槽后部流线汇合区的下方。表明这些大气活动中心的形成除了海陆热力差异效应外，还有高空流场动力作用的贡献。

　　7月北半球西风带的平均槽脊增加到4个。北美大槽冬夏之间位置少变，而东亚大槽由冬入夏向东移了20个经度，位于堪察加半岛以东地区，两个大槽之间出现了两槽两脊，使整个北半球呈现四槽四脊型。

1月

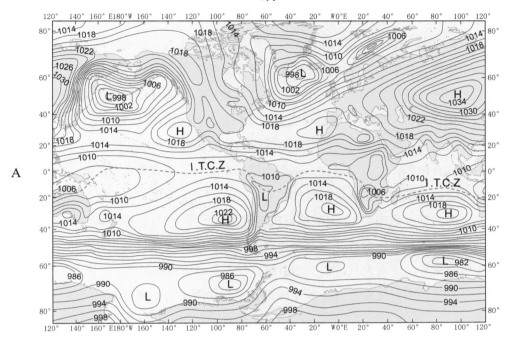

A

7月

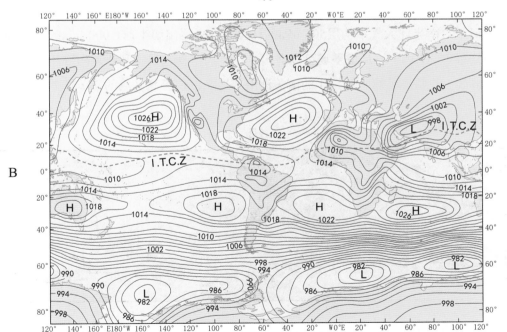

B

图7.15 北半球1月和7月气候平均的地面气压场分布（单位：hPa）

（重绘自黄荣辉，2005）

北半球冬季海平面气压场存在4个大范围的气压系统（图7.15A）：阿留申低压、冰岛低压、蒙古高压和加拿大高压。这些系统被称为大气活动中心。冬季蒙古高压前部的偏北气流就构成了稳定的冬季季风。

到了7月（图7.15B），北半球两大洋上的副热带高压大大加强，同时在亚洲大陆和北美大陆出现大范围的低压，尤以南亚的低压最为强大，通常称南亚热低压或印度热低压。夏季冰岛低压和阿留申低压不仅中心显著填塞，而且范围也大大缩小，只有冰岛低压尚能保持独立的闭合中心。夏季北半球的大气活动中心有5个，即太平洋副热带高压（副高）、大西洋副高、南亚热低压、北美热低压和冰岛低压。

在热带辐合带内，上升运动强，水汽含量相对充足，因此降水量比较大，如热带西太平洋赤道辐合带内的年降水量超过10 000 mm。1月，它的位置偏在南半球，表现为由南非、澳大利亚和南美3个大陆热低压组成的低压带。7月，赤道辐合带移到北半球，在南亚与大陆热低压合并，使这个地区出现强大的西南风。夏季西北太平洋的台风活动和中国南方的降水天气过程与赤道辐合带的活动有密切关系。

南半球40°S以南，无论冬夏，等压线都几乎与纬圈平行，明显地呈带状分布。在它的北侧，副热带的3个大洋上终年保持3个高压中心：南太平洋副高、南大西洋副高和南印度洋副高。由于南半球的下垫面比北半球均匀，海平面气压场的季节变化不像北半球那样明显。

类似于对南半球大气平均层500 hPa的计算，同样得出南半球1 000 hPa的纬向偏差场的分布（图7.16）。从偏差场可以看出，在非洲南部、澳大利亚东南部和新西兰的部分地区、德雷克海峡到乌拉圭的南美洲南部地区，位势高度场的季节性差异非常明显。

1月

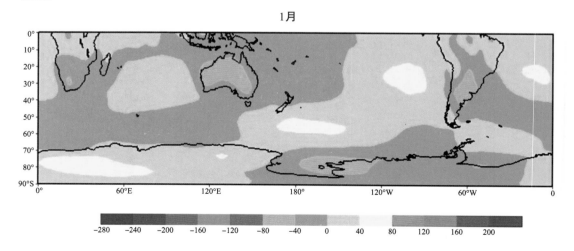

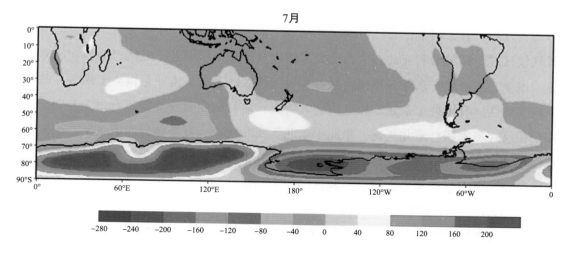

图7.16　南半球1 000 hPa位势高度纬向偏差的空间分布（单位：位势米）

大气活动中心是大尺度大气环流中稳定持久的系统，它们的存在和演变对于周围环流和天气的变化具有显著影响。因此，研究大气活动中心位置和强度异常的演变规律与解决中长期天气预报问题的途径有着密切联系。

对于来自太阳的短波辐射，地球表面吸收热量后，向外放出长波辐射和通过水汽蒸发以潜热的形式加热大气。在较低纬度地区，地球表面接收到的热量多于放出的热量，而在高纬度地区接收到的热量少于放出的热量，因此低纬度地区多余的热量与高纬度地区缺少的热量需要通过南北方向的交换进行平衡。高低纬度地区的空气热量交换需要通过大气环流进行。

三、季风及季风环流系统

季风是指大范围盛行、风向随着季节有显著变化的风系。一般冬夏之间稳定的盛行风向相差120°～180°。根据赫洛莫夫提出的季风指数计算式计算：

$$I=（F1+F7）/2 \qquad\qquad (7.2)$$

式中，$F1$、$F7$分别为1月、7月盛行风向频率。$I>40\%$的地区为季风区，$I>60\%$的地区为明显季风区，$I<40\%$的地区为具有季风倾向的地区。图7.17为按此规定所给的世界季风区域分布。由图可见，亚非和大洋洲的热带和副热带地区为连成一片的全世界最大的季风区，其中东亚的海上、南亚、东非和西非属明显的季风区，南亚为热带季风区。东亚季风区比较复杂，南海—西太平洋一带为热带季风区，冬季盛行东北季风，夏季盛行西南季风。东亚大陆—日本一带为副热带季风区，夏季盛行西南

季风或东南季风，冬季其北盛行西北季风，其南盛行东北季风。夏季雨量丰富，冬季雨雪较少，其干湿季没有热带季风区明显。依公认的观点，全球有几个明显的季风气候区域，即澳大利亚北部、西北太平洋以及北冰洋沿岸若干地区；而西非、东非、南亚、东南亚、东亚等地则为显著季风气候区；东亚—南亚是世界上最著名的季风气候区。我国处于东亚季风区内，其特点：盛行风向随季节变化有很大差别，甚至相反；冬季盛行东北气流，华北—东北为西北气流；夏季盛行西南气流；中国东部—日本还盛行东南气流；冬季寒冷干燥，夏季炎热湿闷、多雨，尤其多暴雨。在热带地区更有旱季和雨季之分，我国的华南前汛期、江淮的梅雨及华北和东北的雨季，都属于夏季风降雨。

东亚夏季风系统的主要成员在低层有印度的西南季风气流、澳大利亚的冷性反气旋、沿100°E以东的越赤道气流、南海和赤道西太平洋的季风槽（或ITCZ）、西太平洋副高和赤道东风气流、梅雨锋以及中纬度的扰动，中层为西太平洋副高，高层则有南亚高压–青藏高压。

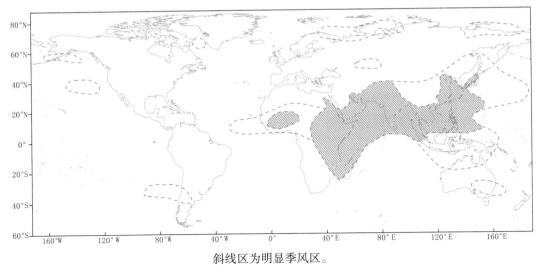

斜线区为明显季风区。

图7.17　世界季风区域分布

习惯上称由副热带高压转向的西南季风为副热带夏季风，而称由赤道转向并盛行于副热带辐合带之南的西南季风为热带夏季风。东亚季风区可分为南海—西太平洋热带季风区和大陆—日本副热带季风区，热带夏季风和副热带夏季风可以南亚高压脊线为分界线。

亚洲夏季风建立的时间见图7.18。在热带西太平洋上，夏季风建立得最晚。

东亚冬季风不仅是全球最强大的冬季风，也是北半球最活跃的环流系统，它的运动与发展可以引起全球范围的大气环流变化。我国的气象工作者一般称冬季风的暴发为寒潮（cold wave），而国际上则多称为冷涌（cold surge）。寒潮是指一种与强大冷高压相伴随的大规模的强冷空气向中、低纬度侵袭，造成大范围剧烈降温和偏北大风、气压猛升、温度锐减的一种灾害性天气过程。由于我国幅员辽阔，气候差异很大，寒潮的标准各地不一。根据中国气象局的规定，凡一次冷空气侵入后，使温度在24 h内下降10℃以上，最低气温在5℃以下，同时伴有6级左右偏北大风的，称为寒潮。后来又补充规定：长江中下游及以北地区，48 h内降温14℃以上，长江中下游最低气温达到4℃或以下，并且陆地上有3个大区出现5～7级大风，海上有3个海区伴有6～8级大风的，也称为寒潮。一次具有完整过程的冬季风活动分为3个阶段：第一阶段是冬季风暴发过程，第二阶段是冬季风向赤道传播过程，第三阶段是冬季风与北半球低纬度地区及南半球环流相互作用过程。

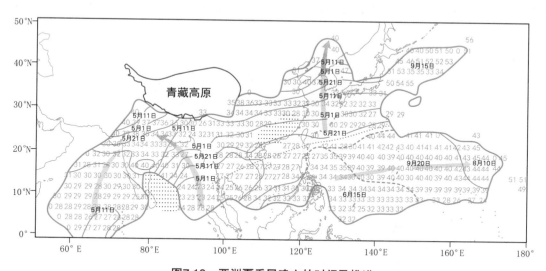

图7.18　亚洲夏季风建立的时间及推进
［重绘自Onset Date（Climatology 1979—2001）Wang和LinHo 2002］

季风的成因主要有以下几方面。

一是海陆热力性质的差异。由于海陆间热力差异及季节发生变化，冬季大陆为冷高压，海洋为暖低压，风从大陆吹向海洋。夏季大陆为热低压，海洋为冷高压，风从海洋吹向大陆。

二是大尺度行星环流影响。地球上行星风带基本上是纬向的，即热带为东风带，中高纬是西风带。冬夏之间，这些行星风带有显著的南北位移，强度也有很大变化。在两支行星风带交替的区域，行星环流发生季节转移，盛行风往往近于相反。这种现象称为行星季风。这种现象在30°N～30°S低纬区最为显著。

三是高原大地形影响。巨大而高耸的青藏高原与周围自由大气之间同样存在着季节性热力差异，必然产生类似于季风的现象。冬季，高原是冷源，高原低层形成冷高压，盛行反气旋环流，其东南侧盛行北-东北风，与东亚冬季风一致。在夏季，高原是热源，低层形成热低压，盛行气旋性环流，其东侧出现西南风，使夏季西南风加强。夏季，青藏高原巨大的热源有助于高层南亚高压和东风急流的形成、维持。这与印度西南季风暴发有直接关系。

上述几种因素共同作用，使得南亚、东亚地区成为世界最著名的季风气候区（图7.19，图7.20）。

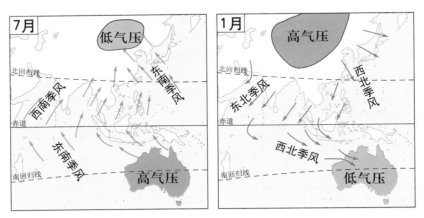

图7.19　亚洲季风区北半球夏季和冬季海平面系统和风向示意图

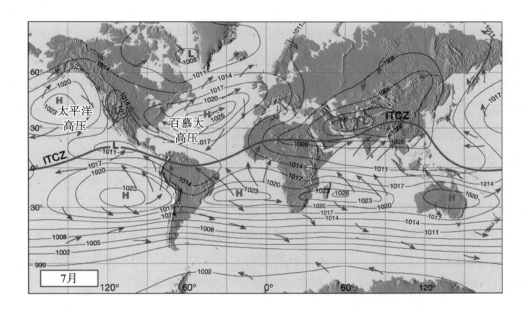

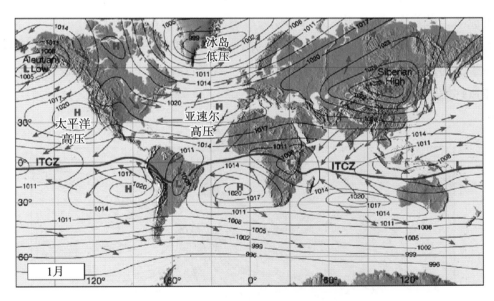

图7.20 季风与全球大气环流系统的关系

季风环流产生的基本原因在于海陆热力差异。冬季陆地相对于海洋是冷源，而夏季由于海水的热容量大，海水升温慢，陆地相对于海洋又变成热源。这种特征在青藏高原上表现得尤为显著。结合南、北两个半球海陆的地理分布，也可以解释为何亚非地区成为地球上最显著的季风区。在北半球的冬季，高原接近地面的高度上受地球表面的冷却作用相对于高原周围相同高度上的大气要大得多，形成了地球上最强大的天气系统——南亚高压（图7.21）。因此，在高原的南侧，气温南北向的温度梯度很大。受热成风效应的影响，高原南侧对流层顶附近的西风急流的速度远大于相同纬度的其他地区。而在北半球的夏季，受高原加热的影响，高原上空等压面的高度远大于地球上其他地区。在接近高原地面的高度附近，高原南侧南北方向气温梯度反向（高原上空气温高），热成风效应使得地转东风随高度不断增大，在对流层顶附近出现高空东风急流（图7.21）。高原上空南亚高压向南半球的辐散气流在对流层高层越过赤道，在南太平洋马斯克林高压内下沉，增大了高压强度（图7.20），使得该高压向北越赤道气流在索马里靠近印度洋东经45°E附近出现低空向北的急流（图7.21），向北的越赤道气流的一部分进入印度低压（图7.20），在低压内上升，汇入南亚高压，构成了南亚夏季风环流。对流层高层南亚高压向南越赤道向南半球的部分气流在澳大利亚上空辐合下沉（图7.21），增强了海平面澳大利亚冷高压（图7.20），冷高压北侧向北在南海南部附近地区的对流层低层越赤道气流在南海北部上升，汇入南亚高压中，构成东亚热带夏季风环流。西北太平洋上副热带高压西侧带有偏南分量的气流在江淮流域，沿着梅雨锋上升，汇入南亚高压中，构成东亚副热带季风环流。

因此，亚洲季风环流系统中，强大的南亚高压是季风环流系统中的最重要成员。与海平面的低压系统、低空向北越赤道气流、高空向南越赤道气流等一起，构成亚洲夏季风环流系统。

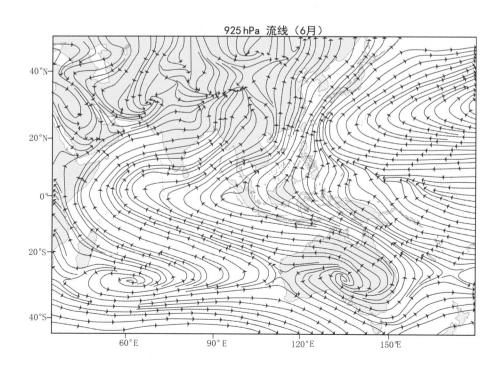

925 hPa 流线（6月）

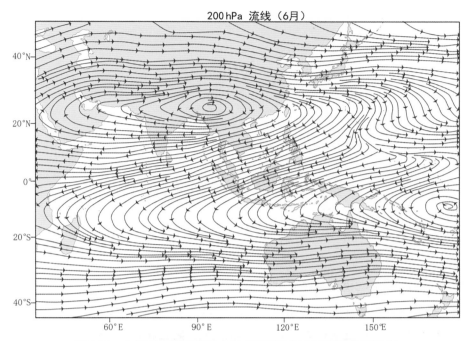

图7.21 北半球夏季环流建立后对流层低层与高层的流线特征

第八章　海洋环流

　　海流是指海水大规模相对稳定的流动，是海水重要的普遍运动形式之一。海洋一般是三维的，即不但在水平方向流动，而且在铅直方向上也存在流动。当然，水平方向的流动远比铅直方向上的流动强得多。习惯上常把海流的水平运动分量狭义地称为海流，而其铅直分量单独命名为上升流和下降流。

　　海洋环流一般是指发生在某一较大的海洋区域，比如洋盆尺度甚至全球范围内的，大规模、相对稳定的海水流动。这些海水运动可以形成首尾相接的、相对独立的环流系统或流涡。就整个世界大洋而言，海洋环流的时空变化是连续的，它把世界大洋联系在一起，使世界大洋的各种水文、化学要素及热盐状况得以保持长期相对稳定。

　　海洋环流在时间上相对稳定，但空间上却是不均匀的。海洋环流在温跃层及其上的水体输运较强，相关的观测较多，在温跃层以下的深层及底层水体输运较弱，相关的观测也较少。海洋环流的驱动因素主要有两种：风的驱动和温盐分布不均匀导致的密度差异驱动。风驱动的环流即风生环流，流动较强，主要发生在海洋的上层；温盐分布不均匀导致的密度差异驱动的流动即热盐环流，流动较弱，发生在海洋的所有深度，在海洋的中下层相对更明显。

第一节 地转流

在海洋中如果某等压面相对于水平面发生倾斜，则水平面上各点所受的压力不相等，海水从压力大的地方流向压力小的地方。海水这一运动所受的力就是水平压强梯度力。水平压强梯度力和科氏力达到平衡时的稳定海流，叫作地转流。所以等压面的倾斜和压力水平分布的差异，是海水运动的重要原因。地转流在等压面与等势面的交线上流动，在北半球垂直于压强梯度力指向右方，当观测者顺流而立时，右侧等压面高，左侧低，在南半球则与之相反。由于均匀密度场和非均匀密度场中，压强梯度力的分布规律不同，则相应的地转流也有所差异。为了区别起见，将均匀密度场中的地转流称为倾斜流，而非均匀密度场中的地转流称为梯度流。

海面因气压变化、风力作用、海岸阻挡等而发生倾斜，引起海水由高处向低处流动。若海水密度场分布均匀，则这种因海面倾斜而形成的海流称为倾斜流，故倾斜流是由外压场导致的地转流。例如，海洋上空大气压力分布不均，压力低的地方海面升高，压力高的地方海面降低，于是出现海面倾斜；或者迎风的海岸边，海水受风力作用，在岸边产生堆积，也会使海面（等压面）倾斜。一旦海面发生倾斜，海面下各个等压面也将同时发生倾斜，这时从海面到海底都将产生一个大小相同的水平压强梯度力，使海水发生运动（图8.1）。

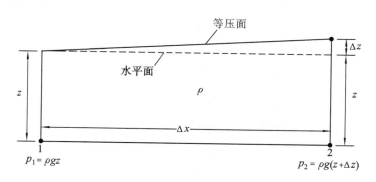

图8.1　海面倾斜产生压强梯度力

梯度流是不考虑外力和摩擦力作用，只考虑海水密度本身分布不均匀引起等压面倾斜时产生的海流，故梯度流是由内压场导致的地转流。由内压场导致的地转流，一般随深度的增加，流速逐步减小，直到等压面与等势面平行的深度上流速为零；其流向也不尽相同。有时称其为密度流。

第二节　风生Ekman漂流

南森（F. Nansen）1902年观测到北冰洋中的浮冰随海水运动的方向与海面风的方向不一致，他认为这是由于地转效应引起的。后来他的学生瑞典人埃克曼（Vagn Walfrid Ekman）从理论上进行了论证，提出了Ekman漂流理论（Ekman，1905），奠定了风生海洋环流的理论基础。

根据Ekman漂流理论，定常恒速的风长时间作用于无限广阔、海水密度均匀的海面时，所产生的处于稳定状态的海流称为Ekman漂流。Ekman漂流相关的流速分布空间结构呈现为螺旋状——Ekman螺旋，产生原理是这样的：表层流体微团在风应力作用下产生移动，受科氏效应影响，其运动方向相对于风的方向会产生偏移（北半球右偏，南半球左偏）；上层流体微团移动时会对下层流体微团产生摩擦力，因而带动下层的流体微团运动，受科氏效应影响，下层海水的运动方向相对于来自上层的摩擦力方向产生一定程度的偏移（北半球右偏，南半球左偏）；表层以下每层的流体微团都是由上层海水运动的摩擦带动的，但下层海水的运动比上层的慢；流速矢量随深度分布形成螺旋状，到达一定深度的海水流动方向甚至与表层流动方向相反。在一定深度海水流动方向恰与海洋表面海水流动方向相反，且流速只有表面流速的4.3%，该深度称为摩擦深度，摩擦深度与风速及地理纬度有关。Ekman螺旋的产生是科氏效应的结果。北半球Ekman螺旋随着深度加深往右偏，南半球Ekman螺旋往左偏。

无限深海的Ekman漂流的空间结构如图8.2所示：表层流速最大，流向为风去向右偏45°；随着深度的增加，流速逐渐减小，流向逐渐右偏；

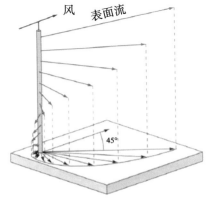

图8.2　无限深海的Ekman输运及Ekman螺旋示意图

至摩擦深度，流速大小是表层流的4.3%，流向与表层流向相反，运动可以忽略；连接各层流矢量端点，构成Ekman螺旋；Ekman螺旋在水平面上的投影，称为Ekman螺线。Ekman漂流产生的海水体积输运方向垂直于风向，在北半球向风去向右偏90°。

上层海洋从海面向下至摩擦深度的薄边界层称为Ekman层，该层的风应力与由垂直切变导致的湍流所引起的摩擦力及科氏力平衡。在靠近海底处，也有一个底边界层——底Ekman层，该层的底摩擦力与由垂直切变导致的湍流所引起的摩擦力及科氏力平衡。

真实海洋中Ekman层的结构比理想状态要复杂得多，这是因为在Ekman层中还存在着表面波、波破碎、湍流和其他的动力过程，比如斯托克斯漂流（Stokes drift）和兰米尔流胞（Langmuri cell）。

第三节　风生环流

海洋表面到1 km深的上层环流是由风应力产生的强环流（即风生环流）主导的。风应力是海洋环流的重要驱动因素，可以驱动海洋表层及海表以下1 km深的海水流动。一般来说，表层海流比次表层更强一些。近岸处的表层海流主要受局地风的影响，开阔大洋的表层海流则是由复杂的全球风系统驱动的。

由于大尺度海陆分布的影响，表面风应力并非纬向对称的。地球的旋转对形成全球风应力分布形态很重要。例如，低纬度Hadley环流流向赤道的分支会向西偏转，因而北半球为东北信风，南半球为东南信风。在很多这样的动力约束下，海面风形成了复杂的形态（图8.3）。北太平洋最明显的特征是副热带地区风应力分布呈现为巨大的反气旋，亚极地地区则为气旋式的风应力分布。南太平洋、北大西洋、南大西洋和南印度洋也具有类似的特征。

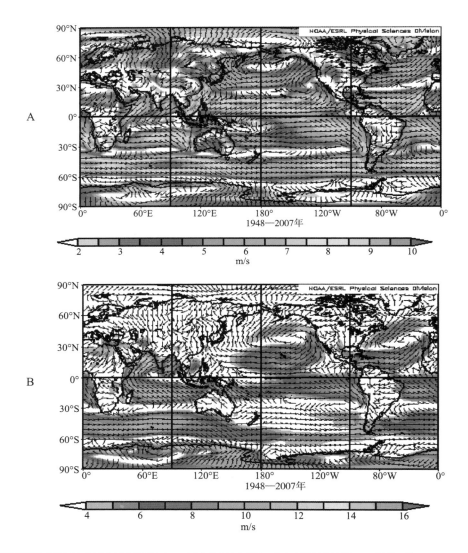

基于再分析数据（NCEP/NCAR），A图为1月1 000 mb向量风速结构，B图为7月1 000 mb向量风速结构。

图8.3　全球表面风场的分布

　　风生环流的分布形态受表面风的影响显著，最明显的特征是：在北半球太平洋和大西洋副热带海盆里有一个巨大的反气旋环流；亚极地海盆里则有一个气旋式环流。大洋环流最复杂的部分是赤道流系。在赤道海域，不同方向的海流的配置形成赤道流系（图8.4）。赤道流系包括北赤道流（North Equatorial Current，NEC）、南赤道流（South Equatorial Current，SEC）、赤道逆流（Equatorial Counter Current，ECC）和赤道潜流（Equatorial Under Current，EUC）。北赤道流和南赤道流都是自

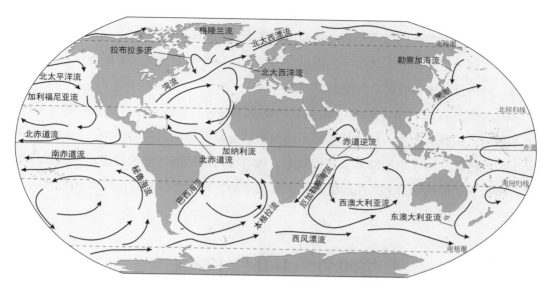

图8.4　世界大洋风生环流示意图

东向西流动；赤道逆流位于北赤道流和南赤道流之间，是自西向东流动。在太平洋，赤道逆流可横跨海盆；在大西洋，赤道逆流仅在海盆东部比较明显。赤道潜流发生赤道主温跃层之下，也是自西向东流动。在大洋的东西边界会产生南北方向的流动，东边界流动很缓慢，流幅很宽。如在太平洋，北半球的加利福尼亚海流（California Current）、南半球的秘鲁海流（Peru Current）；在大西洋，北半球的加那利海流（Canary Current）、南半球的本格拉海流（Benguela Current）；在印度洋，南半球的西澳大利亚海流（West Australian Current）。大洋西边界流流动很强、流幅狭窄，此现象称为大洋环流西向强化现象。如在太平洋，北半球的黑潮（Kuroshio Current）、南半球的东澳大利亚海流（East Australian Current）；在大西洋，北半球的湾流（Gulf Stream）、南半球的巴西海流（Brazilian Current）；在印度洋西南季风作用下，北半球有索马里海流（Somali Current），南半球有莫桑比克海流（Mozambique Current）；在东北季风作用下，南半球有厄加勒斯海流（Agulhas Current）。太平洋黑潮和大西洋的湾流是全球大洋中两支最强的西边界流。

在西风作用下，西边界流离开大洋西边界向东流动，统称为西风漂流。在北半球，太平洋和大西洋的西风漂流分别称为北太平洋流和北大西洋流。印度洋主要在南半球，其北半球海域没有西风漂流。在南半球，三大洲都不与南极洲连接，形成了一个无东西边界的海域，在西风作用下，形成非常强的流动，称为南极绕极流。南极绕极流是全球大洋流量最大的海流，其流量在15×10^6 m³/s以上。

南极绕极流并不是一种孤立的流动，是在与各个大洋相连处都会发生流出或流入的海流，与各个大洋的水体沟通，使地球上各大洋流动整体循环闭合起来，它是世界大洋环流中最重要的分支之一。在南极绕极流与南极大陆架之间的罗斯海里有罗斯海流涡，威德尔海里有威德尔海流涡。

在大部分区域，海洋的上层环流与海表面风场有很好的对应，但海洋的上层环流不仅包括了风的作用，还包括了海水辐聚辐散导致的海面起伏的作用，是漂流、升降流和地转流共同作用的结果。在大气中，风可以沿着纬圈环绕地球流动，海水却不能，海水在陆地的约束下必然产生南北方向的流动，并最终形成闭合的海水流环。

第四节　上升与下降流

上升流是从表层以下向上涌升的海流，是由表层流场的水平辐散造成的。相反，表层流场的水平辐合造成的海水由海面向下沉降的流动，称为下降流。上升流和下降流合称为升降流，是海洋环流的重要组成部分。它和水平流动一起构成海洋（总）环流。

升降流的发生常常与风有着密切的关系。在北半球，当风沿着与海岸（位于风向的左侧）平行的方向较长时间地吹刮时，在科氏力的作用下，风所形成的风漂流使表层海水离开海岸，引起近岸的下层海水上升，形成了上升流；在远离海岸处则形成了下降流，下降流从下层流向近岸，以弥补近岸海水的流失。在南半球，也有相应的情况发生。在台风的作用下，台风中心的表层海水产生辐散，使其下层海水上升，形成了上升流；在台风边缘则形成下降流。

上升流的流速甚小，只有 $10^{-4}\sim10^{-2}$ cm/s，一般只能从平面和断面水温等值线的分布图定性地加以判断，或根据质量守恒律，从水平流速的辐散值进行估算。在海洋断面地球化学研究计划（GEOSECS）中，曾以 ^{14}C 对上升流的速度进行观测。结果表明，上升流的速度因地而异，例如，在北美的加利福尼亚外海，上升流的流速仅20 m/月，中国浙江近海上升流的速度87.6 m/月，而在南美西岸的强上升流海区，上升流的速度可达200 m/月。

各大洋的许多海域，均有较明显的上升流。当季风沿某种岸线吹刮时，会引起大片的上升流。世界上最强的上升流在索马里和阿拉伯半岛东面的海岸带。中国的台湾和海南岛近海及东海的某些海域，也有上升流发生。在岛屿的背风侧，伸入海洋的海岬背风面、暗礁周围和北半球较强的逆时针流旋中，以及水团的边界处，都会产生局地的上升流。大洋海面的辐散区也大多是上升流区。例如在大洋赤道附近的海域，因风生漂流作用，北赤道流和赤道逆流之间产生水平辐散，次表层水上升至海面，形成了上升流；而在赤道逆流和南赤道流的北半球部分之间产生水平辐合，使表层海水向次表层下沉而形成下降流。另外，在南赤道流的北半球部分和南半球部分之间，次层水又上升至海面而形成上升流。

上升流把深水区大量的海水营养盐（磷酸盐、硝酸盐等）带到表层，提供了丰富的饵料，因此，上升流显著的海区多是著名的渔场。根据J. H·赖瑟在1969年的估算，上升流海区的面积只占世界大洋面积的0.1%，但是渔获量却占世界海洋鱼类总生产量的50%。为了研究海洋生产力问题，国际海洋考察十年（1971—1980）计划曾把上升流作为重点的研究项目之一。

秘鲁沿岸强劲的上升流使这一海区成为世界著名的渔场，同时繁殖着以吃鳀鱼为生的海鸟群。每隔若干年，由于大气环流变异等原因，赤道中东太平洋海面温度发生异常变化，低纬度的暖水南侵，致使秘鲁沿岸的上升流减弱，海面温度比常年高出2～3℃，有时温度能高5～6℃。由于水温异常地升高，海水中的浮游生物大为减少，以其为饵料的鳀鱼等就大量死亡，食鱼的海鸟也成群地饿死。上述与赤道中东太平洋海面温度异常及相关上升流的兴衰有关的现象称为厄尔尼诺（El Nino）现象。

第五节　热盐环流

关于风生大洋环流，迄今已有较多的理论研究。在实际大洋里，除了因风力作用产生的海流而外，还存在着因海水热盐变化等引起的密度分布不均匀所产生的流动——热盐环流，相对而言，它在海洋中下层占主导地位。这方面的研究工作比较少，然而是十分重要的。在海洋深层，温度、盐度和密度的变化比较小。一般来说，相对风生环流而言，热盐环流的速度是缓慢的。对于由热盐因素产生的流动，在理论上进行研究时，除了需要描述海水动力学和运动学规律的运动方程和连续方程之外，还需要描述海水热力学性质的热传导方程和盐扩散方程。

热盐环流的过程主要是对流过程，即高纬度地方密度大的冷水下沉并缓慢地流向赤道。因此，大部分深海水都来自北大西洋及南极洲两处，并在那里形成它们的最初特性（图8.5）。例如，深层水的水源是极地或近极区的海水，其温度是很低的。与浅层水比较，深层水的溶解氧比较高，这也证明它是从极地来的。若没有极地水的补充，由于下沉海水中的有机物质的氧化，深层水的氧将会减少。

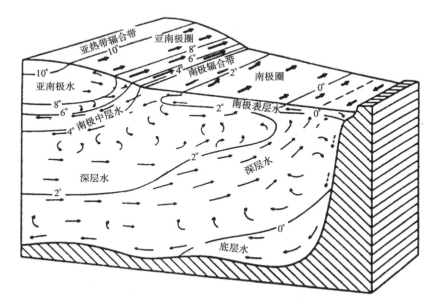

图8.5　南极底层水生成和其他水团的关系
（引自Sverdrup，1942）

底层水团也受到海底地形地貌的影响。例如北冰洋形成的密度较大的水被海岭阻挡，无法到达大西洋，而中大西洋海岭可成为东西大西洋海盆之间的屏障。

决定海流类型的因子是密度分布，而密度分布又取决于温度和盐度。当然，实际情况则复杂得多。而对密度等值线（或近似等值线）上温盐结构进行详细分析，往往可以把深海海"流"推断出来。"流"这个字之所以带引号，是因为通常这样的分析并不能辨别海水究竟是以定常流形式平移的，还是因为大尺度混合过程使之扩散至某区域的。更进一步说，用这样的分析方法也得不到海流的速率。

热盐环流的另一典型例子，就是行迹横贯大西洋的地中海溢流。因为地中海海水盐度大（约为38.0），所以尽管其温度（约为13℃）较高，但密度还是比任何主要大洋水域都大一些。当这种高温高盐海水通过直布罗陀海峡流向大西洋时，便开始下沉，在下沉过程中，又与北大西洋东部低温、低盐、相对低密度的海水相混合。大致在1 100 m的深度上混合水所受的重力和浮力平衡。同时，高盐海水的"核心"也开始横贯北大西洋而发生扩散。高盐的地中海海水在北大西洋表现得十分明显，以致用各种方法都能很容易地把它分辨出来。

发生在格陵兰海的高密度水需要越过格陵兰−苏格兰海脊进入北大西洋，称为溢流。溢流水下沉形成北大西洋深层水。大西洋深层水特有的温度、盐度和溶解氧，容易与其他水团分别开来。

南极洲附近海域还产生南极底层水和南极中层水。前者是海洋中密度最大的水，它沿着海底可通过赤道向北流动。

南极底层水主要来源于威德尔海和罗斯海，并且沿着南大西洋西部向北移动。

一般把深层热盐环流称为深层环流。近代深层环流理论开始于Stommel（1958）、Stommel与Arons（1960）发表的一系列杰出论文。实际上他们发展的深层环流动力学理论（Stommel−Arons理论）是Sverdrup理论的直接应用，但其构思却非常有创意。Stommel−Arons理论及其后续理论的主要原理是：在广阔的横向尺度上，上升的深层水代换了极区下沉的水。

图8.6是Stommel世界大洋最简单的深层环流模式。大西洋深层水从格陵兰海南端发起，一直流到南极绕极流区，在北半球还有一些分支，又回到源地，而南半球，其分支也是直插绕极流区。

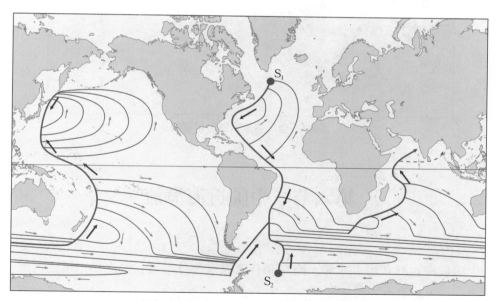

S_1. 北半球深层水源区；S_2. 南半球深层水源区。

图8.6　Stommel世界大洋最简单的深层环流模式
（重绘自Stommel，1958）

太平洋深层环流主干与大西洋相反，是从南向北，但是分支环流却与大西洋类似。

印度洋主体位于南半球，因此与南半球大西洋、太平洋类似，基本趋势从西南向东北流去。

Stommel深层环流模式已为斯瓦罗深度浮流标漂和湾流区地转流速计算证实。

一般认为，除少数区域外，热盐环流流速极其缓慢，其总循环周期约为1 000年左右，北大西洋约为500年，而北太平洋为2 000年以上。

经过多年的研究，人们把各个海域热盐环流的认识连接起来，用全球海洋输送带的概念来描述全球热盐环流结构（图8.7），形成了对全球海洋热盐环流体系的完整认识。在全球海洋输送带中，有4个主要的下沉区，即北大西洋的格陵兰海和拉布拉多海，以及南极的威德尔海和罗斯海。下沉水驱动着海水运动，到某些区域它又升上来，与表面的一些海水流动在一起，形成铅直方向和水平方向复杂的闭合循环。

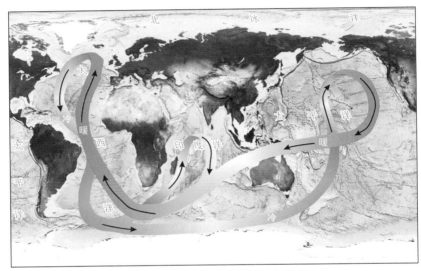

图8.7　全球热盐输送带示意图

第六节　中国近海海流

中国近海包括黄海、东海、南海和台湾以东部分海域，渤海属中国的内海。黄海、东海和南海为西太平洋西部边缘海，台湾以东海域为与中国台湾岛毗连的西太平洋部分海域。由北向南，渤海、黄海、东海和南海依次排列、紧密相连，总面积约 $4.727 \times 10^6 \text{ km}^2$。东北有朝鲜半岛，东部有九州岛、琉球群岛，东南有菲律宾群岛，南部有大巽他群岛，西南有马来半岛和中南半岛等。台湾岛以东海域为中国的唯一开敞性海域。中国近海沿中国大陆有渤海海峡、台湾海峡和琼州海峡。东海通过朝鲜海峡与日本海相通；通过大隅海峡、吐噶喇海峡、宜兰–与那国水道及琉球岛链诸水道与北太平洋连通。南海通过巴士海峡、巴林塘海峡等与太平洋相通；通过民都洛海峡、巴拉巴克海峡与苏禄海相通；通过卡里马塔海峡与爪哇海相通；通过马六甲海峡与印度洋相通。中国近海周边有朝鲜、韩国、日本、菲律宾、文莱、马来西亚、印度尼西亚、新加坡和越南等国家。

中国近海的海流，受下列因子所支配或控制：① 盛行于海上风场，冬季盛行偏北风，夏季多盛行偏南风；② 大量江河淡水流入；③ 来自大洋的黑潮；④ 潮流的非线性效应；⑤ 海区的形状和地形等。上述因子的综合作用，使中国近海及邻域的海流十分复杂。由于渤海、黄海、东海的环流与南海流在组成与格局上有较大的差异，故本节分别介绍。本节介绍的环流系指表层环流或上层环流。

一、渤海、黄海、东海的环流

迄今有20多种记述渤海、黄海、东海单个海区或渤海、黄海、东海作为一个整体的表层环流图或示意图。下面仅介绍管秉贤先生提出的渤海、黄海、东海及南海北部主要流系分布（图8.8）和赵保仁先生等勾绘的渤海环流结构。

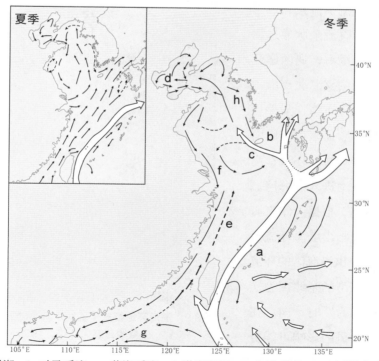

a. 黑潮；b. 对马暖流；c. 黄海暖流；d. 渤海环流；e. 台湾暖流；f. 中国沿岸流；
g. 南海暖流；h. 西朝鲜半岛沿岸流。

图8.8　渤海、黄海、东海及南海北部主要流系分布
（重绘自管秉贤，1994，2002）

215

图8.8为管秉贤先生1994年和2002年推出的两图的综合。如图8.8所示，渤海、黄海、东海的环流由两大流系组成：一是外来的洋流系统——黑潮及其分支，也称外海（暖流）流系，具有高温、高盐特性；二是当地生成的海流（沿岸流和风生海流），统称沿岸流系，具有低盐特性。从总体上讲，外海流北上，沿岸流南下，大体上构成一个气旋式环流。从图8.8所示的冬、夏两季环流的结构特点看：① 冬、夏两季对马暖流的来源不尽相同。② 冬、夏两季黄海暖流的路径并不相同。冬半年，黄海环流由来自外海的黄海暖流及其余脉与东西两侧的沿岸流组成，暖流北上，沿岸流南下；夏半年，主要存在因黄海冷水团密度流出现而产生的近似闭合的循环。③ 在东海沿岸流和南海沿岸流的外侧，终年存在一支由西南流向东北的海流，它由南海暖流、台湾海峡暖流、台湾暖流三位一体而组成，管秉贤先生称此为"中国东南近海冬季逆风海流"，孙湘平等称其为"东、南海陆架暖流"。④ 在沪、浙、闽沿岸海域，沿岸流在冬、夏两季是反向的，冬季南下，夏季北上。⑤ 在台湾以东的太平洋海区存在一支副热带逆流。

按照传统观点，渤海的环流也由外海（暖流）流系和沿岸流系组成。黄海暖流余脉通过渤海海峡北部进入渤海，遇西岸受阻而分为南、北两支。北支沿渤海西岸北上进入辽东湾，与那里的沿岸流相接，顺辽东湾东岸南下，构成辽东湾顺时针环流；南支沿渤海西岸折南进入渤海湾。赵保仁等（1995）根据天津市海岸带调查资料勾画出渤海环流模式（图8.9），提出渤海湾的环流为双环结构，该湾的东北部为逆时针向，西南部为顺时针向。在莱州湾，海流受风的影响可能更

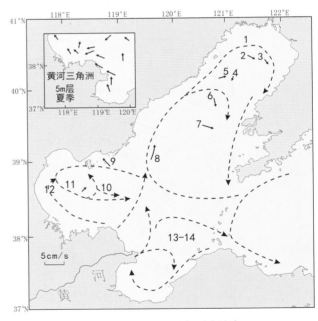

图中数字表示石油平台测流站台。

图8.9 渤海环流模式（虚线）与余流分布（箭矢）
（重绘自赵保仁等，1995）

大，流矢多变。从目前掌握的资料看，在莱州湾存在一个顺时针的环流，但环流的位置偏于莱州湾的西半部。

二、南海的上层环流

季风是南海上层环流的主要驱动因素之一。夏季南海盛行西南季风，通常始于5月中旬，终于9月上旬；其余时段属东北季风期。受季风的影响，南海上层环流结构呈明显的季节变化。黑潮是影响南海环流的另一重要因素，黑潮通过巴士海峡，向南海输送和传递大量大洋信息。一方面通过动量交换和波动传播将动能传递给南海水体，引起相应的海水流动；另一方面通过热盐交换（南海水与黑潮水不断混合）改变海水的密度场，从而影响南海的环流。

图8.10是Wyrtki（1961）绘制的2月和8月东南亚海域的表层海流分布图。

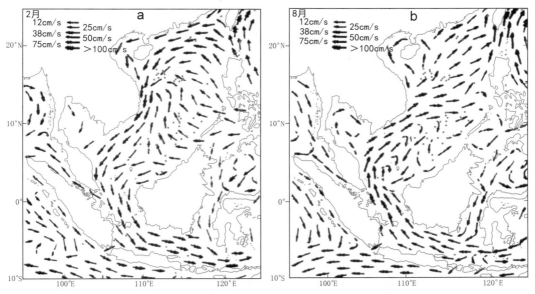

图8.10　南海冬（2月）、夏（8月）季节表层环流

（重绘自Wyrtki，1961）

上图较清楚地体现了南海上层环流的基本框架，反映了南海上层环流的总体概貌，同时，也揭示了南海上层环流的季节差异。由图8.10可以看出，无论是冬季还是夏季，在南海西海岸附近都有一支强流存在，但该强流的流向在冬、夏两季相反。在冬季，该强流从台湾海峡和巴士海峡向南流动，经广东近海、中南半岛沿岸和巽他陆架，通过卡里马塔海峡和加斯帕海峡进入爪哇海，是一气旋式环流。东北季风漂流的主干在流动过程中又分出若干小分支：在海南岛以南，分出一小支进入北部湾，构成北部湾逆时针环流；在中南半岛南端近海，分出一小支进入泰国湾，构成泰国湾逆

时针环流。在夏季，从爪哇海开始，海水北流，经卡里马塔海峡和加斯帕海峡进入巽他陆架，然后沿中南半岛海岸北上，经海南、广东近海流入台湾海峡和巴士海峡，呈一反气旋式环流。西南季风漂流主干在流动过程中也分出若干小分支：在马来半岛以北，分出一小支，往西进入泰国湾，构成一个顺时针的环流；在海南岛以南，有一小支进入北部湾，构成一个逆时针的环流。

基于Dale（1956）和Wyrtki（1961）绘制的南海上层环流图，结合历史水文观测资料和1998年夏季和冬季两个航次获得的ADCP实测海流资料，郭炳火等（2004）绘制了两幅较新的冬、夏季节南海基本环流体系分布图（图8.11）。

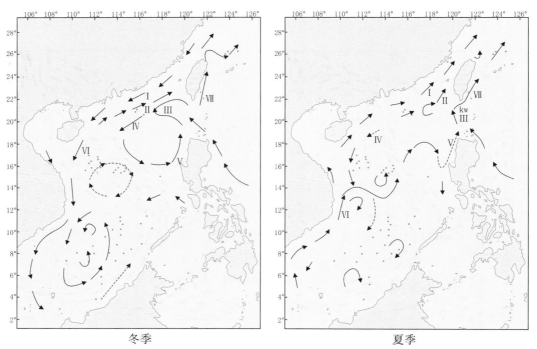

冬季　　　　　　　　　　　　　夏季

Ⅰ.沿岸流（广东）；Ⅱ.南海暖流；Ⅲ.黑潮入侵流套；Ⅳ.东沙海流；Ⅴ.吕宋海流；
Ⅵ.南海季风急流；Ⅶ.黑潮。

图8.11　南海基本环流体系

（重绘自郭炳火等，2004）

由图可知，南海环流体系主要由沿岸流、南海暖流、黑潮入侵流套、东沙海流和吕宋海流，以及海域各种中小尺度涡旋组成。从整体上讲，南海上层环流主要受季风影响，冬季，表层流场为气旋型环流；夏季，南海南部为反气旋环流，北部则为气旋式环流。春、秋季处于季风转换期，这两个季节的南海上层环流主要受前季遗留下来的海水质量场控制，但随着季风更替，流场迅速发生变化。南海北部环流主要受季风和黑潮入侵驱动，南部则主要受季风驱动。

第七节　表层海流对气候的效应

海洋是气候系统的重要组成部分，海洋主要通过其表层对大气的运动和变化等产生影响。海洋环流的水体输送量巨大，因此会携带巨大的热量。海洋环流在经向热量输送和再分配中占有十分重要的地位，对其流经区域的气候也有明显的影响。海洋环流对气候的影响主要表现在气温和降水两个方面。

根据卫星观测资料计算得知，通过20°N纬圈由低纬向高纬输送的热量中，海洋环流输送的热量占了74%，超过了暖气团输送的热量，而在30°N～35°N，由洋流从低纬向高纬输送的热量也占全球热量输送的47%。可见，海洋环流在北半球的热量平衡中起了巨大的作用。

海洋环流对气候的影响，最典型的例子是湾流对西北欧的影响。湾流由低纬向高纬输送的热量巨大。有人计算，湾流每年供给英吉利海峡1 m长海岸线的热量，相当于燃烧6万t煤的热量。湾流在北大西洋不仅面积广大，其水体输送量也十分惊人。从佛罗里达海峡流出的水量是每小时900亿t，为全部大陆径流总和的20倍。在55°N～70°N，欧洲西海岸的最冷月平均气温比加拿大东岸高16～20℃之多。甚至在北极圈内出现了像摩尔曼斯克那样的不冻港。大洋西部的暖流区成为大气温暖的下垫面，加之蒸发强烈，大气层不甚稳定，因而降水量较大洋东岸丰沛得多。寒流控制的海区，气流以下沉为主，下沉气流本来就比较干燥，再加上处在冷下垫面上的空气特别稳定，水汽得不到相应的补充，所以空气的湿度比较小，天气寒冷而干燥，陆地上的沙漠一直可以分布到海边，甚至使这些海区内的岛屿也成了沙漠。

寒暖流交汇处也可形成渔场，如北海道渔场（日本暖流和千岛寒流交汇）、北海渔场（北大西洋暖流和东格陵兰寒流交汇）、纽芬兰渔场（墨西哥湾暖流和拉布拉多寒流交汇）。

另外，与海洋表层温度变化相关的气候事件是著名的厄尔尼诺（El Nino，圣婴，意指调皮的小男孩）和拉尼娜（La Nina，意指小女孩）现象。

厄尔尼诺现象是发生在赤道中东太平洋的海温异常增暖的现象，由于异常增暖通常在年底12月份有最明显的表现，故称之为厄尔尼诺。

由于地球的自转以及海陆分布形态的影响，太平洋（和大西洋）赤道附近是信风带，南赤道流和信风使得暖水向大洋西部堆积，形成了西太平洋暖水区（暖池），东太平洋则是呈楔形向西延伸的冷舌。赤道太平洋的温跃层深度分布呈现西深东浅的状态。暖池区的高海温支持气流的强烈上升，产生大气的深对流，也会产生降雨，使得暖池区成为海水盐度相对低的区域。西太平洋暖池区对应着沃克（Walker）环流的上升分支，中东太平洋则是沃克环流的下沉区。

厄尔尼诺发生时，西太平洋暖水区向东移动，大气的上升气流和降雨带也会随着向大洋中部移动，信风减弱，上升流减弱，赤道中东太平洋的海温升高，温跃层的西深东浅趋势减弱。气象学家还发现，热带太平洋的气压场有一个年际尺度的跷跷板式的气压异常调整（两个异常中心分别位于澳大利亚北侧的达尔文附近和东太平洋的塔希提岛附近），气象学家称其为南方涛动（Southern Oscillation）现象。厄尔尼诺和南方涛动是分别研究发现的海洋现象和气象现象，但后来科学家发现两者有非常密切的关联，表明它们是太平洋海气耦合系统年际振荡分别在海洋和大气中的表现形式，故合称为ENSO。热带太平洋的海温异常和大气压异常都在不断地发生着高高低低的时间演化，这种变化是一种准周期的循环变化，因此ENSO也常称为ENSO循环。发生一次厄尔尼诺可称为发生一次ENSO暖事件。与ENSO暖事件相反的事件就是ENSO冷事件，即拉尼娜事件。拉尼娜事件发生时，信风加强，西太平洋海温异常增暖，中东太平洋海温异常变冷。图8.12示意了厄尔尼诺和拉尼娜在热带海洋和大气中的结构。

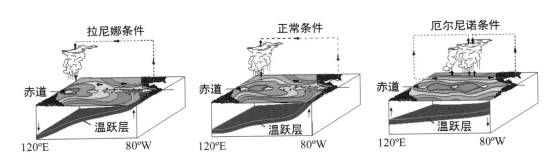

图8.12 厄尔尼诺和拉尼娜示意图
（引自赵进平，2023）

对厄尔尼诺的发生、发展和消亡目前已经有较深入的研究。Bjerkness（1966，1969）提出的正反馈机制可以较好地解释厄尔尼诺的发生、发展和加强。厄尔尼诺的消亡则有4种负反馈机制来解释，分别是延迟振子理论、充放电振子理论、西太平洋振子理论、平流反射理论。多年来，对厄尔尼诺的研究也不断地深入和细化，目前涉及厄尔尼诺的类型、ENSO的非对称、ENSO与其他时间尺度海气系统的关系等多方面的研究。

第九章   海洋中的波动

海洋中的波动是海水运动的重要形式之一，从海面到海洋内部处处都可能出现波动。在外力的作用下，水质点离开其平衡位置做周期性或准周期性的运动是波动的基本特点。由于流体的连续性，水质点离开其平衡位置必然带动其邻近质点，导致其运动状态在空间的传播。海洋波动波状起伏的形态，简称波形。波形在运动过程中向前移动，称为行波；波形在运动过程中垂直上下振动，称为驻波。线性行波在其传播过程中，水质点并不随波形传播，而是在其平衡位置附近做简谐振动，但波动能量是传播的。实际海洋中的波动是一种非常复杂的海水运动现象。但是，作为最低阶近似可以把实际的海洋波动看作是简单波动（正弦波）或简单波动的叠加。简单波动的许多特征可以直接应用于解释海洋波动的性质。

海洋波动的种类很多，一般以其恢复力作为波动分类的根据。在这里，主要介绍重力波、内重力波、惯性重力波、行星波、海啸波和台风风暴潮。

第一节   重力波

重力波通常指是以重力为主要恢复力的波动。最常见的重力波是波浪，海洋中的波浪也称海浪，海浪包括风浪和涌浪。风浪是指在风直接作用下产生的海面波动状态；涌浪是指传出风区的波浪，或当地风速迅速减小、平息或者风向改变后海面上遗留下来的波动。

描述波浪的参数很多，主要有波高、振幅、波长、周期、波速、波向、波陡等。如图9.1所示，曲线的最高点称为波峰，曲线的最低点称为波谷，相邻两波峰（或波谷）之间的水平距离称为波长，相邻两波峰（或者波谷）通过某固定点所经历的时间（或波动传播一个波长距离所需要的时间）称为波周期，波峰与波谷间的铅直距离称为波高，波高的1/2称为波振幅（水质点离开其平衡位置向上或向下的最大铅直位移），波高与波长之比称为波陡。在直角坐标系中取海面为x-y平面，设波动沿x方向传播，波峰在y方向将形成一条线，该线称为波峰线，与波峰线垂直指向波浪传播方向的线称为波向线。波形传播的速度称为波速或称为相速度。波动中水质点的运动产生动能，而波面相对平均水平的铅直位移使其具有势能。对于小振幅波，一般而言在一个波长内，波动的动能和势能相等，波动的总能量与波高的平方成正比，即波动的能量以波高的平方增长。波长与周期相近，传播方向相同的波形成群集分布，故称为波群，波群包括线的传播速度（群的传播速度，称为群速）。

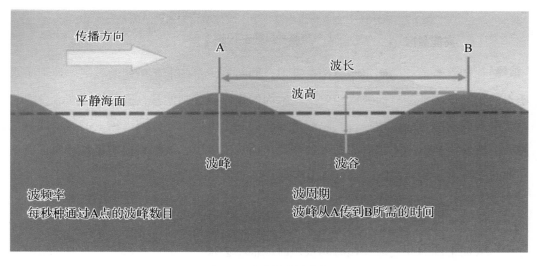

图9.1 波浪的主要参数
（引自赵进平等，2016）

波浪在传播时，水质点并不随波形传播，而是在其平衡位置附近振动，其轨迹是闭合的圆或椭圆。如图9.2所示，在深水情况下，水质点的运动轨迹近似一个圆，且圆的直径随深度增加而递减；在浅水情况下，受海底的影响，水质点的运动轨迹变得扁平。

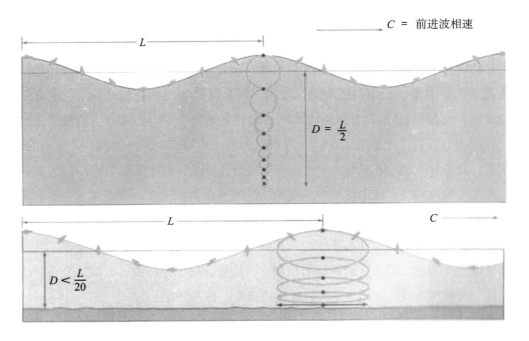

图9.2　深水波（上）与浅水波（下）流体微团振荡轨迹的差异
（引自赵近平等，2016）

风作用在海面，与海水摩擦产生波浪，同时把大量的能量传递给波浪。波浪中水质点的运动产生动能，而波面相对平均水面的铅直位移则使其具有势能。在一个波长内，波浪的动能与势能相等，其总能量与波高的平方成正比，波高越大的波浪能量也越大。海洋中的巨浪携带着非常大的能量传播，或者说，波浪将风的能量传向远方。在此意义上讲，相对风能而言，波浪本身是风能消散的载体。

风浪的生长期和风浪的运动强度与风的三个主要因素有关。第一个因素是风速。风速越大，在海洋中产生的风浪也就越强。第二个因素是风时，即状态相同的风持续作用在海面上的时间。风作用时间很短时风浪不会很大，风作用时间较长时风浪就越来越强。第三个因素是风区，即状态相同的风作用海域的范围。在距离海岸不远处，因为风区太短，即使离岸风很强也不会产生很大的浪；但若风区很长，则容易产生很大的风浪。以上三个因素共同决定了风浪的运动强度。

在大洋上产生的波浪，除了高频部分选择性衰减造成频谱稍有变化之外，它以涌浪的方式传播到达海岸之前不会发生多少变化。当小波浪传播至海岸附近且水深变得很浅时，它们会变成浅水波，并会产生明显的折射。图9.3展示了浅水波向具有近岸岬角（等深线凸起，图9.3B）和海湾（等深线下凹，图9.3A）内的海滩上传播的情况。

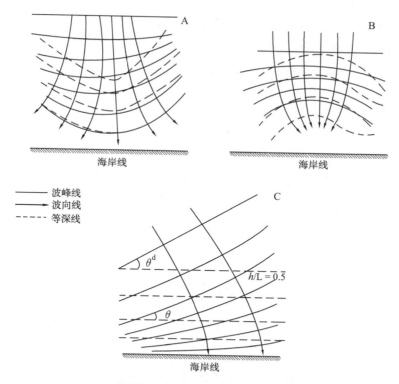

A、B、C分别表示等深线下凹、上凸、倾斜状态。

图9.3　波浪的折射

由于波速是 $\sqrt{gh}$ ，所以当波浪接近浅水岬角时，其传播速度要比在深水中慢，而在海湾中由于水深，则要传播得快一些。于是，波峰不再平行前进，而且由于波浪周期不变，所以随着波浪传播变慢，波峰之间的距离则逐渐缩小。

假定波浪向岸边传播的极短时间内，没有摩擦损失或绕射。在此情况下，两条波峰线和两条波向线所夹面积内的平均波能就是一个常数。但是，在近岸岬角处，波峰线之间的距离由远到近逐渐缩小，使得它上面的波向线之间的距离也要进一步缩短，因而上述面积也随之减小。由此可知，单位面积上的平均波能必然增加，波高也就相应增大。而在海湾内，波向线之间的距离则逐渐增大，单位面积上的平均波能必然减小。

第二节　内重力波

第一节介绍的重力波是表面重力波，其特点是波动在海面最强，随深度递减。在海洋中除了表面波动外，在海水密度层结稳定的海洋内部也会发生波动现象。这种波动现象的恢复力是科氏力与约化重力，即重力与浮力的合成。在频率较高时恢复力主要是约化重力，当频率接近惯性频率时恢复力主要是科氏力，其最大波高发生在海洋内部，称为内重力波，简称内波。因为内重力波的恢复力很弱，所以内重力波的运动比表面波慢得多。

内重力波的频率（σ）介于惯性频率（$f = 2\Omega\sin\varphi$）与布伦特–维赛拉频率 $N = \left(-\frac{g}{\rho}\frac{\mathrm{d}\rho}{\mathrm{d}z} - \frac{g^2}{c_0^2} \right)^{1/2}$ 之间，式中的 c_0 为声速。所谓布伦特–维赛拉频率，是指在密度层结稳定的海洋中，海水微团受到某种力的干扰后，在铅直方向上自由振荡的频率，它主要决定于海水密度的铅直梯度。

内重力波的传播方向一般是沿与水平方向成 α 角度传播。α 角为内波频率 σ 的函数，$\tan\alpha = \left(\frac{N^2 - \sigma^2}{\sigma^2 - f^2} \right)^{1/2}$。由 α 的关系式可知，当内波频率较高时，α 角变小，传播接近水平方向；反之，当内波频率低时传播方向较陡。显然，不同频率的内波的传播方向是不同的。

内波的能量也是以群速输送。内波的群速不但在量值上与波速不等，而且内波的相速与群速在传播方向上相互垂直，即当波形向斜上（下）方向传播时，波动能量则向斜下（上）方向输送（图9.4）。内波能量输送过程中若遇到海面或海底，就会发生反射。波速与水平方向的夹角等于群速与铅直方向的夹角。入射能束与铅直方向间的夹角等于反射能束与铅直方向间的夹角。

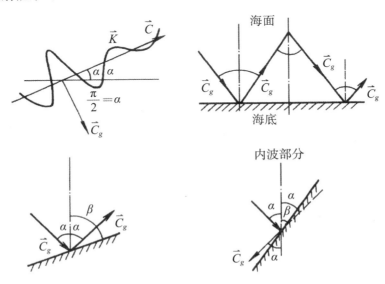

图9.4　内波的传播与反射

在比较陡峭的海底，入射内波与反射内波可能在铅垂方向上构成驻波（此情形下水平方向仍为行进波）。驻波可能会有不同数目的波腹，含有几个波腹就称为波有几个模态。

内波的一种最简单的形式是发生在两层密度不同的海水界面处的波动，称为界面内波（图9.5），人们可近似地把海洋中强跃层处的波动视为界面内波。一般而言，界面内波的传播速度和振幅与界面上下的密度差有关，故界面内波的传播速度较表面波传播速度慢得多；在相同能量激发下，界面内波的振幅要远远大于表面波的振幅。

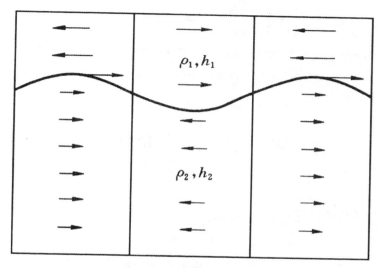

图9.5　界面内波示意图

界面内波引起上下两层海水向相反的方向水平运动，从而在界面处形成强烈的流速剪切。图9.6给出界面内波中水质点的运动形式。由该图可知，在同一层中波峰与波谷处流向相反，导致了水质点的辐合与辐散，在峰前谷后形成辐散区，在谷前峰后形成辐合区。

产生内波的原因很多，如风的作用是导致内波的一个原因。较强的风吹在海面上，不仅产生波浪，也会产生很强的混合，并对海洋温跃层产生扰动，从而激发海洋内波。另外，当潮波越过海脊时，海水抬升会在海洋跃层上形成扰动，也会产生强大的内波。总之，在海洋内部只要存在跃层，任何输入或引起海洋跃层的扰动都会激发出海洋内波。

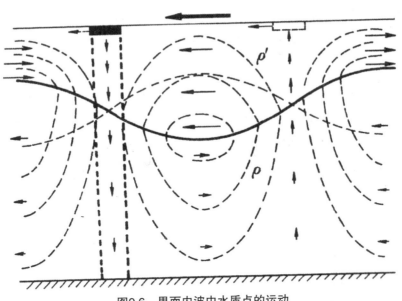

图9.6　界面内波中水质点的运动

第三节　惯性重力波

重力波除波浪外，还有波长很长的重力波。重力波的波长越长，受地转科氏力的影响就越显著。受到地转科氏力显著影响的重力波，一般称为惯性重力波。惯性重力波是低频波动。一般情况下，惯性重力波是频散波。Kelvin波是一种特殊的惯性重力波，只能在波导中传播。Kelvin波不是频散波，可以长时间存在和传播很远的距离。

一、海岸波导和Kelvin波

Kelvin波是一种长周期重力波，即它同时受重力和科氏力的作用。因此Kelvin波既具有重力波的基本特征，又在科氏力的作用下产生其他一些特点。海岸可以看成Kelvin波的一种波导。在北半球，当Kelvin波沿海岸向赤道传播时，在科氏力的作用下，海水向右岸堆积，导致海面自左向右岸上倾，所以水平压强梯度力也是离海岸以指数形式降低，并时刻与科氏力平衡。Kelvin波也是岸边的一种"陷波"，因为离岸一定距离之后，Kelvin波振幅将小到不易察觉，这个距离是用Rossby变形半径（L）来表

征的（图9.7）。$L = \dfrac{c}{f}$，f是
科氏参量，c是波速。对于正
压波，若水深为4 000 m时，c
为200 m/s；对于斜压波，c为
0.5～3 m/s。在中纬度地区，
斜压Kelvin波的Rossby变形半
径（L）约为25 km。在低纬
度海区，由于f很小，Rossby
变形半径很大，因此Kelvin波
在赤道区沿岸不称为陷波，只有在中高纬度才称为陷波。

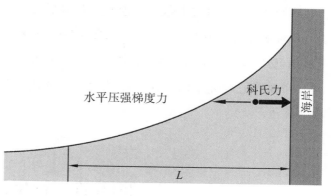

图9.7　Kelvin波中的Rossby变形半径

在赤道上$f=0$，在极地f变为最大，所以Rossby变形半径在赤道上无穷大，在极
地最小。

在海边生活的几乎每一个人对Kelvin波都是熟悉的，对应正规半日潮的海岸区，
水位的一天两次升降就是海岸Kelvin波传播的一种表征。在北半球，Kelvin波以无潮
点为中心逆时针旋转，在南半球则是顺时针旋转。

二、赤道波导与Kelvin波

在赤道上，$f=0$，实际也存在一个波导现象。向东传播的Kelvin波若向北偏，科
氏力立即拉它向南；Kelvin波若向南偏，则科氏力又将它向北拉。Kelvin波只能在
赤道上行进。正压赤道Kelvin波传播速度很快，大约200 m/s，Rossby变形半径可达
2 000 km。但是，在温跃层中，Kelvin波传播速度很慢，为0.5～3 m/s，Rossby变形半
径为100～250 km。

赤道Kelvin波自西向东传播，到东岸后分开成两个岸形Kelvin波，在北半球离开
赤道向北传播，在南半球离开赤道向南传播。在Kelvin波峰区，温跃层向上鼓起，更
冷的深水靠近表面（图9.8）。

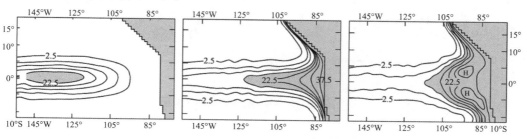

图9.8　计算机模拟的中太平洋到南美海岸的赤道Kelvin波

229

图9.8中，等值线上数字是温跃层深度的变化量（以m为单位）。A和B两图、B和C两图时间间隔都是1个月。从图9.8B看出Kelvin波已经分裂成两个向极沿岸Kelvin波，海岸增强了这种扰动。从图9.8C可看出Kelvin波一部分反射成Rossby波。圆圈等值线标示两个涡在赤道两边，北边是顺时针，南边是逆时针，形成区域性高压。

第四节　行星波

行星波是全球尺度的波。行星波分成两类：一类是相对较快的惯性重力波，如上节所述的赤道Kelvin波，从赤道跨越整个太平洋需要3个月左右的时间；另一类是传播慢的波，称为罗斯贝（Rossby）波。

Rossby波是频率远远小于惯性频率的低频波，它的恢复力不是重力也不是科氏力，而是科氏力随纬度的变化率。Rossby波既可沿赤道传播，也可沿其他纬度传播。它的传播机制可用位涡守恒原理来解释。假定在北半球纬度为φ处有一块水体最初没有相对涡度，即相对地球没有旋转运动，也没有流切变，但随着水体向极运动，行星涡度f就增加了。由于位势涡度（$\frac{f+\zeta}{D}$）必须守恒，这时水体产生一个顺时针旋转，相对涡度（ζ）为负值，以补偿f的增加（图9.9）；如果水体从起始纬度向南运动，f减少，那么水体就必须产生反时针旋转，ζ为正值，以补偿f的减少（图9.9）。水体从起始位置前后摆动，并向西传播，这就是Rossby波或行星波。

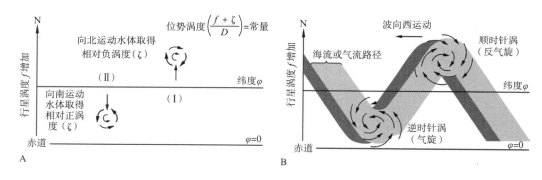

图9.9　Rossby波生成机制示意图

这种扰动尺度在大洋中大约几百千米，在大气中为5 000～20 000 km。大气中西风急流的槽脊结构可视为是Rossby波。

Rossby波总是向西传播，在西风急流中也是如此。在大气中气流速度可以达到100 m/s，Rossby波向西传播速度小于气流速度，这样看来，Rossby波相对地球向东运动，然而，相对气流仍然是向西传播的。如果气流向东运动速度等于Rossby波形向西运动速度，那么静态Rossby波形成。大洋中向东流速没有超过每秒几米的速度，因此Rossby波相对地球总是向西传播的。

在中高纬度，风应力变化的信息是通过Rossby波向西传播的；在赤道则是通过西向Rossby波和东向Kelvin波传送风场变化信息的。

大洋Rossby波也有行波和驻波之分，行波类似于大气环流天气系统的振荡过程，形成一种变化和传递的周期性流动状态，海洋Rossby波驻波的形成必须满足与海洋环流流速间的特定关系，驻波多体现在海流的弯曲中。Rossby波时间尺度很长，传播范围甚广。从物理角度看，Rossby波和大尺度洋流一样是准地转平衡状态下的运动，也是大洋环流内容的一部分。

由于赤道存在波导，其上层海洋较远离赤道区的海洋能够更快地响应风场的变化，一种原因是赤道波导既支持Rossby波又支持Kelvin波，另一原因是Rossby波在赤道传播更快。例如，在赤道上，Rossby波可以用3个月跨越太平洋，然而在30°N或30°S处需要10年才能跨过太平洋。

印度洋的赤道波导也能更快地响应那里风向的变化。当印度洋季风从西风变成北/东北风时，上层大洋也能够"重新安排"。不到一周时间，海面向西倾斜变成向东倾斜。离开赤道波导，Rossby波要用5年时间才能把海洋状态调整过来。

第五节 海啸波和台风风暴潮

海洋水体迅速位移形成的长浅水行进波称为海啸波，它是一种频率介于潮波和涌浪间的重力长波。激发海啸波的因素很多，如海底断裂、海底地震、海底山崩、海底火山喷发或者极区海山崩塌及小型天体冲击等。

海啸波以浅水波波速传播，其传播速度与海洋水深密切相关。因海洋的深度随海区变化，故海啸波传播的速度是500～1 000 km/h。海啸波传播中能量损失并不大，可以长距离传播。从图9.10中可以看出，如果智利发生地震，激发的海啸波可长距离传播，经20多个小时可传播到日本和中国近海。

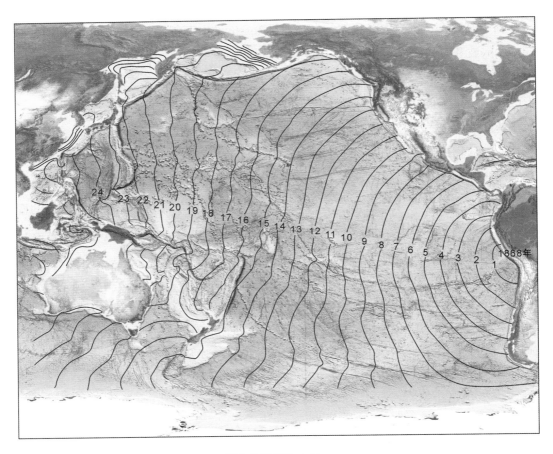

图中的数字为小时。

图9.10　海啸波的长距离传播

海啸波在深海中振幅并不大，当传到近海以后，由于水深变浅，能量集中，形成非常高的水位（图9.11）。

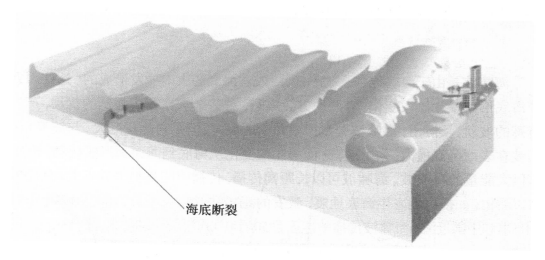

海底断裂

图9.11　海啸波的产生以及在近岸能量集中

　　1993年在日本海发生的地震激发的海啸波最大波高达31 m；2011年印度洋大海啸，登陆的海啸波波高达数十米，造成巨大灾害。

　　虽然对人类而言，海啸波是破坏性巨大的灾害性海洋现象，但其本质是一种重要的自然现象。即使没有人类的存在，地球上也会发生海底地震、海山山崩等现象，也会激发海啸波。

　　风暴潮是指强烈的大气扰动（如强风和气压骤变）所招致的海面异常升高现象。风暴潮也称之为"风暴增水"或"风暴海啸"。如果风暴潮与天文潮的高潮同时发生，则会使水位暴涨，乃至使海水浸溢内陆，酿成巨灾。世界历史上风暴潮灾严重的事例是很多的。台风风暴潮是指由台风引起的海面异常升高现象。假定在大洋上形成一个台风，在台风中心的"低压区"将引起海平面升高，海面的升高与压强降低约呈静压关系，即气压下降1 hpa，水位约上升1 cm。与此同时，台风中心周围的强风将以湍流切应力的作用引起表面海水形成一个与风场同方向的气旋式环流。科氏力的作用和海水运动连续性的约束会使台风下的海洋深层海水形成辐聚。因此，海面受大气低压影响，以及海洋深层流的辐聚所形成的海面异常隆起，随着风暴的移动而传播。在这个波形成的同时，也形成了由台风中心向四面八方传播出去的自由长波。当风暴潮传播到陡峭的岸边时，将被反射；当传播到大陆架或浅海水域中的海湾河口时，由于水深变浅，再加上强风的直接作用，能量急剧集中，风暴潮也就急剧地增大起来。

台风风暴潮是台风所引起的风暴潮传至大陆架或浅海港湾所呈现出的一种特有现象，大致可分为三个阶段（图9.12）。

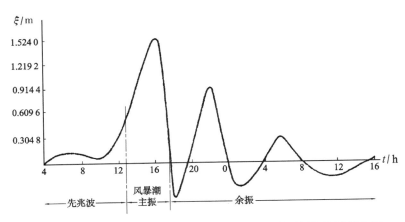

图9.12　美国大西洋城1944年9月14日—15日的风暴潮位过程曲线

（1）先兆阶段：台风（或飓风）来临之前，有一产生于台风域内，以长波传播速度 $\sqrt{gh}$ 向前传播的自由波，实际上就是台风长波。在深海，因其传播速度大大超过台风移动速度而在大风来临之前出现，即所谓台风（或飓风）长波增水的"先兆波"。当传到近海以后，由于水深不断变浅，能量集中，可能出现水位剧增现象。

（2）主振阶段：台风逼近或过境时，水位急剧升高，形成风暴潮的主振阶段。风暴潮灾主要在这一阶段发生。台风进入浅海后，其风场和气压场的作用即发生显著的变化：原来在开阔的深海区起主导作用的气压场，随着台风进入浅海海域，便让位于风场。据研究，在120 m水深处，风的效应和气压的虹吸作用大致相等。因此，台风从深海区移行到浅海陆架区，其风场作用和气压场作用的比例将于120 m水深处附近发生转变，转变后风海流引起的水体运输是导致台风中心附近海面显著升高的主要原因。风暴潮的主振阶段，其潮高能达数米，但这一阶段时间不太长，也就数小时的尺度。

（3）余振阶段：当台风过境以后，即在主振阶段结束之后，仍有一系列波动存在，即所谓余振阶段。如果余振的高峰与天文潮高潮相遇时，则可能再度造成灾害，甚至会超过主振阶段的增水。

第十章　潮　汐

潮汐是由月球和太阳等天体引力与地球运动相结合引起的区域性海洋表面高度的周期性变化现象，也可认为是由万有引力和惯性离心力产生的强迫波动。这种波动的波长可达地球周长的1/2，因此潮波是海洋中波长最长的波。

希腊航海和探险者Pytheas早在公元前300年左右，首次记录了月球的位置与潮汐高度间的关系。

2 000多年前，我们的祖先通过长期的观察，首先知道了海水的涨落与月球的运行有关。早在东汉时期，王充就提出"潮之兴也，与月盛衰"的正确论断，即月球引起潮汐运动，并随月相而变。17世纪，人们发现了万有引力定律，对潮汐这个自然现象的解释就更进了一步：潮汐不仅和月球有关，而且太阳也能引起海水涨落。

第一节　潮汐基本要素和类型

一、潮汐基本要素

1. 高潮与低潮

高潮是指海面上涨到最高的位置，而低潮则是指海面下退到最低的位置。

2. 涨潮、落潮、平潮与停潮

从低潮到高潮这段时间内海面的上涨过程称为涨潮。海面达到一定高度以后，水位短时间内不涨也不退，这种现象称为平潮。平潮的中间时刻就是高潮时。高潮时对应的潮位即为高潮位，称为高潮高。平潮时过后，海面开始下降，称为落潮。和涨潮的情况类似，海面下降到一定高度以后，也发生海面不退不涨现象，称为停潮。停潮的中间时刻就是低潮时。低潮时对应的潮位即为低潮水位，称为低潮高。图10.1是潮汐要素示意图。

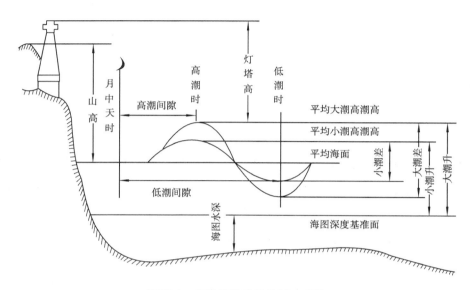

图10.1　表达潮汐升降的基本参数

3. 平均海面

平均海面是海面升降的平均位置。它是由长期观测记录算出来的。

4. 潮高

潮高是从潮位基准面算起的潮位高度。高潮高是指对应高潮时刻从潮位基准面到高潮面的距离；低潮高是指对应低潮时刻从潮位基准面到低潮面的距离。而高潮面与低潮面的垂直距离叫作潮差。

5. 高潮间隙

高潮间隙为当地月中天时刻起，到当地第一个高潮为止的时间间隔。长期观测的高潮间隙数值的平均值就称为平均高潮间隙。

6. 低潮间隙

低潮间隙为当地月中天时刻起，到当地第一个低潮为止的时间间隔。长期观测的低潮间隙数值的平均值就称为平均低潮间隙。

7. 月潮间隙

高潮间隙和低潮间隙两者合称为月潮间隙。不同港口的平均高潮间隙不同。在半日潮海区，平均高潮间隙和平均低潮间隙一般相差6 h 12 min。

8. 潮升

潮升是指高潮的平均高度。大潮升为大潮时高潮的平均高度，小潮升为小潮时高潮的平均高度。

9. 潮龄

潮龄是朔望时间到当地发生大潮的时间间隔，以天数表示。一般大潮发生在朔望后一二天，但由于各港口的地形不同而有所差别。

10. 无潮点

海洋中潮汐的峰和谷相互抵消，从而使得潮高为零的点就称为无潮点。

二、潮汐类型

潮汐的涨落现象是因时因地而异的，但是从涨落周期来说可以分为几种类型。

1. 正规半日潮

在一个太阴日内发生两次高潮和低潮，两个高潮和两个低潮的高度都相差不大，而涨落历时也很接近（6 h 12 min），这类潮汐称为正规半日潮。如杭州湾澉浦、厦门、青岛、塘沽和蓬莱（图10.2）等地主要为正规半日潮。

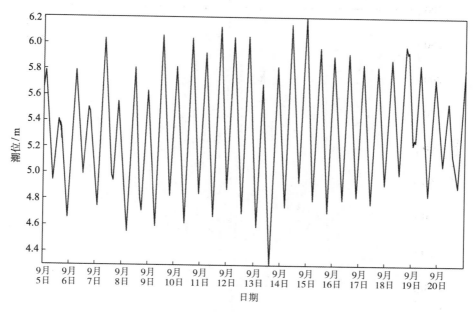

图10.2　蓬莱潮位变化示意图（2003年9月5日—20日）

2. 不正规半日潮

在一个太阴日内一般可有两次高潮和低潮，但是两相邻的高潮或低潮高度不等，涨潮时和落潮时也不等，这类潮汐称为不正规半日潮。如我国成山头附近（图10.3）和舟山群岛等地以及西亚亚丁湾等地的潮汐为不正规半日潮。

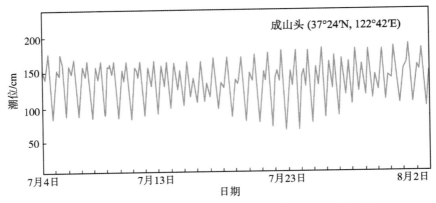

图10.3　成山头的潮汐变化曲线（2005年7月4日—8月2日）

3. 正规日潮

在一个太阴日内只有一个高潮和低潮，在半个太阴月中，至少有一半天数是日潮型，这类潮汐称为正规日潮。如南海北部湾是最典型的正规日潮区（图10.4）。

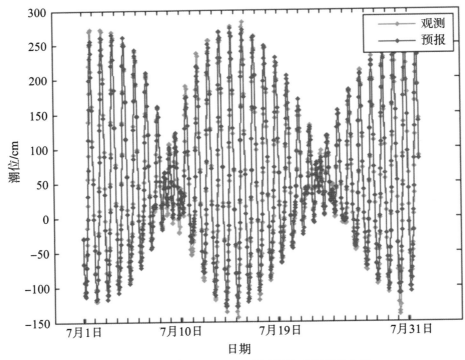

图10.4　2011年7月1日—31日广西白龙尾潮位曲线

4. 不正规日潮

在半个太阴月中一天出现一次高潮和低潮的潮型天数少于7 d，其余天数均为不正规半日潮潮型，这类潮汐称为不正规日潮（图10.5）。

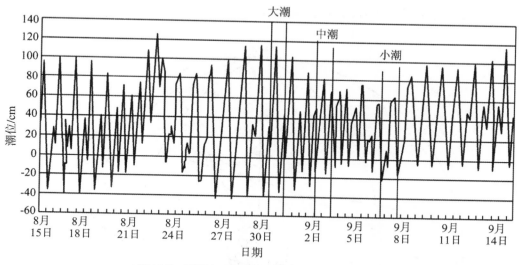

图10.5 不正规日潮特征（南海北部红海湾）

第二节 与潮汐有关的天文知识

一、地、月、日运动

地球绕地轴自西向东自转，周期为24平太阳时；月球绕地球公转，方向也自西向东，周期为一个月。除此之外，地球和月球又同时绕太阳公转，周期为一年。确切地说，月球绕地球的公转，乃是月球中心绕地月公共质心的运动；而地球和月球绕太阳的公转，则是地月公共质心绕太阳的运动（图10.6）。

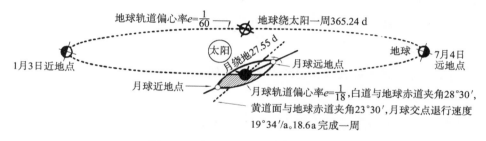

图10.6 地、月、日三者运动的关系

1. 天球

晴朗夜晚的星空像巨大而透明的半圆水晶球，球面上缀满了无数颗闪耀的星星，无论我们走到哪里，都会觉得自己好像位于球心。因此，天球就是以地球或以观测者为中心，任意长为半径所作的球面（图10.7）。

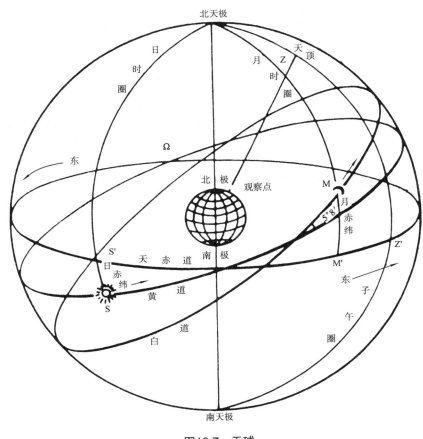

图10.7　天球

2. 天轴和天极

将地轴无限延长，并与天球相交的直线称为天轴。与天轴相交的两个交点称为天极，一个称为北天极，另一个称为南天极。

3. 天赤道

延展地球赤道平面和天球相交的大圆，称为天赤道。

4. 天顶与天底

通过观测点的那条铅垂线，向上延伸与天球的交点称为天顶，向下延伸与天球的交点称为天底。

5. 测者真地平圈

通过观测者的眼睛并与铅垂线相垂直的平面与天球相交而成的大圆，称为测者真地平圈。

6. 天子午圈

通过天北极、天南极、天顶和天底这4个点的大圆，称为天子午圈，也称为测者子午圈。

7. 天体方位圈

通过星体、天顶、天底的假想圆圈，称为天体方位圈。

8. 天体时圈

通过星体、天北极、天南极的大圆称为天体时圈，如月时圈、日时圈。

9. 赤纬

在天体时圈上，天体和天赤道之间的一段弧长，称为赤纬（δ）。通常，赤纬以与赤道的交角表示。当天体在北半球时，命名为北赤纬（N）；当天体在南半球时，命名为南赤纬（S）。以天赤道为赤纬0°，向北为正，向南为负，分别从0°到90°。

10. 时角

测者子午圈与天体时圈在天赤道上所截的弧长，称为时角（ω）。时角是从测者子午圈与天赤道的交点 ε 起算，按顺时针方向量度。在周日旋转运动中，时角从0°变到360°。

11. 天顶距

天顶距（θ）是天体方位圈上，测者天顶与天体中心之间所夹的弧距，即观测者的天顶方向线与天体方向线的夹角。天顶距的量法是一律从测者天顶起，沿着天体方位圈量到天体中心止，范围0°～180°，无须注明正负号。天体做周日旋转运动中，天顶距的变化从0°到180°。

12. 天体方位角

测者子午圈和天体方位圈在天顶点处所夹的球面角，称为天体方位角（A）。因为它是用测者真地平圈上被测者子午圈与天体方位圈所截的弧长来度量，所以将测者子午圈与天体方位圈在测者真地平圈上所夹的弧距（T）也称为天体方位角。天体方位角的量法有两种：半圆方位和圆周方位。圆周方位是不论测者在北纬或南纬，一律从正北方向量起，在测者真地平圈上，按顺时针的方向量到天体方位圈止，范围0°～360°。因为圆周方位量取的起点和方向都是固定的，所以不要注明方向。

13. 赤经（α）

春分点时圈和天体时圈在天赤道上所夹的弧距，称为赤经（α）。赤经的量法是从春分点起，沿天赤道向东量到天体时圈为止，范围0°～360°。

二、天体视运动

1. 太阳的视运动

太阳是天球上的一个星体，因此它也有周日视运动。除此之外，它本身还有一种自西向东（即与天体周日视运动的方向相反）的以一年（365.242 2日）为周期的视运动，称为太阳周年视运动。

太阳周年视运动的轨道是地球公转轨道在天球上的投影，称为黄道。黄道和天赤道的夹角为23°27′，称为黄道倾角。

2. 月球的视运动

月球除了周日视运动外，还有绕地球公转。在视运动中，月球绕地球运动轨道在天球的投影称为白道。白道与黄道的交角平均值是5°09′。白道与黄道有两个交点：月球在白道上由南向北穿过黄道的交点称为升交点；在白道上由北向南穿过黄道的交点称为降交点。黄白交点每年向西退行达19°21′之多，经历18.61年完成一圈。黄白交点西退导致黄白交角的18.61年周期变化，其变化幅度为23°27′±5°09′。显然这一变化将会使得地球上任何一个地点的月球引潮力也发生相应的周期变化，从而引起潮汐的18.61年周期变化。

3. 时间单位

时间的计量是天文学中的一个基本问题，也是讨论潮汐时所必须参考的问题。

（1）平太阳：太阳连续两次通过上中天的时间间隔，称为真太阳日。但是，地球是沿椭圆轨道运动的，太阳位于该椭圆的一个焦点上，因此，在一年当中，日地距离不断改变。根据开普勒第二定律，地球和太阳所连接的直线，在相等的时间内所扫过的面积相等。因此，地球便在轨道上做不等速运动。这样一来，一年之内，真太阳日的长度便不断地改变。为了得到一个固定的时间单位，便假想在赤道上有一个做等速运动的太阳，它的行动速度和真太阳视运动的平均速度相同，这个假想的太阳，称为"平太阳"。

（2）平太阳日和平太阳时：平太阳连续两次经过上中天的时间间隔，称为平太阳日（24小时）。1/24平太阳日称为平太阳时。通常所谓的"日"和"时"，就是平太阳日和平太阳时的简称。

（3）平太阳年（回归年）：当太阳在天球上做周年视运动时，连续两次通过春分点的时间间隔，称为平太阳年，或称回归年。根据大量天文观测的结果，已知平太阳年的长度为365.242 2平太阳日。我们通常所谓的"年"，即将平太阳年中的小数去掉，所剩下的整日数365平太阳日为一"年"。因为去掉了零头，就只好每隔4年一闰，闰年比平年增加一天，为366平太阳日。但每一闰年所增加的一天，比去掉的零头0.968 8平太阳日的数值大，因此，又规定每隔1 000年少一闰年。

（4）平太阴：月球连续两次通过上中天的时间间隔，称为真太阴日。月球公转的轨道也为椭圆，地球位于椭圆的一个焦点上，根据上述相同的理由，可以假想一个平太阴。

（5）平太阴日和平太阴时：平太阴连续两次通过上中天的时间间隔，即称为平太阴日。1平太阴日等于24.841 2平太阳时。取1/24平太阴日为平太阴时。

（6）朔望月（盈亏月）：月球从新月（或满月）的位置出发再回到新月（或满月）的位置的时间间隔，称为朔望月或盈亏月。也就是说，朔望月是月相变化的周期，它等于29.530 6平太阳日。

（7）回归月（分点月）：月球从赤经0°（通过春分点的大圆）出发，再回到赤经0°的时间间隔，称为回归月。1回归月等于27.321 58平太阳日。因为春分点在一个月之内，几乎没有变化，所以回归月比朔望月的周期要短。

（8）恒星月（以恒星为基准）：月球从直对某一恒星出发，再回到直对该恒星的时间间隔，称为恒星月。一个恒星月等于27.321 66日。

第三节　平衡潮与潮汐动力学

由于历史原因，潮汐理论有两种：一种是潮汐静力学理论（平衡潮理论），一种是潮汐动力学理论。1687年牛顿提出了万有引力定律，解决了产生潮波运动的原动力——引潮力的问题。

根据牛顿万有引力定律，任何两个物体之间都存在吸引力。这个吸引力与两个物体的质量乘积成正比，与它们之间距离的平方成反比。如，地球与月球之间万有引力（f）是：

$$f = k\frac{M \cdot E}{D^2} \tag{10.1}$$

式中，M 表示月球质量，E 表示地球质量，D 表示地月中心距离，k 为万有引力系数。

地心处单位质量的地心体受月球的引力（f'）为：

$$f'=k\frac{M\cdot 1}{D^2} \tag{10.2}$$

同样，地球表面单位质量水体要受到整个地球质量的吸引力，若以 g 表示这个力，a 为地球半径，则：

$$g=k\frac{E}{a^2} \tag{10.3}$$

地球表面任一点 P 至月球中心的距离为 L，则地球表面 P 点处，单位质量的水体所受到的月球引力为：

$$f_P=k\frac{M\cdot 1}{L^2}=g\frac{M\cdot a^2}{E\cdot L^2} \tag{10.4}$$

地球不同地点的水质点所受到的月球引力大小不等：离月球近的受力大，反之则小。方向都指向月球，彼此不平行（图10.8）。

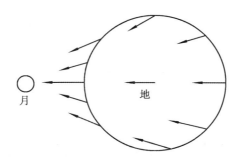

图10.8　月球的万有引力

在地月系中，地球除了自转外，还绕地月公共质心公转。地球绕地月公共质心公转是平动。地球绕地月公共质心公转平动，使得地球（表面或内部）各质点都受到公转离心力的作用。我们知道，一个做平动的物体在运动过程中，该物体上任何两确定点的连线，必须始终保持平行。平动不只限于物体做直线运动，也可以是圆运动。要满足既是圆运动又是平动的重要条件是：物体各点不能同时围绕某一点做圆运动，即各点必须以相同的半径围绕各自的中心做圆周运动。由此看来，地球面上任意点所受的惯性离心力与地心点所受的惯性离心力相等。于是，我们可以把地球看作一个全部质量集中在地心的一个质点，地心点处总质量的惯性离心力与月球引力大小相等，方向相反。

地球绕地球与某一天体公共质心运动产生的惯性离心力与此天体引力的矢量合力称为天体引潮力。

以月球为例，月球对地面上P点单位质量的引力用直线$F(P)$表示。惯性离心力以PN表示。$F(P)$和PN的矢量和力，就叫作月球引潮力（图10.9）。

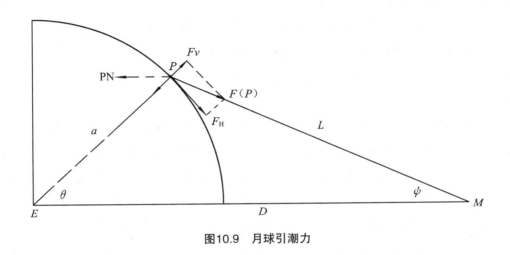

图10.9　月球引潮力

除去月球引潮力（F_M）和太阳引潮力（F_S）外，其他天体引潮力或因其质量太小或因其距地球太远可以忽略不计。因此天体引潮力（F_T）有：

$$F_T = F_M + F_S \tag{10.5}$$

从地心移动单位质量物体到某一点，克服重力所做的功，称为某点的重力位势。重力位势相等的点连成的面称为等重力位势面。重力位势面是一个球面。由于在地月连线上引潮力方向与重力方向相反，在垂直于地月连线的大圆上引潮力方向与重力方向相同，因此，考虑引潮力后的等势面为一椭球形，称之为潮汐椭球，这个椭球的长轴指向月球。假定地球为一个圆球，没有陆地且表面为等深海水所包围，海水没有黏性和惯性，海面能随时与重力等势面重叠，且海水不受地转科氏力和摩擦力的作用。在上述理想的条件下，全球大洋海面在引潮力的作用下离开原来平衡位置做相应的上升或下降，此现象称为平衡潮。引潮力的铅直分量对海水运动几乎没有影响，产生海洋潮汐的真正原动力为引潮力的水平分量。

平衡潮理论解释了许多海洋潮汐的特征，但平衡潮理论依据的假定和实际海洋有相当大的差异，因此，用平衡潮解释潮汐是不完整的。比如，月球引潮力引起潮汐振幅最大理论值是55 cm，太阳引潮力引起潮汐振幅最大理论值仅是24 cm，这两者远远小于大洋上实际观测到的平均2 m的潮汐振幅。产生上述差异的原因是月球和太阳的位置变化很快，海水无法瞬时跟进，即海洋表面在任何瞬间均不可能达到完全平衡的状态。因此，需从动力学的观点研究引潮力作用下产生潮汐的过程。

从动力学观点研究海洋潮汐始于18世纪末。1775年拉普拉斯首次应用流体动力学方程，研究了全球为海水覆盖但水深随纬度变化的大洋在天体引潮力作用下产生的强迫波动，从而建立了潮汐动力学理论。其后，Airy（1842）讨论了绕地球的沟渠或有限长沟渠中的强迫潮波，Hough（1897，1898）发展了Laplace理论，成功地用数学方法求解了潮汐方程。此后，又有许多研究者对有限区域大洋中的潮波进行了探讨。

依照动力学观点，潮汐是天体引潮力产生的强迫波动。在地球表面被海水完全覆盖的假设条件下，当地球直面月球或太阳时，潮汐会隆升，潮汐的隆起对应潮波的波峰；当地球背对月球或太阳时，潮汐的下凹对应潮波的波谷。潮波的波长约为地球周长的1/2。按照平衡潮理论，随着地球自身的转动，潮波峰要稳定地指向月球或太阳，则潮波将以1 600 km/h的波速围绕地球传播，与此波速相应的海洋深度将是22 km，这显然与平均深度约为3.8 km的实际海洋不相符。因此，作为强迫波，浅水潮波的传播速度是由海洋的实际水深所决定。同时，随着地球自转，地球上的大陆也会阻碍潮波的传播，使其转向和变缓传播速度。因此，在这些环形子系统中的不同地点，潮波波峰传抵时会出现不同的潮汐特征。比如，大陆直面月球时，大洋表面不会发生隆升，此时大陆岸线经历高潮；几小时后，月球在大洋上空时，大洋表面会产生隆升，大陆边缘会经历低潮。

海盆自身的形状对潮汐的潮高和结构有很大的影响。在巨大的海盆中，海水可以节律性地前后摆动。尽管潮高不大，但潮汐峰可以激发海水发生共振。同时，围绕海盆的岸线构形也能改变潮汐的节律。因此，某些岸线经历正规半日潮，某些岸线经历正规日潮，某些岸线经历不正规半日潮或不正规日潮。围绕海盆的陆地形状及其位置会使潮汐的峰和谷在海盆中一些地点相互抵消，从而使得这些点的潮高为零，这些点称为无潮点。由于受科氏力的影响，在一个潮周期内潮汐峰绕无潮点旋转传播，在北半球逆时针旋转，在南半球顺时针旋转，潮振幅随着与无潮点距离的增加而增大。图10.10展示了全球大洋潮汐的主要特征，图中白色线的汇聚点对应无潮点；色度代表潮高的分布，蓝色对应潮高最小区域，红色对应潮高最大区域，显然，无潮点附近对应全球海洋潮高最小海区。

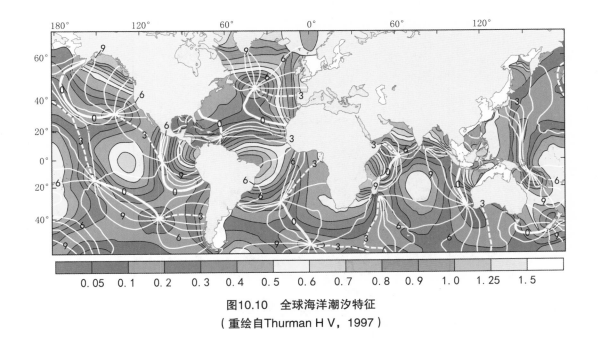

图10.10　全球海洋潮汐特征
（重绘自Thurman H V，1997）

第四节　中国近海潮汐

　　潮差（高潮位与低潮位之差）依据不同海盆的构形与水深变化而不同。最大潮差多发生在最大海盆的边缘区域，特别在聚集潮能的海湾或河口区。如果海湾宽且构形对称，常存在与大洋潮汐类似的小型无潮点系统；如果海湾狭窄，潮波无法形成绕无潮点的旋转传播，则潮汐只是简单地进出海湾。我国近海及邻近海域潮汐很具代表性。

一、近海分潮波运动特征

　　我国海区潮汐的形成主要是由太平洋潮波传入所引起，海区本身直接受月球和太阳的引潮力而产生的潮汐是极小的。

　　从入射潮波传播示意图（图10.11）可以看出，西太平洋的潮波分两路进入我国海区：一路经日本与我国台湾之间的琉球群岛由东南向西北传播，进入东海，引起东海、黄海和渤海的海面发生振动；另一路经巴士海峡进入南海，引起南海的海面发生振动。

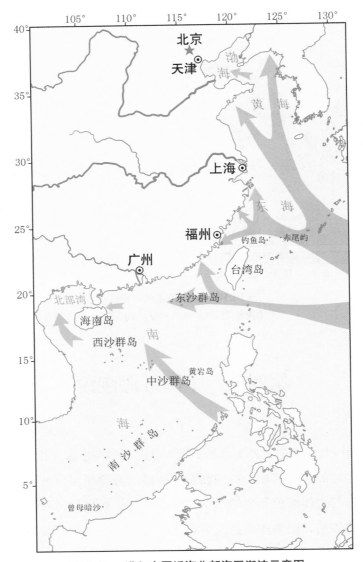

图10.11　进入中国近海北部海区潮波示意图

由于东海海区比较开阔，太平洋的潮波从琉球群岛传入我国东海的主支为明显的行进波性质，向北传播。在黄海和渤海，由于受到海岸的影响，行进波被反射，变成驻波，在地球自转的影响下，产生旋转潮波系统（等潮差线呈环状分布，而同潮时线呈放射形分布的潮波系统），形成许多无潮点（在同潮图上，分潮振幅为零的点），又由于受海底摩擦的影响，无潮点偏向左岸（图10.12）。

以M_2分潮为例，M_2分潮潮波进入黄海后，形成两个无潮点：一个约在北纬35°、东经121°附近，同潮时线绕这一点做左旋运动；另一个在成山头外海，同潮时线同样呈左旋分布。

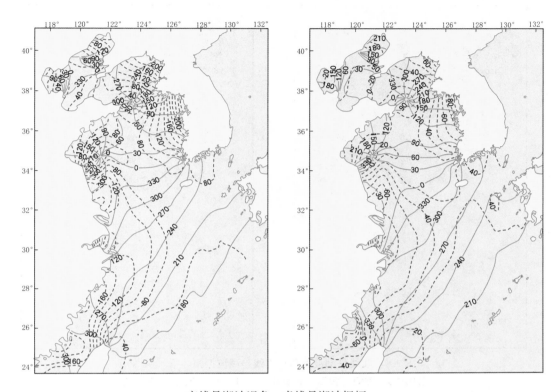

实线是潮波迟角；虚线是潮波振幅。

图10.12 渤海、黄海、东海M₂（左）、S₂（右）同潮时图
（重绘自Fang，2004）

潮波自黄海进入渤海后，又分为两支：一支在黄河口北部东营港附近形成一个无潮点；另一支传入辽东湾，在秦皇岛附近形成一个无潮点。同样是两个左旋潮波系统。

进入东海的另一支，南下传入台湾海峡，在台湾北部形成一个无潮点。同时，由巴士海峡进入南海的另一分支，北上向台湾海峡方向推进，形成台湾海峡以南邻近海区的无潮点。

日潮分潮振幅与同潮时线分布，见图10.13。

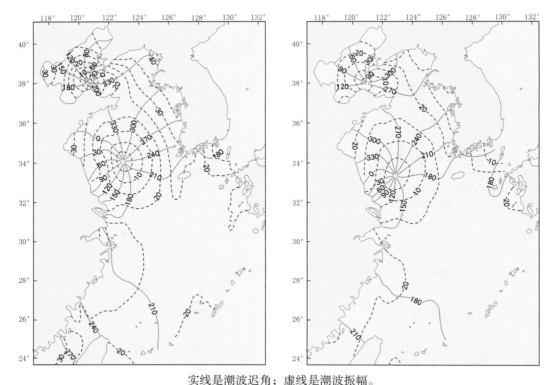

实线是潮波迟角；虚线是潮波振幅。
图10.13　渤海、黄海、东海K_1（左）、O_1（右）同潮时图
（重绘自Fang，2004）

以K_1分潮为例，K_1分潮潮波的传播较为简单。一支经巴士海峡传入，向北进入台湾海峡；一支经琉球群岛进入黄海。入黄海的一支也同样形成驻波，不过只有一个无潮点，位于黄海南部。潮波入渤海后，也形成一个左旋的无潮点，位于渤海海峡附近。

太平洋的潮波由巴士海峡进入南海后，分为两支，其主支南下构成南海的潮波系统，另一小分支北上向台湾海峡方向推进。除北部湾有明显的旋转潮波系统及无潮点存在外，其他海区的潮波带有行进波的性质，潮波传播方向从东北向西南。图10.14是半日潮M_2和S_2分潮振幅与同潮时线的分布特征；图10.15是日潮K_1分潮和O_1分潮振幅与同潮时线的分布特征。

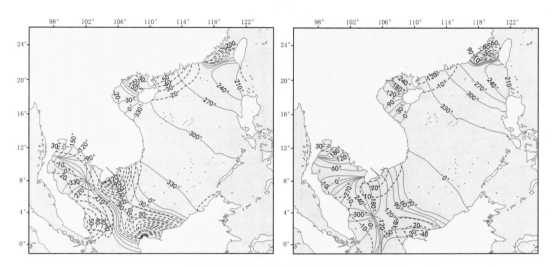

实线是潮波迟角；虚线是潮波振幅。

图10.14　南海M$_2$（左）、S$_2$（右）同潮时图

（重绘自Fang，1998）

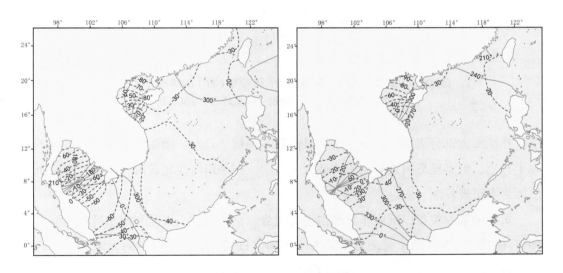

实线是潮波迟角；虚线是潮波振幅。

图10.15　南海K$_1$（左）、O$_1$（右）同潮时图

（重绘自Fang，1998）

二、近海潮汐特征

我国近海潮汐特征，如图10.16所示。

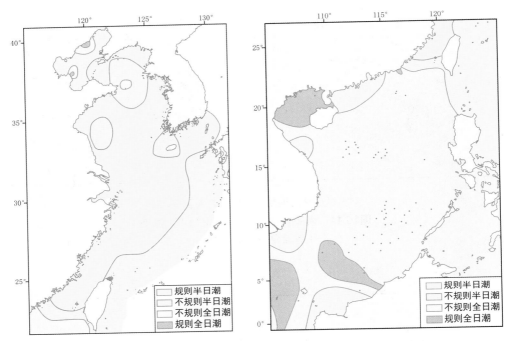

图10.16 渤海、黄海、东海（左）及南海（右）的潮汐类型分布
（重绘自陈达熙等，1992；侯文峰等，2006）

在渤海大部分海区，潮汐属于半日潮和不正规半日潮，渤海湾和烟威外海为不正规半日潮，但秦皇岛附近有一小块地区为日潮，在莱州湾西北黄河口外，也有一小块地区为不正规日潮。

黄海的潮汐类型以规则半日潮占绝对优势，只有成山头以东和海州湾东南海域，即M_2和S_2分潮潮波两个无潮点附近为不规则半日潮；成山头以东的无潮点中央的局部区域为不规则全日潮。济州岛周边海域也为不规则半日潮。东海潮汐类型分布的特点是其东、西部分存在明显差异。以山东半岛向东至高雄以北的永安附近连线及台湾西北角与五岛列岛连线为界，该线以西为陆架区，除几个局部海区（如镇海和舟山附近）为不规则半日潮类型外，其余皆为规则半日潮类型；该线以东皆为不规则半日潮类型。南海以不规则全日潮类型占优势，并有明显的日不等现象，几乎没有规则半日潮出现，琼州海峡和北部湾为正规日潮。

三、沿海最大可能潮差分布

潮差指高潮位与低潮位之差。潮差是标志潮汐强弱的一个重要指标，有平均潮差、平均大潮差、平均小潮差、最大潮差和最大可能潮差之分。对于规则半日潮海区，最大可能潮差按 $2\times(1.29H_{M_2}+1.23H_{S_2}+H_{k_1}+H_{O_1})$ 关系式计算，式中 H 表示分潮振幅。对于全日潮海区，按 $2\times(H_{M_2}+H_{S_2}+1.68H_{k_1}+1.46H_{O_1})$ 关系式求得。对于不规则半日潮和不规则全日潮海区，按上述两式分别计算，然后取较大值作为最大可能潮差。我国沿海最大可能潮差分布如图10.17所示。在琉球群岛附近潮差约为2 m，向西北方向增加。在东海沿岸，等潮差线几乎与海岸线平行，并且沿靠近大陆方向，潮差显著增大。具体分布特征如下。

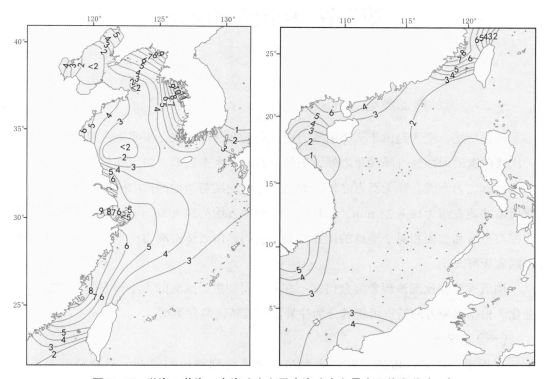

图10.17　渤海、黄海、东海（左）及南海（右）最大可能潮差（m）
（重绘自陈达熙等，1992；侯文峰等，2006）

（1）渤海潮差，中部为2 m，近岸约3 m左右，辽东湾顶部及渤海湾顶部较大，在4 m以上。

（2）黄海潮差，中央及山东半岛北岸为2～3 m，辽东南岸为3～8 m，山东南岸及江苏沿岸为4 m以上。

（3）东海浙江、福建沿岸为我国潮差最大的地方，大部分地区在7 m以上，特别是杭州湾澉浦，最大潮差为8～9 m。这一特点与地形有密切关系：当行进波传至海岸附近，由于水深逐渐变浅，潮波能量集中，使潮差迅速增大。

（4）南海潮差一般比东海要小。南海北岸，从台湾海峡到珠江口一带以及湛江湾附近，潮差较大，湛江湾附近约3.5 m，而海南岛东岸只有1.8 m。

（5）在潮波传播方向右边的潮差比左边的大，如黄海沿岸潮差大都有3～4 m，而朝鲜半岛西岸不少地方潮差有8 m以上；湾顶（里）比湾口的潮差大；近岸比外海的潮差大。

第五节　中国近海潮流

一、潮流的运动类型

如前所述，潮汐是由于天体引潮力引起的海面涨落现象。事实上，海面除每天有一次或两次的周期性升降现象之外，还伴随着海水水平流动。由天体引潮力产生的海水流动称之为潮流。除无潮点之外，潮流变化的周期与当地潮汐的周期相同。在半日潮周期的地方约为12 h 25 min，在日周期潮的地方约为24 h 50 min。潮汐和潮流的变化都与月球和太阳相对于地球的位置有关，它们是由天体引潮力产生海水运动的两种不同表现形式。

潮流现象要比潮汐现象复杂得多：在一个周期里，潮流的大小和方向都不断发生变化。根据潮流方向特点可将其分为往复流与旋转流两种类型。

（一）往复流

在近岸、海峡、港湾或江河入海口，潮流受到海岸的限制，只能沿着一条直线做往复运动。这种流称为往复流。由外海向近岸或港湾流动的潮流称为涨潮流，由海岸和港湾流向外海的潮流称为落潮流。在涨潮流与落潮流交替的时刻，流速为零，称为转流。

涨潮流速曲线的峰值称为最强涨潮流速；流向往复变化；潮流的周期与潮汐周期相同。

在河口地区，河流对往复流有重要的影响。它增大了落潮流速，同时延长了落潮流的时间，缩短了涨潮流的时间。

（二）旋转流

在外海或广阔的海区，潮流流向不再是往复的变化，而是在360°范围内做周期性的旋转。

旋转流无憩流现象发生，当流速最大时为最强潮流，当流速最小时为最弱潮流。最强潮流与最弱潮流的相互关系与往复潮流中憩流与最强涨落潮流的关系相同。在半日潮海区，最弱潮流与最强潮流每隔3 h左右交替地发生（图10.18）。

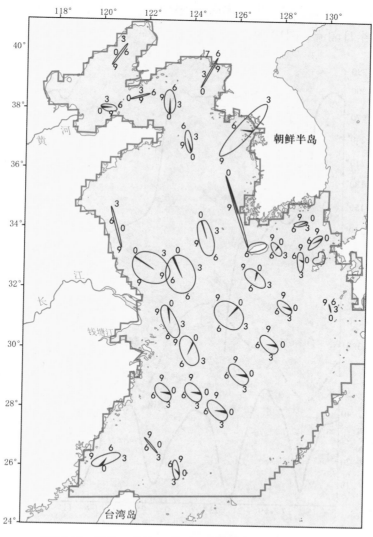

图10.18　渤海、黄海、东海的旋转流与往复流示意图
（重绘自侍茂崇等，2004）

255

旋转流流向的旋转方向，因受地形、科氏力的影响，有以下几种情况：

（1）因受科氏力的影响，在北半球一般为顺时针方向，在南半球为逆时针方向。

（2）因受客观地理条件的影响，其旋转可以是顺时针方向也可以是逆时针方向。

往复流、旋转流与潮汐变化存在着不可分割的关系。较强潮流常发生于大潮期间，较弱潮流常发生于小潮期间；天体近地点时，潮流较强；天体远地点时，潮流较弱。太阴赤纬最大时，潮流发生日潮不等现象。

通常半日周期潮汐显著的地方，当地的潮流也以半日周期为主；日潮显著的地方，当地潮流也以日潮为主。但是无潮点地区例外，半日无潮点地区潮位为日潮变化，而潮流是半日潮流（图10.19）。

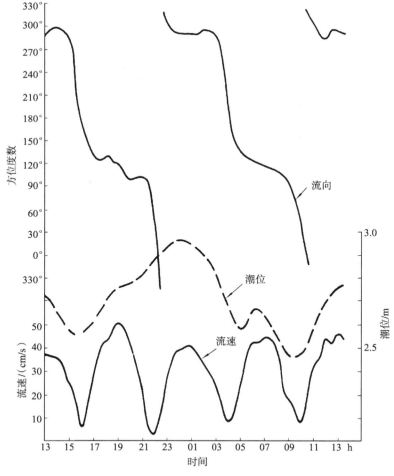

图10.19 东营港附近海区表层潮流
（引自侍茂崇等，1986）

二、潮流的性质

潮流也有正规半日潮流、不正规半日潮流、不正规日潮流和正规日潮流4种。在往复流海域，正规半日潮流，是一日内发生两次最强涨潮流及两次最强落潮流，且相邻的涨潮流速与落潮流速基本相等；正规日潮流，是一日内只发生一次最强涨潮流及一次最强落潮流；不正规半日潮流，是一日内虽然发生两次涨潮流和两次落潮流，但是流速大小悬殊；不正规全日潮流，是一日内虽然发生一次最强涨潮流和一次落潮流，但是其中还有一些半日潮流的波动干扰。

对于旋转潮流区，正规半日潮流，是一日内发生两个潮流椭圆，且潮流椭圆相等；正规日潮流，是一日内发生一个潮流椭圆；不正规半日潮流，是一日内发生两个潮流椭圆，但其大小悬殊。

在潮波以行进波形式传播的海域，其波形与水质点的运动关系和波浪相似。图10.20是行进潮波波形及对应的水平流速示意图，潮波向前传播，海水质点必循圆形轨迹移动。潮波波顶A点对应于高潮时刻，水分子向前运动，水质点的水平速度最大。在A点之后，潮渐低落，水平流速也渐减小。经过3 h左右，至B点（高潮与低潮中间时刻），只有垂直流速，无水平流速，潮流速度最小，称为憩流。憩流以后，潮流方向与波的前进方向相反，经过3 h左右，达到C点而为低潮，流速也是最大。最后至D点又成为转流。

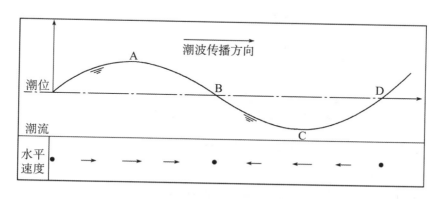

图10.20 前进潮波中水平流速分布

潮波以驻波形式出现的海域，转流时间发生在高潮和低潮时。所以在海岸附近的一定区域内，潮波以驻波形式存在。高潮和低潮时是转流时间。高潮与低潮中间时刻（海平面为平均海平面时）则出现最大流速，涨潮时向陆（进港），落潮时向外海流去。我国很多港口的潮流属于这类性质。

三、近海潮流特征

我国近海潮流情况比较复杂。图10.21给出渤海、黄海、东海和南海的潮流类型分布。渤海大部分海区具有不正规半日潮流性质，渤海海峡、山东半岛北端却为不正规日潮流；黄海东部及朝鲜半岛西岸，多为半日潮流，黄海西部及中国沿岸则以不正规半日潮流为主；台湾海峡以半日潮流为主；南海以不规则全日潮流和规则全日潮流为主，很少有规则半日潮流类型出现。

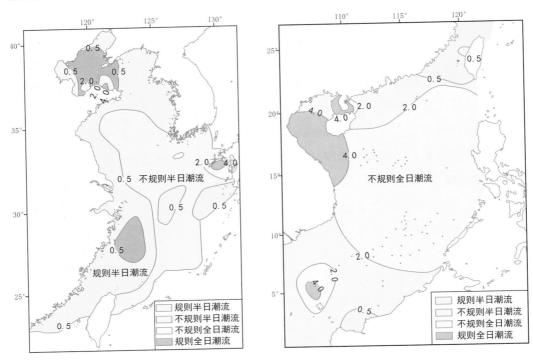

图中数据表示最大可能潮流速度（cm/s）

图10.21 渤海、黄海、东海（左）及南海（右）的潮流类型分布
（重绘自陈达熙等，1992；侯文峰等，2006）

黄海的潮流多为旋转式。流速中央小，近岸大，而东岸又比西岸大。在我国沿岸流速为0.5～1 m/s，在朝鲜半岛沿岸最大可超过1.5 m/s。东海的潮流在近岸多为往复式，在外海多为旋转式，但在长江口附近、佘山地区也为旋转式。流速一般也以近岸为大，外海较小。佘山地区最大流速可达2.3 m/s，杭州湾北岸东部地区最大流速可达3.1 m/s。东海近岸地区由于海湾、岛屿较多，潮流情况极为复杂。台湾海峡潮流为南北向，北面流速不超过1.0 m/s，澎湖以南海区流速可达1.5 m/s。南海潮流一般不大，湛江湾附近为0.75 m/s左右，海南岛北部琼州海峡最大潮流速度可达2 m/s，其他地区最强也只有0.5 m/s左右。

第十一章 海洋生物

第一节 生命的起源

一、生命的起源

什么是生命，是一个很难回答的问题。从古至今，曾有众多科学家、哲学家提出许多理论，如"自然力（odic force）""形质论（hylomorphism）""自然发生论（spontaneous generation）""活力论（vitalism）"等来诠释生命。然而，自古希腊哲学家亚里士多德首先尝试对生物进行分类（亚里士多德也是"自然发生论"的创立者），到瑞典植物学家林奈提出对生物进行系统分类的"双名法"，人类对生命的认识逐渐拓展、加深，并且不断有新的生命形式被发现。目前已知的"生命"包含植物、动物、原生动物、真菌、细菌、古菌等，很难提出统一的定义来界定极其复杂多样的生命形式。因此，较为公认的生命定义是描述性的：

"生命（life）"指与"物理实体（physical entity）"相对的实体。生命可以进行"生物活动（biological process）"，如生物信号的传导及自我维持等，而已经死亡的生命并不具有这样的能力。生命一般具有以下典型特征：

（1）内稳态（homeostasis）：无论外界环境如何变化，生命体能够保持体内环境的相对稳定，以维持正常的机体活动。

（2）有序结构（organization）：生命体的各组分严整有序地排列，构成一个或多个生命活动的最基本单元——细胞。

（3）新陈代谢（metabolism）：通过同化作用将外界能量、物质转化为细胞组分，通过异化作用将有机物分解，并最终将代谢产生的废物排出体外。

（4）生长发育（growth）：生命活动可以维持较高水平的同化和异化作用，生长中生命体的各个部分都会增长，而不是简单的物质的累加。

（5）适应性（adaptation）：生命可以对环境的变化做出反应，并逐步适应。

（6）应激性（response to stimuli）：生命体能够接受外界刺激并做出相应的反应。

（7）生殖繁衍（reproduction）：生命可以通过无性（一个个体）或者有性（两个个体）生殖方式产生新的个体。

二、古地球环境

地球自形成至今已经有约45亿年的历史。一般认为，在冥古宙时期，地球拥有小行星撞击的次生性大气。随后，地球逐渐冷却并在约44亿年前形成古海洋。此时距离地球形成仅仅过去2 000万年。地球在形成初期的约7亿年中，饱受太阳系形成初期所产生的陨石轰击。目前的主流观点认为，月球是由地球和一颗与火星大小相当的天体（忒伊亚，Theia）碰撞后产生的碎片形成的。此时的地球经常与大质量的天体碰撞，这类碰撞可以在短短数月之内将整个海洋蒸发，并彻底消灭任何生命形式。碰撞后海洋蒸发的水蒸气与气化岩石会形成高空云将地球彻底遮盖。在随后的几千年中，低空降水逐步降低云层的高度，经历数千年后，海洋会回到原始的状态，并在下一次碰撞后进入新的循环。早期研究中，人们普遍认为地球的原始大气主要由含氢的化合物构成，如CH_4、NH_3、水蒸气，而原始的生命就是在这种有利于有机分子合成的还原性大气中产生的。然而，近年来通过对古矿石的研究，获得了新的地球原始大气模型。通过对锆石（Zircon，一种岩石中普遍存在的矿物晶体，在火山成岩中作为副矿物产出，其质地非常稳定，在地质定年中起到重要作用）中铀元素定年分析可知，地球最早的岩石可能形成于40亿～45亿年前。对锆石的化学成分分析表明，锆石形成时地球温度相对较低，远低于人们想象的"熔岩地狱"。此时地球大气的主要成分也并非H_2、CH_4、H_2S等还原性气体，而是水蒸气、CO_2、N_2、SO_2等氧化性气体。

地球最早的生命迹象出现在约40亿年前。碳元素具有两种稳定同位素，生物酶在代谢^{12}C时会略快于^{13}C。因此早期岩石中出现的规律的碳同位素排列，即表明生命活动的进行。在格陵兰岛西南约37亿年前形成的岩石中，研究者发现了规律排列的石墨，表明生命可能在此时期就已经在古海洋中活动。在澳大利亚发现的锆石中，发现了生成于约41亿年前具有典型生命活动迹象的石墨晶体。2017年在加拿大魁北克发现的深海热液化石中，科学家发现了37.7亿～42.8亿年前生命活动痕迹，这表明地球上的原始生命在古海洋形成后就迅速出现（Dodd等，2017）。

三、生命起源的多种理论假说

（一）"原始汤"理论与"RNA世界"假说

1."原始汤"理论

"原始汤"理论是一种对生命诞生之时地球大气、海洋等环境的假设性描述。"原始汤"理论认为，早期地球大气中充满还原性无机气体，这些气体在物理作用（如紫外线照射）下，形成简单的有机分子并溶解在原始海洋、湖泊等水体中，在某些特定的局部（如潮间带等）形成富含有机物的"汤"，即"原始汤"。随后，这些相对简单的有机分子，如核酸、氨基酸等，进一步聚合成生物大分子并最终成为地球早期生命。

1924年，苏联科学家亚历山大·奥巴林（Alexander Oparin）在其撰写的《生命的起源》中首次提出，原始地球是一片"红热的海洋"，从地球内部喷涌而出的碳金属化合物与水反应后，可以形成碳氢化合物。碳氢化合物随后被空气中的O_2氧化成碳氧化合物（此时，奥巴林仍认为O_2是原始大气中的组分之一），即形成复杂生物大分子的"原料"。奥巴林指出，随着蛋白质及碳水化合物的形成，"原始汤"表面会迅速形成"凝胶状"液滴，这些液滴就是原始细胞的雏形。1929年，英国生物学家霍尔丹（Haldane）提出在没有O_2的还原性条件下，富含CO_2的原始大气可以在外条件驱动下合成有机化合物，并进一步形成"原始汤"。因此，"原始汤"理论也被称为Oparin-Haldane理论，其主要内容是：① 早期地球具有还原性气体构成的大气；② 大气中的无机小分子在紫外线照射、闪电等作用下形成简单的有机化合物；③ 这些小分子溶解在原始海洋、湖泊中并在某些地区（如海岸、火山、冰川等）浓缩形成"原始汤"；④ "原始汤"中的小分子在外部作用力的推动下进一步形成复杂大分子，并最终进化成生命。

1952年，芝加哥大学研究生斯坦利·米勒在他的导师哈罗德·尤里的协助下完成了著名的米勒-尤里实验。在充满CH_4、NH_3、H_2的体系（模仿地球原始大气）中，生成了甘氨酸、α-丙氨酸、β-丙氨酸等多种氨基酸，首次证实有机分子可以在原始地球环境中由无机分子在外界物理条件的作用下生成，给"原始汤"理论提供了重要的实验依据（Ferus等，2017）。

2. "RNA世界"假说

20世纪60年代以来，随着对古地球化学及生命科学研究的逐步深入，人们开始意识到"原始汤"理论存在严重的缺陷。首先，研究表明古地球大气充满来自火山喷发的CO_2、水蒸气、H_2、SO_2等氧化性气体，"原始汤"理论模型中的"高度还原性大气"实际上并不存在。其次，生命科学研究表明，地球所有生命都遵循"中心法则"，即遗传信息由DNA传递给RNA，再由RNA传递给蛋白质，而无法从蛋白质传递给DNA。"原始汤"理论假设首先生成氨基酸，随后生成蛋白质，这显然与"中心法则"相悖。

为了解决这一难题，美国的卡尔·沃斯（Carl Woese）、英国的莱斯利·奥尔格尔（Leslie Orgel）和弗朗西斯·克里克（Francis Crick）分别于1967年、1968年、1968年独立提出了"RNA世界"假说：在"原始汤"中溶解有大量的核糖核酸分子，这些分子在特定条件下聚合并逐步延伸，最终形成具有自我复制及催化能力的生物大分子（Woese等，1993；Orgel等，2003；Carter等，2016）。实际上，组成RNA大分子的"原料"——核糖核苷酸在宇宙中较为普遍地存在。卡拉汉等（2011）通过分析多枚陨石后发现部分陨石含有较为丰富的核酸碱基。2015年，美国航空航天局科学家报道了在实验室模拟外太空条件下生成了包括尿嘧啶、胞嘧啶、胸腺嘧啶等在内的DNA和RNA分子（Cottin等，2015）。

此外，类病毒的发现也给"RNA世界"假说提供了额外的证据。类病毒（或称拟病毒），主要是一类由环状、单链、非编码RNA构成的植物病毒。类病毒非常小，通常仅有246～467个碱基构成。1989年，美国的迪纳提出，类病毒可能是"原始汤"中最早的"活的复制子"（Diener等，2016）。

（二）"铁硫世界"理论与深海热液起源学说

1. "铁硫世界"理论

"原始汤"及"RNA世界"理论目前并不完备，存在诸多争议之处。例如，"原始汤"理论认为氨基酸或核苷酸需要达到极高的浓度才能够进行生物大分子的组装，然而到目前为止，没有地质学证据证明这样的地质环境曾经出现过；已经达到热动力学平衡的"原始汤"中，生成生物大分子的化学反应格外困难；合成生物大分子的反应需要有稳定的能量来源，而"原始汤"理论中所提出的闪电（时间短，能量密度过低）、紫外线（对核酸等生物大分子的破坏性强）、火山（反应剧烈，能量输出不够持续、稳定）等能量来源均无法满足生命产生并稳定进化的需求。

20世纪80年代，德国化学家兼专利律师金特·瓦赫特绍泽（Günter Wächtershäuser）

创造性地提出了一整套由FeS（硫化亚铁）催化还原CO_2形成有机分子的"硫化亚铁世界"理论（Wächtershäuser等，1992）。瓦赫特绍泽指出，在硫铁矿表面存在的FeS化合物可以催化无机分子到有机分子的转变。1977年，深海热液系统被发现。深海热液喷口温度可高达400℃，其中富含Fe、Ni、Mn等金属元素以及CH_4、H_2、CO_2等气体。美国的贝尔在1982年基于代谢优先"硫化亚铁世界"，提出了生命的"深海热液起源"理论，即在深海热液的环境中，热液流体中的CH_4、NH_3、H_2在热液的驱动和催化下，形成氨基酸分子，并进一步形成生物大分子（Bell等，1982）。

"硫化亚铁世界"理论与深海热液起源学说仍受到诸多质疑。首先，与取得巨大成功的米勒实验不同，FeS催化有机物生成在实验上遇到严峻挑战。实际上瓦赫特绍泽从未成功在实验室中利用FeS催化实现无机分子到有机分子转变。其次，深海热液喷口温度可高达400℃。斯坦利-米勒通过实验证实，在如此的高温下部分氨基酸会被迅速水解，无法形成具有生物活性的蛋白质。最后，深海热液喷口喷发寿命较短，通常在千年尺度。这样短暂的寿命无法维持从生命诞生到进化的过程。

2. 碱性热液烟囱

2000年，科学家们在一次大西洋的海底考察中，发现了一类与已知的深海热液黑烟囱明显不同的全新的深海热液烟囱：碱烟囱（Kelley等，2007）。碱烟囱与常规深海热液黑/白烟囱有显著区别。碱烟囱的温度一般为70～90℃，pH 9～11；碱烟囱的寿命可以长达数十万年，并形成巨大的烟囱体。更为重要的是，碱烟囱的烟囱壁微结构为疏松多孔的迷宫样结构，碱烟囱中温暖还原性碱性热液与周围1～5℃的冰冷海水在这些小孔中混合，形成显著的热量、pH及氧化还原势能梯度。这种微室结构与原始的化能自养细菌在结构上非常相似。因此，深海碱烟囱是生命起源的理想场所：碱烟囱微结构提供了类似细胞的结构，温和的热液形成的温度梯度使有机物在微结构高度浓缩，并为生命活动提供了驱动力；碱性热液流体形成的内外pH梯度显著降低了由无机物生成有机物的反应势能，同时，碱烟囱富含H_2、FeS等化学反应所必需的原料及催化剂。Herschy利用碱烟囱反应原理构建了小型模拟装置：以古海洋中深海碱烟囱可能具有的FeS_2/NiS_2界面层为催化剂，碱烟囱流体中富含的H_2、CO_2等无机分子为原料，在较短时间内就生成了简单的有机分子；同时，在类似碱烟囱的疏松多孔结构中，仅利用温度梯度即可将有机物奎宁的浓度在体系内部微室中高达数百万倍地富集（Herschy等，2014）。因此，"碱烟囱起源"成为近年来生命起源研究的又一重要研究方向。

四、早期生命进化

对化石证据的研究表明，地球大约有45亿年的历史。而在地球逐步冷却、古海洋形成后，生命活动的迹象很快就出现在化石证据中：2017年在加拿大魁北克省的努夫亚吉图克绿岩带发现的深海热液柱化石上发现了41亿～42.8亿年前微生物代谢活动的痕迹，是目前已知最早的生命活动的化石证据。在此后数亿年间，地球主要被细菌和古菌共存的生物膜（biofilm）占据（Westall等，2005）。大约在35亿年前，微生物中出现了光合作用：微生物利用光合作用合成生物质，并将这一过程中产生的"废弃"产物O_2排放到大气中，并在大约24亿年前导致"大氧化事件"。O_2的增加导致大气中的温室气体CH_4和CO_2显著减少，使得全球气候变冷，并在22.2亿～24.5亿年前进入休伦冰期；同时，O_2增加导致大量厌氧生物的灭绝，但同时也给多细胞复杂生命提供了生存、演化的条件（Hodgskiss等，2019）。

第二节　海洋生物的分类

海洋中的生物，顾名思义，指的是生活在海洋中的生物。其分类方式有很多种，这里介绍主要的两种。首先，海洋生物是生物，其分类也应该遵循生物的分类系统，这种分类就是海洋生物的生物学分类。其次，海洋生物生活在海洋中，与海洋的环境密切相关，因此，又可以从海洋生态学角度对海洋生物进行分类，这种分类就是海洋生物的生态学分类。

一、海洋生物的生物学分类

普遍认为，地球上的生物起源于海洋，因此，从生物门类上来说，海洋中的生物门类比陆地更多，类别更复杂多样。海洋生物的生物学分类与普通的生物分类十分相似，其详细的分类学介绍，包括分类学特征、系统发育关系和分类学地位、包括的主要类群、生态学和生物学特点、经济意义及与人类的关系等可以从普通生物学、普通动物学、普通植物学、生物分类学、动物分类学、植物分类学、微生物分类学等课程上或者相关的课本上学习，是一门课的内容。此处限于篇幅，不再详述，仅列出海洋生物主要门类的高级分类系统，重要或者主要的海洋生物门类的生物学和生态学特点在本节第二部分"海洋生物的生态学分类"中予以简介。

海洋生物主要门类的高级分类系统（参考刘瑞玉，2008；李新正等，2022）：

原核生物超界 Prokaryota

  细菌界 Bacteria

    绿细菌门 Chlorobi

    变形菌门 Proteobacteria

    厚壁菌门 Firmicotes

    放线菌门 Actinobacteria

    拟杆菌们 Bacteroidetes

    蓝细菌门 Cyanobacteria

真核生物超界 Eukaryota

  色素界 Chromista

    硅藻门 Diatomeae

    金藻门 Chrysophyta

    隐藻门 Cryptophyta

    黄藻门 Xanthophyta

    定鞭藻门 Prymnesiophyta

    褐藻门 Phaeophyta

  原生动物界 Protozoa

    粒网虫门 Granuloreticulosa

    双鞭毛虫门 Dinozoa

    放射虫门 Radiozoa

    纤毛门 Ciliophora

    渗养门 Percolozoa

  真菌界 Fungi

    接合菌门 Zygonycota

    子囊菌门 Ascomycota

    担子菌门 Basidiomycota

    半知菌门 Diuteromycotina

  植物界 Plantae

    红藻门 Rhodophyta

    绿藻门 Chlorophyta

蕨类植物门 Pteridophyta

被子植物门 Magnoliophyta

动物界 Animalia

多孔动物门 Porifera

栉水母动物门 Ctenophora

刺胞动物门 Cnidaria

异无肠动物门 Xenacoelomorpha

两胚动物门 Dicyemida

扁形动物门 Platyhelminthes

环节动物门 Annelida

星虫动物门 Sipuncula

纽形动物门 Nemertea

头吻动物门 Cephalorhyncha

颚咽动物门 Gnathostomulida

腹毛动物门 Gastrotricha

微轮动物门 Cycliophora

轮虫动物门 Rotifera

内肛动物门 Entoprocta

线虫动物门 Nematoda

线形动物门 Nematomorpha

棘头动物门 Acanthocephala

缓步动物门 Tardigrada

软体动物门 Mollusca

节肢动物门 Arthropoda

直泳动物门 Orthonectida

微颚动物门 Micrognathozoa

苔藓动物门 Bryozoa

腕足动物门 Brachiopoda

帚形动物门 Phoronida

毛颚动物门 Chaetognatha

扁盘动物门 Placozoa

棘皮动物门Echinodermata

半索动物门Hemichordata

脊索动物门Chordata

二、海洋生物的生态学分类

海洋生物的生态学分类是根据海洋生物所处的环境进行的。宏观上，世界上的海洋可以被划分为一系列的海洋环境。最基本的划分方法是将其划分为海水环境和海底环境两大部分［见张荣华、李新正、李安春等译《海洋学导论》（2017）］。海水环境包括了从海洋表面到海底的整个水体。海底环境则包括了潮间带、珊瑚礁、深海海床、海渊等在内的海洋底部。

海水环境中生活着两大类的海洋生物。一类称作浮游生物，是指那些自身力量无法对抗海流的运动，因而只能被动地漂浮移动的生物。浮游生物的种类包括单细胞藻类、放射虫和水母等。另一类称作游泳生物，是指那些与浮游生物相比，自身力量强壮到足以对抗海流的运动，能够独立自由游动的生物。游泳生物的种类包括鱼、鱿鱼和海洋哺乳动物等。

生活在海底的植物或动物统称为底栖生物。包括附着生活的藻类以及巨藻、海草、红树等，固着生活的动物，如海绵、藤壶和在基质表面或内部生活的动物（如海胆、多毛类动物、蟹类等）。

（一）浮游生物

浮游生物包括所有漂浮生活于水体中的藻类、动物以及细菌等生物。浮游生物并非不能游泳。事实上，许多浮游生物可以游泳，只是游泳能力很弱或者仅能做垂直运动。因此，浮游生物不能自行决定它们在海洋中的水平位置。

1. 浮游植物的主要类群

单细胞的微型藻类是浮游植物的主要成员，包括硅藻、颗石藻、甲藻等。微藻可以直接或者间接地作为99%的海洋动物的食物来源。多数微藻悬浮生活在上层海洋中，只能随海流迁移。但在阳光可以到达的浅水海底，也生活着部分微藻。

（1）硅藻是一类很重要的单细胞浮游植物，细胞大小不等，从2 μm到超过1 000 μm，一些物种聚集在一起，形成较长的链状或其他形式。硅藻因其具有硅质的外骨骼而得名，骨骼中的SiO_2含量占细胞干重的40%～50%。硅藻壳有各种形状，但是都由上下两个半壳扣在一起组成。单个细胞包被在这样的壳中，通过上面的孔与周边海水交换营养物质和排泄物。自白垩纪（大约1亿年前）起，硅藻在海洋中的含量就很丰富，通过长期的地质作用，硅藻的外壳沉淀到海底形成的沉积物称为硅藻泥。一些硅藻泥被地质构造力抬升到海平面以上，可以用作过滤装置或者其他用途。

（2）颗石藻外被小的钙质盘片，是由$CaCO_3$构成的球石粒状的微藻，其钙质盘片的形状和排列方式是用于鉴定的重要形态特征。大多数颗石藻的个体小于20 μm，无法用浮游生物网捕获。颗石藻分布较广，但多数生活在温带和较温暖的表层水中，并且可以适应较低的光强度条件。颗石藻死亡后，其外壳沉入海底，海底的钙质沉积物也有相当一部分来自它们。

（3）甲藻是仅次于硅藻的最丰富的海洋浮游植物类群。这些单细胞藻类通常单独存在，只有少数物种可形成链状。甲藻具有小型的鞭状结构，称为鞭毛，因此有微弱的运动能力，能够主动移动到更加适合光合作用的区域。通常，甲藻分为有外壳的种类和细胞裸露的种类，前者细胞壁有原生质分泌的较厚的表质膜，后者则无较厚的表质膜。甲藻的壳是纤维素质的，可以被生物降解，从而难以在海底沉积物中长期保存。

在条件合适情况下，浮游植物会突然大量繁殖。在某些情况下，快速繁殖的甲藻体内的红棕色色素明显地使水着色，产生所谓的赤潮。赤潮始于甲藻数量的突然增加。当水中甲藻的浓度为$(2\sim5)\times10^5$个/L时，会呈现出明显的颜色。当赤潮暴发时，甲藻的浓度可以达到10^8个/L。多数赤潮尽管对海洋动物和人类无害，但却能造成海洋生物的大量死亡。当水中的营养物质被消耗殆尽，大量甲藻死亡，细菌分解有机物质消耗了可用的O_2，导致水中的鱼类等生物由于缺氧而死亡。另外一些情况下，某些赤潮甲藻能够产生一类被称为贝类毒素的神经毒素。有毒的甲藻被一些浮游动物和滤食性的贝类如蛤、贻贝、扇贝、牡蛎摄入。人类如果食用了被毒素污染的贝类，会产生如语言不连贯、动作不协调、眩晕和呕吐等与醉酒很相似的症状，被称为麻痹性贝类中毒，严重时甚至会导致死亡。

2. 浮游动物的主要类群

（1）异养甲藻是最小的浮游动物，包括部分或全部异养的甲藻。它们通常以细菌、硅藻、纤毛虫等为食。其中，最著名的异养甲藻是夜光藻（*Noctiluca scintillans*），通常为直径1 mm或更大的凝胶球体。夜光藻往往在靠近海岸处密集成群，以硅藻、其他浮游植物和小型浮游动物（包括鱼卵）为食。

（2）鞭毛虫是分类学上多样性很高的原生动物类群，是一类有鞭毛的严格异养的生物。它们缺乏光合色素，以细菌和碎屑为食物。虽然它们个体很小（通常2～5 μm），但是其潜在的高生育率和可以在有利的环境下大量繁殖，细胞数量占到微型浮游动物的20%～80%。因此，它们可以作为其他浮游动物的重要食物来源。

（3）有孔虫通常有具小孔的钙质外壳，内部通常由一系列的腔室组成。直径大小从30 μm到几毫米。通过伸出小孔的细长的伪足捕食细菌、浮游植物或小型浮游动物。有孔虫通常居住在1 000 m以上的水层。它们死后留下的钙质外壳沉降并在海底大量堆积，形成沉积物，被称为有孔虫软泥。

（4）放射虫（图11.1）是一类球形的原生动物，具有SiO_2构成的多孔胶囊状外壳。大多数是杂食性的，它们用分支的伪足捕获食物，食物包括细菌、其他原生生物、小型甲壳动物以及浮游植物（特别是硅藻）。直径大小从约50 μm到几毫米，一些物种可以形成长1 m左右的群体。放射虫分布在所有海域，在寒冷的水域尤其常见，许多是深海物种。由这些原生动物的硅质遗骸组成的沉积物被称作放射虫软泥。

Euphysetta elegans,×280

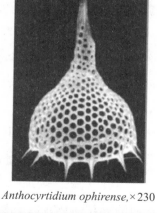

Anthocyrtidium ophirense,×230

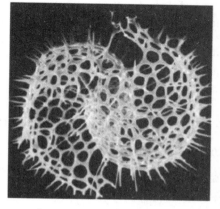

Larcospira quadranqula,×190

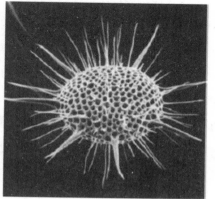

Heliodiscus asteriscus,×200

图11.1 放射虫的形态
（仿张荣华、李新正、李安春等，2017）

（5）浮游的纤毛虫在所有海域都有分布，并且数量非常丰富。所有的种类都通过纤毛运动，有些种类有口部纤毛，用于捕捉食物。纤毛虫以小型的鞭毛虫、硅藻、细菌等为食。砂壳纤毛虫（Tintinnids）以其由蛋白质组成的花瓶状外壳而闻名。因为这种物质是可生物降解的，所以它们的壳不存在于沉积物中。尽管砂壳纤毛虫个体很小（直径20～640 μm），但有着相当广泛的生态意义，因为它们在开放的大洋和沿岸海域都有广泛的分布。在沿岸海域，砂壳纤毛虫能消耗40%～60%的浮游植物，相应地，它们也为各种中型浮游动物提供了大量的食物。

（6）水母类在开放的大洋和沿岸海域都十分常见。一些种类为终生浮游性的，但另一些在其生活史内有无性的水螅型底栖阶段，因此它们的水母型为阶段浮游性的。水母都是肉食性的，通过具有刺细胞的触手捕捉各种浮游动物。它们的直径范围从几毫米到2 m，如北极霞水母（Cyanea capillata）。有一些管水母种类的个体能够联合起来形成整个有机体。僧帽水母是一种生活在热带的管水母，它的触手很长，可以延伸到水深10 m以下。它能够捕捉相当大的鱼。游泳者被蜇后也会感到十分疼痛。然而，与之相比，箱水母要危险得多。生活在澳大利亚热带海域的箱水母（Chironex fleckeri）是地球上最"恶毒"的动物之一。这种"海黄蜂"可在4 min内致人死亡。

（7）栉水母与水母关系密切，虽然它们的身体也是柔软透明的，但身体结构与水母截然不同。栉水母通过8排融合的纤毛（称栉板）游泳。与水母一样，栉水母也是食肉动物，但它们缺乏刺细胞。某些栉水母［如侧腕水母（Pleurobrachia），图11.2］用成对的具黏细胞的触手来捕捉猎物；有些栉水母［如兜水母（Bolinopsis）］用大的带纤毛的口前叶捕获食物。这些栉水母捕食鱼卵和鱼类幼体，还与幼鱼争夺较小的浮游动物（如桡足类），从而对鱼类种群有显著影响。另一些栉水母［如瓜水母（Beroe），图11.3］缺乏触手，它们用大的口吞噬猎物。

（8）毛颚动物，俗称箭虫，是一类大型肉食性浮游动物类群。这些雌雄同体的动物分布于海水表层至几千米的深海。它们有着透明、细长、流线型的身体，体长通常小于4 cm。它们经常在水中静止不动，但能在追捕猎物时快速运动。它们用位于口前端的几丁质颚刺捕获食物，主要是体形较小的浮游动物、桡足类和鱼卵仔鱼。毛颚类似乎对食物没有选择性，因而其食物类型能够反映当地被捕食对象的相对丰度。

图11.2　侧腕水母的形态
（仿Lalli和Parsons，1997）

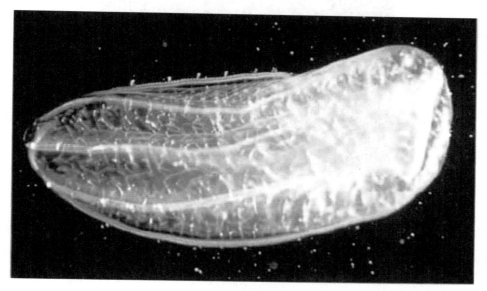

图11.3　瓜水母的形态
（仿Lalli和Parsons，1997）

（9）浮蚕类是终生浮游的海洋蠕虫，通常数量很少。隶属多毛类动物（polychaete）的浮蚕属（*Tomopteris*，图11.4）。它总共有50余种，肉食性，在全世界海域均有分布。

271

图11.4　生殖浮蚕（*Tomopteris helgolandica*）的形态

（仿Lalli和Parsons，1997）

（10）异足类软体动物中少数终生浮游性的种类约30种。这类软体动物与蜗牛亲缘关系较近，以波浪状游动的方式浮游（图11.5）。它们的外壳螺旋状，常退化或缺失，身体呈透明状，最大可达50 cm。所有的异足类有发达的双眼，依靠视觉捕食其他浮游软体动物、桡足类、毛颚类动物或水母。异足类通常存在于海洋温暖水域，但和许多食肉浮游动物一样，数量并不是很多。此外，异足类的碳酸钙外壳有时会存在于海底沉积物中。

图11.5 异足类的形态

（仿Lalli和Parsons，1997）

（11）翼足类也是终生浮游性软体动物。它们大多数有一个薄的钙质外壳，直径从几毫米到约30 mm（图11.6）。较原始的种类外壳通常是螺旋形的，但更进化的种类外壳有各种形状和颜色。翼足类用成对的翼或翼板游动，这一结构是由底栖生活的软体动物祖先的足特化而来的。尽管结构相当多样，但翼足类均以悬浮物为食。它们产生大量黏液，保持静止不动，像一张水中的网。当网里充满了被黏液缠绕的有机体时，它们将网收回并摄食。翼足类的食物包括浮游植物、小的浮游动物和有机碎屑。翼足类有时在真光层非常丰富，尤其是那些生活在两极的种类。一些翼足类还是中上层鱼类的重要食物来源，包括重要的经济鱼类，如鲭鱼、鲱鱼和鲑鱼。死去的翼足类的碳酸钙外壳最终会下沉堆积，在一定区域内形成的沉积物被称为翼足类软泥。

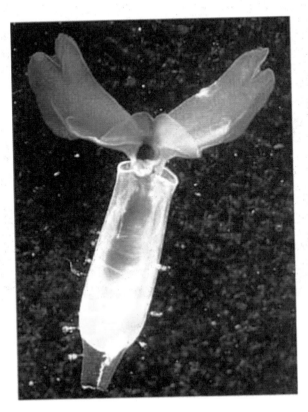

图11.6　翼足类的形态
（仿Lalli和Parsons，1997）

（12）桡足类是浮游甲壳动物的代表种类，其中最丰富的是哲水蚤目（Calanoida）。这些自由生活的桡足类存在于所有的海域，通常占网采浮游生物量的70%以上。身体长度一般小于6 mm，但有些种的体长可以超过1 cm。多数以浮游植物，特别是硅藻为食，一些食性为杂食性或肉食性的种类，以小型浮游动物为食。剑水蚤目（Cyclopoida）的种类主要生活在底栖藻类或沉积物上，少数为浮游种类。但是某些小型浮游种类，如长腹剑水蚤属（*Oithona*）和隆水蚤属（*Oncaea*）的数量却很多。猛水蚤目（Harpacticoida）的种类体形较小（体长<1 mm），主要生活在沿岸底部。一些种类为分布种，有些种在某些季节和地区数量庞大，生物量很高。

（13）磷虾是另一类重要的浮游甲壳动物。这些形似小虾的动物体长通常在15～20 mm，有些种类超过100 mm。南极磷虾（*Euphausia superba*）是南极海洋中许多大型动物的主要食物，并且本身也是一种渔业资源。磷虾是北大西洋、北太平洋和北冰洋开放水域浮游动物生物量的主要组成，它们也是许多鱼类（如鲱鱼、鲭鱼、鲑鱼、沙丁鱼和金枪鱼）以及海鸟的重要食物。磷虾一般为杂食性，食物组成包括有机物碎屑、浮游植物和各种小型浮游动物。较大的物种也能以幼鱼为食。

（14）端足目（Amphipoda）以其侧扁的身体区别于其他甲壳动物。它们通常只占浮游动物总数很小的一部分。该物种的成体是自由生活的肉食性动物，以桡足类、毛颚类、磷虾和小鱼为食。然而，许多远洋的种类常附着在管水母、栉水母或海鞘上，捕食其他动物或营寄生生活。

（15）糠虾类是浮游甲壳动物组成的一部分。这种像虾一样的动物大部分时间待在海底，但在夜间或繁殖时升上水面。一些物种生活在海水表层，但大多数生活在更深的地方。个别资源最丰富和最常见的种类生活在河口或近海，在亚洲的一些地区被作为渔业资源。

（16）介形类通常是浮游动物的次要组成部分。这些动物有一个独特的双瓣的外壳，身体可以藏在内部。大多数物种个体相当小，除了深海分布的巨海萤属（*Gigantocypris*，直径均超过20 mm）。对介形类的食性研究很少，有些物种被视为食腐动物。

其他的浮游甲壳类还包括樱虾类、枝角类、涟虫类、等足类等。其中多数种类属于底栖生活种类，少数营浮游生活。

（17）尾索动物有两类是海洋浮游动物的重要成员，即有尾类和海樽类。有尾类与底栖生活的海鞘关系密切。有尾类的身体看起来像一个蝌蚪，它由一个大的圆形躯干组成，包含所有的主要器官和一个肌肉发达的尾部（图11.7）。大多数物种分泌黏液构成一个球体，可以看作是它们居住的"房子"。通常它们的身体只有几毫米长，而"房子"长度可以从约5 mm到40 mm。尾部运动产生一股水流进入黏液形成的"房子"，当水从"房子"里流过时，浮游生物和细菌会被过滤收集和运输到口中。有尾类生长迅速，世代时间短，在沿海海域和大陆架上是最常见的浮游动物，密度可达5 000个/m³。海樽类（Salps）构成了另一类浮游尾索动物，但这些动物通常只存在于温暖的水域或靠近表层的水域。樽海鞘有一圆柱形、两端开口的胶状身体。通过肌肉挤压水流来实现运动。水流也会使食物颗粒进入身体，与体内分泌的黏液网接触，纤毛将食物包在黏液中，输送到食道。海樽类的食物主要由浮游植物和细菌组成。海樽类往往形成集群且进食率高，其摄食活动可显著降低周围水体中小型生物的浓度。樽海鞘有一个不寻常的生命周期：有性生殖与无性出芽生殖交替。每一种樽海鞘有两种不同的形式：无性独立芽状个体形式（长1~30 cm），上百个芽可以连在一起形成长达15 m的链；每一个链状聚集体内的个体都是雌雄同体的，会产生精子和一个卵子。自体受精通常不会发生，因为卵子和精子在不同的时间成熟。异体受精后胚胎在母体内生长并最终穿过母体的体壁，成为一个新的自由生活的独立芽状个体。

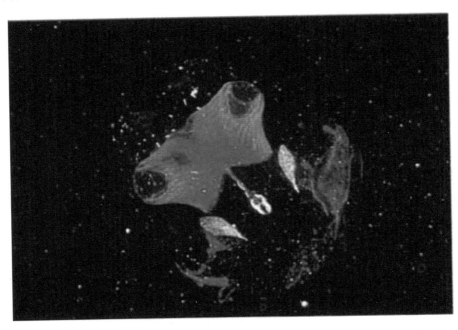

图11.7　有尾类的形态
（仿Lalli和Parsons，1997）

（二）游泳生物

游泳生物指那些运动器官发达，能够在海流中通过游泳或者其他驱动方式独立运动的生物。它们不仅可以决定自己在海洋中的位置，很多种类还可以大尺度迁徙。游泳生物包括成体海洋鱼类、海洋哺乳类、海洋爬行类以及很多海洋无脊椎动物，如乌贼和虾类。

1. 甲壳动物

95%的市售甲壳类是通过底栖拖网捕获的。磷虾作为一种数量丰富的可利用渔业资源被给予了相当多的关注。磷虾已经具有了一定的游泳能力，因此在生态学研究中，既将其作为浮游动物，也作为游泳动物。南极磷虾作为须鲸类的主要食物，虽然很少被人类食用，但可以干燥加工成家畜、家禽和养殖鱼类的饲料。另一种商业化捕捞的磷虾——太平洋磷虾（*Euphausia pacifica*），主要分布在日本东北部沿岸，这种特殊的渔业资源在春季数量丰富，每年约有60 000 t的收获量被加工用作鱼饲料。磷虾能够提供丰富的蛋白质和维生素A。

2. 头足类

鱿鱼、乌贼和章鱼是软体动物头足类的成员。鱿鱼的捕获量占头足类捕获量的大约70%。据估计，每年捕获的鱿鱼总量约为1 000万t。鱿鱼的体长从几毫米到十几米，大王酸浆鱿和大王乌贼是迄今记录到的个体最大的无脊椎动物。鱿鱼捕食时会使用它们末端带有吸盘的2条长口腕和8条带吸盘的短口腕将食物送到口里，在口里有一个类似鸟喙的口器将食物压碎。鱿鱼通常每天吃相当于自身体重15%～20%的食物，食物包括各种浮游动物以及小鱼。

3. 海洋爬行类

只有少数爬行动物适应了海洋环境，其中最具代表性的是海龟。海龟通常生活在热带水域，有些会迁徙或随海流来到温带海岸。为了产卵，海龟都要进行长时间的迁徙返回陆地，在特定的沙质海岸筑巢。海龟的存活率很低，海龟蛋会被捕食者吃掉或被人类盗挖。新孵出的小海龟也有很高的死亡率，它们会被鸟类和螃蟹捕食。由于人类为了获取肉类和可作为装饰品的外壳，成年海龟已被捕杀得几近灭绝。目前，所有海龟都是濒危和受保护物种。

此外，海洋爬行类还包括海蛇，它们生活在印度洋和太平洋的温暖浅海。海蛇是眼镜蛇的近亲，都是剧毒蛇类。海洋爬行类中还有一种以大型海藻为食的鬣蜥，生活在科隆群岛（加拉帕戈斯群岛）。另外，一些种类的鳄鱼生活在沿海的咸水。体形最大的是在澳大利亚由于有攻击人类的记录而"臭名昭著"的湾鳄（*Crocodylus porosus*）。

4. 海洋哺乳类

海洋哺乳动物分为3个目，分别从不同的陆生动物祖先独立进化而来，适应了海洋生活，分别是鲸目（Cetacea）、鳍足目（Pinnipedia）、海牛目（Sirenia）。它们都具有哺乳动物的共同特性，如恒温、产生乳汁哺育幼崽、用肺呼吸等。

鲸目动物包括鲸、海豚和鼠海豚。它们的祖先大约在5 500万年前进入海洋。体形较大的一类属于须鲸亚目（Mysticeti），包括有史以来最大的动物——蓝鲸，其体长可以达到31 m。和最大的鲨鱼——鲸鲨一样，须鲸主要以浮游动物为食。它们通过专门的角质板——鲸须来滤食。座头鲸和长须鲸能够捕获相对较大的鱼群，如鲭鱼群、鲱鱼群，灰鲸可以捕食底栖动物。一些大型须鲸（如灰鲸、座头鲸）进行长距离的季节性迁徙，通常冬季在热带水域繁殖，夏季在极地捕食。小型的鲸类不进行长距离的迁移，但会根据食物和环境的不断变化进行移动。齿鲸亚目（Odonticeti）的所有种类都具有牙齿和单个呼吸孔，而须鲸有两个。齿鲸包括海豚、鼠海豚、逆戟鲸和抹香鲸等。齿鲸是食肉动物，捕食鱿鱼或鱼。虎鲸甚至以其他鲸、海豹和海狮为食。和须鲸亚目不同，齿鲸亚目的动物不仅限于捕食海洋表层的猎物，它们还能潜入几百米的水下捕食。抹香鲸是海洋哺乳动物中最深潜水纪录的保持者，它们为了寻找巨型乌贼能下潜到海面2 200 m以下。一些齿鲸依靠回声定位捕食，它们发出声波脉冲并接收反射的回声。此外，还有一些种类有合作捕食的行为。

鳍足目动物包括海獭、海豹、海狮和海象。与鲸鱼不同，这些动物会在陆地或浮冰上待一段时间，聚集繁殖和休息。鳍足类动物在世界海洋中均有发现，还有一个生活在贝加尔湖的淡水种类，在南北极冷水区的种类和数量最多。鳍足类动物主要以鱼或鱿鱼为食，但海象也以用长牙来挖掘海底软体动物和其他底栖动物为食。鳍足类动物通常成群地生活和移动，有些种类可在海上进行长时间的迁徙。

海牛目动物包括海牛和儒艮。它们是唯一的草食性水生哺乳动物，它们以较大的水草，而非藻类为食。对食物的要求限定了它们生活在沿海水域、河口和河流等浅水中。所有海牛目动物都居住在温暖的水中，并且从不上岸。海牛和儒艮是高度社会化的动物，通常组成一个小家庭群居生活。海牛目动物的生存压力巨大，一方面，它们的近海栖息地很容易遭到破坏，另一方面，它们性情温和且行动缓慢，肉、油和皮价值很高，经常遭到人类捕杀而导致数量锐减。其中，斯科特海牛（*Hydrodamalis gigas*）就因为人类捕杀而在1768年灭绝。

5. 海鸟

海鸟和海洋爬行动物以及海洋哺乳动物一样，是从陆地鸟类进化而来，适应海洋生活的鸟类，约占世界鸟类种类数的3%。那些高度适应海洋环境的海鸟包括海雀、信天翁、海燕、企鹅等，这些种类有50%～90%的时间都生活在海上或者海水里。另一些海鸟，像矶鹬，食物依赖于海洋，却不会游泳。

虽然海鸟遍布世界各地，但大规模的种群主要分布在生产力丰富的海区，因为那里的食物丰富。南极有数以百万计的企鹅，它们以大量的磷虾、丰富的鱼类和鱿鱼为食。在南美西部沿岸上升流区同样分布着数量众多的海鸟。而在热带低生产力海区，海鸟数量则少得多。海洋的季节性变化环境会反映在海鸟的分布上，一些海鸟会进行长距离的年度迁徙以寻找食物和适合繁殖的栖息地。

6. 海洋鱼类

鱼类是海洋脊椎动物中种类最多、数量最大的一类生物，也是一类最重要的游泳生物。可以分为3个纲：

（1）圆口纲，包含了最原始的鱼类，如七鳃鳗和盲鳗。圆口纲起源于5.5亿年前的寒武纪，现存大约50种。盲鳗和七鳃鳗的身体细长，缺少鳞片，口部被吸盘环绕。盲鳗钻入死亡或垂死的猎物身体内，食用其内脏；七鳃鳗依靠吸盘吸附在其他鱼类体表，摄食寄主的肉和体液。所有的盲鳗都生活在海洋，而七鳃鳗的有些种能够生活在淡水里。

（2）软骨鱼纲，包括鲨鱼、鳐、魟。它们的特征是具有软骨骨骼，缺少鳞片。软骨鱼同样是一个古老的类群，起源于大约4亿5 000万年前，目前有约300种。鲨鱼通常被认为是快速游动的大型食肉动物，但也有部分种类是食腐动物。然而，最大的鲨鱼却十分温顺，以浮游生物为食，包括姥鲨（*Cetorhinus maximus*）和鲸鲨（*Rhincodon typhus*），体长分别能达到14 m和20 m。鳐身体扁平，大多数都生活于底层，捕食底栖生物（特别是甲壳类、软体动物和棘皮动物），少数捕食鱼类，但是某些大型蝠鲼以浮游生物为食。

（3）硬骨鱼纲，具有硬骨骨骼结构。这是进化最成功的一个类群，包括大多数的现生鱼类，有20 000多种海洋物种，大约起源于3亿年前。其中最常见的是商业捕捞鱼类，由于其在经济上的重要性，人们对这些种类的生物学特征了解更多。体形较小的硬骨鱼类，包括鲱鱼、沙丁鱼和凤尾鱼，通常以浮游生物为食，这些鱼处于较低的营养级，但数量较大。体形较大的硬骨鱼类，如鳕鱼，稚鱼以小型浮游动物为食，幼鱼时期转而捕食较大的浮游动物（如磷虾），成年后以其他鱼类为食。最大的远洋鱼类是肉食性物种，如金枪鱼和梭鱼。一些鱼，如鳕鱼和黑线鳕，能够分别在水中捕捉鱼和在海底捕食无脊椎动物。真正的底栖鱼类终生在海底生活，有些（如舌鳎）以底栖生物（软体动物、多毛类、甲壳动物）为食，另一些（如比目鱼）以更小的鱼为食。生活在特殊的底栖生境（如珊瑚礁）的鱼类，专门以珊瑚虫和珊瑚礁上的动植物为食。和大多数其他动物一样，最大的鱼类种群分布在温带水域，但热带和亚热带水域鱼类的物种多样性更高。

居住在较深水域（>300 m）的鱼类种类不多，并且没有广泛被商业利用。生活在海洋中层（1 000 m左右）的鱼，种类和数量最多的是巨口鱼和灯笼鱼。生物发光现象在这两类鱼中很常见，它们的发光器官含有共生的细菌，产生的光线可以用来引诱或寻找猎物，或者在深处的黑暗中找到配偶。中层鱼大多数体形较小，成体体长25～70 mm，最大的中层种类大约有2 m长。许多巨口鱼有着延长、流线形的身体，但灯笼鱼有着大的、指向上方的眼睛和侧扁、方形的身体。巨口鱼通常有典型的大颌和许多锋利的牙齿，它们以浮游动物、鱿鱼和其他鱼类为食。有些种类能将下巴张得很大，以吞下大的猎物。还有许多种类具有可膨胀的身体，以适应较大的食物。

（三）底栖生物

底栖生物是指那些生活在海底表面或沉积物中的生物。底栖生物种类繁多，在250 000种已知的海洋生物中，完全营底栖生活或生活史中有底栖生活阶段的海洋生物种类占98%。为什么大多数海洋生物栖息于海底？这是因为海洋底栖环境复杂多样，为生物生存提供了不同的生境。而水体中，特别是表层水以下阳光照射不到的环境，即使在距离很远的区域之间，环境也相差不大，所以生物不需要为了适应不同的环境而产生新物种分化。

和浮游生物一样，底栖生物通常可以被分为底栖植物和底栖动物两大类。

1. 底栖植物的主要类群

底栖植物指附着在海底或生活在沉积物中的各种海洋植物，包括微型底栖植物、大型藻类和部分种子植物。由于需要进行光合作用，所有种类都被限制在真光层，也就是只分布在潮间带和潮下带浅水区。

（1）微型底栖植物包括某些硅藻（如羽纹硅藻）和甲藻类，生活在沙砾、泥滩或其他底质（如大型藻类叶片）的表面，还有一些与珊瑚虫共生（如虫黄藻）。它们的数量很大，是浅水区初级生产力的重要组成部分。

（2）大型藻类在很大程度上可以根据它们所含色素的颜色进行分类。尽管现代海藻分类使用的特征不只是颜色，但根据颜色进行划分仍然是一种描述不同海藻类型的有效方法。

褐藻属于褐藻门，包括种类最多的固生海洋藻类。它们的颜色从很浅的褐色到黑色。褐藻主要生长在中纬度冷水区域。褐藻类大小不一，变化范围较大。巨藻是体形最大的类群之一，它们能够生长在水深超过30 m的海域，其顶端一直延伸到海面上，形成大型的水下森林。巨藻是一些食草动物的直接食物来源，它们也形成丰富的碎屑，最终被食腐动物摄食。巨藻形成的水下森林称为巨藻林，是海豹、鱼类、甲壳动物和软体动物等大量动物的栖息场所，形成生物多样性很高的巨藻林生物群落或生态系统。

绿藻在淡水环境中非常普遍，但是在海洋中的种类却不多。多数海洋种类生活在潮间带或者浅水海湾中。因体内含有叶绿素而呈现绿色。体形要比褐藻小，体长很少超过30 cm，形状有分支状和薄的片状。有些大型绿藻暴发式藻华会形成严重的海洋生态灾害，如浒苔造成的绿潮灾害。

红藻是数量最丰富、分布最广泛的大型海洋藻类，有超过4 000种广泛分布在从潮间带最上缘到潮下带最外缘的各种生境中。很多附着在海底生活，呈分支或者硬壳状。在淡水中极为罕见。大型海藻的体长有的可以长到约3 m。红藻的颜色变化较明显，取决于生活的水深：在上层光线充足的海域，呈绿色到黑色或者略带紫色；在光线较少的深水中，呈褐色到肉红色。

不同的底栖植物分布在不同的潮位，这种分布特征是由它们吸收特定波长光的能力不同决定的。绿藻通常生长在浅水中，其所含的色素能吸收长波长和短波长的光。褐色和红藻也含有叶绿素，但所含的其他色素掩盖了绿色。与绿藻相比，褐藻多分布在较深的水层，其主要色素——岩藻黄素，能更高效地捕捉蓝绿光。一些红藻是典型的潮下带种类，所含的藻红蛋白和藻蓝蛋白能够有效地吸收叶绿素a无法吸收的水下光线。

（3）种子植物中只有少数能够在海洋环境中生存，且仅仅在沿岸浅水区有分布。比如大叶藻［大叶藻属（Zostera）］是一类具有真正的根，像草一样的植物，主要生长于水文条件稳定的海湾和河口区。拍岸浪草［虾海藻属（Phyllospadix）］也具有真正的根，也能产生种子，经常出现在能量较高的开放礁石海岸。其他的海洋种子植物包括互花米草［互花米草属（Spartina）］，只出现在盐沼区；而红树林湿地里主要包含红树［红树属（Rhizophora）和白骨壤属（Avicennia）］。所有这些植物都能为生活在近岸环境中的海洋动物提供食物和保护。

2. 底栖动物的主要类群

（1）原生动物（Protozoa）是非常重要的底栖动物。有孔虫是最常见的底栖原生动物，目前有几千个已描述的底栖种类，是微型和小型底栖生物的重要组成部分，尤其是在深海沉积物中。有孔虫虽然属于单细胞生物，但个体不一定很小，有些甚至能长到25 mm。一般来说，它们以浅水处的底栖硅藻和藻类孢子以及其他原生动物、碎屑和细菌为食。新发现的与有孔虫亲缘关系较近的原生动物——丸壳亚纲（Xenophyophoria）的种类在超深渊带尤其丰富，它们是最大的原生动物，直径可达25 cm，但只有1 mm厚。伸展的伪足（可达12 cm长）纠缠在一起，上面的黏性结构可以从表层沉积物中收集有机物。纤毛虫是微型底栖生物的重要成员；许多种类适合于附着在沙粒上，或者自由生活在沉积物间隙。由于纤毛虫十分脆弱，限制了对其进行采集与生态学研究，但这些原生动物毫无疑问是微型生物（如细菌、硅藻）和摄食较大沉积物的底栖动物之间的重要联系。

（2）海绵是最原始的多细胞动物，在某些区域能占到海洋大型底栖动物的大部分。海绵起源于晚前寒武纪（6亿年前），那时几乎所有的物种都生活在海洋中。它们因身体有许多孔，又被称作多孔动物，为许多小型的多毛类和甲壳动物提供了栖息地。海绵都是营固着生活的，大多数通过滤食水流中的细菌、微型和小型碎屑颗粒生活。海绵的骨骼由碳酸钙或硅质骨针和海绵质纤维构成。除了一些珊瑚礁鱼类和软体动物外，海绵很少有捕食者。海绵可以进行无性生殖和有性生殖，而且能够从碎片再生出新的个体。

（3）除了之前介绍的浮游种类外，刺胞动物还有许多营底栖生活的种类。这个类群也已经有很长的历史，许多现存物种生活在海洋环境中。大多数的底栖物种营底表生活，也有少数特殊物种适应了生活在泥沙中。虽然不同种类间的形态有相当大的差异，但所有的刺胞动物的身体都为放射对称性的，并且都是悬浮滤食性的。底栖生活的刺胞动物均营固着生活，然而一些海葵能从基质上分离并短暂地游动以躲避海星的捕食。刺胞动物可以进行无性生殖和有性生殖，并且两种方式都十分常见。刺胞动物门水螅纲（Hydrozoa）的种类，由结构和功能不同的个体组成一个群体。它们通常很小、很不起眼，很大一部分附着在岩石、贝壳以及码头的水泥桩底部。一些水螅能在生活史中产生自由生活的水母体，但大多数物种仍然作为有性生殖个体附着在母体上。刺胞动物门的珊瑚虫纲（Anthozoa），包括海葵和各式各样的珊瑚，还有一些不太为人熟知的种类，比如海鞭和海扇。海葵是潮间带和潮下带常见的类群，在10 000 m的深海也有发现。海葵是独居动物，直径可以从1 cm到1 m以上。此外，各种不同种类的珊瑚，尤其石珊瑚是热带珊瑚礁的主要组成部分。

（4）底栖蠕虫包括多个门的动物。线虫动物门（Nematoda）是数量最大、分布最广泛的海洋底栖动物。据报道，在荷兰沿岸采集的底泥里每平方米生活着450万条小型线虫。因为个体小、不易分类，这个群体的生态学研究受到阻碍，但目前看来，这一类群在食性上有着广泛的多样性，包括肉食性的、植食性的和腐食性的。纽形动物门（Nemertea）身体细长，特点是长有可外翻的吻用来捕捉食物。纽虫在温带海域比热带海域更多，并且在浅海较为常见。自由生活的扁形动物门（Platyhelminthes）居住在泥沙、岩石、贝壳或海藻表面，但数量很少。星虫动物门（Sipuncula），又称花生蠕虫，身体不分节，体长从大约2 mm到0.5 m以上，有许多物种可以用吻在泥沙中钻洞，其他种类居住在岩石或珊瑚的裂缝中，甚至是软体动物的空壳内。它们大多以碎屑为食。

（5）环节动物门（Annelida）的多毛类，是海洋蠕虫数量最多和最多样化的类群。多毛类动物有多个体节和疣足，长度从几毫米到3 m不等。在生态习性上，多毛类可分为在表面爬行和在泥沙中钻洞的种类，还有那些永久管栖或洞栖的种类。大多数爬行的种类和一些掘洞的种类是肉食性的，用强壮的大颚捕食小型无脊椎动物。另一些多毛类动物能用大颚撕食藻类碎片。管栖的种类通常直接吞下泥沙，以其中的有机质为食。还有许多固着生活的物种，用头部特殊的附器收集滤食浮游生物和悬浮碎屑。多毛类既有底表生活又有底内生活的种类，在许多生境中占据了底栖生物量的很大一部分。须腕动物（Pogonophora）曾被认为是一个单独的门，但最近的分子系统学研究认为它应该属特化的环节动物。这些固着生活的蠕虫分布在海洋特别是深海的化能环境中。它们用坚韧的栖管附着在硬的基底上，从管中伸出一簇触须。须腕动物缺乏口和消化道，依赖共生的化能合成细菌提供营养。螠虫（Echiura）一直被认为是一个单独的门，但最近的分子系统学研究结果将其划入了环节动物。螠虫的体形和习性与星虫有些相似，大多数物种利用吻搜寻沉积物中的食物。尽管一些物种生活在潮间带，但大多数只分布在非常深的地方。许多深海的雄性螠虫附着在雌性身上，让人联想到与深海鮟鱇鱼相似的繁殖方式。

（6）半索动物门（Hemichordata）的动物包括柱头虫类，在潮间带、深海热液口以及海沟均有分布。最大的物种长度超过1.5 m，但大多数要小得多。许多穴居于泥沙中，用长吻摄取泥沙，并消化当中的有机物，之后排出大量粪便堆积在洞口的后部。非穴居的种类以悬浮物为食，浮游生物和碎屑附着在有黏液的吻上，然后被转移到口中。柱头虫类收集起来很困难，因为它们很易碎，但深海照相机能记录下它们的轨迹以及缠绕在一起的样子。

（7）软体动物门（Mollusca）包括超过50 000种海洋生物，包括常见的海螺和海蛞蝓［腹足纲（Gastropoda）］、蛤和贻贝［双壳纲（Bivalvia）］，还包括扁平的石鳖［多板纲（Polyplacophora）］、不太知名的象牙贝［掘足纲（Scaphopoda）］，以及蠕虫状、无壳的无板纲（Aplacophora）的种类。大多数头足纲（Cephalopoda）的种类是游泳动物，但其中的章鱼多数种却属于底栖生物，尽管它们能够游泳。软体动物的多样性极高，在所有海域、所有水深的沉积物表面和内部都生活着软体动物，并且在各个营养水平都有软体动物的代表种类。

（8）棘皮动物门（Echinodermata）是海洋特有的一类动物。虽然形态多样，但所有的棘皮动物都具有放射对称、围绕中心轴分为5部分的身体，以及由钙质板组成的骨架和腕足。海星纲（Asteroidea）包括大约2 000种海星，它们的栖息地范围从潮间带到大约7 000 m的深海。许多海星是食肉动物，它们对贝类养殖和自然生境的影响可能具有相当重要的生态意义。其他少数海星种类以沉积物为食，极少数以悬浮物为食。蛇尾纲（Ophiuroidea）包括近2 000种蛇尾。深海照片经常显示蛇尾类铺在海底，摄食沉积物、小的生物或悬浮的有机物质。海胆纲（Echinoidea）包括有刺的海刺猬和扁平的沙钱。海胆在有岩石的海岸、海藻床和珊瑚礁是常见的大型底栖动物类群。它们用特殊的口器摄食各种有机物质，浅水种基本上是食草的，深海种多数是食碎屑的。沙钱并不起眼，但往往数量很多，以悬浮物或沉积物为食。海参纲（Holothuroidea）的种类均呈蠕虫状。底表生活的海参可以沉积物或悬浮物为食，底内生活的种类以吞食泥沙为生。海参在浅海很常见，深海数量最多的棘皮动物就是海参。海百合纲（Crinoidea）是最古老的棘皮动物类群，包括海羽星和海百合。海羽星大多居住在1 500 m以上的水深，虽然它们经常附着在海底，但可以暂时地爬行或游泳。海百合通过柄附着在海底，通常是3 000～6 000 m水层最丰富的种类。所有的海百合都是以悬浮物为食的。

（9）苔藓动物门（Bryozoa）像水螅虫一样，是群居和固着生活的动物。它们在潮间带岩石、贝壳或人工建造表面形成不起眼的硬壳或海藻状的生长物，不过也有一些物种在超过8 000 m的深海被发现。苔藓虫的个体通常很小（0.5 mm），大多数物种被包裹在一个碳酸钙外骨骼中，用触手冠捕捉小的浮游生物或悬浮碎屑为食。尽管已报道近4 000种海洋物种，但该类群却很少受到生态学家的关注。

（10）腕足动物门（Brachiopoda）的种类不多，虽然身体构造完全不同，但它们看上去很像是有着两瓣石灰质壳的软体动物。腕足动物大多数生活在200 m以内的水深，并且附着在硬的基底上。然而，一些更常见的腕足类［如海豆芽属（Lingula）］生活在泥沙内的垂直洞穴中，还有一些从5 500 m的深海采集到的种类。与苔藓虫相似，腕足动物具有触手冠，以悬浮物为食。

（11）被囊动物（Tunicates）或海鞘（ascidians）是有尾类和海樽类的近亲。这些固着的桶状的动物属于脊索动物门（Chordata）。大多数常见的被囊动物是独居的，但也有许多营无性生殖的群居性物种。海鞘是潮间带海域常见的物种，附着在岩石、贝壳、码头和坚硬的基质上，在8 000 m的深海也有分布。被囊动物的前端有进水管和出水管，水流通过进水管时悬浮颗粒被过滤，食物被分泌的黏液裹住，通过纤毛送到消化道，过滤后的水通过出水管被排出。深海种类的摄食方式有所不同，能以沉积物甚至直接以小型底栖生物为食。尽管海鞘通常不被认为是底栖生物群落的主要成分，但它们从海洋底层水中滤食浮游生物或悬浮物的量却相当可观，一个只有几毫米长的海鞘每天大概可以过滤170 L水。

（12）甲壳动物（Crustacea）是底栖生物中最具代表性的类群。小型的底栖种类包括介形类、桡足类的剑水蚤和猛水蚤。其中，猛水蚤在软泥表面和内部的数量尤其丰富。体形大小相近的还有原足类，这些小型（通常2 mm长）的甲壳类身体细长，近似圆柱体，营掘洞或管栖生活，有的种可以分布在8 000 m以深的海底。

常见的大型底栖甲壳类包括等足类和端足类。等足类通常身体扁平，体长5～15 mm，深海种一般较大，深水虱属的某些种类（*Bathynomus*）能长到40 cm长。在有岩石的潮间带，经常能看到等足类（如海蟑螂）快速地爬动，也有营掘穴生活，如在木头上打洞的种类。大多数的海洋等足类是杂食性的食腐者。端足类与等足类相似，不同的是它们有一个侧扁的身体。体长从几毫米到30 cm，最大的物种也生活在深海。端足类动物能够爬行或挖洞，许多种类也能游泳，但并不常见。这类动物的垂直分布范围极广，从潮间带高潮线到10 000 m的海沟底部。大多数种类食碎屑或食腐动物，少数是专门的滤食性动物。

藤壶（Barnacles）是常见的海洋动物，而且是唯一营固着生活的甲壳动物，有许多种类寄生在其他海洋无脊椎动物身上。这类动物生活在钙质的外壳内。有些种类直接附着在基质上，另一些种类有柄。通常我们见到的藤壶在岩石的潮间带聚集，但有些物种变得特别适合附着在移动的动物体表，比如在鲸、鲨鱼、海蛇、海牛、鱼、蟹身上。大多数藤壶分布在较浅的地方，但有些物种被发现生活在7 000 m以深的深海。自由生活的藤壶有节奏地用羽毛状的附肢从周围的水中摄食悬浮物。藤壶经常附着在船底、浮标表面和码头的木桩上，是一类重要的污损生物。

底栖十足目（Decapod）甲壳类包括常见的螃蟹、龙虾和虾，底表生物和底内生物均有代表。十足目动物在浅海的多样性最高，但也有一些物种生活在5 000～6 000 m的深海，包括肉食性、杂食性和腐食性的。也有一些是滤食性的（如泥虾和蝉蟹），但有机碎屑才是其主要食物，而非浮游生物。这个类群中的许多种类经济价值很高，是十分重要的渔业资源。

还有一些其他门类的海洋底栖动物，因为种类很少或者通常在底栖生物群落中数量较少，没有在此列出。

第三节　海洋生物的生态特征

一、海洋生物如何悬浮于水体中?

水层生物悬浮在海水中（不是在海底）生活，并且是海洋生物量的绝大部分。浮游植物和光合微生物生活在有光照的表层海水中，几乎是所有其他海洋生物的食物来源。所以，很多海洋动物也生活在表层，以便最大程度地接近它们的食物。对于这些生物来讲，最大的挑战之一就是如何保持漂浮，而不至于从表层水体下沉到深海中。

浮游植物和光合微生物主要依靠极小的体形提供高度的摩擦阻力对抗下沉。然而，多数动物的密度大于海水，而且单位体重的表面积也较低，所以它们通常会比浮游植物更快速地下沉。因此，中上层海洋动物必须增加自身的浮力或者是不停地游泳，以使自身能够保持在食物最丰富的表层海水中。

（一）使用"储气装置"

在海平面上，空气的密度只有海水的大约千分之一，所以体内存储少量的空气能显著增加身体的浮力。通常，动物可以使用坚硬的气室或者鱼鳔类的浮囊来实现中性浮力，也就是说，它们可以利用体内的气体的量来调节身体的平均密度，以保持在特定的水层。

以头足类为例，其体内具有坚硬的气室。由于气室内的压力保持在约1个大气压，所以大多数种类必须待在大约500 m以内的水深，以避免气室被压碎。例如在250 m以下的水深处极少有鹦鹉螺存在。

一些移动速度较慢的鱼类通过体内一个叫作鱼鳔的器官实现中性浮力。水深的变化会引起鱼鳔的压缩或者扩张，所以鱼类必须增加或者排出气体来保持体积恒定。一些鱼类的鳔通过气道直接与外界相连，它们可以通过这个导管迅速充气或者排气。另一些没有气道的鱼类，鳔内的气体调节是通过与血液缓慢交换实现的，所以深度的快速变化对它们来说是难以承受的。

浅水鱼类鳔内的气体成分与空气接近。在表层，鳔内气体的氧气浓度大约是20%，随着深度增加，氧气浓度可能超过90%。在水下7 000 m捕获到的有鳔鱼类的鳔内达到700个大气压。这么高的压力能够将气体压缩到0.7 g/cm³的密度，这大约相当于油脂的密度，因此也有很多深海鱼类利用充满油脂的特殊器官代替充气鱼鳔来调节浮力。

（二）漂浮的能力

漂浮动物的体形差别较大，从极微小的虾到大型的水母。这些浮游动物是海洋中生物量名列第二的类群，仅次于浮游植物和其他光合自养的微生物。大多数体形较大的浮游动物具有柔软、胶质的身体，极个别含有极小的硬组织，这些特征降低了它们身体的密度从而使它们适应漂浮生活。

绝大多数的微小浮游动物通过适应性地增加身体的比表面积，以此保证能够停留在有光的上层水体中。另外一些生物通过产生低密度的油脂或者油而得以漂浮。例如，很多浮游动物产生微小的油滴帮助它们保持中性或者近中性的浮力。值得一提的是，鲨鱼有一个非常大且富含油脂的肝脏，帮助降低身体密度，更容易实现漂浮。

（三）游泳的能力

很多大型的中上层动物，像鱼和海洋哺乳动物，能够通过游泳保持在水体中相对位置，并且能够逆着海流的方向运动。因为具有了游泳的能力，这些生物中有一些可进行长途迁徙。

二、海洋水层生物觅食的适应性

生活在海洋水层中的动物通常具有一些适应性特点来提升搜寻和捕获食物的能力。这些适应性包括机动性（既能猛扑也能巡游）、游泳速度、体温和独特的循环系统。另外，深水游泳生物还有一些独特的适应性，可以帮助它们在黑暗的环境里捕获食物。

（一）机动性：猛扑和巡游

一些鱼类耐心地等待猎物，只在短距离内向猎物发起猛扑。另一些则是在不停的巡游中发现食物。使用这两种觅食方式的鱼类的肌肉存在显著的差异。

猛扑捕食的鱼类（如石斑鱼）静止等待猎物靠近。这些鱼类利用截平的尾鳍实现速度和机动性的完美结合，并且几乎所有肌肉都是白色的。

巡游的鱼类（如金枪鱼）主动寻找猎物。它们只有不到1/2的肌肉是白色的，多数肌肉是红色的。

不同颜色的肌肉组织有着不同的功能。红色肌肉组织所含的肌纤维直径在

25～50 μm；白色肌肉组织的肌纤维直径在135 μm左右，且所含肌红蛋白浓度较低。肌红蛋白具有携带氧气的能力，并含有红色素，所以肌红蛋白的含量决定了肌肉的颜色。红色肌肉含有肌红蛋白多，因此它比白色肌肉提供的氧气更多，并具有更高的代谢速率。这就是巡游鱼类具有更多红色肌肉的原因，即为它们主动的觅食方式提供必需的续航能力。

猛扑型的鱼类不会连续运动，所以需要的红色肌肉比较少。白色肌肉比红色肌肉更容易疲劳，但是适合爆发式运动捕食。巡游鱼类在攻击时同样使用白色肌肉实现短期加速。

（二）游泳速度

尽管快速游泳消耗的能量大，却有助于捕获猎物。鱼类通常在巡游时的速度慢，在向猎物发起攻击时速度快，而它们最快的速度都是用来逃避捕食者攻击的。

通常，对比体型相似的鱼类，个头越大的游泳速度也更快。金枪鱼巡游的速度平均是每秒大约3倍体长的距离，而在高速攻击时可以达到每秒大约10倍体长的极限速度，但是只能持续1 s的时间。值得一提的是，黄鳍金枪鱼（*Thunnus albacares*）曾经被记录到74.6 km的时速。尽管这一速度超过每秒20倍体长，但是保持的时间只有不到1 s。理论上，一条4 m长的蓝鳍金枪鱼可以达到144 km的时速。

像鱼一样，很多齿鲸游泳速度也很快。例如，原海豚属（*Stenella*）的斑点海豚曾经被记录到40 km的时速，而逆戟鲸在短距离攻击时的速度能超过每小时55 km。

（三）冷血生物与温血生物

鱼类是冷血或者说变温的，所以它们的体温几乎与周围环境一样。通常，这些鱼类游泳速度并不快。马鲛鱼［鲭属（*Scomber*）］、石首鱼［鰤属（*Seriola*）］和鲣［狐鲣属（*Sarda*）］能快速游泳。它们的体温分别比周边海水高出1.3℃、1.4℃和1.8℃。

鲭鲨［鼠鲨属（*Lamna*）和鲭鲨属（*Isurus*）］和金枪鱼［鲔属（*Thunnus*）］具有比环境更高的体温。不管周围海水温度如何，蓝鳍金枪鱼都能将体温保持在30～32℃，这是温血或者说恒温动物的基本特征。尽管这些金枪鱼通常生活在暖水海域，那里鱼体的温度和海水的温度差不会超过5℃，但是有记录显示，生活在7℃海水中的蓝鳍金枪鱼体温也是30℃。

为什么这些鱼类要消耗如此多的能量将体温保持在高水平，而其他鱼类保持与环境一样的体温也生活得很好呢？这可能是由于巡游鱼类的适应性（高体温和高代谢率），高体温能够增加肌肉的能量供给，有助于搜寻和捕获猎物。

（四）深层游泳生物的适应性

生活在海洋中层及更深水层的游泳生物，通常对环境稳定并且完全黑暗的深水环境具备特殊适应性。它们的食物可能是来自从表层沉降下来的死亡和腐烂的有机质碎屑，也可能互相捕食。食物的缺乏限制了这些生物的数量和体形，多数个体体长小于30 cm，这些生物种群规模较小。很多种类也会通过降低代谢速率来节约能量。

这些深水鱼类具备独特的适应性来有效地发现和捕捉食物。例如，它们有很灵敏的感觉器官，例如用长触须或者侧线来侦测周围环境中其他生物的运动。

超过半数的深海鱼类，甚至一些深水虾类和乌贼能够发出生物荧光，也就是说，它们能够通过生物过程发光。生物荧光可能来自食物中的化合物、生物体内专门的细胞或者生物体内共生的细菌。生物色素荧光素被激发后能在氧气存在条件下发射出光量子，光由此产生。

在黑暗的环境里，发光具有重要的生态学意义，如：在黑暗中寻找食物；吸引猎物；通过在一个区域内的固定巡游来界定领土；作为交流和寻偶的信号；通过闪光使捕猎者短暂失明或者分散其注意力从而逃避敌害；预防敌害靠近的"防盗警铃"；作为伪装，腹部发出的光与投射下来的太阳光在颜色和强度上接近时，可以消除自己的身影，以防泄露自己所处的位置。

很多深海鱼类都有大而灵敏的眼睛，对光的敏感度大约是人眼的100倍，从而使得它们能够看到潜在的猎物，免于被其他生物捕食。当然，有一些种类没有视力，却能靠嗅觉等感知和追踪猎物。

一些深海鱼类还有其他的适应性，如大而尖锐的牙齿、可以扩大的身体以适应体形较大的食物、不受限制地张开的有铰链的颌骨，以及大到与身体不成比例的口。这些适应性使得深海鱼类能够吃下比自身还大的猎物，并且有效提高消化效率。

三、海洋水层生物逃避敌害的适应性

很多动物拥有独特的适应性来避免被捕食。生物用来提高存活率的典型适应性包括集群和共生。

（一）集群

集群是指很大数量的鱼、乌贼或者虾形成的界限清楚的社会性群体。尽管浮游植物和浮游动物也会在海洋特定区域内形成高密度集合，但并非这里所说的集群。

不同集群的生物数量差别极大，可以是少数几个大型肉食性鱼类（像蓝鳍金枪鱼），也可以是成百上千的小型滤食者（如鳀鱼）。在一个群里，所有个体运动方向一致，在空间上均匀分布。空间排列可能通过视觉感知来保持，而鱼类是通过侧线来感知相邻同伴游泳时产生的震动。集群可以突然改变或者逆转前进的方向，因为在前面或者后面的个体起引导的作用。

集群有什么优势呢？首先，在产卵期，集群保证雄鱼释放的精子能够与雌鱼释放到水体中或者沉到海底的卵子结合受精；其次，小型鱼类集群后可以进入更大的侵略性种类的领地捕食，因为领地的主人不可能同时驱逐整个鱼群。小型鱼类集群最重要的功能是对抗捕食者。

集群的保护性能看起来是不符合逻辑的。例如，集群形成了一个紧密的团体，所以任何扑进群里的捕食者必然会有所捕获，就像陆地上的捕食者追赶一群正在吃草的动物，直到里面最弱的个体成为它们的猎物。所以，小型鱼类形成一个大的目标岂不是更容易被捕食？鱼类行为学家认为，集群事实上能够作为保护生物的方法，这种策略提供了"数量上的安全"，就像鸟类集群一样。在海洋的很多区域，如无处可藏的开放海域，集群有下面的优势：① 当一个种类的很多个体集群后，实际上降低了巡游捕食者在海洋水体中发现某一个个体的概率。② 当一个捕食者遇到大的集群的时候，它不可能吃掉所有个体。③ 捕食者易将集群看作单一的、大型的危险对象，会放弃一些攻击行为。④ 对于每次只能攻击一条鱼的捕食者，集群里面连续变化的位置和运动方向具有一定的迷惑性，使得攻击变得特别困难。

另外，人们发现超过50%的鱼类至少在生命周期的一段时间内是在集群内度过的，这也说明集群能够提高存活率，特别是对于那些没有其他防御能力的种类。集群也可以帮助鱼类游到比单一个体更远的距离，因为集群里的每一条鱼都会因为游在前面的鱼产生的涡流而得到加速。

（二）共生

很多海洋生物通过寻找与其他生物建立的联系来提高存活率。共生就是这样一种联系。共生发生在两种或者更多种生物之间并且至少一种会从中受益。共生关系有三种主要类型：共栖、互利共生和寄生。

在共栖关系中，体形更小或者主动性较差的一方在食物或者防御方面受益，同时不会对提供便利的一方造成伤害。例如，一种鲫鱼将自己贴在鲨鱼或者其他鱼类身上，以此获得食物和长途迁徙的能力，通常不会对宿主造成伤害。

在互利共生关系中，参与双方都从中获益。例如，海葵的刺丝触手可以保护小丑鱼，而体形虽小但颇具攻击性的小丑鱼可以驱赶那些试图以海葵为食的其他鱼类。另外，小丑鱼可以帮助清洁海葵，甚至可以为其提供食物残余。值得注意的是，小丑鱼不会被海葵蜇伤，因为它身体外面的黏液可起到保护作用。

在寄生关系中，参与一方（寄生者）的获益来自另一方（寄主）为此付出的代价。很多鱼类是等足类的宿主，后者贴附在鱼身上并且从其体液中获得营养，因此实际上是劫获了宿主的能量供给。通常，寄生物劫获能量不会杀死宿主，因为如果宿主死了，它们也会死亡。

研究发现，共生是驱动生物进化的重要手段。例如，对一种硅藻的基因组测序表明，它从吞噬的微生物中获得了新的基因片段。该研究说明在硅藻进化的早期，最有意义的收获是从一种藻类细胞中获得了光合作用机制。

（三）其他适应性

海洋动物展示了一系列可以作为防御机制的行为，帮助它们避开捕食者，或者使它们自己成为更加成功的捕食者。这些机制包括利用速度、分泌毒素和模拟有毒或者令其他生物厌恶的种类。还有的生物利用透明度、伪装或者反荫蔽等方法来达到防御效果。

第十二章 海洋生态系统（海洋生物生产过程）

第一节 海洋生态系统主要类型

生态系统是生物群落与其栖息环境相互作用所构成的自然群体。生态系统包括生产者、消费者和分解者以及它们周围的非生物环境，是生态学研究的基本单位。广义而言，全球海洋是一个大生态系统，海洋的可栖息容量要比陆地大数百倍，而且海水是互相连通的，浩瀚的海洋给予海洋生物较大的分布范围。然而，实际上海洋中存在着众多无形的阻隔（界限）。对海洋生物而言，就是存在着不同类型的生态系统（李冠国等，2011）。

不同的生态系统反映出各自的生态环境特征和与之相适应的生物群落结构，以及环境与生物、群落内各种群之间的生态过程及其所表达的整个生态系统功能的特征。全球海洋内的主要生态系统类型有近海生态系统、珊瑚礁生态系统、红树林生态系统、海藻（草）场生态系统、大洋生态系统和深海化能合成生态系统（Miller等，2012）。

一、近海生态系统

（一）环境特征
近海包括从潮间带至大陆架边缘内侧的水体和海底。

潮间带是海洋与陆地之间的过渡带，由于交替地暴露于空气和淹没于水中，是温度变化（包括日变化和季节变化）最剧烈的区域，海水的盐度也由于蒸发、降水和大陆排水而呈现很大的变化幅度。

潮间带之外至大陆架边缘的浅海环境，温度、盐度和光照的变化也比外海的大。温度变化受大陆的影响，并与纬度有关。在盐度方面，浅海区也在不同程度上受降水和径流的影响而呈季节性变化。总的来说，这些变化的程度从近岸向外海方向逐渐减小。

此外，浅海区由于有大陆输送的营养物质，波浪和潮汐作用也可能影响到海底，不少地方还有上升流存在，使营养物质得到充分供应，因而水域生产力水平高，生物资源丰富，而且平均食物链较短，所以终极产量较大洋区高得多，常形成重要的渔场（张士璀等，2017）。

（二）生物群落的特点

尽管大陆架上覆水与大洋水是相连通的，游泳生物可以生活在这广阔的水域，浮游生物也可随海流扩散，但是大陆架海域生物组成还是有其相对的一些特点。

1. 浮游生物

浮游植物的主要类别是硅藻和甲藻。在温带海区，甲藻经常在硅藻之后大量出现。浮游动物种类繁多，其中一个重要的组分是季节性浮游动物。这是由于大多数底栖生物和很多游泳生物在幼体阶段是营浮游生活的，从而参与浮游生物的组合。如藤壶的腺介幼虫，刺胞动物的浮浪幼虫，软体动物的面盘幼虫、担轮幼虫，以及鱼卵或仔鱼等。

终生浮游动物主要有桡足类、磷虾类等甲壳动物，其他浮游动物还有原生动物的有孔虫类、放射虫类和砂壳纤毛虫，软体动物的翼足类和异足类，小型水母类和栉水母，浮游性被囊类（如纽鳃樽），浮游多毛类和毛颚类等。

2. 底栖生物

在植物方面，底栖硅藻和大型海藻是沿岸区的重要种类，后者包括绿藻类、褐藻类和红藻类等。在底栖动物方面，几乎包括各个门类的代表。在一个特定的地区，由海岸到大陆架边缘，根据底质类型，可以看到一系列底栖亚生物群落的互相替代现象。例如，在岩岸有滨螺带（高潮区）、藤壶或贻贝带（中潮区）、海藻带（低潮区）。当然，在滨螺带和藤壶带也有大量藻类，而海藻带也有很多动物（图12.1）。

3. 游泳生物

近海区的游泳生物包括鱼类、大型甲壳类、爬行类（龟、鳖）、哺乳类（鲸、海豹等）和海鸟组成的主动游泳者和海洋表层居住者。其中主要是各种鱼类，尤以食浮游生物的鲱科鱼类（包括鲱、沙丁鱼、鳀等）为主，世界主要渔场几乎全部位于大陆架或大陆架附近。

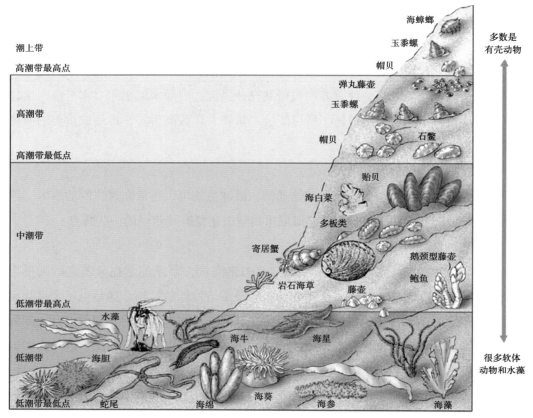

岩质海岸从潮上带（上面）到低潮带（下面）的简图，包括代表性生物（未按比例画出）。

图12.1　岩质海岸的地带分布及常见生物

二、珊瑚礁生态系统

（一）珊瑚礁的分布及其生境特征

在暖水沿岸区有广大海域形成珊瑚礁。珊瑚礁分布在南北两半球18℃等温线范围内（图12.2）。整个珊瑚礁是由生物作用产生碳酸钙沉积形成的。珊瑚虫以及刺胞动物的其他少数种类对石灰岩基质的形成起重要作用。当珊瑚虫死亡以后，它们的骨骼积聚起来，其后代又在这些骨骼上成长繁殖，如此逐年累积，就成为珊瑚礁。应当指出，除了珊瑚虫外，含钙的红藻特别是石灰红藻属（*Porolithon*）和绿藻的仙掌藻属（*Halimeda*）对造礁也起重要作用（沈国英等，2002）。

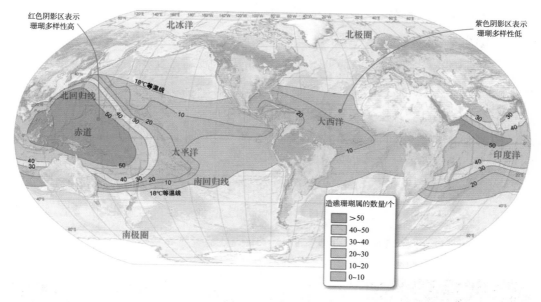

图12.2　珊瑚礁的分布

珊瑚礁的分布局限于温暖的热带水域，即两条18℃等温线之间的水域。在大洋盆地的西部边界，珊瑚礁分布的条带更宽，珊瑚的物种更多，这主要归因于大洋表面环流模式和大量热带岛屿的存在，岛屿有利于珊瑚礁的形成。

造礁珊瑚对生长环境有严格要求：

（1）温度：要求温度在20℃以上，适宜温度为年平均水温25℃左右，因此，造礁珊瑚只能生长在热带海区。

（2）光照条件：是珊瑚生长的又一重要的限制因子，因为只有充足的光线才能使共生藻类顺利进行光合作用以及促使碳酸钙沉淀。

（3）盐度：造礁珊瑚是真正的海洋种类，难于忍受海水盐度偏离正常值（32～35）太多，因此，被河水冲淡的海边是不长珊瑚的。

（4）水质：绝大多数造礁珊瑚要求水质清洁和水流畅通的环境，因为污浊的淤泥能使珊瑚虫窒息而死，而且污浊的水也影响珊瑚虫共生藻类的光合作用。

（5）基质：要求附着在岩石的基底上。

（二）珊瑚礁的类型和环礁的形成

珊瑚礁海岸有3种类型：

（1）岸礁（又称边礁、裙礁）：珊瑚礁构成一个位于海面下的平台，它紧靠着陆地分布，好像一条花边镶在海岸上。

（2）堡礁（又称堤礁）：它像长堤一样，环绕在离岸更远的外围，而与海岸间隔着一个宽阔的浅海区或者隔着一个称为潟湖的水体。

（3）环礁：它是露出于海面上的高度较低的珊瑚礁岛，外形呈花环状，中央的水体也称潟湖，湖水浅而平静，而环礁的外缘却是波浪滔滔的大海。

（三）珊瑚-藻类共生关系及其意义

珊瑚礁生物群落是一个稳定的、种类繁多的、适应性良好的生物群落，它具有十分融洽的内部共生关系。

在共生藻类中，虫黄藻生活在珊瑚虫的组织中（即在动物体内生活），另一些藻类生活在动物体周围和下方的钙质骨骼中。此外，其他一些含钙质和肉质的藻类可以在石灰岩基质的各处找到（图12.3）。

珊瑚虫，营养来源于内部共生的虫黄藻和触手捕获的周围水体中的微小浮游生物

蓝灰色海绵（左）和棕色海绵（右），包含共生藻类和细菌

大砗磲（库氏砗磲），依赖于生活在其外套膜组织中的共生藻类

图12.3　依赖共生藻类生存的珊瑚礁生物

三、红树林生态系统

"红树林"这一名词并不是指单一的植物类群，而是对一个景观的描述。红树林生态系统是热带、亚热带海岸淤泥浅滩上的富有特色的生态系统。热带海区60%～75%的岸线有红树林分布。和珊瑚礁不一样，红树林更向亚热带扩展（黄良民等，2024）。

红树植物是为数不多的能耐受海水盐度的挺水陆地植物之一。我国的红树林分布于海南、广东、广西、福建和台湾等省（自治区），有16科20属31种（林鹏，

1984），除属红树科的种类外，还有属紫金牛科、爵床科、楝科、大戟科等的一些植物。印度-太平洋海域的红树植物种类比大西洋海域的多。

（一）生境特征

1. 温度

红树林分布中心的海水温度年平均为24～27℃，在年平均温度较低的地区，其种类和数量也较少。我国海南岛海口的水温平均为25℃左右，而厦门港年平均水温为21℃左右，后者的红树植物种数比海南岛的少。

2. 底质

红树林适合生长于细质冲积土。在冲积平原和三角洲地带，土质由粉粒和黏粒组成。红树林区的土壤一般是较初生的土壤，在沉积下来之前已被河水分选过，多数为精细颗粒，沉积物含有丰富的有机碎屑（主要是红树叶子碎屑），pH常在5以下，沉积物下部形成黑色软泥。

3. 地貌

红树林多分布于隐蔽的堆积海岸、自然发育的滩面，那里广阔而平坦，而且常沿着河口海滩、三角洲地区或沿河口延伸到内陆一段距离。红树林大部分分布在潮间带，主要是在中潮区以上滩面。

4. 盐度

红树林常生长在盐度变化很大的河口内湾区。红树植物都不同程度地具有耐盐的特性，使它们成为海岸植物的优势种。不同红树植物种类对盐度的耐受性使它们有相应的分带模式。

5. 潮汐

受潮汐的强烈作用，水交换过程可以输出部分物质（包括有机碎屑、代谢废物），也可输入营养物质。同时，红树林中的各种动植物能适应潮汐诱发的波动，在潮汐落差较大的区域，红树林生长较好。此外，鱼、虾等海洋生物也能随潮汐进出红树林区。

（二）适应机制

1. 根系

红树植物很少具有深扎和持久的直根。在淤泥和缺氧的环境，受到周期性潮汐的浸渍和冲击，红树根系产生各种生态适应，有表面根、支柱根或板状根、气生根等，这些根系有助于植物的呼吸，具抵抗风浪冲击的固着作用。

2. "胎生"

不少红树植物的果实在成熟后仍然留在母树上，种子在母树上的果实内发芽。红树植物的幼苗是很长的，具有棍棒形或纺锤形的胚轴，长20～40 cm，露出果实之外，等到幼苗成熟时才下落，插入松软的海滩淤泥中，几天后即可生根而固定在土壤中（图12.4），这种生活史类型是对沼泽地区的一种适应机制。

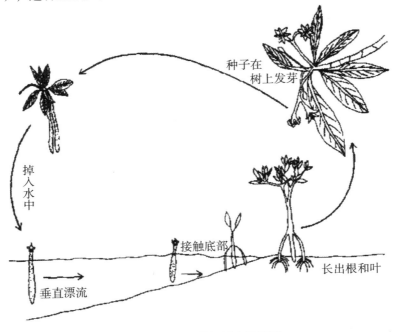

图12.4　典型的红树生活周期

（引自Nybakken，1982）

3. 旱生结构与抗盐适应

红树林处于热带海岸，这里云量大、气温高，海水盐度也高，因而所处的环境是生理干旱环境。红树林对这种生境的适应形态主要表现在：

（1）叶片的旱生结构（如表皮组织有厚膜而且角质化、厚革质）；

（2）叶片具高渗透压；

（3）树皮富含丹宁（抗腐蚀）；

（4）拒盐或泌盐适应，前者依靠木质部内高负压力，通过非代谢超滤作用从盐水中分离出淡水，后者通过盐腺系统将盐分分泌至叶片表面。

（三）保护红树林生态系统的重要意义

红树林是海岸重要景观生态系统，保护红树林具有重要的生态学意义和社会、经济意义。

首先，红树林形成一道缓解或抵抗风暴、海浪对海岸冲击的天然屏障，而且红树林及其根系有截留和累积沉积物的功能。因此，红树林与温带沼草一样具有稳定和保护海岸的重要作用。

其次，红树林为许多海水和陆生生物提供栖息地和食物。红树林自然掉落物分解形成有机碎屑，可作为浮游生物和底栖生物的食物，直接或间接形成以红树叶子开始的碎屑食物链，支持着区域内各种生物的生存需要。

再次，红树林的树干木材、叶子等的用途很广，除了作为燃料外，还可以利用红树木材的抗水性建造船只、房屋。从红树提取的丹宁用于增强渔网和帆布的耐久性。红树叶子除了充当牛羊饲料外，还可作为优质纸制品的原料。

四、海藻（草）场生态系统

（一）海草组成和分布

海草也是一类有根的开花植物。大部分海草种类的形态比较相似，都有长而薄的带状叶子。海草生活在盐沼向海一侧的潮间带和潮下带6～30 m深处（深度可达更深的海底）。除了高纬度的极区外，很多浅水区都有海草生长，通常在接近潮下带最为茂盛，最密的地方每平方米可达4 000株。

（二）海草场的生态作用及受破坏后的生态效应

海草场不仅为很多生物直接或间接地提供营养物质，而且对保护海草场生物群落也有重要作用。首先，海草起稳定软底质的作用，主要是通过密的簇状根系抵御风暴对底质的破坏，对很多底栖生物有掩护作用，虽然这些生物并非与海草有直接的营养关系。其次，海草场还因加速沉积过程而使海床面上升。再次，海草可能使其漂浮的叶子到达海表面，这些叶子对波浪有缓冲作用，从而形成海草场较平静的水环境。最后，海草的叶子也有遮阳作用，使在其中生活的其他生物避免强烈阳光照射的危害。

20世纪30年代，欧洲沿岸的大叶藻场大面积衰退。有的科学家认为是病害引起的，有的则认为是气候（水温）变化引起的，因为大叶藻（*Zostera marina*）适应的温度范围很窄。大叶藻场衰退，沉积物也逐渐消失，出现裸露岩石，重新长出其他藻类，并且出现新的沙洲（图12.5）；生物组成也发生变化，墨角藻（*Fucus vesiculosus*）很快取代了大叶藻，并且起着保护环境的作用。

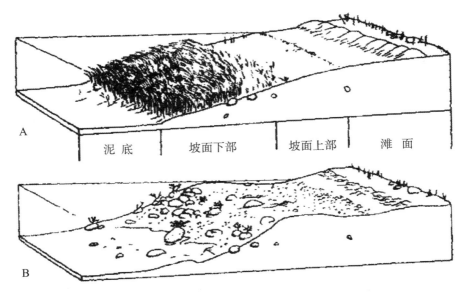

图12.5　海草场衰败前（A）后（B）生境的差异
（引自McRoy等，1977）

五、大洋生态系统

（一）生境特征

大洋区是大陆架之外的整个水体和海底。

相对于近岸浅海区而言，大洋区的环境是相对稳定的。大部分大洋表层的阳光充足，浮游植物可以在那里进行光合作用。透光层的下方是大洋最主要的部分，那里光线微弱或因无光而不能进行光合作用。海底部分是从大陆架以外的大陆斜坡至深度达10 000 m的超深渊带（Kaiser等，2011）。

大洋区在表层水和深层水之间常有温跃层存在，其厚度从几百米至上千米。在温跃层的下方，水温低、变化小。1 500 m以深的水温基本上是恒定的低温（−1～4℃）。

大洋区的盐度基本上是恒定的。压力随深度的增加而增加（每深10 m，压力增加1个大气压）。大部分深海区的压力在200～600个大气压范围。

（二）生物群落组成

大洋上层生产者以"微微型浮游植物"占优势。在贫营养大洋区，蓝细菌是重要的自养性浮游生物。浮游动物基本上是"终生浮游生物"。大洋上层的动物最为丰富，经济价值比较大的有乌贼、金枪鱼等。大洋中层（200～1 000 m）的浮游动物主要是大型磷虾类，它们是食物链重要的环节，常与鱼类（主要是有鳔鱼类）结成大群，形成深散射层。白天，深散射层能深达600 m甚至1 000 m。这一层的鱼类大约有

850种。

深海鱼类有角鮟鱇、宽咽鱼、深海鳗和其他多种鱼类（图12.6）。无脊椎动物主要是甲壳类（如等足类、端足类）、多毛类和棘皮动物等。深海动物有不少是真正"土生"的，如玻璃海绵纲、深海海参纲的一些种类。有很多"活化石"种类，如有柄海百合、腕足动物和玻璃海绵等。在万米以上的海沟里也发现有海葵、多毛类、等足类、端足类、双壳类等。可见，压力和寒冷似乎都不是海洋动物生存的障碍。

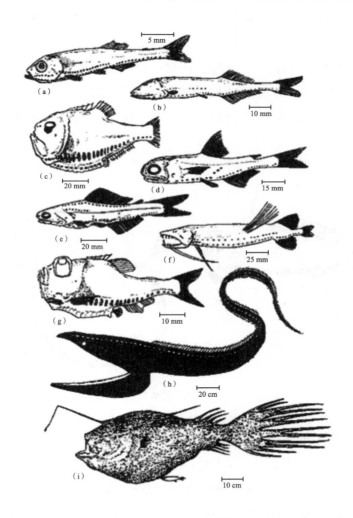

（a）串灯鱼（*Vinciguerra attenuata*）；（b）圆罩鱼（*Cyclothone microdon*）；
（c）巨银斧鱼（*Argyropelecus gigas*）；（d）点刺灯笼鱼（*Myctophum punctatum*）；
（e）长珍灯鱼（*Lampanyctus eongatus*）；（f）长羽深巨口鱼（*Bathophilus longipinnis*）；
（g）长银斧鱼（*Argyropelecus affinis*）；（h）宽咽鱼（*Eurypharynx pelecanoides*）；
（i）角鮟鱇（*Ceratias holboeli*）。

图12.6　生活在大洋中层和深层的部分鱼类

（三）深海动物的适应机制

深海动物对其特殊的环境有特殊的适应方式。

（1）对黑暗的适应：许多深海动物通过自身的发光器产生光线（如灯笼鱼和星光鱼等）。

在深海中层，虽然没有足够的光线进行光合作用，但还有少量光线透入很深的水层（特别是在清澈的热带海洋）。生活在200～700 m深的一些乌贼的两只眼睛中有一只特别发达，大眼朝上，小眼朝下。大眼可对从上层来的微弱光线产生反应，而小眼可对其自身的发光器发出的光产生反应。

（2）对食物稀少的适应：深海食物稀少，一些动物特别是鱼类，常具有很大的口、尖锐的牙齿和可高度伸展的颌骨，能吞食很大的捕获物（图12.7）。还有一些鱼类，如鮟鱇的背鳍高度延伸特化，其上有发光器官起诱饵作用以吸引猎物。

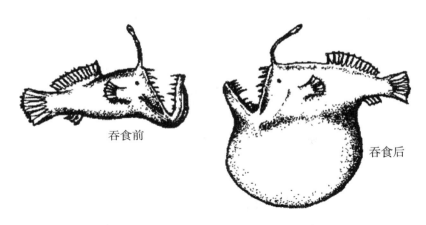

吞食前

吞食后

图12.7　一种深海鮟鱇摄食前后示意图

（3）对种群稀少的适应：在深海种群稀少和黑暗条件下，有的种类的雌性个体具有"补雄"，即雄性个体寄生在雌体上。例如鮟鱇的雄性个体很小，通过嗅觉作用找到雌体后就寄生在雌体上。这种现象对种群的延续有重大的生物学意义。

（4）对高压的适应：深海常年低温、高压以及具高的CO_2含量，使得钙的沉淀产生了困难，因此多数深海动物是柔软的，缺少钙质骨骼。此外，多数深海鱼类没有鳔，这样可以减少动物体和外界环境的压力差。

六、深海化能合成生态系统

（一）海洋中的独特生态类型

深海化能合成生态系统主要包括热液口和冷渗口等（孙晓霞等，2010）。1977年，美国深潜器"阿尔文"号在科隆群岛（加拉帕戈斯群岛）附近2 500 m深处中央海脊的火山口周围首次发现热液口，其中从烟囱状的出口处涌出的热液温度很高（250～400℃），而从海底的裂缝中扩散出来的热液温度相对较低（5～100℃）。当热液与周围海水混合时，温度降至8～23℃，仍比正常情况下2 500 m深处的温度（2～4℃）高出很多。同时，在热液出口区发现H_2S含量很高，而O_2含量很低。这种热液口环境中有很丰富的能氧化硫的细菌生活，其生物量可达10^6个/mL，并在海底形成厚厚的丝状细菌垫。此外，一些个体特别巨大的蠕虫和双壳类动物特别引人注目，它们与细菌共生，构成特殊的生物群落（图12.8）。

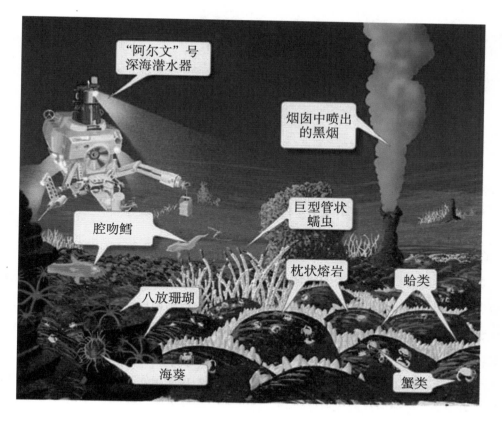

一个黑烟囱喷出了富含硫化物的热水（350℃），海底火山喷发形成了枕状熔岩和丰富的热液生物。

图12.8　"阿尔文"号接近一个热液口生物群落

此外，还有一类称为冷渗口的特殊海洋生态环境（图12.9）。墨西哥湾佛罗里达海崖（the Florida Escarpment）从海底向上延伸，在3 270 m的海底，发现含有浓度很高的硫化物和甲烷的超盐水（hypersaline water）从海底渗出，也发现大量密集成层的白色细菌覆盖在底面上，并出现一些特殊的动物（如巨大的蠕虫、贻贝、蛤类）。不过，与热液口的高温不同，这里水温是低的，因此，称它为冷渗口。

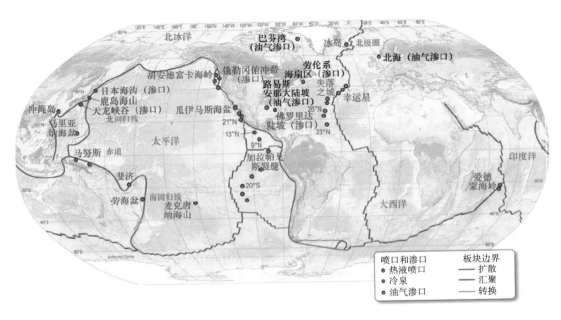

显示主要热液口（红点）、冷泉（蓝点）和油气渗口（棕点）的位置图。彩色线条表示板块边界。

图12.9　存在生物群落的已知热液口和冷渗口

（二）化学合成生产

热液口生物群落中最重要的成员是微小的古细菌。古细菌是与细菌相似的原始单细胞生物，但又与多细胞生物有着化学上的相似性。古细菌以海底的化学物质（尤其是H_2S）为食，并进行化学合成，利用H_2O、CO_2和溶解氧合成碳水化合物，H_2SO_4则是副产物。通过化学合成，古细菌形成了热液口生态系统食物网的基础。除了热液口外，冷渗口也是以上述方式进行化能合成有机物的，说明决定这种深海高生产力的最重要的条件是大量还原性的无机化合物。

（三）生态学研究意义

研究热液口的环境与生物组成及其适应机制具有重要的生态学意义。热液口的生物群落一般都很小，直径仅25～60 m，并且持续存在时间不长。热液口（和冷渗口）都属于含硫化物群落，依赖细菌利用H$_2$S合成有机物。以上特征与现代生物圈以光合作用合成有机物为主的过程不同。有人认为，化学合成细菌是在光合作用藻类生物之前出现的古老种类，因此，最早的海洋食物链应是以化能合成为基础的。还有，热液口和冷渗口的环境特征与生物圈进化初期的海洋环境很类似，因此，一些科学家认为，热液口的环境可能类似于前寒武纪早期生命所处的环境，因而推论地球上的生命可能来源于并进化于与热液口状况相似的条件，对地球生命起源提出新的研究课题。

第二节 海洋初级生产力

初级生产力，是自养生物通过光合作用或者化能合成作用利用无机物制造有机物的速率，常用单位时间单位面积合成的有机碳量表示 [mg/（m^2·d）]。尽管化能合成作用在深海热液口等极端环境中起重要作用，但是它对全球海洋初级生产力的贡献程度远远不如光合作用那么高。统计表明，以光合作用为基础的初级生产力提供的有机物质直接或间接支持了海洋生态系统中99.9%的生物量。因此，在这里关于初级生产力的讨论主要集中在光合初级生产上。

一、初级生产者

海洋生态系统的初级生产者包括自养微生物、单细胞藻类、大型藻类以及较高等的海洋植物。从整体看，最主要的初级生产者是单细胞浮游生物，即浮游植物和细菌。它们主要分布在真光层中，产量占据海洋初级生产量的90%以上。海洋中的光合作用生物大致分为以下几类。

（一）光合细菌

光合细菌是地球上出现最早、自然界中普遍存在、具有原始光能合成体系的原核生物，是在厌氧条件下进行不放氧光合作用的细菌的总称。它们以光作为能源，能在厌氧光照或好氧黑暗条件下利用自然界中的有机物、硫化物、氨等作为供氢体兼碳源进行光合作用。在沿岸和开阔大洋中，聚球藻和原绿球藻等的丰度非常高。特别是原绿球藻，被认为占据了世界海洋光合生物量的50%以上，可能是地球上最丰富的光合生物（图12.10）。

（二）浮游植物

海洋中绝大多数植物是各种类型的浮游单细胞藻类，统称为浮游植物，包括硅藻、甲藻、蓝藻、绿藻、金藻和黄藻等。浮游植物是海洋中的优势植物，是海洋食物链的基础环节。

硅藻是海洋藻类中生产力最高的类群，也是浮游藻类中研究最详尽的类群。硅藻为单细胞藻，具有硅质壳，细胞尺度从约2 μm至1 000 μm以上，有些种类形成较大的链状或者其他形式的集合体。硅藻通常在高纬度和温带海区占据

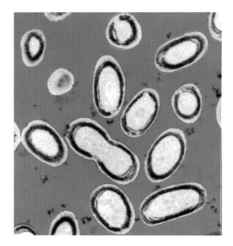

图12.10 光合细菌原绿球藻属，直径0.7 μm，是海洋生态系统中体形最小、数量最丰富的光合生物

优势地位，能在海底沉积形成硅藻泥，因此具有重要的地质学意义。

甲藻具有鞭毛，具有微弱的运动能力，能够主动移动到更加适合光合作用的区域。当环境条件适宜时，某些甲藻能在短时间内呈暴发式增长，产生"水华"或"赤潮"现象。有些甲藻是严格自养的，通过光合作用制造有机物。有些种类则进行异养生活，依靠捕食硅藻和其他生物来满足营养需求。而有些甲藻是混合营养型，既有自养又有异养的能力，还有一些甲藻则营寄生或者共生生活。

蓝藻在热带大洋中具有重要的生态意义。区别于其他浮游植物，蓝藻中的束毛藻只利用化合态的氮如硝酸盐、亚硝酸盐和铵盐。束毛藻能够利用并固定溶解的气态氮（N_2）。束毛藻的固氮特性可以使其生活在化合态氮浓度很低的热带海洋环境中。

金藻主要包括硅鞭藻和颗石藻。硅鞭藻具有硅质骨针构成的内骨骼，通常分布在寒冷水域。颗石藻的突出特征是具有钙质板组成的外壳。颗石藻的外壳是底部沉积的底质的主要成分，称为白垩质。颗石藻主要分布于弱光的暖水中，是热带大洋水中的重要类群。

（三）大型藻类

大型藻类，通常分布在沿海洋边缘的浅水区，大多数附着在海底，但也有一些种类能漂浮生活。根据含色素的颜色，可将它们分为以下几类。

褐藻为固生海洋藻类，包含种类最多，主要生长在中纬度冷水区域。褐藻的颜色从浅褐色到黑色，不同种之间大小差异很大。巨藻是褐藻中体形最大的种类之一，能够附

生在水深超过30 m的海底，其顶端一直延伸至海面。褐藻具有很高的经济价值，如海带和鹿角菜等都是人们喜爱的食品，马尾藻可作为肥料，广泛应用于农业和海水养殖业。（图12.11）

马尾藻属褐藻：这种固定生长的类型类似于漂浮生长的类型，马尾藻海就是因后者而得名的

巨藻属褐藻的一个小分支，它是海藻床的主要组成部分

绿藻门刺松藻，也称海绵草

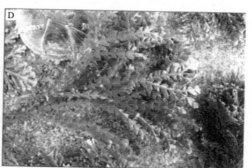

两种不同类型的红藻——加利福尼亚扁节藻（左侧中部）和一种珊瑚藻（右侧），都有尖锐的末端，作为内部碳酸钙质骨骼的一部分（白色部分）

图12.11 代表性大型藻类

红藻是数量最多、分布最广泛的大型海藻，主要分布在潮间带的各生境中，在冷水和暖水区域均有分布。在不同深度生长的红藻的颜色差别很大，在光线充足的海域为绿色到黑色或略带紫色，在光线不足的深水中呈现为褐色到肉红色。红藻的经济价值也很高，如紫菜和石花菜等都是人们广泛使用的食品。

绿藻在海洋中不常见，多数海洋种类生活在潮间带。绿藻的藻体通常不大，一般不超过30 cm长。藻体形状从很细的丝状到薄的片状。近年来，一种漂浮绿藻——浒苔为大众所熟悉。由于全球气候变化、水体富营养化等原因，浒苔绿潮暴发。大量浒苔聚集到沿岸，严重危害了沿岸渔业和旅游业的发展，不但造成了重大的经济损失，而且对近海生态系统也产生了严重的破坏。

二、光合作用与初级生产

海洋初级生产过程就是光合作用过程。在光合作用中，植物细胞捕获光能，以H_2O、CO_2以及氮、磷等营养盐类为原料，把无机碳还原成植物体有机碳。光合作用包括一系列非常复杂的化学反应过程，大致可以分为光反应（light reaction）和暗反应（dark reaction）两个过程。

光反应必须在光照条件下进行，叶绿素吸收光能并通过一系列的光化学反应产生O_2，同时把光能转化为化学能（ATP、$NADH_2$）。反应式如下。

（1）吸收光能产生还原能：

$$H_2O + H_2O \xrightarrow[\text{叶绿体}]{\text{光能}} 4H^+ + O_2 + 4e^-$$

（2）能量以ATP和$NADPH_2$形式贮存：

$$4H^+ + 4e^- + ADP + P_i + (O_2) \longrightarrow 2H_2O + ATP$$

$$2H^+ + 2e^- + NAD \longrightarrow NADH_2$$

式中，P_i为无机磷酸盐，NAD为烟酰胺嘌呤二核苷酸，$NADH_2$为其还原型，O_2是细胞内一系列反应产生的，而不是气态或溶解态的氧气。

暗反应利用光反应过程中产生的高能ATP和$NADH_2$，将CO_2还原成碳水化合物（CH_2O），反应式为：

$$nCO_2 + 2NADH_2 + 3ATP \longrightarrow (CH_2O)_n + H_2O + 3ADP + 3P_i + 2NAD$$

值得注意的是，在光合作用中，叶绿素a的作用是把吸收的光能直接通过电子传递给光合系统的色素，其吸收峰仅限于650～700 nm范围。浮游植物还具有其他类型的色素如胡萝卜素等。这些色素可以吸收其他波长的可见光，并把能量传递给叶绿素a，因此这些色素被称为辅助色素。由于不同深度的海水中的光谱组成是不同的，红外辐射和紫外辐射在表层被吸收，只有400～700 nm的有效辐照进入深水处。其中，有效辐照中的红光被很快吸收，只有蓝光穿透最深。因此，辅助色素对于浮游植物的能量利用有重要作用，故对初级生产力的效率有重要意义。

三、影响海洋初级生产力的因素

（一）光照

离开光照，浮游植物的光合作用无法进行。理论上，太阳辐射可以抵达1 000 m深度，但是这一深度的光能不足以满足光合作用的需求。因此，海洋中的光合作用通常限制在上层水体中。然而在自然海区，最旺盛的光合作用不是在海洋的最表层内进行的，这是因为光合作用会因为光照过强而受到抑制。同样，根据光照度随深度的增加而减弱，可以推测在某一深度，浮游植物光合作用所产生的有机物全部为维持其生命的代谢消耗所平衡，这一深度被称为补偿深度（the compensation depth）。

（二）营养盐

营养盐的含量是影响初级生产力的重要因子，其中主要为硝酸盐和磷酸盐，而在某些海区，硅酸盐也可能成为限制硅藻生长的因子。在不存在营养盐限制的情况下，浮游植物细胞内碳、氮和磷的原子比（C：N：P）为106：16：1，这一比值就是通常说的雷德菲尔德比值。

与陆地相比，海洋中营养盐的含量分布非常不均匀。浮游植物主要分布在表层水体，这里的营养盐被浮游植物吸收，易造成营养盐缺乏的状态。因此，海洋表层营养盐的补充情况成为决定初级生产量的重要因子。一般来说，表层水体的营养盐来自下层水体的再矿化作用，所以在上升流和洋流交汇的海区，下层丰富的营养盐被海水的混合和交换带到表层，从而对表层水体的营养盐进行补充，促进浮游植物的生长繁殖。

（三）铁

研究表明，在南大洋等海域，尽管营养盐浓度较高，但是光合生产力却很低，铁成为限制浮游植物生长的重要因子。这是因为铁不像硝酸盐和磷酸盐那样可以从底层向上层输送，只能依靠另外的途径补充。在近岸，铁可由陆源输入，因此不会成为初级生产力的限制因子；而在大洋表层，铁主要靠大气沉降来补充，当铁的补充量不能满足浮游植物生长需要时，即成为初级生产力的限制因子。

（四）温度

温度对浮游植物光合作用的影响机制比较复杂。在自然海区，相对于光照和营养盐的影响，温度不是决定初级生产的主要因素。但是由温度引起的海水层化现象却能间接影响初级生产量。这是因为当海水出现层化现象时，水体的交换不充分，温跃层成为营养盐进入上层真光层的障碍，从而导致表层水体中营养盐无法得到补充，进而引起生产力降低。

（五）湍流和临界深度

湍流是各种复杂的、不规则的海水运动的统称。通过垂直涡动，不同层次的海水得以混合。海水垂直混合对初级生产力的影响是双向的：一方面，可能会使上层水体的营养盐得到补充从而提高生产力；另一方面，可能把上层的浮游植物带到无光区，从而限制其光合作用。

当垂直混合深度达到透光层下方时，浮游植物被带到补偿深度下方，其光合作用合成的有机物不足以供给自身在补偿深度下方的呼吸消耗。因此存在某一深度，在这一深度上方整个水柱浮游植物的光合作用总量等于其呼吸消耗的总量，这一深度被称为临界深度（the critical depth）。临界深度通常大于前面提到的补偿深度。

（六）浮游动物摄食

浮游植物被植食性浮游动物摄食，从而引起浮游植物数量的变动，进而导致初级生产力的降低。当浮游植物数量较高时，浮游动物会迅速且大量地摄食浮游植物，甚至超过了自身的需求，这种现象为过剩摄食。因此，浮游动物对浮游植物的摄食或者过剩摄食是影响初级生产力的又一重要因素。

四、海洋初级生产力分布

不同纬度的海区初级生产力存在着不同的季节变化规律，如图12.12所示。

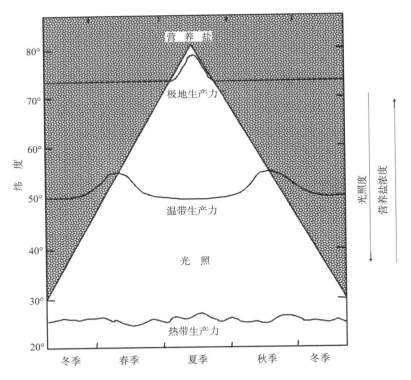

图12.12　热带、温带海区初级生产力季节变化与光、营养盐关系示意图
（引自Lalli等，1997）

中纬度海区有明显的四个生物学季节。冬季，尽管营养盐浓度最高，但是此时光补偿深度太浅导致浮游植物生长较慢，从而致使生产力较低。春季，光合作用补偿深度加深，浮游植物生长迅速，营养盐需求旺盛，生产力较高。夏季，温跃层的出现阻止了垂直混合，使表层被消耗的营养盐无法得到补充，浮游植物的数量也保持在低水平，导致生产力的下降。秋季，温跃层逐渐消失，表层的营养盐得以补充，促进了浮游植物生长，从而导致生产力的上升。冬季临近后开始下一个循环。

高纬度海区一年只有两个生物学季节：一个是持续时间较长的冬季，光照条件很差，因此初级生产力极低，近似为零；另一个是持续时间较短的充足光照时期，此时有足够的光照供浮游植物生长繁殖，因此为高生产力时期。

低纬度海区几乎全年维持夏季的条件，表层水温较高，光照充足。但是温跃层的存在使表层水体中的营养盐短缺，从而使生产力受到抑制。

第三节　海洋生态系统的能量流动

生态系统最基本的功能就是能量流动和物质循环。其中，物质是能量的载体。与客观世界的基本规律一致，特定时空范围内的能量是会被耗尽的，而物质则是在不同的形式之间转换和循环。

一、海洋生态系统的能量流动

光合生态系统中的能量流动并非是一个循环，而是一个在连续太阳能供给基础上的单向的流动。在生态系统中，能量是随着它的载体——营养物质——在生物群落中流动的，但是也会以机械和热能的形式耗散到海水环境中。在相同时间内共同生活在特定海洋生境中的所有生物种群的集合，就是生物群落。一般来讲，生物群落中的种群之间都有直接或间接的相互作用，其中捕食作用是物质传递的渠道，这种相互作用就是能量流动的基本路线。一个由藻类支持的生物群落，能量通过藻类吸收太阳辐射进入系统。光合作用将这种太阳能转换成化学能，其中的一部分被用到藻类的呼吸作用中。剩余的部分，也就是固定在有机物中的化学能被传递到以藻类为食的动物中，支持它们的生长和其他生命活动。这些动物消耗的机械能和热能，都是逐渐耗散、不能重复利用的能量形式，直到系统中的剩余的能量被耗尽。从根本上，生态系统依赖于太阳光能的持续输入。

通常，生态系统中包含3个最基础的生物单元：生产者、消费者和分解者。

生产者，是生态系统中物质循环和能量流动的起点。在消费和分解的过程中，能量被传递和耗散，但是不会有新的能量进入生态系统。生产者可以通过光合作用或者化能合成作用得以生存。生产者包括藻类、植物、古菌，以及被称作自养生物的光合细菌。相对而言，消费者和分解者被称作异养生物，因为它们直接或者间接地依赖自养生物产生的有机化合物作为食物来源。

消费者以其他生物为食，它们可以是：① 植食性的，直接摄食植物或者藻类；② 肉食性的，以其他动物为食；③ 杂食性的，可以摄食上述两种食物；④ 细菌食性，仅以细菌为食。

以细菌为代表的分解者，分解碎屑中的有机物来满足自身的能量需求。这些碎屑来自死亡和消化后的生物残留，以及生物直接分泌到海水中的有机产物。在分解过程中，释放的无机物重新成为自养生物可以利用的营养盐。

二、海洋生态系统的营养物质循环

与非循环、不定向的能量流动不同，营养物质并不是像能量那样耗尽了，而是从一种物质转化成另一种物质循环使用。仅仅生物作用无法实现营养物质的循环，另一些过程发生在非生物环境中。同时，由于循环过程中物质的形态一直在改变，对这一过程的量化描述只能在元素的水平上进行，因此通常称之为生物地球化学循环。有机物质的化学成分通过光合作用进入生物系统（或者有时在热液口的生态系统也可以通过化能合成作用实现）。这些化学成分通过摄食作用传递到动物种群（消费者）中。在这个过程当中，能量会有损失，营养物质也会重新组合，但元素的总量并不会发生变化。一部分营养物质会随着捕食作用继续向更高营养级生物传递，一部分通过新陈代谢重新变成无机营养盐，重新被光合作用吸收，开始新的传递。当这些生物死亡以后，一部分物质在真光层中被分解者重复利用，也有一些以碎屑的形式沉降到海底。这些碎屑在沉降到深层或者海底的时候，有一部分会成为其他生物的食物，另一部分则被微生物或者其他化学分解过程再次转化成可以被植物利用的无机营养盐。

因为真光层只是海洋上层200 m以浅的部分，而光合作用只能在这里进行，所以在一些深水大洋生态系统，营养物质并不能在当地完成整个循环过程，只有在较长的时间尺度上，或者全球海洋中才能完全实现真正意义上的循环。真光层以下再生出的无机营养盐因为无法被光合作用吸收，只能富集在海水中。上升流是将这些营养盐重新输运到上层的主要动力学机制。近岸型上升流主要是表层水在风和地球自转等影响下离岸运动，导致下层海水逐级向岸边补充而形成，而大洋型上升流可以由风驱动表层海水加速运动或者海山等障碍物导致底层水上升产生。因此，深层营养盐从再生到被重新利用所需的时间就因地而异。邻近上升流区，营养盐可以在几个月或者更短的时间内被带到表层。在北大西洋中央区，底层海水要经过大洋传送直到南极洲附近才有机会重新回到真光层，这一过程可能需要几百甚至几千年。

（一）生物量金字塔

生产者成为海洋中动物（消费者）的食物，这些消费者又会成为更高营养级的食物，以此类推。但是每一个营养级固定的有机物质只有一小部分被传递到下一个级别，因为其余的被该营养级消耗而损失掉了。因此，海洋中生产者的生物量通常数倍于顶级消费者，如鲨鱼和鲸的生物量。

储存在海洋藻类（相当于海洋中的"草"）的化学能量通常通过摄食进入到动物群落中。多数浮游动物像牛一样是植食性的，它们的食物是硅藻和其他微型海洋藻类。更大的植食者以更大的藻类和长在海岸附近海底上的海洋植物为食。捕食植食者的更大的动物就是肉食者。它们又会被另一些比它们营养级还高的肉食者吃掉，以此类推。这些捕食过程中的每一个阶段就是一个营养级。通常来讲，捕食者种群比它们捕食的生物体形更大，但是也不会大太多。然而，也有一些显而易见的例外，例如，蓝鲸身长约30 m，可能是地球上存在过的最大的动物，它们却以磷虾为食，后者最大体长也不会超过6 cm。能量在种群之间的传递是连续流动的。小规模的循环和存储会打断这种流动，这反过来减缓了势能向动能再向热能的转换，以及这种能量最终消失成不可利用的过程。

营养级之间的能量传递是非常低效的。不同的海洋藻类虽然转换效率各异，但是平均只有大约2%，也就是说，海藻吸收的光能只有2%最终能被植食者利用。

每一个营养级的总生态效率是它们自身能为高一营养级提供的能量与消耗的低一营养级能量之比。例如，植食性鳀鱼的生态效率就是以它们为食的金枪鱼吸收的能量除以它们消费的浮游植物中包含的能量。植食者通过食物获得的化学能，一部分作为粪便颗粒排泄掉，剩下的部分被吸收。吸收的化学能中，很多通过呼吸作用转化成动能来维持生命过程，剩下的用来生长和生殖。这样，植食者摄食的物质中只有大约10%能够被下一营养级利用。

营养级之间的能量转换效率取决于很多因素。例如，年轻动物的生长效率就比年老的动物高。另外，相比食物稀少的情况，动物在食物丰富时会消耗更多的能量进行消化和吸收。自然生态系统中的生态效率多数平均在10%左右，大致范围在6%～15%。然而，有一些证据显示，当前渔业中的重要种群的生态效率可以高达20%。这个效率的真实值具有重要的应用价值，因为它决定了在不对生态系统造成损伤的前提下，捕获鱼类的最适体长。

营养级之间能量传递的最终效果就是海洋生物能量金字塔。每一个大的海洋生物要生存，都必须由体形更小但种群规模更大的生物来支持。大体上，在连续的营养级上，个体数和总生物量是降低的，因为可以获得的能量在减少。因此，海洋生态系统中也存在生物量和数量金字塔，基本特征就是沿金字塔越往上的营养级，生物的种群丰度越低、生物量越小。

（二）海洋的环境梯度与生物适应性

海洋不仅面积巨大，而且有着差异显著的生境类型，里面分布着不同的海洋生物群落。即便相似的海洋生物类群，在不同生境中的食物组成可能也是有差异的。因此，我们首先要搞清楚，特定生境中生活着什么样的生物，这些生物分别以什么为食。

1. 海洋的环境梯度

海洋具有三大环境梯度（environmental gradient），即从赤道到两极的纬度梯度、从海面到深海海底的深度梯度以及从沿岸到开阔大洋的水平梯度（图12.13），对海洋生物的生活、生产力时空分布等都有重要影响。纬度梯度主要表现为赤道向两极的太阳辐射强度逐渐减弱，季节差异逐渐增大，每日光照持续时间不同，而且直接影响光合作用的季节差异和不同纬度海区的温跃层模式。深度梯度主要缘于光照只能透入海洋的表层（最多不超过200 m），其下方只有微弱的光或是无光世界。同时，温度也有明显的垂直变化，底层温度很低且较恒定，压力也随深度而不断增加，有机食物在深层很稀少。在水平方向上，从沿海向外延伸到开阔大洋的梯度主要涉及深度营养物含量和海水混合作用的变化。

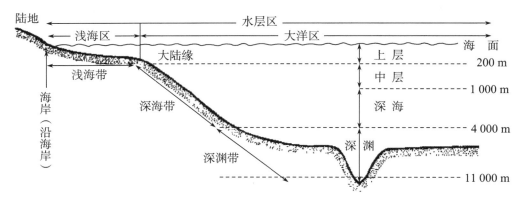

图12.13 海洋环境主要分区示意图
（引自Tait，1981）

2. 生物的适应性分布

（1）初级生产者：初级生产者从种类组成上来讲有明显的地理差异，但从宏观角度来讲，以藻类和光合细菌为代表的微型初级生产者在海洋生态系统中是广泛存在的，而大型藻类和种子植物则有明显的浅水和近岸分布特征。作为特殊的初级生产者，化能合成细菌则只在热液和冷泉等极端环境中存在。

海洋细菌在光合生产中的作用经常被忽略。细菌体形极小，早期的海洋生物采样很大程度上忽视了它们。针对细菌大小的生物的采样新技术和基因组测序的研究，揭示了细菌在海洋中无法想象的丰富度和重要性。

例如，海洋中最早被认知的光合细菌类型是聚球藻属（*Synechococcus*）生物，它们在沿岸和开放海洋环境中非常丰富，密度有时会达到每毫升10万个细胞。在某些时间和场合，它们的细胞代表了海洋食物产出细胞数量的50%以上。微生物学家发现了一种体形极其小但是数量异常丰富的细菌——原绿球藻（*Prochlorococcus*），密度可达聚球藻属的数倍。事实上，原绿球藻被认为占据世界海洋总光合生物量的至少1/2，也就是说，它们可能是地球上最丰富的光合生物。

微藻可以直接或者间接地作为99%的海洋动物的食物来源。多数微藻是我们通常所说的浮游植物，即悬浮生活在上层海洋中只能随海流迁移的光合生物。但在阳光可以到达的浅水海底，也生活着部分微藻。

沿着海洋边缘的浅水区生活着多种大型海洋藻类（海藻）。这些藻类通常在海底附着，但是也有一些种类营漂浮生活。

海洋光合生产力的绝大部分是在从海洋表层到100 m深度之间（也就是真光层的深度）产生的。在这一深度，透光量只有表层的1%。值得一提的是，一些深水种类能够生活在真光层之下极昏暗的光照条件下。例如，巴哈马圣萨尔瓦多附近的海山上，曾经记录到一种红藻生活在268 m的深度，那里的可见光只相当于表层的0.000 5%。

另外，对马尾藻海中的微生物进行的大规模基因测序揭示了一系列的新型细菌，说明相当一部分的海洋微生物多样性尚未被完全认知。很明显，微生物对海洋生态系统施加了至关重要的影响，承载着可持续发展、全球气候变化、海洋系统循环和人类健康等方面的重要信息。

（2）初级消费者：潮上带长时间暴露在水面上，生活在这里的生物要避免缺水。因此，在潮上带发现的动物多带壳，如玉黍螺，且很难发现海藻。岩石寄生虫或海蟑螂（等足类海蟑螂属）主要生活在高潮线之上覆盖海蚀洞表面的鹅卵石和大石块之间。这些食腐动物可到达3 cm深的沉积物中，且晚上活动频繁，以有机碎片为食，白天常常隐藏在裂缝中。与玉黍螺亲缘关系相对较远的帽贝也常在潮上带出现（笠贝属）。玉黍螺和帽贝都以海藻为食。帽贝具有比较扁平的锥形外壳和使其牢牢附着在石头上的腹足。（图12.1）

与生活在潮上带的动物类似，栖息在高潮带的动物身体也具有防止身体脱水的保护层。例如，玉黍螺具有保护壳且能在潮上带和高潮带之间移动。弹丸藤壶也有保护壳，但它不能生活在高潮线以上，因为它以滤食海水为生且幼体以浮游形式生活。岩石海草是栖息在高潮带最显眼的海藻，寒带主要是墨角藻属的物种，温带主要是鹿角菜属的物种。这两个属都具有较厚的细胞壁，以便在低潮时减少体内水分的流失。岩石海草是岩质海岸最早出现的生物。此后，固着生活的动物（如藤壶和贻贝）开始建立自己的领地，与海草争夺栖息地。

潮间带不断地受海水冲洗，因此这里生活着更多的藻类和柔软动物。潮间带生物量远大于潮上带，固着生物对岩石空间的竞争也比潮上带激烈很多。栖息在潮间带的带壳生物有藤壶（藤壶属）、茗荷（龟足属）和贻贝（贻贝属和偏顶蛤属）。藤壶和茗荷都用强健的颈吸附在岩石上。贻贝在浮游阶段用强壮的足丝吸附在光滑的岩石、海藻和藤壶上。

贻贝经常聚集在一起形成分层或带状贻贝床，这也是岩质海岸潮间带最易识别的特征之一。贻贝床越往底部越厚，一直延伸到物理条件限制贻贝生长的底部为止。通常贻贝床上最突出的是茗荷。此外，在贻贝床的缝隙中还生活有少量的其他生物，如藤壶、甲壳动物、海洋蠕虫、蛤蜊、海星和藻类。

食肉的螺类和海盘车（如豆海星属和海盘车属）在贻贝床上以贻贝为食。海盘车用许多管足拉开外壳。贻贝最终会因疲惫而难以闭合外壳。贝壳稍微张开时，海盘车就将胃翻出，伸入贝壳的缝隙内，消化可食用的组织。

几乎被水淹没的潮下带中，最丰富的生物是藻类。低潮带生活着各种类群的生物，它们主要隐藏在各种藻类和拍岸浪草（虾海藻属）中。各种类型的红藻（石叶藻属和石枝藻属）虽然也能在潮间带的洼地里发现，但在潮下带非常丰富。在温带地区，很多动物在低潮时会躲在中等大小的红藻和褐藻提供的"遮篷"内生活。各种食草蟹会在整个潮间带的裂缝之间、洼地内外仓皇穿梭跑动。它们帮助清洁海岸。白天，食草蟹主要躲在裂缝内或突出物之下。晚上，它们用螯足迅速从岩石表面撕掉并吞食藻类。它们具有外骨骼，可以防止身体水分快速流失，因此可以离开水很长一段时间。

（3）捕食策略的适应性：对于多数海洋动物来说，它们用绝大部分时间来获取食物。一些动物移动迅速、动作灵活，能够主动捕食来获得食物。另一些动物动作不灵活或者根本不具备运动能力，就只能通过过滤海水或者利用沉积到海底的物质来获得食物。

悬浮物摄食，也称滤食，就是指生物通过特殊的捕食器官过滤海水中的浮游生物作为食物。例如，附着在坚硬基质上的藤壶，利用它们的附肢在海水流过的时候过滤食物颗粒。蛤则是将身体埋进沉积物中，只把吸水管露在外面。将上覆水泵入体内并过滤其中的浮游生物和其他有机物质。

沉积物捕食，是指生物摄食沉积物中存在的有机物质。这些沉积物包括没有生命、正在被分解的有机物质和废弃产物，也称碎屑，以及外被有机物质的沉积物。环节多毛类蠕虫沙蠋属（*Arenicola*），通过把沉积物摄入体内再提取其中的有机质来获得食物；还有端足类，捕食沉积物表面更高浓度的有机物质沉积（碎屑）。

肉食性则是生物直接捕获并吃掉其他动物。这种捕食可以是主动的或者是被动的。被动捕食如海葵等待猎物落入"陷阱"然后吃掉。主动捕食包含寻找食物的过程，如鲨鱼，它们能迅速潜入沙滩中贪婪地吃掉其中的甲壳动物、软体动物、管虫、棘皮动物。

（三）食物网与能量流动

1. 微食物环

海洋微食物环概念的前身是Pomery于1974年提出的微生物食物链（microbial food chain），强调异养细菌在海洋食物链中的作用。1983年，Azam等提出了微食物环（microbial food loop，MFL）的概念，不但对异养细菌和自养细菌的生态重要性进行了阐述，还对微型生物在食物链中的重要作用进行了描述。此后，包括纤毛虫、微型异养鞭毛虫（heterotrophic nanoflagellates，HNF）、自养细菌、异养细菌在内的微食物环受到海洋生态学家的广泛关注。我国在这方面的研究也取得了一定成果。海洋微食物环的结构和功能在很大程度上是由占主导的初级生产者所决定的。如在以硅藻为主要初级生产者的系统，初级生产通过传统食物网传递或通过沉积作用从系统损失。相反，在以单细胞生物如蓝细菌占主导的系统中，大部分能量和碳将在微食物网内部进行，在光合层内循环。因而，影响浮游植物粒径结构的环境要素也会影响食物网的结构和稳定。

在微食物环内，生物粒径主要分为3个部分：微微型（pico-），0.2～2 μm；微型（nano-），2～20 μm；小型（micro-），20～200 μm。它们主要代表了细菌、鞭毛虫、纤毛虫和硅藻。但自1979年利用电镜技术发现了海洋中的病毒后，微食物环中又有了第4个粒径（femto-，＜0.2 μm）成分。病毒能感染1%～8%的蓝细菌和7%的异养细菌，引起浮游细菌的裂解。在海洋微食物环中，病毒可作为新的组分，参与物质和能量流动。

微微型生物是指粒径在0.2～2 μm的生物，主要包括自养的聚球藻蓝细菌、原绿球藻和真核微微型藻类以及异养细菌。海洋蓝细菌和异养细菌的丰度和生产力检测已有综述报道。而浮游细菌生物量的估算，主要通过细胞碳含量转化系数法来实现。不过在不同季节不同海域采用相同的细胞碳含量转化系数将会影响到细菌碳生物量的准确估算。如何确定我国海域的细菌生物量与碳量的转化系数将是关键的问题。

超微型生物主要是指小于0.2 μm的病毒颗粒。作为海洋微食物网的重要组分，病毒在调节海洋碳循环、物质和能量流动方面，扮演重要的角色，同时对宿主多样性具有调节功能。病毒可以影响任何营养级上的种类组成，同时也可以影响整个食物网的结构。病毒可引起宿主（浮游植物、细菌）的细胞裂解，把颗粒有机物（活的生物量）转变为能被细菌利用的溶解有机质，驱动食物网中的物质和能量向再生系统流动。病毒裂解浮游植物是环境中二甲基巯基丙酸的重要来源，加速二甲基硫的生产，影响气候变化。

微型浮游生物主要指粒径在2～20 μm的浮游动物，主要是异养鞭毛虫。异养鞭毛虫密度为10～10^5/mL，与细菌的比例为1∶1 000。微型异养鞭毛虫是细菌和病毒的主要消费者，尤其是1～10 μm的异养鞭毛虫。较大型鞭毛虫（粒径＞10 μm）比小型鞭毛虫（粒径＜10 μm）虽然在生物量上略占优势，但对细菌的摄食却远远低于小型鞭毛虫。研究证实，异养鞭毛虫更喜欢捕食细胞大小主要为0.4～0.8 μm的且有代谢活性的大个体细菌。当海水中病毒的丰度远远高于细菌时，病毒将成为异养鞭毛虫的重要营养来源。原生动物对病毒的摄食将会影响细菌种类的丰富度以及改变海洋中的能流过程。

小型浮游动物（micro-zooplankton）是连接中型浮游动物（meso-zooplankton）和微微型、微型海洋生物的中间环节。这部分主要指纤毛虫，主要捕食浮游细菌、微型浮游生物，同时又被中型浮游动物（如桡足类）所捕食，把物质和能量转移到主食物链中。砂壳纤毛虫作为纤毛虫原生动物的常见类群，是主导微食物环的物质循环和能量流动的因素之一。20世纪90年代，我国开始了海洋浮游纤毛虫的生态学研究，相继报道了渤海（莱州湾）、黄海（胶州湾）、长江口、东海、台湾海峡、南海北部浮游纤毛虫的丰度、生物量的分布以及砂壳纤毛虫的种丰富度。

2. 经典食物链

能量在营养级之间的传递是低效的。对于渔民来说最有利的就是选择一个与初级生产种群尽可能近的种群，这样可以增加食物的供应量和渔业生产中可捕个体的数量。例如，纽芬兰鲱鱼是重要的渔业资源，一般作为食物链中的第三营养级。它们以小型甲壳动物桡足类为食，后者的食物来源是硅藻。

自然界中的捕食关系很少像纽芬兰鲱鱼那么简单。一般食物链上的顶级肉食者以多种动物为食，而它们中的每一个又具有或简单或复杂的捕食关系。这就构成了一个食物网，就像北海鲱鱼，通过食物网摄食动物比通过食物链捕食存活下来的可能性更大，因为它们在一种食物消失或者数量降低的时候有替代的食物来源。而对于仅仅靠链式捕食桡足类的纽芬兰鲱鱼，桡足类的消失会给种群带来灾难性的后果。相反，纽芬兰鲱鱼可以利用的食物的生物量可能更高，因为它距离初级生产者只有两步，而北海鲱鱼的食物网中有些食物链长达三级（图12.14）。

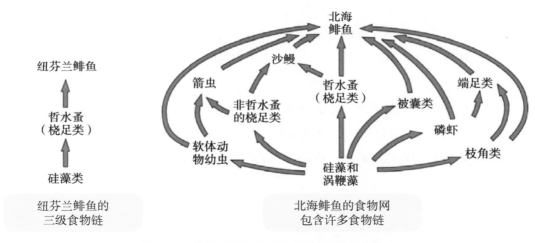

图12.14 纽芬兰鲱鱼和北海鲱鱼的摄食策略比较
（Trujillo等，2017）

（四）生物泵与物质循环

生物泵是以一系列生物为介质，通过光合作用将大气中的无机碳转化为有机碳，之后在食物网内转化、物理混合、输送及沉降，将碳从真光层传输到深层中的过程。地球大气CO_2在海水中的溶解吸收是通过海洋浮游植物的光合作用而进行的。海洋中的浮游动物吞食浮游植物，食肉类浮游动物吃食草类浮游动物。这些生命系统所产生的植物和动物碎屑沉降在海洋中，某些沉降物将被分解并作为营养盐回到海水中，但也有一些（大约1%）到达深海或海床，沉积在那里而不再进入碳循环。

由有机物生产、消费、传递、沉降和分解等一系列生物学过程构成的碳从表层向深层的转移称之为生物泵。海洋中，若海水处于垂直稳定状态下，碳要实现从表层向深层的垂直转移需完成两个步骤：① 从溶解态转化为颗粒态；② 沉降。正是一系列的生物学过程完成了这两个步骤。首先是生活在真光层内的大量的浮游植物进行光合作用吸收CO_2，将其转化为颗粒态，即有生命的颗粒有机碳（living POC）。这些浮游植物大多为单细胞藻类，粒径从几微米到几十微米。然后，通过食物链（网）逐级转化为更大的颗粒（浮游动物、鱼等）。未被利用的各级产品将死亡、沉降和分解。转化过程中产生的粪便、蜕皮等也构成大颗粒沉降，即非生命颗粒有机碳（non-living POC）的沉降。生活在不同水层中的浮游动物的垂直洄游也构成了有机物由表层向深层的接力传递。由于沉降速度低，小颗粒有机物，如单细胞藻类在离开真光层不远即死亡分解，只有大颗粒有机物才能抵御微生物的分解活动，得以到达深层乃至沉积物中，进入长周期循环或"永世不得翻身"。光合作用产品中有相当一部分是以溶解有机碳的形式释放到海水中，动植物的代谢活动也产生大量溶解有机碳。它们的一部分将无机化进入再循环，也有相当一部分被异养微生物利用，再次转化为颗粒态（微生物自身生物量），并通过微型食物网再进入主食物网。

1. 光合固碳与海−气界面分压差

海洋生物泵是全球碳循环的重要组成部分，调节上层海洋有机碳颗粒向下层海洋的传输，对维持大气CO_2浓度具有重要作用。生物泵的作用主要是通过CO_2的转化实现碳的向下转移和营养盐的消耗以及升高表层水的碱度，从而降低水中的CO_2分压，促进大气CO_2向海水中扩散。

2. 难降解有机碳与碳埋藏

生物泵的净化效果是减少表层海水中的碳含量，使得它可以从大气中获取更多的CO_2以恢复表层平衡。海洋浮游植物通过光合作用吸收大气CO_2、释放出O_2，成为海洋食物链中其他各级生物的有机质食物来源，同时产生各种钙质生物骨骼或壳体，死亡后的残骸逐渐沉降到洋底。这就犹如水泵，上层海水中的CO_2最终被"抽提"输送到洋底沉积物之中。一般来说，海洋初级生产力越高，大气CO_2浓度就越低。

（五）生物泵与其他生源要素循环

在地球表层生物圈中，生物有机体经由生命活动，从其生存环境的介质中吸取元素及其化合物（常称矿物质），通过生物化学作用转化为生命物质，同时排泄部分物质返回环境，并在其死亡之后又被分解成为元素或化合物（亦称矿物质）返回环境介质中。这一个循环往复的过程，称为生物地球化学循环（biochemical cycle）。生物地球化学循环还包括从一种生物体（初级生产者）到另一种生物体（消耗者）的转移或食物链的传递及效应。

　　氮元素的生物地球化学循环是整个生物圈物质能量循环的重要组成部分，在湖泊营养循环中占有重要地位。虽然大气中富含氮元素（79%），植物却不能直接利用，只有经固氮生物（主要是固氮菌类和蓝藻）将其转化为氨（NH_3）后才能被植物吸收，并用于合成蛋白质和其他含氨有机质。在生物体内，氮存在于氨基中，呈−3价。在沉积物富氧层中，氮主要以硝酸盐（+5价）或亚硝酸盐（+3价）形式存在。沉积物中有两类硝化细菌，一类将氨氧化为亚硝酸盐，一类将亚硝酸盐氧化为硝酸盐，两类都依靠氧化作用释放的能量生存。沉积物中还有一类细菌为反硝化细菌。当沉积物中缺氧而同时有充足的碳水化合物时，它们可以将硝酸盐还原为气态的氮（N_2）或一氧化二氮（N_2O）。由进化的角度来看，这一步骤极为重要。否则大量的氮将贮存在海洋或沉积物中。

　　磷主要以磷酸盐形式贮存于沉积物中，以磷酸盐溶液形式被植物吸收。但沉积物中的磷酸根在碱性环境中易与钙结合，在酸性环境中易与铁、铝结合，都形成难以溶解的磷酸盐，植物不能利用。而且磷酸盐易被径流携带而沉积于海底。磷质离开生物圈即不易返回，除非有地质变动或生物搬运。因此磷的全球循环是不完善的。磷与氮、硫不同，在生物体内和环境中都以磷酸根的形式存在，因此其不同价态的转化都不需微生物参与，是比较简单的生物地球化学循环。

第四节　分解作用与海洋生物地球化学循环

一、海洋生态系统的分解作用

（一）有机物质的分解作用及其意义

1. 什么叫分解作用

　　初级生产的产品和固定的能量经由食物链中各种异养生物的消费、传递，形成物质和能量的流动。同时，动植物也不断产生有机碎屑，包括排泄的废物以及生物死亡后的残体碎片。这些有机物质也贮存一定的潜能，通过分解者的生物作用逐渐降解，颗粒有机物逐渐腐解为溶解有机物，复杂的有机物逐渐分解为较简单的有机物，最终转变成无机物质；同时能量也以热的形式逐渐散失。这个过程就是生态系统的分解作用。在分解过程中，原先被结合在有机物中的无机营养元素也逐渐被释放出来，称为矿化作用。在有氧条件下，分解作用的生物化学反应正好与光合作用相反。前者是CO_2还原为有机碳和产生O_2，将吸收的光能贮存在有机物中，是贮能的过程。后者则是通过呼吸作用将有机碳转变成CO_2和消耗O_2，是释能过程，其化学反应可表示为：

$$C_6H_{12}O_6 + 6O_2 \xrightarrow{\text{酶}} 6CO_2 + 6H_2O + \text{能量}$$

分解作用释放的能量与有机物的生化组分有关。上式氧化底物为葡萄糖，可释出2 870 kJ/mol的能量。在缺氧条件下，某些微生物（如反硝化细菌、硫酸盐还原菌等）利用硝酸盐或硫酸盐等高氧化态化合物作为电子受体进行厌氧呼吸，有机物被分解为CO_2，同时产生NH_3、N_2或H_2S等副产物。

2. 有机物的分解过程

有机物的分解包括可溶性物质的沥滤、微生物的降解和异养生物的消耗等一系列很复杂的过程，是由许多种生物反复的共同作用才能完成的。而且，沥滤、降解和被异养生物消耗是在整个分解过程起作用的，只不过在不同阶段，其作用大小有差异而已。同时，各种有机碎屑的分解过程与碎屑食物链紧密联系，它包括颗粒有机物和溶解有机物的反复再循环过程（图12.15）。

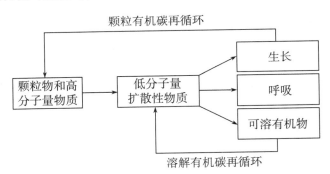

图12.15　有机物在食物链中的再循环
（引自Kaiser等，2005）

不同来源的碎屑有机物，其分解过程有差别。来源于大型藻类和维管束植物的有机物分解过程包括下面几个阶段：

（1）沥滤阶段（leaching phase）：可溶性物质从碎屑中转移出来的一种形式。有机体一旦死亡，就很快地沥滤出那些可溶的或水解的物质。这些有机溶解物易被异养生物吸收利用，同时产生CO_2和无机盐类。应当指出，这一阶段并不一定要有微生物的参与。实验证明，不管是在有菌还是无菌条件下，沥滤速率都是一样的。

（2）分解阶段（decomposition phase）：这一阶段有机物的分解主要通过微生物（细菌、真菌和其他微型生物系统）的降解作用来实现。微生物分泌各种酶来降解有机物，并且吸收所产生的可溶性有机物，部分用于自身生长，部分用于呼吸消耗产生CO_2。在分解阶段，碎屑中某些化合物（如糖、脂肪酸和一些氨基酸）易被微生物利用，而另一些物质（如纤维素、蜡和木质素）很难被微生物分解。因此，在分解阶段，颗粒有机物质的化学成分是不断变化的。这一阶段颗粒有机碳的分解速率比上一阶段慢得多。

（3）耐蚀阶段（refractory phase）：上一阶段尚未分解的有机物（主要是一些不易分解的物质）必须经过几个星期（浮游植物和某些大型藻类碎屑）或几个月至几年（维管束植物碎屑）的降解过程。最后剩余的是一些很难分解的、含腐殖酸的有机聚合物、复合物，它们最终形成所谓的海洋腐殖质（marine humus）。分解过程的特征和强度决定于分解者生物（主要是细菌和微型原生动物）、被分解有机物的组分和理化环境条件三类变量。

3.分解作用的意义

分解作用最重要的意义在于维持生态系统生产与分解的平衡。全球通过光合作用每年生产的有机物质大致相当于一年中被分解的有机物质，即通过分解作用大体上维持着全球生产和分解的平衡。由于光合作用吸收CO_2、放出O_2，而分解作用消耗O_2、放出CO_2，当光合作用与分解作用处于相对平衡状态时，大气O_2与CO_2的比值就不会有大的波动，从而避免因该比值的变化而产生一系列的生态效应。同时，死亡有机质的分解，使得植物所需营养物质再生和在生态系统中再循环，为生产者提供源源不断的无机营养物质。如果没有分解作用，一切营养物质将被束缚在生物的残体中，也就不可能进行新的生产和产生新的生命，生态系统也就崩溃了。生态系统的分解作用还有其他一些功能。例如，有机物质分解过程中产生不同粒径和不同营养组分的颗粒有机物，为食碎屑的各种生物提供相应的食物，对维持生态系统物种多样性有重要意义，也能提高有机物的分解效率。此外，分解作用有助于提高沉积物的有机质含量和改善底质的理化性状，使沉积物吸附污染物，降低外来污染物的危害（如通过溶解有机物对重金属的络合作用降低重金属污染的危害）。

（二）分解者类别及其在有机物分解过程中的作用

1.微生物和原生动物是主要的分解者

尽管从理论上说，所有消费者都与分解作用有关，但微生物和原生动物（纤毛虫、鞭毛虫等）无疑是最重要的分解者。一般情况下，其他中、大型动物在分解过程中只起辅助的促进作用。分解作用释出的能量（热能）必须通过体壁消散。于是，生物体的表面积（S）和体积（V）之比就是代谢速率的主要制约条件。设想生物体是一个半径为r的球体，则

$$S/V=4\pi r^2/(4/3\pi r^3)=3/r \qquad (12.1)$$

即S/V与$1/r$成正比关系，或者说单位体积的相对代谢率与$1/r$成正比关系。通常，体积与个体体重也是呈正相关的，所以体重越大，S/V值越小，相对代谢率就越低。海水中的细菌数量可有$10^{12}\sim10^{13}$个$/m^3$之多，总表面积占所有浮游生物总表面积的73%，其次是浮游植物和食细菌的原生动物。虽然浮游动物（幼体和成体）生物量所占比例与细菌和原生动物相差不大，但其总表面积占比大大低于后者。因此，相对于微生物和原生动物来说，浮游动物在有机物质分解中起较次要作用。

2. 分解者的协同作用提高分解效率

细菌和真菌是利用有机底物的竞争者，但它们对不同生化组分底物的分解效率有差别。真菌的生化组分中C/N较细菌的高，因而对C/N高的有机物（如源于大型藻类和维管植物的碎屑）利用效率也较高，吸收碳水化合物到细胞内更为有效，通常可占这类有机物中碳量的30%～40%，而细菌仅同化5%～10%（Alexander，1977）。相反，对来源于C/N较低的浮游植物碎屑，细菌则是最重要的分解者。另外，真菌对细胞壁物质的降解效率比细菌的高，特别是诸如木质素这样的复杂高分子。不过，对这种物质的分解通常需要在有氧条件下进行（真菌很少出现在少氧或缺氧环境中），而在缺氧条件下，厌氧细菌却可以进行无氧呼吸。

纤毛虫、鞭毛虫、线虫和有孔虫等微型和小型消费者个体小，代谢率也很高，世代周期很短，从而可通过其代谢活动促进有机物的分解。特别应当指出，这些微型和小型消费者的共同作用，使对有机碎屑的利用效率比只有微生物单独存在时高很多。虽然微生物种群会因纤毛虫等微型消费者的摄食压力而下降，但却可能以微生物的更高周转率来弥补。还有，多毛类*Nereis succinea*摄食一种红藻碎屑的效果表明，当存在纤毛虫时，它通过摄食可在其体内结合更多的有机碳。这种对碎屑有机碳吸收量的提高可能与微生物的活性增加和原生动物与后生动物之间的摄食活动有关。由此可见，食碎屑者可直接同化食物中可利用的有机物，不过这种直接同化量比较少，但它们的摄食对加速有机物的分解有重要的间接效应。这些效应包括刺激微生物活性和改变原生动物区系的相互作用，加速碎屑食物颗粒的碎裂，增加微生物在碎屑表面的栖息空间和生物量，同时又增加纤毛虫、鞭毛虫等微型消费者的生物量。这种协同作用的效应可以从呼吸率的测定结果得到证实，即有多种消费者（摄食者、碎屑和微型生

物）参与形成的微型系统的耗氧率比没有后生动物时高得多。综上所述，细菌和真菌是生态系统中最主要的分解者，其次是原生动物。微生物、原生动物和其他小型后生动物的共同作用对有机物质的分解和营养物质的再生有重要的促进作用。

二、海洋中碳的生物地球化学循环

海洋对气候变化的影响不仅在于海–气热量和能量的交换，海–气物质（CO_2、CH_4等）交换同样起着重要作用。海洋CO_2是全球碳循环至关重要的纽带，它在大气圈、水圈、生物圈和岩石圈之间碳的交换、流动过程中占主导地位。研究CO_2在海洋中碳的转移和归宿，即海洋吸收、转移大气中CO_2的能力以及CO_2在海洋中的循环机制等，已经成为当今国际海洋科学研究前沿领域的重要内容。地球外部碳库主要包括沉积物（海洋和陆地）、大洋和陆地水体、陆生和水生植物、土壤和大气（表12.1），其中海洋沉积物是最大的碳库，而以化石燃料（煤、石油和天然气等）存在的碳库只占很小的一部分，不到沉积有机碳的0.5%。大洋中的碳约是大气中的碳的50倍，并且是与大气CO_2交换的最重要的碳库，是对全球变化有重大影响的主要碳库。虽然海洋初级生产者的含碳量不到陆生植物的1/200，但它们的固碳量基本相当，即陆生植物的净初级生产力约63×10^9 t/a（$5\,250 \times 10^{12}$ mol/a），海洋初级生产力为（$3.7 \sim 4.5$）$\times 10^{10}$ t/a［（$3\,100 \sim 3\,750$）$\times 10^{12}$ mol/a］。可见，海洋碳库在碳的全球生物地球化学循环中起着重要作用。

表12.1　地球的主要碳库

碳储库		总储量/g
上地幔		（$8.9 \sim 16.6$）$\times 10^{22}$
洋壳		9.200×10^{20}
陆壳		2.576×10^{21}
沉积物（包括海洋和陆地）	碳酸盐	6.53×10^{22}
	有机质	1.25×10^{22}
大洋	溶解无机碳	3.74×10^{19}
	溶解有机碳	1×10^{18}
	颗粒有机碳	3×10^{16}
大气		$7\,850 \times 10^{17}$
陆生植物		6×10^{17}
土壤腐殖质		1.5×10^{18}
海洋生物		3×10^{15}

资料来源：Mackenzie等，2004。

海洋碳库中的碳主要包括海水中的碳、海洋生物体中的碳和沉积物中的碳。海水中的碳以多种形式存在，大致可分为无机碳和有机碳，而各自又可分成颗粒和溶解两种形态。无机碳主要是溶解态的CO_2和H_2O形成的复杂平衡体系（除CO_2外还有H_2CO_3、HCO_3^-和CO_3^{2-}等组分的电离平衡体系）。有机碳库有溶解有机碳（DOC）和颗粒有机碳（POC）。二者通常以能否通过$0.2\sim0.45$ μm孔径的有机物来划分。其实溶解有机碳和颗粒有机碳是密切相联系的。海洋各有机碳库中以溶解有机碳库含量最大，其次是非生命的有机碎屑，各种生物的总碳量所占比例最小。

（一）溶解有机碳

溶解有机碳是指透过一定孔径的玻璃纤维膜的海水所含有机物中的碳的数量。通常所用的滤膜为GF/F滤膜，孔径约0.7 μm。通过0.7 μm滤膜的有机碳包括溶解态（<0.001 μm）和胶体态（$0.001\sim0.1$ μm）及其他少量较小颗粒的有机碳。在海水中，颗粒有机碳和挥发性有机碳（VOC）小于总有机碳的15%，而溶解有机碳可占总有机碳的80%$\sim$95%。绝大部分的溶解有机碳来源于海洋浮游植物，只有很小的一部分来自陆源有机碳，这部分不到总来源的1%。另外，对陆源植物的生物标志物——由木质素衍生而来的苯酚的测定结果表明，陆源输入的溶解有机碳少于5%。Hansell等（1998）以马尾藻海的深层水为参考，对全球大洋深水溶解有机碳浓度进行了研究。在全球大洋中，格陵兰海域的溶解有机碳浓度最高 [（48$\pm$0.3）μmol/L]，至北大西洋的48°N和32°N分别降至（41.5$\pm$0.4）μmol/L和（43.6$\pm$0.3）μmol/L。环极海流（61°S）和罗斯海（75°S）的浓度为41.5$\sim$41.9 μmol/L，向北至印度洋中部和阿拉伯海增高为42.8$\sim$43.6 μmol/L，至南太平洋西部增高为42.3$\sim$43.0 μmol/L，但在北太平洋浓度降低了，在那里的最北站位采集的样品浓度为（33.8$\pm$0.4）μmol/L，为全球最低值（表12.2）。造成这种分布的原因主要包括在深水层形成海域活性物质的输入（尤其是在北大西洋）、深水层微生物的消耗、含有不同溶解有机碳浓度水团的混合以及颗粒物质转换所造成的少量增加（溶解作用）和减少（吸收作用）。

表12.2　大洋海水中溶解有机碳的浓度

海域	位置	深度范围/m	DOC/（μmol/L）	样品个数	标准差
北大西洋	75°N，0°W	1 250～3 650	48.1	10	0.3
	48°N，13°、41°及48°W	1 100～4 800	45.1	19	0.4
	32°N，164°W	1 000～4 000	43.6	35	0.3
环极流	60°S，170°W	1 000～4 000	41.5	7	0.4
	61°S，170°W	2 000	41.9	33	0.3

续表

海域	位置	深度范围/m	DOC/（μmol/L）	样品个数	标准差
罗斯海	75°S～77°S178°E～178°W	0～700	41.7	241	0.3
印度洋	36°S，95°E	1 000～2 000	43.3	3	0.1
	32°S，80°E	1 500～2 000	42.9	2	—
	26°S，80°E	1 000～2 000	43.3	3	0/0
	14°S，80°E	1 000～4 000	42.9	6	0.7
	8°S，80°E	1 500～5 500	43.6	3	0.3
	3°S，80°E	1 500～3 000	43.3	4	0.2
阿拉伯海	13°N～20°N，60°E～65°E	1 000～4 300	42.8	27	0.8
太平洋	56.5°S，170°W	1 000～5 000	42.3	5	0.3
	62.5°S，170°W	1 000～5 000	42.3	5	0.1
	33.5°S，170°W	1 000～5 000	43.0	5	0.1
	0°S，170°W	1 000～5 000	42.7	4	0.1
	22.75°N，158°W	900～4 750	38.8	9	0.9
	58°N，148°W	1 000～1 500	33.8	3	0.4

资料来源：Hansell等，1998。

　　海洋溶解有机碳的基本来源是浮游植物，但其形成的机理仍不清楚，可能是通过浮游植物的渗出、浮游植物的自我分解或细菌分解以及由摄食作用引起的释放。溶解有机碳的化学成分非常复杂，到目前为止，只有不到25%的成分可以确定为已知的物质，主要有糖类（包括单糖和多糖）、蛋白质、氨基酸、脂肪酸、维生素等。海洋溶解有机碳的C/N范围较宽，大部分在10～30，与颗粒有机碳的C/N在6～10相比，溶解有机碳中氮的含量偏低。海洋中溶解有机碳的分布并不均匀，随季节、纬度和深度变化很大，而且大洋深层海水溶解有机碳的性质和表层海水相差很大，不仅年龄古老得多（据今4 000～6 000年），而且也稳定得多。

　　海洋中的溶解有机碳至少有700 Gt，最重要的是，不稳定的部分占新形成溶解有机碳的50%。海洋中溶解有机碳的来源是海藻，在快速生长的浮游植物细胞内的主要物质是蛋白质，大约占有机质干重的50%，碳水化合物和脂质的含量次之。当生长比较缓慢，处于生长平稳期时，细胞成分将显著改变，碳水化合物将是最主要的成分。在理想情况下，光合作用形成的所有物质都应当保留在细胞内，但自然情况下不是这样，除细胞内的产物外，还有一些被排到细胞外，可以用排泄、分泌、释放、降解等词汇描述。碳水化合物是浮游植物排入周围水体的主要物质，其次是蛋白质和氨基酸，此外还有有机酸、糖醇、脂和脂肪酸、维生素及生长抑制剂（毒素）等。

　　浮游植物在正常生长状况下释出的溶解有机碳大约为初级生产量的10%，但衰老的细胞或在光线太强条件下，其释出量大大提高，甚至可达50%。底栖大型藻类的溶解有机碳渗滤率占其碳固定量的比例较低，通常小于10%，但有时可达30%。珊瑚的释出量大致与大型藻类相当。生产者释出的溶解有机碳主要是碳水化合物，但也包括一些有机酸、含氮化合物等。这些溶解有机碳中一些组分对异养消费者（主要是异养微生物和原生动物）具有潜在的营养价值。可溶性有机物的另一重要来源是有机碎屑的水解和微生物胞外酶对有机碎屑的降解作用。溶解有机碳的来源多种多样，因此其组分是十分复杂的。那些简单的溶解有机碳能在水层中通过微型生物食物网迅速循环，而大部分溶解有机碳必须通过各种分解者生物的长时间反复作用才能逐渐降解（其组分也在不断降解中变化）。由于这种积累效应，海水中的溶解有机碳就成为海洋最大的有机碳库。

（二）颗粒有机碳

大气CO_2被海洋吸收后主要通过生物泵、碳酸盐泵和溶解度泵来完成转移，生物泵中颗粒有机碳的输出与分布变化构成了海洋生态系统中碳循环的关键环节之一。研究表明，全球海洋每年颗粒有机碳的输出通量为（9.5±1）Gt，这可能使海洋在短期（1个季度至几十年）内对大气CO_2的调控有决定性的作用。海水中的颗粒有机碳在整个碳循环体系中举足轻重，它在一定程度上控制着海水中溶解有机碳、胶体有机碳以及溶解无机碳的行为。更为重要的是，海水中的颗粒有机碳是生物摄食-代谢中的主体，对海洋生态系统食物链结构影响巨大。所以，研究海洋中颗粒有机碳的行为对阐明生物生产过程乃至生物资源种群繁殖意义重大。

溶解有机碳与颗粒有机碳之间的传递与转化：表层浮游植物通过光合作用吸收溶解于水中的CO_2生产有机物质（初级生产）。这些有机物质通过各级消费者（牧食食物链）依次传递和消耗。在这个过程中，一部分有机碳构成它们本身的生物量，还有一部分有机碳通过生产者、各类动物消费者和微生物的呼吸作用转化为CO_2重新释入水中。生产者和消费者的死亡残体、粪团和蜕皮等构成非生命的颗粒有机碳组分。其中一部分通过食碎屑动物的利用（碎屑食物链）重新构成消费者生物量，同时也通过消费者的呼吸作用使一部分有机物转变为CO_2。海洋中的一部分溶解有机碳被异养微生物吸收（某些生产者和消费者也吸收少量溶解有机碳），重新进入活体生物（微型生物食物链），并且也通过呼吸作用转化为CO_2。因此，海洋碳循环基本过程的本质就是CO_2通过初级生产者的光合作用进入海洋生态系统，然后通过生产者、动物消费者和微生物的呼吸作用不断地转化为CO_2返回到环境中的过程。

（三）沉积物中有机物质的分解

海洋沉积物是地球表层最大的碳库，也是海洋碳循环的关键环节。沉积物中的碳不管是其来源还是以后的再生循环都和生物活动有密切的关系。一方面，沉积物上覆海水乃至大气中的CO_2可以通过生物活动形成颗粒物，经沉降形成沉积物；另一方面，沉积物中的碳可被微生物分解或被底栖生物所食变成生物碳或溶解碳重新进入水体。同时，底栖生物的活动可造成沉积物的再悬浮，从而促进沉积物中各种形式碳的溶解而进入水体，参与新一轮的循环。显然，沉积物中的碳与该海区生物种群的丰度、分布均有着密切的关系。

从总体上来说，沉积物中的碳有两种存在形式：有机碳和无机碳。有机碳主要存在于有机质中。有机质是由腐殖质、类脂化合物、糖类化合物、烃类化合物等混合物组成，其主要组成的化学式可以简化表示为$(CH_2O)_{106}(NH_3)_{16}H_3PO_4$。沉积物中有机质的保存形式和富集方式具有明显的多样性。沉积物中有机质含量与矿物颗粒大小密切相关。黏土含量高，则有机质丰富。黏土对有机质的富集，并不是有机质与黏土矿物简单的表面吸附，而是溶解性有机质进入黏土矿物层间，通过氢键、离子偶极力、静电作用和范德华力等方式结合成有机质黏土复合体，并且有机黏土复合体在沉积物中具有很高的稳定性。沉积物中的有机碳是海水中颗粒有机碳沉降到海底形成的，因而其性质和颗粒有机碳相似，主要由高等植物的碎屑、植物种子、浮游动物壳和膜、藻类残体等组成。沉积物间隙水中还含有溶解有机碳和溶解无机碳，它们大部分是由沉积物中的碳经过一定的生物地球化学作用转化而来的，在沉积物碳的循环过程中起着至关重要的作用。沉积物间隙水中的溶解有机碳是沉积物有机质矿化过程中的中间产物，沉积物中的有机质通过微生物水解和（厌氧）发酵等方式溶解成各类具有不同分子量的有机化合物，通常总称为溶解有机碳，并释放到沉积物间隙水中。而溶解有机碳又进一步被细菌等微生物所利用，最终被氧化为溶解无机碳。

有机质的矿化过程包括需氧和厌氧两个过程，与氧、硝酸盐、金属氧化物和硫酸盐等最终接受电子的物质的利用有关。矿化的速率与沉积速率、生物扰动、沉积物中有机质的组成以及较低级的氧化物有关。沉积物的总矿化率可以用氧、硝酸盐、硫酸盐通过沉积物–水界面的通量总和来表示。硫酸盐的还原速率与硝酸盐和氧通量相比明显很低，铁的硫化物的积累速率和铁、锰的还原通量一样。因此，有机碳的矿化速率可以用氧和硫酸盐进入沉积物的通量总和来表示。碳的矿化速率也可以用代谢物通量包括总CO_2和可溶的活性磷酸盐或沉积物中有机质的埋藏速率来表示。在沉积物中能接受电子的物质即氧化物的浓度在垂直方向上的变化很有规律：氧的浓度在沉积物表面以下迅速减少，而NO_3^-的浓度在含氧层有所增加，在含氧层下又不断降低，随着氧和NO_3^-的消耗，氧化锰含量降低，而溶解锰增加，再向深处是溶解铁的增加，总硫的含量随深度增加。因此，沉积物中的有机碳的氧化还原反应按如下顺序进行：在沉积物水界面下氧先被还原，接着是NO_3^-和铁、锰被还原，然后是硫酸盐的还原。其反应过程如下：

$$(CH_2O)_{106}(NH_3)_{16}H_3PO_4 + 138O_2 + 18HCO_3^- \longrightarrow 124CO_2 + 16NO_3^- + HPO_4^{2-} + 140H_2O$$

$$(CH_2O)_{106}(NH_3)_{16}H_3PO_4 + 94.4NO_3^- \longrightarrow 106HCO_3^- + 55.2N_2 + HPO_4^{2-} + 71.2H_2O + 13.6H^+$$

$$(CH_2O)_{106}(NH_3)_{16}H_3PO_4 + 236MnO + 364H^+ \longrightarrow 106HCO_3^- + 8N_2 + HPO_4^{2-} + 260H_2O + 236Mn^{2+}$$

$$(CH_2O)_{106}(NH_3)_{16}H_3PO_4 + 424Fe(OH)_3 + 756H^+ \longrightarrow 106HCO_3^- + 16NH_4^+ + HPO_4^{2-} + 1010H_2O + 424Fe^{2+}$$

$$(CH_2O)_{106}(NH_3)_{16}H_3PO_4 + 53SO_4^{2-} \longrightarrow 39CO_2 + 67HCO_3^- + 16NH_4^+ + 53HS^- + HPO_4^{2-} + 39H_2O$$

有机质在沉积物的最上层可以被O_2和NO_3^-氧化产生CO_2。在较深层缺氧的环境中，微生物对有机物的分解过程主要涉及发酵作用、硝酸盐还原作用和脱氮作用、锰和铁的还原作用、硫酸盐还原作用以及产生甲烷的反应等。

（四）有机物在海底的埋藏

在海洋沉积物的表层，直接或间接来源于生产者的碎屑经微生物和其他异养生物的反复利用后基本上都能被分解与矿化。剩余的少部分不能被消费者同化的难降解物质最终被埋藏在沉积物中。因此，在稳定状态下，沉积过程包括再生与埋藏。事实上，被埋藏在沉积物中的难腐解物质是一类统称为腐殖质的"不明有机物"，其来源与成分是很复杂的，除了海洋自身产生的外，还有从陆地和大气输入的。这些物质的类别只有少部分能被传统分析方法确定。海洋沉积物中的上述"不明有机物"的形成机制可能包括：① 生物大分子碎屑在降解过程中产生的中间产物（如低分子量单糖、氨基酸或相对分子质量更高的肽）通过非生物过程的化学反应形成难分解的、生物无法利用的复杂缩合物。② 生物体产生抗水解、生物难利用的高分子物质，生物对沉积物有机库中不同组分的选择性利用，使得这些难分解的剩余大分子在沉积物中保存下来。③ 活性有机物可能由于与无机或有机基质的相互作用而难以被生物降解。有机物被埋藏的百分比与沉积速率有关。在高生产力的浅水区，可能有高达10%的有机物被积累在沉积物中，而大部分海洋的这种积累很少达到1%。

三、海洋中氮的生物地球化学循环

海洋中的氮是海洋生物食物链最基础的营养物质之一，是海洋生态系统正常运转的关键化学要素，直接与海洋生物种群的繁衍和海洋生物资源量密切相关，在海洋生物地球化学循环中占据重要的位置，并影响海洋中其他元素（如碳、磷等）的循环。

（一）海洋中氮的分布特征

氮化合物在海水中存在形态较多，主要有溶解的NO_3^-、NO_2^-、NH_4^+三种无机态氮和有机态氮［颗粒有机氮（PON）、溶解有机氮（DON）］，还存在着气态的N_2、N_2O和NH_3。这些氮化合物处在不断的相互转化和循环之中。海洋中营养盐无论是水平方向上还是垂直方向上的分布都是极为复杂的过程，它们的含量分布决定于：① 海洋生物活动的规律。因此，营养盐的分布有着明显的季节变化。② 海洋水文状况，如大洋水环流的方式、水系混合和海水垂直交换等。③ 营养元素在生物体内存在形态和氧化再生的速率，以及沉积作用的物理化学过程。因此，营养盐在大洋的分布和其他海水化学要素如O_2、CO_2和pH等有一定的关系，其含量的一般分布规律是：① 随着纬度的增加而增加；② 随着深度的增加而增加；③ 在太平洋、印度洋的含量高于在大西洋的含量；④ 近岸海域的含量一般比大洋海水的含量高。

（二）海洋中氮循环的基本过程

由于风暴、涡流泵和扩散作用所引起的来自深海的上升流含有丰富的营养元素，可提供40%～60%的必需氮，而由河流输入和大气沉降输入的氮约为80 Tg/a和60 Tg/a。其余部分必须由大气中N_2的还原来提供。海水中N_2与大气进行交换，固氮细菌的固氮作用将海水中的N_2转变为生物学可利用的氮，称为被固定的氮，这些新氮进入生物学循环的总氮池。由固氮生物固定的氮估计约为90 Tg/a，占所需氮的不到50%。有机氮向深海的不断沉降（约为420 Tg/a）导致了透光层中氮的持续缺乏，如果缺失的氮没有再循环到上层海水中，初级生产会在几年内迅速下降，海洋中氮的收支也将严重失衡，因此弄清海洋中氮的补充机制就显得尤为关键（Kolber，2006）。在生物代谢（或有机物分解）的再矿化作用中，蛋白质降解为氨基酸，然后氨基酸的碳（不是氮）被氧化而释出NH_4^+，NH_4^+可被浮游植物（或细菌）直接重新利用。未被利用的NH_4^+在有氧条件下氧化为NO_3^-（包括N_2O、NO_2^-等中间产物），称为硝化作用。在溶解氧被消耗后，兼性厌氧微生物以NO_3^-作为终端电子受体分解有机物。在这种有机物氧化的简单异养过程中，NO_3^-逐步被还原，最后转变为N_2，称为反硝化作用或脱氮作用，从而完成氮的循环。氮循环的固氮作用、硝化作用和脱氮作用等基本过程都有相关的微生物参与。例如，硝化作用的反应从热力学的角度看可自发地进行，但是，自然海区的硝化作用通常与硝化细菌有关。第一步从NH_4^+氧化为亚硝酸主要是*Nitrosomonas*属的细菌参与，而第二步氧化成NO_3^-则主要是*Nitrobacter*属的细菌参与。

沉积物也可以作为有机氮的输出源，供海底异养细菌利用。沉积物对海岸体系中含氮化合物的转移具有非常重要的作用。在不同的区带内，由于氧化剂不同，沉积物中有机质的氧化还原反应过程不同，产物也不相同，使氮参与再循环的形态和含量各不相同，同时也说明了沉积物中有机质反应的复杂性和多变性。Hyacinthe等（2001）通过对比斯开湾（Biscay）柱状沉积物中各生源要素含量的垂直分布的研究，进一步验证了柱状沉积物中早期成岩反应的分区，以及不同深度早期成岩反应的不同。发生在这些区带里的不同物质的溶解和沉降过程大大地影响了组分的浓度和可溶成分的扩散通量（von Breymann等，1990；Schulz等，1994）。沉积物中的氮除少部分被埋藏外，大部分通过矿化作用得以再生，并通过早期成岩作用以NH_4^+、NO_3^-、NO_2^-的形式释放。在沉积物中氮的相互转化过程中，硝化-反硝化作用、氨化作用以及固氮是主要作用过程，也是主要途径。

四、海洋中磷的生物地球化学循环

磷是海洋中重要的营养物质，是生物生长繁殖必需的元素之一。磷在海洋中的再生循环对整个海洋生态系统的运转具有至关重要的意义。研究海洋中磷的赋存形态、分布特征、来源与生态学功能以及磷在海洋中的循环与再生过程，可以使我们对海洋磷的不同化学形态及分布状况、生态学功能及在海洋中的循环与收支情况有所认识和了解。

（一）海洋中磷的形态与转化

海水中的磷有溶解态磷和颗粒态磷，二者都包含无机磷和有机磷组分。溶解态磷包括溶解态无机磷（DIP）和溶解态有机磷（DOP）两类。前者包括正磷酸盐、无机缩聚磷酸盐。在pH为8的海水中，HPO_4^{2-}占比为87%，PO_4^{3-}占比为12%，HPO_4^{2-}占比为1%，可见在海水中HPO_4^{2-}为可溶性磷酸盐的主要存在形式，游离H_3PO_4的含量极微。正磷酸盐可作为营养物质被水中藻类大量摄取，所以这种形态的磷具有很大的环境意义。海洋沉积物中的磷以有机态和无机态形式存在，其中无机态磷是以沉积物中与Al、Fe、Ca等结合的无机态结合物而存在，为绝大部分的可溶磷、铁/铝结合态磷和钙结合态磷，其中无机磷以钙结合态磷为主。沉积物中的有机磷又可经细菌生化作用转化为无机磷，并成为沉积物中磷溶出的主要因素。沉积物中的无机磷与水体不断地进行交换、溶解、沉积，尤其在缺氧的条件下，沉积物中的磷酸盐大量溶出，在富营养条件下可促进沉积物对磷的吸附，而缺氧条件则有利于磷的释放。一般认为不稳定或弱结合态磷易进入水体被生物所利用；与铁、铝结合的非磷灰石磷是潜在的活性磷，在一定条件下也能进入水体被生物利用；而与钙结合的磷、惰性磷和有机磷则难被生物利用。

（二）海洋中磷的收支平衡

对海洋中磷的循环和通量进行研究，发现每年大约有14 Mt的总磷，其中包括3.5 Mt的活性磷从陆源输入海洋，作为海洋中磷的主要来源，其中大多数（约80%）总磷和活性磷以相似比例聚集在陆架边缘海底（约9×10^7 km²），其余部分分散在面积为2.7×10^8 km²的深海沉积物中（Baturin，2003）。溶解磷的生物地球化学循环发生在海水—生物体—悬浮物—沉积物—间隙水—海水系统之中。浮游植物消耗多达2.5 Gt/a的溶解磷，并主要在上层海水中循环。由有机碎屑构成的悬浮物中大约携带了11.6 Mt的磷，其中约3 Mt的磷在有机物矿化过程中释放到表层沉积物中，约3.6 Mt的磷被埋藏进入沉积物，而约5 Mt的磷扩散进入上覆水中。

（三）海洋生态系统的磷限制

据Redfield比值，藻类细胞对磷的需求量仅是氮的1/16（原子比）；在海洋表层，磷比氮可更迅速地再循环；一些浮游植物在磷缺乏时可利用环境中一部分有机磷。因此，长期以来，人们都认为氮才是海洋生态系统的重要限制因子，对磷限制的研究较少。诚然，对于大部分海域来说，氮无疑是初级生产力水平很重要的限制因子，但是随着海洋调查的深入，人们发现海洋的磷限制可能比以往所了解得更为普遍。初级生产过程需要吸收氮、磷等常量元素和铁等微量元素。关于氮或磷对海洋初级生产力限制的相对重要性，不同学者有所争论。大多数海洋地球化学家倾向于磷限制，原因在于氮不足可由生物固定海水中的氮气获得；而生物化学家则倾向于氮限制，因为生物固氮在整个地质年代中对决定营养盐水平和平衡是重要的，但在短时间内不会有效。目前，不少受人类活动影响较大的海区，其营养盐特征及对浮游植物生长的限制情况都已得到研究。

目前已经发现磷是很多寡营养海域更重要的限制因子，例如东地中海就是公认的磷限制海域。开阔大洋环境属氮限制还是磷限制取决于固氮作用与反硝化作用之间的平衡。磷缺乏对固氮作用也有限制。大西洋很多海域的高N/P以及高碱性磷酸酶活性和固氮效率表明，这些海域可能受磷限制（或至少是联合限制）。当细胞内正磷酸盐或多聚磷酸盐的水平降到低于某一阈值时，许多浮游植物的种类能够制造一种碱性磷酸酶。这种酶在细胞的外表面，能水解胞外有机的磷酸单酯，产生正磷酸盐离子以供细胞吸收和利用。自然水体中浮游植物群落的碱性磷酸酶活性也可以作为评价其受磷限制程度的一个指标。海洋中营养盐的限制性除有空间上的不同外，还有季节性营养盐的交替变化，特别是在近岸河口地区。在切萨皮克湾，春季磷、硅是限制浮游植物生长的主要营养元素，在夏季却是氮元素限制着浮游植物的生长（Malone，1992）。

第五节　海洋生态系统演变

由于生态系统是非生物环境和其中的生物群落组成的复合体，任何组分的显著变化都会通过级联反应造成整个生态系统的变化。不同于生态系统进化（ecosystem evolution），生态系统演变或者称为生态系统演化（ecosystem evolvement）在方向上是不确定的。

生态系统进化在广义上可以理解为，在地质年代尺度上，特定地理环境之中的生态系统朝着结构更复杂、功能更强大的方向变化，区别于生态系统在种群结构和生境相对固定的状态下的生长发育。

当生物在35亿～38亿年前出现之时，最早的微生物生态系统就在地球上建立起来了。自那时以来，生态系统经历了一系列不可逆的改变。严格地说，生态系统本身并不发生达尔文式的进化，即由自然选择造成的遗传组成的改变（也叫作生物进化）。作为一个开放系统，生态系统由建立之初的不稳定的、无序的状态，通过与外部的物质能量的交换和内部的自我组织过程而逐步达到相对稳定的、有序的状态，并且依靠外部能量的流入（主要来自太阳）和内部能量的耗散来维持其稳定有序的结构，因而生态系统也符合耗散结构的概念。所以生态系统在时间向度上的复杂性和有序程度的增长过程，符合广义的进化定义（指物质由无序到有序、从同质到异质、由简单到复杂的变化过程）。

生态系统演变一般发生在较短的时间尺度上（几年或十年），可能是自然环境的改变，也可能是人为的干扰，导致生态系统的结构和功能发生显著变化。因此，演变并非朝着固定的方向进行，可以是结构更复杂、功能更强大的进化方向，也可能是反之的退化，或者是从一种稳态变成另一种稳态。

一、动态变化、演替和稳态转换

海洋是一个高度动态变化的系统。除了我们能感受到的昼夜变化、四季更替，还有隐藏在海面之下的复杂动力过程。从时间长度以分钟计的涡旋过程，到以十年计的大洋环流。

但是，很多过程的影响无法在生态系统的水平上（结构和功能）识别出来，或者说是生态系统动态结构的一部分。

下面我们将分别探讨几种能看得到的生态系统变化。

（一）海洋生态系统的季节变化

之所以从季节变化开始介绍，是因为它也被称作生态系统的季节性演替（seasonal succession），是环境变异驱动生态系统结构和功能变化的最简单的案例。然而，与长时间尺度演替具有方向性不同，季节性演替一般是周期性的。

在陆地生态系统，驱动生态系统季节性演替的环境因子主要是温度、降雨、光强和光周期，而在海洋里，最重要的因素是光强、温度和营养盐供给。这就决定了在全球尺度上，极地海洋的季节性演替最强，而在赤道附近的热带几乎不存在季节性演替。

极地海域，像远离欧洲大陆北部的北冰洋巴伦支海，冬季会经历大约3个月的连续黑暗，夏季则是持续同样3个月的白天。巴伦支海的硅藻生产力会在5月份达到高峰，那时太阳在天空中的位置足够高，光照也因此能够达到较深的水层。伴随着硅藻发育，绝大多数小型甲壳动物也就开始对它们进行摄食。浮游动物生物量在6月份达到高峰，并且在冬季黑暗开始的10月份之前保持在一个相对较高的水平上（图12.16）。

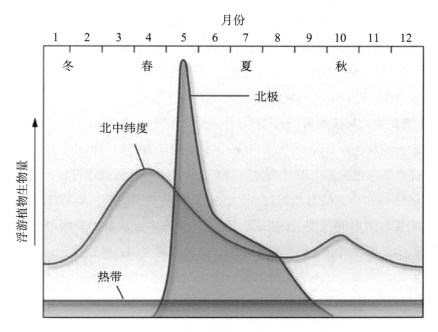

图12.16　不同纬度海域浮游植物生物量的周年变化

在南极海域，尤其是在大西洋一侧，生产力较高。这是由北大西洋深层水的涌升引起的，这些水在海盆的另一侧形成，在那里下沉并且在表层以下向南移动。数百年之后，这些水抵达南极附近的表层，同时带来了高浓度的营养盐。当夏季太阳辐射能足够强时，生物生产力的暴发也就产生了。然而，一项最近的关于南极水域的研究，记录到了浮游植物生产力出现12%的下降，原因是南极臭氧空洞引起的紫外线辐射增加。

极地区的水体密度和温度随深度的变化很小，所以这些水体是等温的，也就没有限制富营养的底层水和表层水之间交换的障碍。然而，夏季融冰能产生一个薄的低盐水层，通常难以和深层水进行交换。这种层化对夏季生物生产至关重要，因为表层的浮游植物受其限制不能被带到黑暗的深层，而是聚集在阳光可及的表层，在这里它们能够持续进行繁殖。

热带开放海域的生产力较低，这有点让人吃惊。显然，在热带，太阳更加直接地直射下来，光穿透的深度要明显大于中纬度和极地海域，所以太阳能常年都是可以利用的。然而，生产力在热带开放海域反而较低，因为固定的温跃层导致了水团的层化（分层的现象），阻止了表层水和营养盐丰富的深层水之间的交换，有效地抑制了深层营养盐向表层的供应。

在南北纬20°附近，磷酸盐和硝酸盐浓度通常只有中纬度海洋冬季浓度的不到1%。实际上，热带营养盐丰富的海水在150 m以下，而最高浓度出现在500～1 000 m的水层。所以，热带海域的生产力因营养盐缺乏而受限，极地海域主要受限于光照。

通常，热带海洋的初级生产力水平稳定，但更多地以低速率出现。那里的年度总生产力只有中纬度海域的大约1/2。

（二）海洋生态系统演替

生态系统演替（ecosystem succession），是指随着时间的推移，特定空间格局内的生态系统类型（或阶段）被另一种类型（或阶段）替代的顺序过程，是生态系统利用能量发展结构和功能的自组织过程。生态系统是动态的。生态系统演替与进化相比，是发生在较短时间尺度上的发展、变化。生态系统演替的原因可分为内因和外因。内因是生态系统组分之间的相互作用，是演替的主因；外因也是通过生态系统组分的改变推动演替发生。生态系统演替分为在没有生物分布的裸地上发生的原生演替和在保留有一定生物的次生裸地上进行的次生演替。

（三）海洋生态系统的稳态转换

稳态转换是指生态系统在两个相对稳定的状态之间的重组过程。这种重组可能体现在种类组成或者营养结构以及其他方面，在空间尺度上则从内陆海湾到大洋不等。不同的稳态持续的时间一般较长，例如10年际的变化。最早的稳态转换多数是和气候相关的，regime一词也是来自气候学术语climate regime，表示一组条件参数界定的某一特定状态，而这些参数经常是相对松散地组合在一起的。

近几年来，稳态转换这一名词已经广泛应用于气候、海洋生态环境和渔业研究领域，并根据一些量化的参数划分为平滑（smooth）、突变（abrupt）和间歇（discontinuous）3种模式。平滑模式下生态系统的响应和环境因素变化之间呈现近线性的关系，即各种生态变量对控制因素的反应表现出较好的一致性。突变模式则是一种非线性的响应，即较小的环境变异导致生态系统组成或者营养结构发生剧烈变化。间歇模式表示的是不同生态环境指标在对控制因素的响应方面存在明显的时空差异。

一个典型的稳态转换的例子是北太平洋沙丁鱼和气候的关系（图12.17）。20世纪80—90年代，北太平洋的气候变暖，而沙丁鱼渔获量也相应地由不断增加的状态变成逐渐减少的趋势。其间伴随着其他鱼种和浮游生物丰度的显著变化。对稳态转换的识别依赖于长期的观测数据积累。联合国政府间气候变化专门委员会（IPCC）的指引中，分析生物因素的时间序列变化至少需要20年的数据，即应该涵盖稳态转换发生前和发生后的几年时间。

20世纪60年代　　　　　20世纪70年代　　　　　20世纪80年代

图12.17　阿拉斯加湾底拖网渔获物的年代际变化

（Trites，2004）

二、演变的驱动因素

引起生态系统变迁和退化的因素各种各样，概括起来有以下5种（图12.18）。

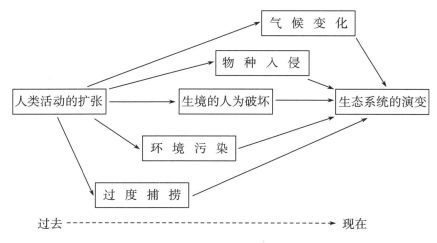

图12.18　人类活动影响近岸生态系统的历史顺序
（仿Jackson等，2001）

（1）过度捕捞使得鱼类、贝类的生物量下降或濒临灭绝，并最终导致了整个生态系统的变化。

（2）人类活动造成的污染，包括海水富营养化和有毒废物排放。前者使浮游植物和微生物大量繁殖，加剧了海水中氧的消耗和赤潮的频繁发生；而有害重金属和滴滴涕等农药在生物体内的富集不但影响它们本身的存活和繁殖，对人类的健康也是莫大的威胁。

（3）人口的增加、城市的扩张使得海湾面积减小，填海造田破坏了一些潮间带和浅海生物的生活环境。

（4）人工养殖、轮船国际航运和海产品出口等为一些地区引进了新的物种，甚至引起生态系统结构的变化。

（5）全球气候变化也会造成生态系统结构和功能的转变，飓风和ENSO都会影响一些种类的数量波动。

当前，科学家在解释生态系统退化问题上的观点并不相同。上行控制（bottom-up control）论点认为：根本原因是人类活动导致水体中可利用的氮、磷增加，从而引起富营养化并导致浮游植物过度繁殖甚至发生赤潮、微生物暴发、海水缺氧，最后影响鱼类、贝类存活和种群补充。这正和人类活动等陆源影响最先作用于海湾的特点相一致。然而，这些多余的营养盐为什么没能通过生态系统的食物网向上传递，而是形成了赤潮呢（Capriulo等，2002）？下行控制（top-down control）论者提出了这样的质疑，并通过长时间序列的研究发现：近海或河口生态系统的演变或退化首先是从底栖悬浮物捕食者数量减少开始的，它引起下行控制作用减弱，导致生态系统的物质循环受阻，水体自净能力下降，营养物质不能转换成生产，才出现了上述的退化特征。牡蛎曾经是切萨皮克湾的主导成分，它们每隔3天就将整个湾内的水过滤一遍。后来，殖民者对其的开发也没有改变这种情况，直到19世纪70年代以后现代化的挖掘机等机械化收获方式的引进才严重影响了它们。到20世纪早期，牡蛎收获量只有最高峰时的几个百分点。只是在那时，牡蛎渔业崩溃以后，水体缺氧和其他富营养化的征兆才开始出现。但不管怎样，有一点是肯定的：生态系统的正常结构和功能被破坏是海湾生态系统退化的根本原因，正确认识并科学恢复被破坏的结构和功能才是生态系统保护和重建的根本。绝大多数科学家对这个观点表示认可。

三、演变的驱动机制

（一）环境影响的不均一性

生态系统演变发生的一个基本前提是，无论哪一个驱动因子，在它作用于生态系统的时候，对生态系统不同组分的影响是不同的。这就导致了不同生物种类对变化了的环境的适应性不同。适应原有环境的生物，不一定能够适应新的环境，反之亦然。适应新环境种类的增殖和不适应种群的衰退，综合在一起就导致了生态系统组成，也就是结构的变异。

对于富营养化而言，营养盐浓度的升高直接影响浮游植物的生长，而对后生动物没有直接的影响。除非出现类似于铵盐浓度过高导致动物生理毒性的极端情况。也就是说，富营养化直接改变了浮游植物群落的种类组成和生物量，而其他的响应则是后者的间接结果。

对于过度捕捞而言，直接影响最大的当然是经济价值高的种类，如鱼类、虾、蟹等。尽管其他大型种类也作为副渔获物被捕捞上来，但是作业方式并非针对它们设计，加上它们还有被放生的可能，因此它们受到的捕捞威胁或者压力明显小一些。对于不受直接影响的浮游植物和浮游动物（水母、磷虾除外），捕捞活动对其的影响就复杂得多了。捕捞对海底的扰动会增加再悬浮和营养盐补充，从这一点来讲，浮游植物可能会受益。但从另一方面来讲，如果同时增大了水体的浑浊度，降低了透光率，那就不见得是好事了。

（二）生态系统复杂的级联反应

上面说的不均一性，或者说驱动因子只是直接作用于生态系统的某一组分，并不否定生态系统对该驱动因子的全面响应。因为任何一种生物都是作为海洋食物网的一个节点存在的，它的变化会通过级联反应影响到上一级或者下一级的生物，并沿食物链扩散开去。

上行控制，在食物网中，是指低营养级对高营养级的决定性影响，即特定生物类群的生物量、丰度和种群结构决定于可利用资源的丰富程度。对于消费者，上行控制来自食物组成和丰度；对于生产者，则来自营养盐、水分、光照等环境因素。下行控制，在生态学中，是指特定生物类群的种群动态受其捕食者组成和丰度影响的机制。上、下行控制都是生态系统食物网中级联反应的结果。

蜂腰控制（wasp waist control），指某些中间营养级的生物类群能够同时对顶级捕食者和初级生产者种群产生相似的控制作用。例如，小型鱼类丰度受环境影响显著升高时，不仅大型鱼类和哺乳动物等顶级捕食者丰度会升高，而且其对浮游动物的摄食压力的增加也会同时导致浮游植物丰度升高。蜂腰控制是种群控制理论中除上、下行控制外的第三种作用机制，相关理论自20世纪90年代开始形成，主要应用于海洋上升流区等高生产力、短食物链的生态系统。蜂腰控制的形成原因主要在于中间营养级生物种类组成相对单一，其丰度易发生剧烈波动；同时它们在发育过程中会发生显著的食性转变，其种群丰度在幼体期和成体期分别受到上、下行控制。

四、全球变化条件下的海洋生态系统未来演变

冰川和冰帽的融化、冬季时间较短、物种分布的变化及全球海面温度的上升，只是人类引起的全球变暖的一些正在发生的迹象。例如，根据陆地上的气象站数据、卫星数据、较早的测量数据、代用资料及船舶测量的温度数据，可得出如下事实：过去30年地球表面平均温度上升了0.6℃，过去140年上升了0.8℃；过去50年温度上升的速率是过去100年的2倍；在全球范围内，有记录以来最热的20年，自1990年起出现了18年。

2000—2010年是有记录以来最热的10年。在过去的一个世纪，地球经历了至少1 300年以来表面温度的最高增长，已出现了越来越多的热浪，比如2012年发生在美国的热浪（有记录以来最热的7月），以及2010年东欧和俄罗斯发生的热浪（该地区500年以来最强的热浪）。这样的气候与人类引起的气候变暖有关。模型预测表明未来有可能发生更严重的热浪。

鉴于全球气温的不断升高，研究人员开始利用复杂的气候模型来预测地球将会发生怎样的变化。由于气候系统和反馈循环过程的复杂性，并非所有模型都认为变化会如此严重。但有些模型支持这样的观点：北半球高纬度地区会强烈地变暖，中纬度地区会温和地变暖，低纬度地区几乎不会变暖。其他的预测变化包括以下几点：随着

夏季温度的升高，初夏季节会出现更长时间、更强烈的热浪；出现更多极端的降水事件，例如某些地区严重干旱，而某些地区发生洪水的概率增大。已经观察到全球范围内的冰原和冰川缩减。水污染问题导致更多由水引起的疾病的暴发，如疟疾、黄热病和登革热。植物和动物群落的分布规律变化会影响整个生物系统，可能会造成某些物种的灭绝。

（一）海洋温度的上升

研究表明，海洋吸收了大气中增加的大部分热量。事实上，不同深度的海洋温度观测数据表明，表层温度正在整体增加。由于全球变暖，主要是从1970年左右起，全球海面温度整体增加了0.6℃。然而，全球海洋的变暖情况并不一致。温度增长幅度最大的地方为北冰洋、南极半岛附近和热带水域，甚至底层水也出现了变暖的迹象：在有些地区，记录的气候变暖深达0.8 km或更深，并且深水水域变暖要比预期快。为了确定海洋变暖的程度，科学家发起了全球海洋温度监测的提议。

海洋温暖上升的影响深远并会持续几个世纪。例如，海水温度的升高会影响对温度敏感的生物（如珊瑚）。珊瑚礁的数量已在减少，温暖的表面海水与珊瑚白化事件普遍相关，温度上升可能会改变或破坏珊瑚的产卵周期。另外，关于珊瑚分布的研究发现，随着温度上升范围的扩大，一些珊瑚已迁徙到它们从未出现过的区域。

（二）飓风活动的增多

许多科学家认为，海洋变暖几乎肯定会导致风暴整体强度的增大，因为额外的热量会加速蒸发，驱动飓风。事实上，飓风的频率和强度，特别是发生在大西洋的那些飓风，导致一些人推测全球变暖已加强了飓风的形成。尽管近期登陆的几个大西洋飓风给人的整体印象是飓风数量增加，但文献中存在相反的观点。例如，有些研究将飓风强度、数量、风速的增加归因于海面温度的上升，而一些研究则声称数据收集方法的变化和仪器应为这一趋势负责。也有研究表明，飓风数量的明显增加位于正常的统计范围内。

尽管全球范围内热带风暴的数量并未增加，但人们对全球变暖导致飓风变强可达成了共识。关于当前飓风活动最全面的研究证实，自1970年以来，全球范围内热带风暴的强度和持续时间显著增加，这一趋势与海面温度的提高密切相关。另一项对过去1 500年大西洋飓风的研究表明，飓风活动峰值的时间与海面温度上升及拉尼娜现象加强有关。其他研究明确表明，最强等级的风暴（4级和5级风暴）已明显增加，尤其是在北大西洋和北印度洋。另外，复杂的气候模型表明，热带大西洋西部4级和5级风暴的数量在21世纪末可能会成倍增加，尽管风暴的总体数量有所下降。

（三）深海环流的变化

深海沉积物和计算机模型的证据表明，全球深海环流形式的改变会对气候造成显著且突然的影响。为深海海水提供重要来源的北大西洋环流，对这些变化尤其敏感。驱动深海环流的是高纬度地区（尤其是在北大西洋）下沉的高盐度、高密度表层冷水。温度太高或融冰（密度较低）会使表层水停止下沉，进而导致海洋对太阳辐射热量的吸收和再分配效率下降。这可能会导致表层水变得更温暖，且比陆地目前的温度更高。

许多研究表明，大气中温室气体的累积会改变海洋环流。可能发生的一种方式是，大气温度上升将会加快格陵兰岛冰川融化的速度，在北大西洋形成一团低密度的表层淡水。这些淡水会抑制北大西洋深层水的下沉运动，重组全球环流形式，并导致相应的气候变化。许多气候专家称，格陵兰海大量淡水的流出是北大西洋环流系统的转折点，它会造成深海洋流及相关气候变化的快速重组。事实上，有证据表明，8 000年前北美冰川融化的淡水淹没了北大西洋，造成了全球气候的快速变化。由于降水增加和冰的融化，北大西洋可能会再次经历这一事件。

（四）极地冰的融化

计算机模型预测，全球变暖会明显影响地球的两极地区。两极地区的基本区别是：在北半球，极地地区由北冰洋主导，它被漂流的海冰覆盖（海洋被陆地包围）；而南极则由大陆主导，并有厚厚的冰盖，包括延伸到海洋的陆架冰（陆地被海洋包围）。

北极是一个能敏锐地感觉到全球变暖带来影响的地方，未来有可能经历非常显著的变化，这种现象称为北极放大效应。对1978年以来北冰洋海冰的卫星资料的分析表明，它正在明显加速变小、变薄。在过去的10年中，北极冰已损失超过200万km^2。事实上，对2012年冰盖的测量结果显示，它已缩小到自从研究人员开始采集卫星数据以来的最小范围；目前夏季北冰洋的范围是30年前范围的1/2。此外，北极厚厚的多年冰层已开始消失，并被更薄的一年冰代替，而一年冰在夏季不可能保存。因此，北冰洋的冰层正在不同寻常地变薄与扩散，导致夏季无冰海洋的面积扩大，甚至扩大至北极极点。研究表明，目前北冰洋海冰的减少程度是过去1 450年来前所未有的。

气候模型普遍认为全球变暖的一个强有力的信号是北极海冰的减少。事实上，在过去的15年里，北极海冰的减少比预测的更快。实际上，北极变暖的速度比北半球变暖的平均速度快2倍。自然变化的循环对北极海冰的面积变化起重要作用，但过去20年观察到的急剧下降不能仅用自然变化来解释。北极海冰的加速融化似乎与北半球的大气环流变动相关，人们认为是大气环流的变动引发了该区域不同寻常的快速变暖。

北冰洋的温度有所上升，引发了海冰的融化。由于少量海冰会向空中反射较少的太阳辐射，海冰的消失可能会加剧该区域未来的气候变暖，形成正反馈循环（因为热量会被未覆盖的海洋吸收，从而加剧变暖）。

上述所有变化都发生在北极，但南极也发生了与北极稍有差异的显著变化，尤其是南极西部，包括南极半岛。南极洲会形成许多陆源冰川和冰山。南极洲形成冰川的速度近年来有所加快。例如，在过去几十年中，南极半岛的拉森冰架已下降超过40%，包括2002年的两个月内分离的3 250 km²的冰。2006年，南极洲损失了2 000亿t冰。在2008年的10天内，威尔金斯冰架损失了超过400 km²的冰。派恩岛冰川变薄的速率（南极西部地区冰盖快速移动的最大冰流量）从1995年到2006年翻了两番。此外，在过去的30年中，经历了约400年相对稳定的状态之后，先后有10个主要南极冰架崩塌，包括琼斯、拉森A、穆勒和沃迪冰架。科学家认为这场灾难是由南极变暖引起的；南极半岛的变暖幅度是全球最大的。事实上，自1957年起，南极洲每10年就会变暖约0.12℃，总平均温度上升了0.5℃。

（五）海洋酸度的增大

人类活动所致的CO_2浓度增加对海洋化学和海洋生物产生严重影响。研究表明，化石燃料燃烧释放的CO_2中，不到1/2停留在大气中，约1/2最终到达海洋，并在海洋表层的海水中溶解。这种"下沉"会以海洋酸化的代价来阻止全球变暖。大量CO_2进入海洋会超过海洋自身的缓冲能力。吸收的CO_2在海水中形成H_2CO_3，进而降低海洋的pH（即酸度增加的过程，称为海洋酸化），改变碳酸盐和碳酸氢盐分子的平衡。事实上，自工业化以来，海洋已吸收了足够的CO_2，使表层海水的pH下降了0.1。尽管0.1看起来非常小，但pH是一个对数尺度，pH下降0.1代表氢离子的浓度增加30%。研究表明，在过去的20年中，北太平洋的pH降低了0.04。

此外，这种酸度增大和随之而来的海洋化学变化，使得某些海洋生物坚硬部分的构建和保持更加困难。因此，pH的下降会对不同种类的钙质生物（生长有碳酸钙骨骼或外壳的生物）造成威胁，如颗石藻、有孔虫、翼足类、钙藻、海胆、软体动物和珊瑚。这些生物为其他一些物种提供了基本食物和栖息地，因此它们的死亡会影响整个海洋生态系统。例如，研究表明，预测未来海洋酸度的水平会阻止南极磷虾的孵化，进而影响整个南极的食物链。另有研究显示，在过去的20年里，海洋酸化已造成澳大利亚大堡礁珊瑚的生长速率降低15%。此外，研究实验模拟的未来海洋酸性条件，清晰地显示出对方解石分泌生物体的贝壳有负面影响。

海洋酸化影响的不仅是有机体坚硬部分的碳酸钙。研究表明，海洋酸度增大都会干扰所有海洋生物体的基本功能，无论它们是否有壳。例如，大西洋鳕鱼的幼体暴露在酸性水中时，许多器官和组织会严重损伤，死亡率升高。暴露于酸性水中的其他海洋生物研究，同样显示出繁殖率的下降。

通过破坏基本的生长和繁殖过程，海洋酸化威胁到了海洋动物的健康甚至生存。海洋中CO_2浓度增加及海洋pH下降（酸度上升）的趋势表明，如果人类引起的CO_2排放继续增加，那么到2100年，海洋的pH将下降0.3；还有一些研究表明，pH可能会下降0.6。即使只下降0.3，也表示氢离子浓度比工业化前增加了1倍以上。另外值得关注的是，深层环流最终会使增大的酸度波及深海海底，进而影响深海物种，破坏其稳定的生境。

地质记录显示，海洋pH的变化使许多海洋生物灭绝，尤其是底栖生物。值得注意的是，过去3亿年地球历史上不存在像今天这样快的海洋化学变化。

（六）海平面上升

全球潮汐记录表明，在过去的100年里，全球海平面上升了10～25 cm。某些潮汐站的记录数据可追溯到19世纪。在过去的150年里，海平面的相对高度增加了40 cm。1993年以来的卫星数据表明，全球海平面每年上升约3 mm。研究表明，目前的海平面上升速度比过去4 000年里的任何时候都快，上升速率预计随变暖而增大。导致全球海平面上升的主要因素有两个：① 海水因变暖而膨胀；② 陆地冰的融化使得海水总量增加。需要注意的是，浮冰或浮动冰架的融化不会造成海平面上升，因为冰/水已存在于海洋中。按照对全球海平面上升的贡献顺序，主要贡献因素依次是：① 南极和格陵兰冰盖的融化；② 海洋表层水的热膨胀；③ 陆地冰川和小冰盖的融化；④ 深海水的热膨胀。

影响全球海平面的另一个因素是陆地水库中的储水量。研究表明，水库的储水量是变化的，但从1990年以来储水量普遍增加；该研究还表明，如果没有水库，海平面会上升更多。

尽管目前海平面上升的速度似乎并不快，但海平面的少量上升也会严重影响拥有平稳海岸线的区域，如美国大西洋和墨西哥沿岸。令人吃惊的是，不同地方的海平面上升速度不同。例如，一项研究表明，美国从科德角到哈特拉斯角的东海岸区域，海平面上升速率是自1950年来全球平均速率的3～4倍。与海平面上升有关的危害包括海滩淹没、海岸侵蚀加速、永久内陆洪水、沿海生态系统改变、沿海湿地损毁、破坏性风暴的损害增加等。另外，如果全球变暖增大了飓风的强度（如上所述），那么对沿海地区的破坏将会更大。

模型模拟结果显示，随着全球变暖的加剧，海平面上升的速率也会加快。预计到2100年，海平面会上升0.6～1.6 m，加剧沿海低洼地区居民的担忧。另外，沿海地区人口数量的增长和发展状况会使得该问题更为复杂。预测表明，在接下来的几百年中，海平面可能会上升几米。

（七）预测和已观测到的其他变化

我们可以预测全球变暖造成的其他海洋变化，以及观测到一些变化。预测的一个变化是溶解在水中的O_2量减少。海水中的溶解氧对海洋生物至关重要，因为它们直接从海水中提取溶解氧。随着海洋的变暖，其携带和保持溶解氧的能力下降，与此同时，海洋生物的新陈代谢增加，这意味着它们需要更多的溶解氧。此外，表层水的变暖会限制将O_2带到深层水中的过程。研究预测，以当前CO_2的排放速率，几千年后无论是在表层还是在深海，都会出现严重的缺氧区。含氧量的降低有可能对海洋生态系统和已经缺氧的沿海地区造成严重影响。海水中溶解氧减少的现象已在沿海海域和公海环境记录到。

海洋变暖的另一个影响是海洋生产力的变化。生产力的变化会对所有海洋生物的分布产生影响。由于海洋表层水变暖、海洋层化现象加重，会形成较强的温跃层。这种分层会使得营养盐更难到达表层，并限制与深海海域的养分循环。由于上升流减弱，生产力也比预期减弱，由上升流带到表层水的营养会更少。浮游植物（包括海藻，如硅藻和球石藻）是大多数食物链的基础，供养了海洋中的其他大型生物（包括经济鱼类）。研究表明，全球浮游植物生物量的减少与海洋变暖有关。研究人员估计，到2100年，海洋生产力比工业化前可能会减少20%。

为了应对海洋温度的上升，海洋生物也开始纷纷向更深的海域和两极地区移动。一项关于北海鱼类的研究表明，许多经济鱼类（如鳕鱼、琵琶鱼）的分布已向北移动了800 km。研究指出，如果这些气候趋势继续维持，到2050年，有些种类的鱼可能会彻底从北海消失。还有研究显示，高纬度地区会从海洋鱼类预期的变化中获益，但热带地区的鱼类很可能会减少。在这些情况下，暖水物种正在向先前数百万年来从未去过的寒冷水域移动。例如，帝王蟹已经侵入南极海域，并以那里的脆弱生物为食（如海参、海百合和蛇尾），而这些生物对捕食者没有任何抵抗力。这样的变化严重影响了海洋生态系统的健康和海洋渔业的可持续发展。综上所述，气候变化明显地从根本上改变了海洋的物理特性，包括整个海洋生态系统。目前科学界的巨大担忧是，人类活动引起的温室效应可能会带来灾难性后果，如海洋系统不可预测的变化。

五、海洋生态系统健康和生态修复

除了全球尺度的变化，人类活动也会对海洋生态系统造成直接的影响。随着人口的增长与经济的发展，人类不断加大对海洋资源的开发强度，同时又大量向海洋排放污染物。海岸带生态系统会受到养殖、捕捞、排污、港口、航运、疏浚等的强烈扰动，并且已经呈现出生产力下降、生物多样性减少以及水体富营养化等严重的生态和环境问题。联合国《千年生态环境评估报告》指出，过去50年中，由于人口急剧增长，人类过度开发和使用地球资源，一些生态系统所遭受的破坏已经无法得到逆转，在评估的24个生态系统中有15个（包括海岸带生态系统）正在持续恶化。要对海洋环境与生态系统进行管理和修复，首先必须对海洋生态系统健康进行评价，这是管理的依据。

（一）海洋生态系统健康

评价海洋生态系统是否健康，可以借鉴陆地生态学的概念："如果生态系统是稳定的和可持续的，即它是活跃的并且随时间的推移能够维持其自身组织，对外力胁迫具有抵抗力，那么这样的系统就是健康的。"相应地，陆地生态系统的评价框架也可以沿用，即根据生态系统完整性、抵抗性和可恢复性来评价生态系统是否健康。虽然有关生态系统健康的概念尚存在着一些争议，但生态系统健康可以被理解为生态系统的内部秩序和组织的完整性、系统正常能量流动和物质循环的功能完整性、系统对自然干扰的长期效应所具有的抵抗力和恢复力。由此推论，健康的系统能够维持自身的组织结构长期稳定，具有自我调控能力，并且能够提供合乎自然和人类需求的生态服务。

考虑到海洋环境的动态变化，评估海洋生态系统的完整性往往比较困难，因此实践当中经常以功能完整性为基础进行评价。海洋生态系统健康评价的方法主要是指示物种法和指标体系法。前者以生态系统中的关键种或者类群作为指标（比如底栖动物多样性或者耐污生物丰度）；后者则根据一系列的环境和生物指标，通过主观赋值来编制一个指数。海洋健康指数就是一个这样的方法。它是评价海洋的服务功能及其可持续性的综合指标，把人类与海洋看作一个整体，并融入可持续发展的思想，不仅从各指标当前所受压力（生态和社会压力）评价当前海洋生态系统健康状态，也从影响（生态压力和社会压力）和缓解（生态响应和社会响应）当前指标压力等方面来评估指标未来可能出现的状态。

（二）海洋生态系统修复

海洋生态系统修复是指协助受损的生态系统进行恢复的过程，即利用其自身的修复能力，并配以必要的人工辅助措施，使衰退的海洋生态系统结构和功能恢复到或接近原来的状态。从具体手段来讲，海洋生态修复可分为生境修复和生物修复。生境修复是指采取水文修复、沉积学修复和化学修复等有效措施，对受损的生境进行恢复与重建，使退化状态得到遏制并改善；生物修复是通过采取自然或人工措施恢复和重建受损的一种或多种生物。从指导原则上，海洋生态修复可分为主动修复和被动修复。主动修复需要人们通过控制和干预来修复、再建或促进群落结构和海洋生态系统的过程，如重新塑造自然形态，通过水控制设施来重塑水流通道，土壤移植和人工移植植被，等等。被动修复是在保护的基础上，通过减少导致海洋生态系统退化或损害的影响因子，使受损生态系统依赖可恢复力修复到一个健康的状态。

因此，海洋生态修复应该重点关注以下内容：

一是海洋生态修复的本质是对人海关系的再调适，其目的是维护海洋生态系统本身的完整性和弹性，保障海洋生态系统健康，提高海洋保护与利用的综合效率和效益，最终达到"人海和谐"。

二是海洋生态修复不能只关注生态空间，还应关注人的生产、生活空间。海洋生态问题主要缘起于人对海洋及其邻近的陆地资源和空间的不合理开发利用。因此，若人的生产、生活空间利用格局和利用方式不改变，受其影响的生态空间的保护修复也不会达到预期效果。

三是海洋生态修复的手段是综合的。要达到保护修复的目的，既要实施具体的保护修复工程技术措施，也要制定严密的管理措施，构建合理的制度体系和运转机制等。

第十三章　海洋资源

第二次世界大战之后，世界经济发展进入了前所未有的增长时期。为满足庞大人口消费的需求和支撑社会经济的持续发展，世界各沿海国家期待海洋能提供更大比例的矿物和生物资源及可再生能源。过去一段时期，人们认为广阔的海洋是取之不竭的食物、石油和其他矿产资源的宝库。随着对海洋的深入了解，人们越来越认识到，尽管海洋是巨大的资源宝库，但若不科学地利用和保护，海洋资源是会耗尽的，过度非理性开发利用海洋资源将会给人类带来无法想象的灾难。

第一节　海洋资源分类

海洋资源属自然资源，在国内外专业文献和一些专门著作中，存在狭义和广义两种说法。从狭义上说，海洋资源指的是能在海水中生存的生物，溶解于海水中的化学元素，淡水、海水中所蕴藏的能量以及海底的矿产资源。除了上述资源外，还把港口、海洋航线、水产资源、海洋上空的风、海底地热、海底以下的油气及海洋空间等都视为海洋资源。

本章介绍的海洋资源属广义上的资源，并把主要海洋资源分为非生物资源、生物资源和空间资源三类。

除从海水运动和温盐差中提取的能量资源外，非生物资源是指来自海洋水体中与海水有直接关系的物质或海床沉积物、沉淀物或者海底以下的有用物质。海洋非生物资源在人类历史的时间尺度内是不能被补充的。海洋生物资源是提供人类使用和食用的海洋动植物，具有相当程度的可再生性。海洋空间资源是指人类利用海洋系统的水、空、地三层三维立体空间进行各种工程建设的资源，具有陆地空间和太空空间不具有的独有特点，是人类发展必须利用的宝贵资源。

一、非生物资源

海洋非生物资源包括海洋油气资源、海洋固体矿产资源、海水化学资源、海底矿产资源、海洋淡水资源、可直接利用的海水资源及海洋可再生能源。

（一）海洋油气资源

石油和天然气是现代经济社会发展的动力，更是重要的战略资源。全球对石油的需求每年都在增长。据《BP 2021年世界能源统计年鉴》，截至2020年年底的石油探明储量仅为1 700亿桶（每桶相当于158.98 L）。以我国为例，2020年每天的石油消费量达0.142 25亿桶，而且需求量日益增加。

世界上未探明的石油储量估计在2 750亿～14 700亿桶。石油消耗量与新发现储量之间存在着巨大的逆差，如2004年全球消耗了大约300亿桶石油，但只探明了80亿桶新的储量。值得指出的是，从巨型易开采油田获取石油资源的时代已经成为历史，人类开采石油资源面临巨大挑战。

2005年，大约35%的原油和28%的天然气出产于海床区域；2007年，在世界范围内近海石油和天然气创造了5 800亿美元的收益，海洋为此做出了重要贡献。已知约1/3的石油和天然气储量是在近海和大陆架区域，主要分布在中东地区波斯湾，西欧北海，北极区的波弗特海，加拿大纽芬兰岛海域，美国加州南部的大陆架、墨西哥湾沿岸、得克萨斯州和路易斯安那州的海岸带及沿阿拉斯加州北部的斜坡区，南中国海，地中海和西非近海等海区。

石油是一种包含了1 000多种成分的复杂化学液体，其中最主要的成分是碳氢化合物。石油几乎总与海洋沉积物有关，这说明组成它的有机物质曾经来自海洋，浮游生物和大量的细菌是最可能的来源。在寂静的盆地，氧气稀少，且几乎没有海底食腐动物，浮游生物和大量细菌的尸体在此明显聚集。厌氧微生物将这些原始的组织分解成相对可溶的有机化合物。这些化合物可能先后被浊流和由陆地连续注入的沉积物掩埋，并在海底以下2 km以深的地方形成厚厚的沉积物层。此外，高温和高压环境使碳氢化合物进一步发生转化。经过几百万年的缓慢演化，这些沉积有机物完成化学变化，从而形成石油。

石油的密度比周围的沉积物小，因此它可以沿着岩石孔隙向地表层渗透，直到遇到致密不透的岩层（又称为盖层），最后在封闭的环境中形成油气藏。因此在探测石油时，开钻前，地质学家根据声波反射原理来分析地层沉积构成特征、深度和储油层结构，从而确定钻孔的位置。

在海上开采石油需要特殊的装备和运输途径，因此其成本远远高于陆地采油成本。当前，大部分海洋石油来自离岸区不足100 m水深处的开采平台。随着人类对石油需求量的持续增加，海洋石油开采地也向更深、更远离海岸的深水区挺进，因此需要更特殊和更大规模的开采平台。目前，最大最重的开采平台是"Statjord B"，于1981年被安置在北海设特兰群岛的东北部。最高的钻井平台是"大熊星座（Ursa）"，位于美国路易斯安那州外海1 160 m水深处。"大熊星座"钻井平台是壳牌石油公司（Shell Oil Company）于1998年布放的张力臂结构半浮式平台，由16根81 cm粗的钢缆锚定在海床上。"大熊星座"钻井平台上的14口油井每天可开采30 000桶石油和8 000万立方英尺（1英尺=0.304 8 m）的天然气。该平台的造价为1.45亿美元。

如果有机物质被烧煮的时间过长，或是处在高温的条件下，那么混合物质将转化为甲烷。甲烷是天然气的主要成分。沉积层位置越深，温度越高，天然气较石油的比例会更高。到目前为止，发现的油藏很少位于3 km以深的深度，超过7 km的深层仅发现了天然气的存在。

浅层沉积物中蕴藏着大量甲烷水合物。地球上已知储量最丰富的碳氢化合物并不是煤炭或石油，而是储藏在某些大陆架斜坡区沉积层中的甲烷水合物。尽管人们对甲烷水合物的形成了解很少，但知道它稳定且长期存在于海底之下200～500 m的薄层内。甲烷水合物含量丰富的沉积物看起来就像绿色的橡皮泥，当它们被带到温暖且压力低的海洋表面时，甲烷从沉积物中溢出，当遇到热源时，便会猛烈地燃烧。虽然海底甲烷水合物储量丰富，但对该资源的开发非常昂贵且具有很大的风险。

甲烷是温室气体。在古气候变化中，海洋沉积物中逃逸的甲烷起了什么样的作用，现仍然是人类探索的命题之一。一些研究认为，深层海洋变暖可能会促使大量甲烷释放，从而影响气候。还有研究认为，大约5 500万年前，深层海洋温度至少增加了4℃，大范围从海床逃逸而出的甲烷突然升高了海洋表层温度，融化了海冰，降低了海洋深层的溶解氧。在当前全球变暖情景下，甲烷是否会从海床逃逸而出、是否会加剧气候变暖的问题越来越多地引起人们的关注。

（二）海洋固体矿产资源

海沙和砂砾归属砂矿，是重要的建筑资源。海沙和砂砾并不算非常具有魅力的海洋资源，但它们的经济价值仅次于石油和天然气资源。我国滨海矿砂储量丰富，主要分布在山东、福建、广西、海南和台湾等省（自治区）邻近海域，但分布往往不集中。我国海岸线漫长，许多矿物都由河流冲入大海。在洋流和潮汐作用下，它们沉积在沿海地区，形成种类丰富的砂矿带。我国沿海砂岩主要由海洋砂矿砂、海河混合矿床砂岩组成。沙洲和沙口是沿海砂岩的主要地貌单元。这些砂岩主要分布在沿海地带的两大地质构造单元，即胶东-辽东平台隆起和华南折叠带。沿海砂矿资源是指沙质海岸或近岸海床蕴藏的金属砂矿和非金属砂矿，总储量约1亿t。我国沿海矿床和储量分布不均，南部较多，北部较少。广东、海南和福建的矿砂储量占我国沿海矿砂总储量的90%。辽东半岛近海有大量砂矿，富含金红石、锆、玻璃石英和钻石。

滨海砂矿的地理分布范围也较广，并且具有显著的地域性差异。如美国西北太平洋沿岸及陆架（40°N～50°N）分布着钛铁矿和锆石等砂矿；在澳大利亚和新西兰沿岸的金红石、锆石、独居石和钛铁矿等砂矿床，均具有重要开采价值；西南非洲海岸分布着有开采价值的金刚石砂矿床，并伴生金、铂、铬铁矿等有用组分；东南亚南部、印度尼西亚南部、马来西亚等沿海地带，是世界上最重要的砂锡矿床分布区；印度、斯里兰卡等南亚沿岸海滩，是金红石、锆石、独居石、钛铁矿等砂矿床的重要分布区，其伴生稀有金属等有用组分；太平洋沿岸，俄罗斯、加拿大特别是日本列岛沿岸，主要为巨大的磁铁矿砂矿床。

（三）海水化学资源

地球上存在着13.7亿km^3的海水，其中有13.38×10^8 km^3淡水和5×10^8亿t盐类。有人计算，假如把地球上的固体物质团成球状，再把海水附在其上，则海水的平均深度为2 646 m；假如把海水中所含的盐类物质全部提取出来，平铺在陆地上，平均厚度可达150 m。因此，海水堪称地球上最大的液体矿床。迄今为止，人类已经在地球上发现了100多种元素，其中有近80种已在海水中找到。

据估算，世界大洋的海水中含有：各种盐类约5×10^{16} t，其中氯化钠4×10^{16} t，镁1.8×10^{15} t，溴9.5×10^{13} t，钾5×10^{14} t，碘8.2×10^{10} t，铷1.9×10^{15} t，锂2.6×10^{15} t，金5×10^6 t，银5×10^8 t，核燃料铀4.5×10^9 t；海水中还含有核聚变的原料重水2×10^{14} t，成为21世纪核能开发的巨大宝库。全球海水中的淡水储量大，这对于面临21世纪淡水资源紧缺的人类实在是一巨大福音。可见，海洋是名副其实的资源宝库。

海水化学资源是指海水中含有的大量化学物质。其中具有工业价值和成熟提取技术的主要有铀、重水、溴、碘、钾、镁、锂等。海水中的放射性元素铀是陆地铀矿贮量的1 000倍。海水中还含有丰富的重水，氘和氚是核聚变的原料，将成为人类重要的能源之一。

镁是溶解于海水中第三丰富的元素，主要以氯化镁和硫酸镁的形式存在。金属镁（航天飞船使用的一种强度强和重量轻的金属）可以用化学和电学方法从浓缩的海水中提取。世界范围内，金属镁的产量大约有1/2来自海水。镁化合物同样具有经济价值。镁盐可用于化学过程，用于食物和药物，用作土壤调节剂，还可用于高温熔炉的套筒中。海水中镁的含量巨大，如果以镁代铁，足够人类用1 000万年。尤其在美国、英国和日本等缺少陆地铁矿的国家，几乎全靠海水镁资源。

盐从海水蒸发而来。不同海区有不同的盐度。一般而言，大洋海水的盐度变化范围在33～37。当海水蒸发时，剩下的主要离子结合成了各种盐，包括碳酸钙、硫酸钙、氯化钠及镁和钾盐组成的复杂混合物。全部盐剩余物中，氯化钠占了78%以上。

在世界干旱区域，大型盐田中的海水不断蒸发，从而产生盐。海水蒸发过程中，在合适的时间，经营者通过把不同阶段的卤水从一个盐池转移到另一个盐池，从而分离出不同的盐。盐的用途很多，如镁盐是金属镁和镁化合物的原材料，钾盐可以被加工制成化学品和肥料，溴（某些药物及化学反应和抗爆汽油的有用成分）也是从盐的剩余物中提取的，从盐中提取的石膏是墙板和其他建筑材料的重要成分。

目前全球1/3的氯化钠产自海水蒸发。氯化钠可被用来除雪或除冰，还可被用于硬水软化、农业及食品加工。

（四）海底矿产资源

海底矿产资源通常是指目前处于海洋环境下的除海水资源以外可以利用的矿物资源（从广义上讲，油气资源亦属矿物资源）。海底矿产资源种类繁多，随着高新技术的发展，可利用矿产种类也将发生变化。海洋里的矿产资源总共有多少种？每一种的蕴藏量有多大？依据现有资料做出准确回答尚不现实，这里仅介绍锰结核资源。

锰结核是重要的海底矿产资源。锰结核是生成缓慢的矿物结块，以黑色的圆球状散布在大洋海床平原区，1874年HMS"挑战者"号科考船上的科学家首次从海床取回锰结核样品。深海锰结核以锰和铁的氧化物及氢氧化物为主要组分，富含铁、锰、铜、镍和钴等多种元素。缺少上述资源的国家，对洋底锰结核矿藏特别重视。已有多个国家对太平洋部分海区的锰结核分布和储量进行了调查，中国是参与调查的国家之一。据初步统计，世界大洋海床锰结核的总储量达30 000亿t，主要分布于太平洋，其次是大西洋和印度洋水深超过3 000 m的深海海床。锰结核在太平洋中部北纬6°30′～20°、西经110°～180°海区最为富集。初步估计，太平洋锰结核储量约17 000亿t，其中含锰4 000亿t、镍164亿t、铜88亿t、钴58亿t，相当于陆地上总储量的几百倍甚至上千倍。如果按照2006年世界金属消耗水平计算，仅就太平洋的储量，铜可供应600年，镍可供应15 000年，锰可供应24 000年，钴可满足人类130 000年的需要。由于深海开采成本高和技术要求高，实现大规模商业开采还有很长的路要走。

（五）海洋淡水资源

地球表面上的水只有0.001 7%是液态的淡水，另有0.6%可利用的地下水位于地表以下约0.8 km的距离内。但不幸的是，大多数地下水被污染或者不适合人类饮用。水对于人类而言比其他任何要素都重要，淡水正在变成一种重要的海洋资源。

海水变为淡水资源主要通过淡化装置。超过15 000个海水淡化装置在世界范围内运行，每年产出大约3 240万m^3的淡水。位于以色列阿什克龙的最大淡化装置每天可产出1.65万m^3的淡水。

海水淡化需要很大的能量，是一个昂贵的过程。海水淡化的方法有多种。依照原理的不同，海水淡化可以分为相变化法、膜分离法和化学平衡法。蒸馏淡化是最常见的相变化法，世界上大约3/4的淡化装置都使用这种方法。使用太阳能或者地热可以降低海水淡化的成本。膜分离法是一种高效益的海水淡化技术，正在不断发展，大约1/4的淡化水是通过这种方法产出的。随着日益加剧的陆地淡水资源污染、冰山被采集等，陆地淡水资源越来越紧缺，从海洋中获取淡水资源将会成为常态。

我国的海水淡化研发起步于1958年，经过60多年的科技攻关和工程示范，在反渗透法、电渗析法和蒸馏法等主流海水淡化关键技术（多级闪蒸、压气蒸馏和低温多效蒸馏）方面均取得重大突破，自主设计、制造完成了日产3 000 t级的低温多效蒸馏和5 000 t级的反渗透海水淡化装置等一系列海水淡化设施，日产量已达12万t。我国的海水淡化虽基本具备了产业化发展条件，但研究水平及创新能力、装备的开发制造能力、系统设计和集成等方面与国际先进水平仍有较大的差距。

（六）可直接利用的海水资源

海水直接利用主要有三个方面：工业冷却水利用、生活用水利用和海水直接灌溉利用。目前，国外海水循环冷却技术已进入3万m^2/h级产业化示范阶段，并形成了海水循环冷却缓蚀剂、阻垢分散剂、菌藻杀生剂和海水冷却塔等"三剂一塔"成套技术和产品；沿海火电厂应用海水脱硫技术已经日渐成熟；在建材、印染、化工等行业，海水直接作为生产用水；海水直接用于农业灌溉正处于研究和试验阶段；海水作为城市生活水主要用于冲洗道路、器具、厕所和消防等方面。我国海水直接利用技术已完成了百吨级工业化海水循环冷却试验，在海水循环冷却缓蚀剂、阻垢分散剂、菌藻杀生剂和海水冷却塔等关键技术上取得突破；已完成千吨级、万吨级示范。如天津碱厂2 500 m³/h海水循环冷却示范工程（2004年建成）、深圳福华德电厂2个1.4万m³/h海水循环冷却示范工程（2005年建成）。

（七）海洋可再生能源

海洋可再生能按储存形式可分为机械能、热能和化学能。海洋机械能是指海上风、潮汐、潮流、海流和波浪运动所具有的能量。海洋热能指由太阳辐射产生的表层和深层海水之间的温差所蕴藏的能量。海水化学能指由河流淡水入海或蒸发降水产生的盐度差所蕴藏的能量。波浪发电的原理主要是通过机械能转换驱动发电机发电；潮汐发电与普通水力发电原理类似，主要通过势能储集与释放推动水轮机旋转，带动发电机发电；海流（含潮流）发电是依靠海流（潮流）的冲击力使水轮机转动，然后再变换成高速，带动发电机发电；海洋温差发电是利用海洋表层和深层海水间存在的温差进行发电；盐差发电是通过把海水和淡水或不同盐度海水间的化学电位差能转化为压力差，由压力差驱动水轮机发电。海洋是一个巨大的可再生能源库。海洋可再生能源的开发一直受到世界各沿海国家的政策支持。从运动的空气和海水中获取能量，是当前开发海洋可再生能源的主流方向。风能是世界上增长最快的可再生能源。海洋上空的风较陆地上的风更加平稳，可有效降低风车叶片和齿轮的应力。同时，海洋上空的平均风速一般大于陆域上的平均风速，故海上风能利用效率更高。

潮汐能是人类最早利用的一种海洋能。据记载，在1 000多年前的唐朝，我国就有了利用潮汐涨落磨五谷的潮水磨。据史料记载，通过修建水库和河道来利用潮汐能的设计15世纪后就已出现。在19世纪末，欧洲就有人试验用修建蓄水池的办法进行潮汐发电。当前，国内外海洋能利用率最高的是潮汐能。法国的朗斯潮汐电站于1967年投入商业运行，是世界上第一座大型潮汐电站，年发电5.4亿kW·h。我国浙江温岭江厦潮汐试验电站建造于1974年，为世界第三大潮汐电站，2007年年底6台机组投产，总装机容量达3 200 kW。迫于全球电力市场需求和环境压力，国际上加大了对潮流和海浪能发电技术和装置的研发。英国（Marine Current Turbine）公司通过研发水平轴水轮机装置分阶段发展潮流能发电技术：第一阶段代号"Seaflow"，于2003年研建了一座300 kW的MCT潮流能示范装置；第二阶段代号"SeaGen"，于2005年进行了2×500 kW的双水轮机组试验研究。我国哈尔滨工程大学研发的70 kW漂浮式垂直轴潮流能装置，于2002年在浙江岱山县龟山水道进行了海上试验；联合4家企业研发的装机容量300 kW的"海能Ⅰ"，于2012年8月安装于龟山水道测试运行；2013年6月研发的"海能Ⅱ"2×100 kW机组安装于青岛斋堂岛海域；2×300 kW的"海能Ⅲ"机组于2013年8月完成海上安装。中国海洋大学研发的柔性叶片水轮机潮流能发电装置，于2008年11—12月在青岛斋堂岛水道成功进行了海试。

按照能量一次转换机械能的特征，波浪能装置可分为三类：振荡水柱（机械能转换为空气动能）、聚波越浪（机械能转换为低水头势能）和震荡体式（机械能转换为液压能或机械转动能）。"巨鲸号"波浪能发电船是由日本海洋科学技术中心继20世纪七八十年代的"海明号"之后开发的波能发电试验平台。"巨鲸号"的"嘴"是海浪的进口，其腹中前部并排设有3个气室，其后部可提供用于养殖的平静海面，并为进一步研究提供海上试验平台。英国波能公司于2000年在苏格兰伊斯莱岛建设的500 kW振荡水柱式波力电站，已进入商业化运营阶段，产生的电力可供400户居民使用。挪威波能公司于1986年在MOWC电站附近建造了一座装机容量为350 kW的聚波水库电站。丹麦开发出一种离岸越浪式的波能转换装置。苏格兰（Ocean Power Delivery）公司研发的"海蛇（Pelamis）"波力装置是改良的筏式波浪能装置。该装置由3个模块组成，总装机容量为750 kW，总长为150 m，放置在水深为50～60 m的海面上。该装置是世界上第一座进行商业示范运行的漂浮式波力电站。目前该装置已研发到第二代，装机容量为2.25 MW。

我国波浪能利用的研究始于20世纪70年代末，"八五"期间研究建造了20 kW岸式振荡水柱波能装置、5 kW漂浮式振荡水柱波能装置和8 kW摆式波能装置各一座。中国科学院广州能源研究所研制的沿岸固定式振荡浮子波浪能发电与制淡水装置可将俘获的波浪能直接转换成稳定电力，实现了波浪能独立稳定发电，且多余能量可用于制淡水。

中国海洋大学自主研发的碟形越浪式波浪发电装置，于2011年7月在青岛海域进行了海试；主持研制的10 kW级组合型振荡浮子波能发电装置工程样机于2014年1月在青岛斋堂岛海域成功投放。

20世纪90年代初，先进海洋国家就开始了海洋温差能利用的研究。太平洋高技术研究国际中心（PICHTR）的温差能电站项目于1991年11月开始在夏威夷进行开式循环净功生产试验，1993年4月建成，发电功率为210 kW，扣除系统自身用电后的净出功为40～50 kW，还可以产生淡水，用于制冷以及优质海珍品养殖等，在太平洋热带岛屿有良好的市场前景。

我国黄海独特的海洋动力环境提供了丰富的温差能资源，黄海冷水团具有良好的大规模开发利用前景。黄海冷水团形成于初夏，夏季表层水温达28℃，中、底层温度只有6℃。据测算，温差能蕴藏量达4×10^{20} J，其热值相当于1.37×10^{10} t标准煤或5.33×10^{12} m³天然气。这一能源形式可谓取之不尽。黄海冷水团沿岸区域是建立海水供冷系统的绝佳场所。黄海冷水利用后的排水，水温可达16~18℃，其溶解氧高、无污染、矿物质含量丰富，是夏季北方地区海珍品生长发育的良好水源。

盐差能是以化学能形态出现的海洋能，是海洋能中能量密度最大的一种可再生能源，在海与河交接处能量密度最大。若海水盐度为35，海水与河水之间的化学电位差有相当于240 m水位差的能量密度，从理论上讲，如果这个压力差能被利用起来，一条流量为1 m³/s河流的发电输出功率可达2 340 kW。从原理上讲，这种水位差可利用半透膜在盐水和淡水交接处实现。目前为止，以上仅处于理论认知阶段。

二、生物资源

海洋是生命的摇篮，3.6亿km²的浩瀚海洋蕴藏着地球上80%的生物资源，其中，海洋动植物20万种以上，海洋微生物的种类和数量难以估计。海洋的高盐、高压、缺氧等特殊环境，造就了海洋生物独特的生命过程和代谢途径，使得海洋生物具有陆地生物不具有的特点和功能。海洋生物资源包括海洋渔业资源、海洋生物代谢产物资源和海洋生物基因资源等，是巨大的资源宝库。

（一）海洋渔业资源

渔业资源是海洋生物资源的主体，是人类直接食用的动物蛋白的重要来源之一。有人估计，海洋每年约生产1.35×10^{11} t有机碳，在不破坏生态平衡的情况下，每年可提供3×10^9 t水产品。

海洋渔业资源在海洋经济发展中占有重要位置。但由于过度捕捞、海区污染、环境恶化等因素，世界海洋渔业资源面临枯竭的危险。自2005年起，半数已知海洋渔业种类被过度捕捞或者已经被耗尽，30%已接近捕捞极限，如：11种大型鲸中有8种已经商业灭绝；中国带鱼产量不断下降，并出现小型化现象。各国政府高度重视渔业资源不可持续问题，制定了一系列有利于海洋渔业发展的法律、法规和政策。人们期待通过海洋环境和资源养护、恢复，以及捕捞技术和工具更新等促进海洋渔业向着健康方向发展。

水产养殖对世界水产品供应的作用已在发达国家学者中达成共识，鱼类等水产品作为较为安全的蛋白来源已得到社会的广泛认同，海水养殖成为不断扩张的产业，我国已经成为世界主要渔业生产国中唯一一个海水养殖业产量超过海洋捕捞量的国家。水产养殖方式目前正面临一场新的革命。国际上普遍提倡植根于生态系统的新养殖方法，将生物技术与工程结合起来，广泛采用新设施、科学配方的新饵料，用节能减排、环境友好、安全健康的新生产模式来替代传统养殖方式；挖掘和创制新的养殖种质资源，培育良种；发展基于生态系统管理的海洋增养殖现代科技，恢复和增殖天然渔业资源，提升人工养殖的产量和质量，实现资源恢复和海洋增养殖业与生态环境的和谐发展。

海藻是重要的海洋生物资源之一。海藻的营养价值很高。全世界有70多种海藻可供人类食用，还广泛被用作饲料和化肥，有些是医药疗效显著的药材，还有些是重要的工业原料。全世界海洋中海藻每年的生产量为（1.3～1.5）×10^{11} t，但为人类所利用的是其中很少的一部分。

（二）海洋生物代谢产物资源

海洋生物代谢产物资源是新药、精细化工产品的重要源泉。人类利用海洋生物作为药物的历史悠久。在我国的《黄帝内经》《神农本草》《本草纲目》中都有海洋药用生物的记载。中国海洋大学管华诗院士、王曙光教授主持编纂的《中华海洋本草》全面系统地反映了海洋药物应用、研究的历史和现状，也客观反映了海洋药用资源的现状。《中华海洋本草》继承和发展了中国传统药学，综合集成了国内外最新科研成就，展示了海洋药物未来的发展前景。随着分离纯化技术和分析检测技术的长足进步，海洋活性天然产物不断被发现。1940—2006年，国际上发现的有效抗癌化合物共175个，其中大多数来自海洋生物。自1997年以来，国外已从海洋生物中鉴定了约2万种单体化合物，其中30%具有活性；开发出了包括抗菌类药物头孢菌素、抗艾滋病药物Avarol、海绵他汀、海兔毒素等约50种海洋候选药物。管华诗院士及团队研发的中国第一个海洋药物（PSS），带动了我国海洋药物产业的发展。目前国内外正在进行研究的有抗肿瘤、抗艾滋病、抗真菌、抗细菌、抗老年退行性疾病等新药约30个品种。研究海洋生物活性先导化合物及其衍生物，从而开发出具有特殊药用价值的创新药物成为重要的国际趋势。

（三）海洋生物基因资源

海洋生物基因在工业、农业、医药、环保和军事等领域具有广泛的应用前景，海洋生物基因工程制品和药物成为海洋生物资源持续利用产业的重要支撑，海洋生物基因产业将成为海洋经济新的生长点。随着海洋探测技术的发展，人类不断向海洋极端环境下的生命探索进军。目前已发现的各种极端环境中，深海蕴藏丰富的生物资源，其中最主要的是深海微生物，但这些微生物大部分还鲜为人知。我国对海洋微生物的研究起步很晚，过去20年对海洋微生物活性物质的研究主要体现在微生物酶制剂等方面。最近10年我国开始深海和大洋微生物的研究，海洋微生物的活性化合物研究近年来进展较快；海洋微生物种质保藏研究和种质库建设也开始起步，正着手对各类数量巨大的微生物资源进行系统地采集、鉴定和保藏。尽管如此，我国海洋生物基因资源开发利用仍处在起步阶段，还有许多问题需要重点突破。

（四）海洋生物能源

海洋能源生物异军突起，将成为生物气体和生物液体燃料的生物反应器，为解决能源危机做出重要贡献。海洋藻类不像陆地作物那样与粮食生产争夺宝贵的土地资源。开发以海藻为主的海洋能源生物成为欧美国家能源战略的主要组成部分。我国对海洋生物能源的研究工作也已起步。

三、空间资源

（一）海洋空间资源分类

海洋空间资源是指可供人类利用的海洋三维空间，由一个巨大的连续水体及其上覆大气圈空间和下伏海底空间三部分组成。在二维平面上，它占据地球表面积的70.8%，约达3.61×10^8 km。在垂向上，有平均3 800 m深的水体空间。海洋空间资源分为海岸与海岛空间资源、海面/洋面空间资源、海洋水层空间资源、海底空间资源。

（二）海洋空间资源利用

海洋空间资源利用范围很广。传统海洋空间资源利用主要包括海洋运输和港口码头。人类利用海洋运输的历史已长达数千年。目前，油轮是负重最大的交通工具（每年超过3.41亿t），总负重每年以1.7%的速度增长。在世界海洋运输贸易总额中，石油运输占65%，钢铁、煤炭和矿产及粮食占剩余的35%。海洋运输时常伴随着娱乐。在过去几十年内，巡航业得到较大发展，乘客在豪华游轮上可以游览大洋、热带岛屿以及只能通过轮船可达的地方。现代港口是发展海洋运输必不可少的重要支撑。推进国际海上集装箱始终端设施的建设和多目的国际始终端设施的建设，扩展狭窄水道以利安全通航，是加强海上运输能力的重要方向。

除传统的港口和海洋运输外，现代海洋空间利用正在向海上人造城市、海上机场和发电站、海洋公园、海底仓储等方向发展。早在20世纪80年代末，日本就在神户沿海建成一座可供2万多人居住、迄今世界上最大的海上城市，于1999年8月在东京湾用6块380 m长、60 m宽的矩形浮钢制单体拼装了海上漂浮机场。美国也在太平洋上建造了一座微型海上城市。这座城市建在高70 m、直径为27 m的钢筋混凝土浮船上，"浮船"内设有发电站和灌水箱装置，浮船平台还可降直升机。关于海洋空间资源利用的设想很多，诸如利用海洋空间建设海洋人工岛、海上牧场、海上粮仓、海洋能源基地、海洋娱乐场等。人类向海洋扩展生活空间的目标将会成为现实。

第二节　海洋资源权益的国际法条款

一、海洋资源权益相关国际法条款产生的背景

美国早在1920年前后即发现大陆架可能蕴藏着丰富的石油资源，因此美国一些国际法专家曾倡议建立较宽的海洋管辖区，以便管理和保护石油资源及开发。但经济大萧条和第二次世界大战耽搁了方案的实施。1945年9月28日，第二次世界大战刚刚结束，美国就以总统公告（第Z667号总统公告，亦即历史上著名的"杜鲁门公告"）的形式宣布美国对邻接其海岸，深度大约200 m以内的海底海床和底土及其中蕴藏的石油资源拥有所有权和行使管辖权。这个行为意味着美国将对大约1.883×10^6 km的海底行使主权。由于大陆架具有诱人的经济价值和重要的国防意义，"杜鲁门公告"很快引起了一连串的连锁反应。就在"杜鲁门公告"发表仅一个月之后，墨西哥总统也发表声明，规定大陆架以水深200 m为界，声称对在大陆架范围内的一切行使主权。从1946年到1950年，阿根廷、智利、秘鲁和萨尔瓦多也相继宣布了200 n mile（1 n mile=1 852 m）管辖范围或200 n mile宽度领海，形成了一股席卷全球的扩大海洋区域的浪潮。在这股浪潮中，许多国家单方面宣布了对200 n mile海域或大陆架进行管辖。许多学者将这股浪潮称为"海洋圈地运动"。

由于"海洋圈地运动"在全球范围内形成了一股潮流，从1945年到1982年《联合国海洋法公约》出台，这种扩大海洋管辖区域的要求已经用国际法的形式肯定下来。《联合国海洋法公约》出台的过程是一个全球海洋新秩序重新构建的过程。在这个过程中，世界海洋中大约有1.3亿km²的面积成为国家管辖范围，这个面积占整个海洋面积的1/3左右。海洋中具有重要经济价值的部分被一些国家先行圈占瓜分。

二、海洋资源权益相关国际法条款

《联合国海洋法公约》是1994年正式生效的一部过半数国家和地区同意的国际法。中国于1996年6月正式加入该公约及其协议。目前，加入公约的国家和地区已达到150多个。《联合国海洋法公约》有"海洋宪章"之称，是目前有关海洋最为全面和权威的国际法。按照《联合国海洋法公约》，世界海洋主要被划分为国家（地区）管辖海域和国际管辖海域两大部分。

（一）国家管辖海域

国家管辖海域包括内海、港口、领海、毗连区、专属经济区和大陆架。

内海是指领海基线内侧的全部海水，它与国家的陆地领土具有相同的法律地位，国家对其享有完全的排他性主权。

领海是沿海国家的海岸和内水，受国家主权支配和管辖下的一定宽度的海域。目前国际上通行的是12 n mile领海。

毗邻区是指沿海国领海以外，但又毗邻其领海的一定宽度的特定海区。沿海国在此区域对若干事项行使必要的管辖。该区域的职能主要是作为一个缓冲区，以确保在沿海国的领海或领土不发生违法的和不利于安全的事件。按1982年《联合国海洋法公约》规定，毗邻区的宽度从测算领海宽度的基线（即平均低潮线）算起不超过24 n mile。

沿海国在领海范围内享有完全的主权管辖和控制，这些主权和控制一般包括4个大类：① 管辖外国船舶；② 治安、税收和海关等行政职能；③ 渔业权利；④ 国防安全。此外，还有礼节权等。

内海和领海的区别体现在3个方面：① 地理概念不同。内海指的是领海基线向陆地一面的海域，而领海是指基线向海一面的一定宽度的海水带。② 在国际法中地位不同。领海中，外国商船享有无害通过权；而在内海，原则上未经许可，外国船舶不得入内。③ 在国内法中地位不同。很多国家都就领海和内海的管辖权做了区别规定。一般来说，沿岸国对在内海中航行的外国船舶行使的管辖权，比对在领海中航行的外国船舶行使的管辖权要严格得多。

专属经济区（exclusive economic zone）是领海以外并邻接领海的一个区域，受国际海洋法规定的特定法律制度的限制，其宽度不超过200 n mile。专属经济区既非公海也非领海，其地位自成一类。沿海国对专属经济区的主权主要是经济性的。沿海国对自己专属经济区内的生物资源和非生物资源享有所有权，有勘探开发、养护和管理的主权权利；对其他设施、人员和活动也享有一定的管辖权。其他国家在专属经济区内享有航行和飞越、铺设海底电缆和管道的自由，内陆国和地理不利国家可以根据双边或多边协议开发所谓剩余资源。由于专属经济区制度的实施，部分沿海国的管辖面积大大扩展，甚至超过了领土面积的数倍。

《联合国海洋法公约》规定，沿海国的大陆架（continental shelf）包括其领海以外依其陆地领土的全部自然延伸，扩展到大陆边外缘的海底区域的海床底土，其组成部分包括大陆架、大陆坡和大陆基。不同国家不同海区大陆边缘的宽度差异很大。《联合国海洋法公约》为了平衡有关国家的利益，对大陆架的宽度规定了一个范围：地理上大陆架宽度不足200 n mile的，可以将大陆架外部界限扩展到200 n mile；对于地理上大陆边宽度超过200 n mile的地方，则规定其外部界限不得超过350 n mile或不得超过2 500 m等深线100 n mile。

大陆架问题是国际海洋法中一个重要的部分。按照《联合国海洋法公约》规定，沿海国家可以在大陆架上行使主权，大陆架已经由公土变成了有关国家的国土。这种变动对于沿海国家海洋事务产生的影响是巨大的。《联合国海洋法公约》中的"大陆架"不再是一个纯粹的地理概念。

根据美国波士顿伍兹霍尔海洋研究所罗斯（D. A. Ross）博士在《海洋学导论》中列举的数据，世界海洋200 n mile以内专属经济区和其他类别国家管辖海域区域面积总计大约有37 745 000平方海里，约合将近1.3×10^8 km^2，如果加上超出200 n mile的大陆架区域，其总面积接近1.49×10^8 km^2。

（二）国际管辖海域

国际海底区域，简称区域，是指国家管辖范围以外的海床和洋底及其底土。它处在沿海国的领海、专属经济区和大陆架范围之外，是水深基本上处于3 000~3 500 m的洋底。

国际海底区域及其资源是"人类共同继承的财产"。为维护我国开发国际海底的应有权益，开辟新的矿产资源，促进深海采矿高新技术产业的形成和发展，我国积极参与制定了包括国际海底区域制度在内的各项海洋法制度。目前，我国的国际海底研究开发工作已初具规模，并申请了15万km^{2}国际海底矿区，成为先驱投资者。

公海（high sea）是指不包括在国家的专属经济区、领海或内海或群岛国的群岛水域内的全部海域。公海对一切国家开放，不论其为沿海国或内陆国，任何国家不得有效地将公海一部分据为己有，不妨碍他国行使公海自由的利益，并且只要不违反某些特定的法律规则，就可以在公海上从事各种活动。

通常情况下，在公海上奉行船旗国管辖原则。但在某些情况下可由别国对船舶和人员行使管辖。按照《联合国海洋法公约》，这些情况主要是以下几点。

（1）海盗行为：对海盗行为的取缔是所有国家拥有的权利，它来源于古老的国际法规则，这种权利通常由军舰、军用飞机或经政府授权的船舶行使。

（2）未经允许的广播：这种广播也被称作海盗广播，对其进行制止的权利通常由军舰、军用飞机或经政府授权的船舶行使。

（3）贩卖奴隶与毒贩：贩奴属于反人类罪行，任何国家得以对其镇压；公海上的贩毒船舶则应由船旗国和一部分被要求合作的国家管辖。

（4）国籍不明的船舶：无国籍船舶无法得到任何国家保护，如果一条船舶悬挂两个或两个以上国旗航行并视方便而换用旗帜的船舶，对任何其他国家不得主张其中的任一国籍，并可视同无国籍的船舶。

（5）重大污染事故：在造成重大污染情况下，沿海国为保护自身利益，可以对在公海上的外国船舶行使适当的管辖权。

第三节　我国海洋国土

我国海域称为中国近海，东南面与太平洋相连，有渤海、黄海、东海、南海和台湾以东太平洋海域五个海区，这些海区连成一弧形海域，基本属太平洋的陆缘海。它们内靠我国大陆，外接朝鲜、韩国、日本、菲律宾、印度尼西亚、马来西亚、文莱、和越南等国家。这些海区由一系列岛弧、海沟和太平洋分开，仅我国台湾东岸与太平洋直接相通。

我国海域国土范围辽阔，北自渤海北岸，南到曾母暗沙；纵跨37个纬度，南北长约4 500 km；东西向横跨20多个纬度，宽约2 000 km；横跨温带、亚热带和热带，蕴藏着丰富的海洋资源。

一、海岸线与海岛

我国大陆海岸线绵延曲折，北起鸭绿江口，南到北仑河口，长达18 000多千米；岛屿岸线14 000多千米，全长32 000多千米，在世界上属海岸线较长的国家，200 n mile专属经济区的管辖海域面积约300万km²。在我国海域中，岛屿星罗棋布，尤以浙江、福建两省为多。台湾岛是我国最大的海岛，位于我国的东南海域，和澎湖列岛、钓鱼岛一起组成了我国最大的海岛省。台湾岛也是我国唯一直接濒临太平洋的地区。我国的另一个海岛省是海南岛。

二、海域概况

渤海、黄海、东海和南海4个海区总面积大于$470 \times 10^4 \text{ km}^2$。

渤海是一个半封闭的内海，面积约80 000 km^2，南邻黄海，水文、气象受大陆的影响较大。渤海由辽东湾、渤海湾、莱州湾和中央海盆四部分组成，南北长约300 n mile，东西宽约160 n mile；水深平均为18 m，最大水深为140 m。流入的主要河流有辽河、海河、黄河等。从辽东半岛的老铁山到山东半岛的蓬莱角之间的连线为渤海和黄海的分界线。

黄海位于中国大陆和朝鲜半岛之间。黄海为一半封闭的浅海，其水文、气象易受大陆的影响。黄海南北长约470 n mile，东西宽约300 n mile，面积约为380 000 km^2；水深平均为44 m，最大水深为140 m。流入的主要河流有鸭绿江、大同江、汉江和长江等。长江口至济州岛的连线为黄海和东海的分界线；从山东半岛的成山头到朝鲜西岸的长山一线，把黄海划分为南北两部。

东海北部邻接黄海南部，南北长约700 n mile，东西宽约400 n mile，面积约760 000 km^2，是一个比较开阔的边缘海。水深平均为370 m，最大水深为2 719 m。台湾浅滩的水深仅有15～20 m。从我国广东省南澳岛经澎湖列岛至台湾省一线为东海和南海的分界线。东海的水文、气象主要受太平洋的影响，东部的黑潮暖流与西部的沿岸海流也对其有较大影响。流入的主要河流有长江、钱塘江、闽江、浊水溪等。台湾海峡属东海大陆架区。台湾以东的海区地形复杂，水深较深，黑潮暖流终年流经，其水文、气象与其他4个海区迥异。

南海北面以我国台湾、广东、广西、海南岛沿岸为界，东面接菲律宾、巴拉望、加里曼丹等和太平洋分隔开来，南面接马来半岛、纳土纳群岛、加里曼丹等与印度洋隔开，西面接越南、马来半岛等沿海。南海总面积350万km^2，扣除暹罗湾后的狭义的南海面积有250万km^2。整个南海的四周几乎被大陆和岛屿所包围，形成一个深海盆，周围大陆对海洋水文状况影响较小。南海位于北回归线以南，处在热带和亚热带气候的影响之下。南海的深度比东海大得多，水深平均为1 212 m，最大深度在菲律宾附近，为5 567 m。南海海盆近似一个长轴为东北－西南向菱形盆地，海盆中央部分深度超过4 000 m，海底地形是西北高、东南低，并且自海盆边缘向中心部分呈阶梯下降。

海盆的四周分布着大陆架，水深在200 m以内。流入南海的主要河流有珠江、韩江、红河、湄公河、湄南河等。

南海海面上群岛林立，较为著名的有我国的东沙群岛、西沙群岛、中沙群岛、南沙群岛等。主要的海湾有北部湾、暹罗湾。南海散布着我国的许多岛屿，中部有由珊瑚为主生物碎屑堆积而成的诸多珊瑚岛。其中位于北纬4°附近的曾母暗沙等礁滩，是我国最南部的领土。

第十四章　海洋环境问题

工业革命以来，随着社会和科学技术的发展，社会生产力迅速提高，每年都有数亿吨的各种新增废水废物排入海洋，致使出现一系列的海洋环境问题。特别是现代海洋开发事业迅速发展，人们在开发利用海洋的过程中，没有同时顾及或不够注意海洋环境的承受能力和海洋环境的完整性，低估了自然界的反作用，因此使海洋环境，尤其是河口、港湾和海岸带区域受到严重破坏，海洋环境出现严重退化，不仅影响了海洋资源的进一步开发利用，影响了海洋生态系统的持续发展，甚至对人类健康造成了损害。

第一节　海洋污染

海洋巨大的容量、不停的海水运动和生物活动有效分散和消解着自然和人造的入海物质。这使人类误认为海洋的纳污能力是无限的，长时间把海洋作为一个存放废弃物质的垃圾场。2005年3月，卓越研究院和经济学家国际委员会在美国华盛顿举行的会议上对此发出了警告。他们警告说："由于人类带来的压力，几乎三分之二的支持地球生命的自然恢复力正在降级。"

海洋污染物是指排入海洋中的能够改变海水质量或影响物理、化学、生物环境的物质或能量，通常分为自然产生的和人类活动产生的两大类。海洋处于生物圈的最低位置，有史以来人们就把各种废弃物直接或间接地排入海洋，但由于海洋净化废弃物的能力强，初期排入量小，不足为害。随着工农业生产的发展，沿海国家人口向临海城市集中，大量生产和生活废弃物排入海域及海上油运和油田大发展所造成的污染等，大大超过了局部海域的自净能力，海洋富营养化严重，海洋环境遭到了污染损害。

从全球角度看，近30年来，随着现代工农业的迅猛发展和城市化进程的加快，人类活动对近海生态环境的影响迅速加大，海洋环境退化和生态破坏正以惊人的速度在加快。其中，海洋污染是最受关注的问题之一，也是自20世纪中叶以来困扰全球的难题之一。1992年联合国环境与发展大会通过的《21世纪议程》将海洋资源的可持续开发与海洋环境保护和保全作为重要的行动领域之一。世界资源研究所的一项研究显示：因受与开发有关的活动导致的环境污染和富营养化的影响，世界上51%的近海生态环境系统处于显著的退化危险之中，其中34%的沿海地区正处于潜在恶化的高度危险中，17%处于中等危险中。全世界有近3/4的大陆沿岸100 km以内的海洋保护区域或主要岛屿处于退化的危险境地。如波罗的海、濑户内海，在20世纪60年代后期都因污染而一度成为"死海"；有些海域因污染严重，还发生了公害事件，如轰动世界的1953—1956年水俣湾汞污染事件、1955—1972年的骨痛病事件、1983年上海的甲肝病事件等。

据国家海洋局公布，近年来我国海域总体污染形势依然严峻。全海域未达清洁海域水质标准的面积为14.9×10^4 km²。污染海域主要分布在辽东湾、渤海湾、长江口、杭州湾、江苏近岸、珠江口和部分大中城市近岸局部水域。近岸海域海水中主要污染物是无机氮、活性磷酸盐和石油类。近岸海域部分贝类体内污染物残留水平依然较高。81%的入海排污口超标排放污染物，多数排污口邻近海域环境污染严重，对周边海洋功能区的损害加剧，河流携带入海的污染物持续增高，河口生态环境受损。由大气输入海洋的污染物通量仍呈上升趋势。海洋污染具有污染源广、持续时间长、扩散范围广、危害程度大、污染控制难等特点，导致的严重后果正在受到强烈的关注。

第二节　海洋污染的途径和影响

海洋污染的原因通常分为自然原因和人为原因。自然原因一般是指自然过程大量产生的某些物质引起海洋污染。比如，火山爆发能够喷出大量的二氧化碳、甲烷、硫化物和氮氧化物。人为原因通常指人类活动制造的过量的物质导致全球海洋污染。

海洋学家开始广泛测试海洋的时候，正值工业革命进行中，工业革命在一定程度上已经改变了海洋自然环境。关于海洋原始环境的有限知识是来自收集到的少量的海水样本，这些样本是用深海极地冰块以及在冰川中的小气泡恢复的。在相当程度上可以说，几乎难觅未受扰乱的遗留下来的地方供研究所用，也几乎不存在完全没有受到海洋污染影响的海洋生物。因而从一严格的坐标原点认识自然海洋是什么样子或者人类活动造成了哪些显著的动物或者植物销声匿迹，已经成为不可能。海洋污染的影响是多维度的，包括的方面也很多，以下从不同的方面做简单介绍。

一、污染物干扰生物体的生物化学过程

进入海洋的污染物大约有3/4来自陆地上的人类活动。污染物通过生物化学过程直接或间接地引起生物体的改变。污染引起的生物体的一些改变可能是立刻致命的，一些改变可能会经过几周或几个月而使生命体衰弱，或者改变种群动态，从而使得部分地方或者逐渐地使得整个群落失衡。

在大多数情况下，生物体对于一些污染物的反应依赖于它们对该污染物数量和毒性相结合的敏感性。一些污染物只需很低的浓度就会对生物体产生毒性作用。比如，能够进行光合作用的一些硅藻种群，当兆分之一的碳氢化合物被氯化时就会减少。另外，有的污染物可能对一些生物体产生危害作用，但是对其他生物体可能没有危害作用。比如，原油扰乱了浮游动物精细的觅食构造，沾染了鸟的羽毛，但是同时又成了特定细菌的食物。

污染物在海洋中的存留时间是不同的：有些能够在环境中存在上千年，而有些仅持续几分钟。一些污染物自然地或通过物理过程（比如通过阳光碎裂为大分子）降解成无害的物质。有些污染物通过生物活动会从环境中移除。比如，一些海洋生物通过新陈代谢把有毒的物质转化为无害的物质。确实，很多污染物最终会通过自然程序降解成更简单的化合物。

二、石油从很多渠道进入海洋

进入海洋环境中的石油，既有自然部分，也有人为部分。自然部分主要是在几百万年中，通过自然过程从海底深层向海洋泄漏的大量石油。人为部分主要是近海钻探、近岸精炼和在街市车流中汽车排放的废油等通过多种渠道进入海洋。

全世界对石油的消耗正在加速。据估算，现在人类每秒钟就消耗大约1 000加仑（3 800 L）石油。在20世纪90年代，大约每年有4亿3 000万t石油进入世界海洋中，自

然渗透占每年进入海洋的1/2左右。大约总量的8%与人类海洋运输有关系，如石油的装卸过程和油轮船舶冲洗过程是重要的入海渠道。从油轮中泄漏的石油每年会导致15万～45万只海鸟死亡。

更多的石油从城市的街道通过排水系统流入海洋中，或者通过废油倒入排水沟、倒入垃圾等方式流入海洋。每年有9亿多升（大约2亿4 000万加仑）使用过的车用机油流入海洋，这一数量是"埃克森·瓦尔迪兹"号油轮1989年漏油数量的22倍。

通常，原油的溢出比提炼油的溢出在体积上更大，次数上更频繁。原油的大多数成分在水中不会轻易地溶解，但是它们能够以很低的浓度损害柔弱的海洋生物幼体。残留下来不能分解的部分形成黏滞的表层，该黏滞层阻止气体自由扩散、阻碍成体生物的觅食构造、杀死幼体和减少光合作用中阳光的获取。尽管原油的溢出看起来很糟糕并引起了媒体的广泛关注，但原油毒性不是很高，且是生物可降解的。大多数海洋生命都会在大约5年之内从一中等水平的溢油影响中恢复过来。比如，1991年海湾战争期间，9亿700万L（2亿4 000万加仑）的轻原油泄漏到波斯湾中。从评估结果看，这些轻原油相对快地就消散了，基本未对生物造成长期性破坏。

精炼油的溢出，特别是在有大量海洋生物的近岸能够引起更长时间的破坏。原油在提炼过程移除和破坏了原油中更重的成分，留下了密度较轻的成分和更具生物活性作用的成分，这些成分对海洋生物影响很大，尤其是在提炼过程中加入的成分也更具致命性作用。

溢出石油的易挥发成分最终会蒸发到空气中，留下更重的焦油。波浪的作用使得焦油形成不同尺度的球体。一些焦油球下沉到海底，可能被底部的生物体吸收或者合并为沉积物。细菌最终会分解这些球体，但是这一过程可能会历时数年完成，特别是在寒冷的极地水中，分解所需的时间会更长。上述石油的残留成分，特别是来源于提炼油的成分，能够长时间对海底生物群落产生影响。

三、清理溢油可能衍生更严重的问题

由于用于消散石油的清洁剂对生物体会有特别的伤害，控制和清理溢油有时会引起比溢油本身更严重的破坏。

1969年英国南部岸线的"托雷·卡尼翁"号溢油事件，属于第一批大的油轮事件。它的清理导致了比11万t原油泄漏更严重的环境破坏。如英国南部一些旅游胜地海滩关闭的原因不是石油残留，而是清洁海岸所使用的化学剂杀死了大量海洋生物。这些海洋生物腐烂所产生的恶臭，导致不得不关闭旅游胜地长达两个季节。

使用更成熟的方法清理溢油，对海洋环境仍然会产生严重的伤害。如《埃克森·瓦尔迪兹》号灾难是美国历史上第二大溢油事件。超级油轮"埃克森·瓦尔迪兹"号于1989年3月24日在阿拉斯加威廉王子湾附近航行时，4 000万L（几乎是1 100万加仑；2.9万t）阿拉斯加原油（大约是货物的22%）从破损船体中溢出。溢出的原油只有17%被回收，大约有35%被挥发、8%被燃烧、5%被强清洁剂消散，5%在前5个月中被生物降解。剩余的30%原油在威廉王子湾上形成了水面浮油，污染了450 km以上的海岸线。对于威廉王子湾受影响部分的分析表明，清洁区域情况比未清洁区域情况更糟。

上述例子似乎表明，诸如高温、高压等过分的清理过程，可能会毁灭食物链底层的小动物，从而达不到预期目标。以上事实说明，与其事后处理石油污染，最好的方式是阻止溢油事件的发生。

四、有毒的人工合成有机物可能会被生物富集累积放大

很多不同种类的人工合成有机物进入海洋，然后进入生物体中。海水中人工合成的有机物浓度通常是非常低的，但是食物链较高营养级的一些生物体的肉能集中这些有毒物质。这种生物富集累积放大对于食物网顶层的食肉动物特别危险。

滴滴涕（一种氯化烃农药）的生物富集累积放大引起的生态破坏很有典型性。浮游植物从水中吸收滴滴涕，以浮游植物为食的鱼类的组织和细胞中积累了滴滴涕，吃这些鱼的鸟也摄入了滴滴涕。由此可见，整个食物链都被污染了。由于生物富集累积放大，食物网顶端的肉食动物受影响最严重。现在全世界禁止使用滴滴涕。

其他氯化烃的生物富集累积放大也影响了生物。有研究表明，多氯联苯（曾经广泛用来冷却和绝缘电子设备、强化木板和水泥的液体）可能导致加利福尼亚沿岸岛上的一些海豹和海狮的行为改变及繁殖率降低。在地中海西部，多氯联苯与海豚的致命病毒性传染病有关。海豚对多氯联苯的化学吸收可能严重损坏了免疫系统，使得它们不可能战胜传染病。1990年夏天发生的高达1万只海豚死亡的事件可能由传染病所致。更让生物学家警觉的是，美国近岸的海豚已经有很多受到氯化烃的影响。研究还发现，很少出现在近岸水域的巨头鲸都被污染了。

目前，每年在食物链中经历生物富集累积放大化学品的产量已经超过了1亿t，如果该产量的1%进入海洋，那么海洋更大的部分将会受到影响。

五、一些重金属会引发毒性作用

不是只有人工合成的化学物会毒害和污染海洋生物，少量的重金属也能够通过破坏正常细胞的新陈代谢而导致生物体的损伤。在众多有危险的重金属中，汞、铅、铜和锡是被排入海洋的典型重金属。

人类活动排入海洋中的汞和铅的量大约分别为海洋自然资源释放的5倍和7倍。汞和铅中毒的主要危害是引起儿童脑部损伤和行为障碍。在过去的20年中，汞和铅中毒的案例急剧增长。在汛期，工业废料、填埋和汽油残留的铅颗粒通过陆地的径流流入海洋，导致在浅水区水底觅食的种群中铅浓度正在以惊人的速率上升。

汞是一种特别有毒性的污染物。因为汞在食物链中向高营养层积累，故高营养层的鱼类，比如像金枪鱼或者剑鱼通常比体形小的较低营养层的鱼更受到关注。美国食品和药物管理局建议育龄妇女和孩子不要吃剑鱼、鲨鱼、青花鱼和方头鱼，吃皇帝蟹、雪蟹、长鳍金枪鱼要有限制。

有健康意识的消费者将鱼视为安全和健康的食物。但是随着海洋一直接受着来自陆地、空气中的污染物和海难的原子尘的重金属污染，人们不知道海产品安全性还能持续多久。

六、富营养化刺激一些种群的增长而损害其他种群

不是所有的污染物都会杀死生物体。一些溶解性有机物扮演着营养盐或者肥料的角色来加快海洋自养生物的生长，导致了富营养化。富营养化刺激了一些种群的增长而损害了其他种群，破坏了海洋区域中自然的生态平衡。多余的营养盐来自废水处理厂、工厂污水、加速的土壤侵蚀或者陆地上的肥料。它们通常是通过水的径流流入海洋中，并且在河口区特别丰富。富营养化发生在几乎所有的河口区。

富营养化最直观的证明是赤潮、黄色泡沫和以有活力的浮游生物水华为表征的厚厚的绿色黏液。这些水华由一个主要的浮游生物群落的典型物种组成，这一物种暴发性增长压倒其他生物。大量的藻细胞能够使一些动物窒息，并且耗尽了水表面的自由氧（在晚上，没有阳光进行光合作用产生氧气的时候），这种情况被称为组织缺氧。在近岸的水域中，组织缺氧可导致大量鱼死亡，其造成的鱼死亡量多于包括溢油在内的单一事件引起的鱼死亡量。对于商业贝类养殖来说，组织缺氧是主要的威胁。

缺氧的水并不限制于海岸区域。随着全球变暖，海洋温度升高，深的低氧层正在向美国中部和南美北部海岸的表层延伸。这些寡氧区域的变动驱使着鱼类从重要的商

业渔业区逃离。

有害赤潮是随着世界范围的经济发展，沿海地区大量工业污水、农业污水、生活污水和养殖废水排放入海，导致近海富营养化日趋严重而酿成的一种生态灾害。它的发生不仅危害海洋渔业和养殖业，恶化海洋环境，破坏生态平衡，还令赤潮毒素通过食物链导致人体中毒。赤潮灾害造成的巨大经济损失和对生态环境的严重破坏已使其成为世界三大海洋环境问题之一。中国也是世界上深受赤潮之害的国家之一。自20世纪70年代以后，赤潮的发生次数以每10年增加3倍的速度不断上升。每年赤潮灾害损失从90年代初期的近亿元增至90年代后期的10亿元左右。

七、塑料和其他形式的固体废料对海洋生物产生的危害

不是所有的污染物都以溶解态进入海洋，很多的污染物是以固体的形式进入海洋。全球大约每年制造1亿2 000万t塑料，其中约10%最终进入海洋。这其中大约15%来自船和钻井平台，其他的来自陆地。全球现在产生大约3 400万t的塑料垃圾，大约人均每年120 kg。多于4%的世界石油产品用来制造塑料。

对于消费者来说，塑料产品是有用的。塑料具有耐久性和稳定性，但同时也给海洋环境带来麻烦。科学家估计一些人工合成的塑料在约400年中都不会分解。尽管石油溢出作为一个潜在的环境威胁而受到更多的关注，但相比之下，塑料更加危险。因为石油最终会被生物降解，而塑料垃圾是很难被生物降解的。

1997年，4 500多名志愿者沿美国新泽西—纽约沿岸搜集废弃物，搜集的209 t废弃物中超过75%是塑料，15%是纸和玻璃。这些废弃物主要来自船舶倾倒或者由洪水带入。

废弃物的分布并非仅限制在沿岸海区，如在北太平洋副热带流涡的中心区（该中心区面积与得克萨斯州的面积相当）内漂浮着大量的废弃物，被称为"东太平洋垃圾区""亚洲垃圾踪迹""垃圾旋涡"。一位研究人员估计该区域废弃物有约300万t，相当于洛杉矶最大填埋场一年的填埋量。

因吃了塑料垃圾或者被塑料垃圾缠绕，每年有上百只海洋哺乳动物和上千只海鸟死亡。若干海龟误吃塑料袋而死于肠道堵塞。经常有海豹和海狮被缠在网中后饿死，或者被环状物套住后饿死。环状物也勒死了大量鱼和海鸟。每年大约100万只莱桑岛信天翁幼鸟中，有1/4因被亲鸟喂食塑料而不是食物而死。

更为严重是，阳光、波浪作用和机械性磨损将塑料破损成更小块，这些小块会吸引有毒的石油残留物，诸如多氯联苯、二噁英和其他有毒的有机物。在太平洋中部，

塑料废弃物和塑料碎屑上浓聚的毒素是周围海水所含毒素浓度的1 000 000多倍。在北太平洋副热带流涡（"东太平洋垃圾区"）采集的水样中，微塑料颗粒的质量比浮游动物的大6倍。毫无疑问，有毒有机物在食物链中生物积累的比例是惊人的。

并非所有的塑料制品都漂浮着，被丢弃的塑料中有大约70%会沉到海底。荷兰科学家统计表明，仅在北海海床上就有160万t塑料垃圾，这些塑料会抑制底栖生物的正常生命活动。

八、人类使用药物对海洋生物的影响

2005年的初步研究发现，一些雄性海鱼正在慢慢发展出雌性特征，这在近岸鱼类中表现得更明显。在加利福尼亚南部沿岸地区捕获的雄性比目鱼中，多达90%有卵黄蛋白质，并有一条已经产卵。

进一步研究发现，上述雌性化的出现与排入海洋污水中的激素有关。这些雌性激素来自服用避孕药的女性和服用抗忧郁症剂、镇静剂及抗炎药物等人群的新陈代谢。类似避孕药所含的化合物在化妆品、防晒乳、肥皂和一些香料等日用品中也存在。大多数污水净化厂仅能除去这些化学品中的1/2，其余的都排放到了海洋中。上述入海污染物能够抑制生殖周期、影响甲状腺功能、抑制鱼类及其他海洋生物的激素水平。

九、废热也是一种污染物

近岸的发电厂通常使用海水来降温凝结蒸汽。循环回到海洋的海水大约会有6℃增温，这一温差可能会在废水流出海域给海洋生物施加过大的压力。为减小海洋环境压力，近期一些发电厂设计了最小化影响环境的方法，如抽出离岸较远的冷水，加热到相当于发电厂周围海水的温度时再排放。这一方法起到了最小化影响周围海洋生物种群的效果，但是仍然会影响它们的卵、幼体以及浮游生物和其他被发电厂抽冷水时吸进去的生物。

十、引进的生物种群扰乱原有的生态系统

据估计，每天通过船舶压载水引入的浮游动植物有近百种以上，尤其是赤潮生物，它们随着航船在各大洋间游荡，更多的是借船舶压载水和沉积物排放被带到世界各地。海洋生物的幼体能够很容易地搭上便车跨越海洋中很难超越的障碍，在遥远的彼岸建立新居。这种外来的生物种群被称为引进种或者外来物种，有时会战胜本地物种，在它们新的居住地降低生物多样性。海洋疾病也能通过这种方式引进来。甚至运

河和渔业增强项目也能引进潜在的不稳定的新物种。

中华绒螯蟹是一种精力充沛的甲壳类动物，它们在河堤和防洪堤上挖洞，会导致堤坝坍塌。有时可达到每平方米30只的密度，会堵塞供水管。如果它们迁移，将会出现在街上、院落和家中。中华绒螯蟹幼体已通过船舶的压载水被带到了美国西部和大西洋欧洲沿岸。水族馆中的海藻可通过碎片来扩散，它们对本地种会形成更严重的威胁。加勒比海的一种海藻自1984年进入地中海之后，在沿西班牙、法国、意大利和克罗地亚沿岸塞满了超过4 050 km²的海底区域。最近它们又出现在了澳大利亚南部和美国加利福尼亚湾南部，战胜了本地生物种，大大地降低了生物多样性。

十一、海湾和河口是对污染影响最敏感的地方

淡水和海水相遇的河口区生物量丰富，是受污染冲击最严重的生物栖息地。河口经常建有海港，港口石油溢出发生频率高，港区污染物随着海水进入海洋。现有研究认为，若海水中有千万分之一的石油就足以严重影响海湾和河口最敏感生物的繁殖和生长。

太平洋沿岸的生物栖息地已被很多种方式污染。美国西雅图艾略特湾的底部沉积物已被铅、砷、锌、铜和多氯联苯等有毒混合物污染，栖居在海湾底层的英国鳕鱼肝脏上的肿瘤就和这些化合物有关。在旧金山海湾南部，污染物含量大，致使蛤蚌和牡蛎中的重金属浓度达几乎致命的程度。从美国中部向北极圈迁徙的鸟若在那里停下来觅食，会有被毒害的危险。在这片区域生活的鸭子含有高浓度的污染物，故这片区域鸭子的生命也遭到威胁。与此类似，在圣巴巴拉和墨西哥恩塞纳达港之间的南部加利福尼亚河口或附近海域生活的鱼也含有高浓度的污染物，人们食用在这片海域捕捞的鱼也是有风险的。

沿美国墨西哥湾的河口和海湾的水体是地球水域中污染最严重的水体之一，也是美国40%最具产量的渔业基地所在地。因为这片海域有毒污染物的浓度不断升高，故近乎60%墨西哥湾牡蛎和虾的收获区域（大约有13 800 km²）被永久性关闭或者受到了严格的限制。

美国东部沿岸的河口也受到了威胁。从南部的佛罗里达州到中部的格鲁吉亚州，超过325 km²海域的海草（海草是大量海洋生物的温床）已被污染而死。美国北部的切萨皮克湾的渔民已经注意到该湾鱼类和甲壳类大量减少。新英格兰捕龙虾的渔夫已经注意到了在龙虾的尾部和附肢上的肿瘤发生情况急剧增加。海洋学家将渔民们关注到的现象归咎为区域不断增加的污染。

第三节　海洋生境的破坏

海洋生境的破坏指某些不合理的海洋和海岸工程兴建以及海洋污染给某些海洋生境带来的损害。由于人类活动，世界近岸海域生态系统结构和功能都发生了不同程度的变化。

我国的海岸线曲折，海洋生态环境多样，为不同生物的繁衍生息提供了优越的环境条件。红树林、海草床、珊瑚礁共称三大典型海洋生态系统，具有高生产力、高生物多样性等特点。然而，随着社会经济的发展，人们对海洋资源的利用出现了无序和过度的现象，致使海洋污染不断增加，自然灾害频繁发生，典型海洋生态系统面积不断减少。

一、河口区生境的破坏

河口是生物多样性丰富又敏感的区域。在人类过度开发下，河口区生态环境问题日益明显。

繁忙的航运业和在入海河流上修建大坝会阻断溯河或降河洄游鱼类的洄游通道，建造水库会改变河口区的盐度，改变原有生物的生存条件。河口大型工程建设和航道疏浚会改变河口地貌、沉积物分布与水动力条件，导致潮流方向改变、水流不畅、流速缓慢、悬浮物增加和水体透明度降低，对河口的景观格局具有显著影响，加剧河口区的生境破碎化效应。我国的河口所面临的环境问题主要包括河口生境退化、生物多样性急剧下降、海岸侵蚀严重、河口淤积不断加剧、海水入侵下含水层、环境污染等。

二、红树林生境的破坏

红树林主要分布在热带、亚热带区域的入海口及沿海岸线的海湾内，是全球海岸带最典型的海洋生境之一，具有重要的生态、社会与经济价值，尤其在固岸护堤、防治自然灾害、维持生物多样性和海岸带生态平衡、净化美化环境等方面具有重要的功能，但也是最容易受到人类破坏的生态系统。

红树林是全球最脆弱的生态系统之一，城市发展、环境污染、海平面上升等威胁红树林的健康生长。过去50年间，全球超过1/4的原始红树林消失。到2050年，全球将有50%的红树林生态系统单元面临崩溃风险，近1/5的红树物种处于濒危或极度濒危的高风险状态，红树林所带来的经济、社会、生态价值也将减少乃至消失，严重威胁人类生存与发展。

三、珊瑚礁生境的破坏

珊瑚礁是海洋中最重要的生态系统之一，大约1/4的海洋物中都依靠珊瑚礁生活。珊瑚礁为这些海洋生物提供了食物、庇护和繁殖场所，维持着海洋生态平衡和海洋生物的多样性，有"海洋中的热带雨林"的美誉。

珊瑚礁面临的威胁有自然因素，也有人为因素。人类活动对珊瑚礁的影响主要表现在过度捕捞、环境污染和直接采挖等方面。此外，全球变暖和海洋酸化导致珊瑚礁白化日益严重，也造成了珊瑚礁生境的破坏和退化。

第四节　海洋荒漠化

海洋环境的退化直接导致海洋生态系统出现明显的结构变化和功能退化，如生物资源衰退、鱼类种群结构逐渐小型化和低质化。据估计，酷捕滥杀至少已使25种有价值的渔获物严重衰竭，使鲸、海牛和海龟面临灭种之危。研究表明，近几十年来，由于生境被破坏和过度采伐，海洋生物多样性正以空前的速度迅速降低。联合国环境规划署的一份报告估计，在1990—2000年，地球上的物种（包括海洋生物物种）有10%～15%灭绝；到2050年，地球上物种的25%将有灭绝的危险。虽然我国对沿海生物多样性丧失情况迄今尚无系统和全面的调查研究，但从一些研究报告来看，潮间带、近岸海域生物多样性的下降情况相当严重。例如，青岛胶州湾沧口潮间带在20世纪50年代约有150种生物，因受附近化工厂的建设和排污的影响，到70年代初该海滩生物种类大大减少，只采到30种，至80年代只有17种，大型底栖生物尚难发现。资料表明，渤海水环境遭受污染的面积在1992年不足26%，2002年达到41.3%，产卵场受污染面积几乎达到100%。我国渤海现存的底层鱼类资源只有20世纪50年代的10%，传统的捕捞对象，如带鱼、真鲷等资源，有的枯竭，有的严重衰退。以带鱼为例，

1956—1963年间的年渔获量为10 000～24 000 t。1982—1983年中国科学院海洋研究所开展的调查，捕获鱼类样品200余万尾，其中带鱼只有18尾，而且优势种由过去的大型优质鱼类（小黄鱼、带鱼、真鲷等）被现在的低质小型鱼类（如黄鲫、青鳞鱼、鳀鱼）代替。渤海从昔日的"鱼虾摇篮"逐渐走向海洋荒漠化。其他海域例如长江口、珠江口等也出了海洋荒漠化的现象。

海洋荒漠化可以认为是海洋生态系统的贫瘠化，海洋环境质量严重下降，海洋生物种类、数量急剧减少，具体体现在海水水质恶化、海域生产力降低、海洋生物多样性下降、海洋生物资源衰退以及赤潮等生物灾害频繁暴发。海洋荒漠化从外观上一般难以察觉，而且由于海水和生物的流动性，往往是某个海域受到破坏，可以影响毗邻甚至整个海域的生态环境。

海洋近岸和港湾水域是各种主要海洋生物的产卵场和索饵肥育场，如果其海洋环境遭到破坏，就会导致饵料生物减少，水生生物亲体繁殖力和幼体存活力急剧下降，大量水生生物资源得不到有效补充。造成海洋荒漠化的原因主要有：① 大量的围填海工程导致的海洋生境和生物的直接丧失；② 水土流失加剧造成的港湾、滩涂淤塞，近海水下地形的平坦化等生境的改变；③ 日益严重的海洋污染对海洋生物生命活动造成的损害，富营养化导致的生态系统结构的改变，病原生物滋生导致的海洋生物病害；④ 过度的海洋捕捞造成的海洋生物量和生物多样性降低；⑤ 外来生物入侵引起的竞争压力。

第五节　全球环境变化影响海洋环境

全球气候变化和温室效应等引起的海平面上升，已对人类，特别是沿海地区居民造成普遍威胁，造成沿海各地区普遍存在的海岸侵蚀问题。海岸侵蚀的危害是多方面的，不仅吞没了大量的濒海土地和良田，而且毁掉了众多的工程设施，甚至逼迫一些城镇搬迁。温室效应还会造成气候异常和海洋自然灾害增加，也会对生态环境造成威胁；酸雨、臭氧层破坏引起的紫外线增强等也是海洋生态系统的潜在危险因素。据估算，如果平流层臭氧减少25%，浮游植物的初级生产力将下降10%，这将导致水面附近的生物（鱼、贝类）减少35%。

一、气候变化对珊瑚礁造成威胁

海洋生物学家对于2023年年初在加勒比海和热带太平洋地区发生的珊瑚白化事件很疑惑。在早期的观测中他们注意到，造礁珊瑚依靠鞭毛藻来获取它们需要的一部分碳水化合物和氧气，但近期珊瑚虫正在驱逐与它们共生的鞭毛藻。进一步观测发现，当海水温度在几周时间超过夏季正常水温1℃或更高时，珊瑚虫便开始驱逐与它们共生的鞭毛藻，从而变白并开始挨饿。

如果水温在几周内回到正常，珊瑚周围的藻类数量就能恢复，珊瑚便可从白化事件中逃离出来。如果没有回到正常水温，丝状藻或者其他分解者会袭击珊瑚虫。珊瑚逃出白化的能力依赖于这件事之前和过程中它们忍耐压力的程度。1998年发生的厄尔尼诺见证了世界范围内约16%活珊瑚的死亡。由于海洋变暖，发生珊瑚白化事件的区域将可能会变得更广泛。

二、海洋酸度的升高正在危害海洋生物栖息地和食物网

海洋酸度的升高对于世界范围的珊瑚礁的威胁也很严重。随着海洋吸收更多的燃烧化石燃料产生的CO_2，碳酸不断形成和海水pH不断降低。过去200年中，由燃烧化石燃料产生的CO_2中的35%被海洋吸收，海洋表面酸度从17世纪开始升高了近30%。从20世纪早期开始海洋平均pH已经下降了0.025，预计2100年将下降到7.7，该值比过去420 000年的任何时期都低。有壳的生物将会获得更少的钙离子。最终，珊瑚、浮游生物和其他生物将不会形成强健的骨骼。海洋酸度升高对于海洋食物网的影响是非常严重的：所有钙形式的浮游植物种群数量可能会下降，以它们为生的消费者会被迫寻找其他食物来源。

海洋环境在人类生存中处于重要地位，同时，海洋环境又是海洋经济和海洋军事发展的重要保障，面对全球众多的海洋环境问题，许多国家政府和科学组织都在重视和加强海洋资源的合理开发利用和海洋环境保护的研究，预测未来人类活动对海洋生态环境和生物资源可能造成的影响和危害。科学开发利用和保护海洋任重道远。

参考文献

毕乃双，傅亮，陈洪举，等，2018.南海三沙永乐龙洞关键水体环境要素特征及其影响因素［J］.科学通报，63：2184-2194.

陈达熙，孙湘平，浦泳修，等，1992.渤海、黄海、东海海洋图集：水文［M］.北京：海洋出版社.

陈文，万渝生，李华芹，等，2011.同位素地质年龄测定技术及应用［J］.地质学报，11：1917-1947.

陈宗镛，1980.潮汐学［M］.北京：科学出版社.

范德江，田元，傅亮，等，2018.南海西沙永乐龙洞沉积物组成、来源及其沉积作用［J］.海洋与湖沼，49（6）：1203-1210.

方家松，张利，2011.探索深部生物圈［J］.中国科学：地球科学，54（6）：750-759.

方欣华，杜涛，2005.海洋内波基础和中国海内波［M］.青岛：中国海洋大学出版社.

冯士筰，李凤岐，李少菁，1999.海洋科学导论［M］.北京：高等教育出版社.

冯士筰，1982.风暴潮导论［M］.北京：科学出版社.

盖广生，2016.最深的海洋蓝洞——三沙永乐龙洞［J］.海洋世界，11：72-77.

高金尉，付腾飞，赵明辉，等.三沙永乐蓝洞成因机制初探［J/OL］.热带海洋学报：1-12［2021-12-30］.http：//kns.cnki.net/kcms/detail/44.1500.P.20210804.1454.002.html.

葛朝霞，曹丽青，荣艳淑，2020.气象学与气候学教程［M］.2版.北京：中国水利水电出版社：231.

郭炳火，黄振宗，李培英，等，2004. 中国近海及邻近海域海洋环境［M］.北京：海洋出版社.

贺庆棠，陆佩玲，2010. 气象学［M］.3版，北京：中国林业出版社：280.

候文峰，林绍花，甘子钧，等，2006. 南海海洋图集［M］.北京：海洋出版社.

黄良民，林强，谭烨辉，等，2024. 热带海洋特色生态系统恢复重构与保护思考［J］.热带海洋学报，43（6）：1-2.

黄瑞新，2012. 大洋环流风生与热盐过程［M］.乐肯堂，史久新，译.北京：高等教育出版社：107-108.

姜世中，2020. 气象学与气候学［M］.2版.北京：科学出版社：252.

姜兆霞，李三忠，刘青松，等，2019. 夏威夷-皇帝海山链成因机制——古地磁学约束［J］.海洋地质与第四纪地质，39（5）：104-114.

金性春，1984. 板块构造学基础［M］.上海：上海科技出版社.

李冠国，范振刚，2011. 海洋生态学［M］.2版.北京：高等教育出版社.

李建坤，李铁刚，丰爱平，等，2019. 三沙永乐龙洞洞底沉积速率变化及其影响因素［J］.海洋学报，41（5）：107-117.

李三忠，索艳慧，郭玲莉，2017. 海底构造原理［M］.北京：科学出版社.

李三忠，索艳慧，刘博，2018. 海底构造系统［M］.北京：科学出版社.

李新正，甘志彬，2022. 中国近海底栖动物分类体系［M］.北京：科学出版社.

刘本培，全秋琦，2006. 地史学教程［M］.3版.北京：地质出版社.

刘方兰，杨胜雄，邓希光，等，2013. 马里亚纳海沟"挑战者深渊"最深点水深探测［J］.海洋测绘，33（5）：49-52.

刘凌云、郑光美，1997. 普通动物学［M］.北京：高等教育出版社.

刘瑞玉，2008. 中国海洋生物名录［M］.北京：科学出版社.

刘士付，2020. 水下地形测量技术分析［J］.工程技术研究，5（23）：229-230.

罗珂，田元，傅亮，等，2019. 三沙永乐龙洞洞内侧壁礁体矿物和元素组成及其晚更新世以来的形成演化［J］.海洋与湖沼，50（5）：1014-1021.

吕炳全，2008. 海洋地质学概论［M］.上海：同济大学出版社.

申家双，翟国君，陆秀平，等，2021. 海洋测绘学科体系研究（二）：海洋测量学［J］.海洋测绘，41（2）：1-11.

沈国英，施并章，2002. 海洋生态学［M］.2版.北京：科学出版社.

侍茂崇等，2004.物理海洋学［M］.济南：山东教育出版社.

舒良树，2010.普通地质学［M］.北京：地质出版社.

孙湘平，2016.中国近海及毗邻海域水文概况［M］.北京：海洋出版社.

孙晓霞，孙松，2010.深海化能合成生态系统研究进展［J］.地球科学进展，25（5）：552-558.

王述功，高仰，1994.印度洋无震海岭及海底高原的初步研究［J］.海洋与湖沼（2）：124-131.

吴德星，侍茂崇，2020.物理海洋学［M］.青岛：中国海洋大学出版社.

伍光和，王乃昂，胡双熙，等，2007.自然地理学［M］.北京：高等教育出版社.

肖金香，陈景玲，胡飞，2014.气象学［M］.北京：中国林业出版社，357页.

辛仁臣，刘豪，关翔宇，2013.海洋资源［M］.北京：化学工业出版社.

姚鹏，陈霖，傅亮，等，2018.南海三沙永乐龙洞营养盐垂直分布及控制因素［J］.科学通报，63：2393-2402.

翟世奎，2018.海洋地质学［M］.青岛：中国海洋大学出版社.

张定民，缪国荣，侍茂崇，等，1986.石臼所湾的近岸流及其对海带养殖的关系［J］.山东海洋学院学报，4：154-160.

张士璀，何建国，孙世春，2017.海洋生物学［M］.青岛：中国海洋大学出版社.

张伙带，姚会强，杨永，等，2018.采薇平顶海山群的多级山顶平台及成因［J］.海洋地质与第四纪地质，38（6）：91-97.

赵进平，等，2016.海洋科学概论［M］.青岛：中国海洋大学出版社.

赵进平，等，2023.高等描述性物理海洋学［M］.青岛：中国海洋大学出版社.

赵淑江，吕宝强，王萍，2011.海洋环境学［M］.北京：海洋出版社.

周淑贞，张如一，张超，1997.气象学与气候学［M］.3版.北京：高等教育出版社：260.

邹景忠，2004.海洋环境科学［M］.济南：山东教育出版社.

［美］Trujillo Alan P，Thurman Harold V，2017.海洋学导论［M］.张荣华，李新正，李安春，等译.北京：电子工业出版社，2017.

Barth T F W, 1952. Theoretical Petrology［M］. New York: John Wiley&Sons: 387.

Baturin G N，2003. Phosphorus cycle in the ocean. Lithology and mineral pesources［J］. 2003, 38: 126-146.

Bell L G, Bell D C,1982. Family climate and the role of the female adolescent: Determinants of adolescent functioning [J]. Family Relations: 519−527.

Brewer P, 1975. Minor elements in sea water [M] // Riley J P, Skirrow G（editors）, Chemical Oceanography. 2nd edition. London: Academic Press: 416−496.

Broecker W S, 1974. Chemical oceanography [M]. New York: Harcourt Brace Jovanovich, Inc.: 214.

Broecker W S, Peng T H, 1982. Tracers in the sea [M]. Palisades: Eldigio Press: 690.

Brown J, Colling A, Park D, et al., 1989a. Seawater: Its composition, properties and behaviour [M]. Oxford: Pergamon Press, Walton Hall: The Open university: 165.

Brown J, Colling A, Park D, et al., 1989b. Ocean chemistry and deep-sea sedment [M]. Oxford: Pergamon Press, Walton Hall: The Open University: 134.

Bruland K D, 1983. Trace elements in seawater [M] // Riley J P, Chester R（editors）, Chemical Oceanography. 2nd edition. London: Academic Press: 157−201.

Bruland, K W, Middag R, Lohan M C, 2014. Controls of trace metals in seawater [M] // Holland H D, Turekian K K（editors）, Treatise on Geochemistry. 2nd edition, Oxford: Elsevier: 19−51.

Brzezinski M A, 1985. The Si：C：N ratio of marine diatoms: interspecific variability and the effect of some environmental variables [J]. J. Phycol., 21: 347−357.

Carlson C A, Ducklow H W, 1995. Dissolved organic carbon in the upper ocean of the central Equatorial Pacific, 1992: Daily and finescale vertical variations [J]. Deep Sea Research Ⅱ, 42: 639−656.

Carter C W, et al., 2016. An alternative to the RNA world [J].Natural History: The Magazine of the American Museum of Natural History, 125（1）: 28−33.

Chester R, Jickells T, 2012. Marine geochemistry [M]. 3rd edition. Chichester: Wiley−Blackwell: 411.

Cottin H. Saiagh K, Guan Y Y, et al., 2015. The AMINO experiment: a laboratory for astrochemistry and astrobiology on the EXPOSE−R facility of the International Space Station [J]. International Journal of Astrobiolog, 14（1）: 67−77.

Culkin F, Cox R A, 1966. Sodium, potassium, magnesium, calcium and strontium in sea water［J］. Deep Sea Research and Oceanographic Abstracts, 13: 789−804.

Demets C, Gordon R G, Argus D F, 2011. Geologically current plate motions［J］. Geophysical Journal International, 187（1）: 1−80.

Diener T O, 2016. Viroids: "living fossils" of primordial RNAs?［J］. Biology direct, 11: 1−7.

Dietrich G, Kalle K, Krauss W, et al., 1980. General Oceanography: An Introduction［M］. 2nd edition. New York: John Wiley&Sons.

Dittmar W, 1884. Report on researches into the composition of ocean−water collected by H. M. S. Challenger during the year 1873−1876［R］. Physics and Chemistry, 1: 1−251.

Dodd M S. et al.,2017. Evidence for early life in Earth's oldest hydrothermal vent precipitates［J］. Nature, 543: 60−64.

Fang G H, Wang W D, Fang Y, et al., 1998. A survey of studies on the South China Sea upper ocean circulation［J］. Acta Oceanographica Taiwanica, 37（1）: 1−16.

Fang G H，Wang Y G, Wei Z X, et al., 2004. Empirical cotidal charts of the Bohai, Yellow, and East China Seas from 10 years of TOPEX/Poseidon altimetry［J］. Journal of Geophysical Research, 109: 1−13.

Feistel R, 2008. A Gibbs function for seawater thermodynamics for −6 to 80℃ and salinity up to 120 g kg^{-1}［J］. Deep Sea Research Part I: Oceanographic Research Papers, 55（12）: 1639−1671.

Ferus M. et al., 2017. Formation of nucleobases in a Miller−Urey reducing atmosphere［J］. Proceedings of the National Academy of Sciences, 114: 4306−4311.

García H E, Gordon L I, 1992. Oxygen solubility in seawater: better fitting equations［J］. Limnology and Oceanography, 37: 1307−1312.

Garcia H E, Locarnini R A, Boyer T P, et al., 2014. World Ocean Atlas 2013, volume 4: dissolved inorganic nutrients（phosphate, nitrate, silicate）［R］. Levitus S editor, Mishonov A, technical editor, NOAA Atlas NESDIS 76: 25.

Garrison T S, 2007. Oceanography: an invitation to marine science［M］. 7th edition. Boston: Cengage Learning.

Garrison T, Ellis R, 2016. Oceanography: an invitation to marine science［M］. 9th edition. Boston: Cengage Learning: 164−215.

Gischler E, Anselmetti F S, Shinn E A, 2013. Seismic stratigraphy of the Blue Hole (Lighthouse Reef, Belize), a late Holocene climate and storm archive [J]. Marine Geology, 344: 155−162.

Goldberg R N, Weir R D, 1992. Conversion of temperatures and thermodynamic properties to the basis of the International Temperature Scale of 1990 [J]. Pure and Applied Chemistry, 64: 1545−1562.

Gross M G, 1987. Oceanography: A View of the Earth [M]. 4th edition. Englewood Cliffs, N J: Prentice Hall, Inc: 406.

Gruber N, 2005. A bigger nitrogen fix [J]. Nature, 436: 786−787.

Hamme R C, Emerson S R, 2004. The solubility of neon, nitrogen and argon in distilled water and seawater [M]. Deep−Sea Research I, 51 (11): 1517−1528.

Hansell D A, Carlson C A, 1998. Deep−ocean gradients in the concentration of dissolved organic carbon [J]. Nature, 395: 263−265.

Herschy B, 2014. Nature's electrochemical flow reactors?: Alkaline hydrothermal vents and the origins of life [J]. The Biochemist, 36: 4−8.

Hodgskiss M S, Crockford P W, Peng Y, et al., 2019. A productivity collapse to end Earth's Great Oxidation [J]. Proceedings of the National Academy of Sciences, 116: 17207−17212.

Hyacinthe C, Anschutz P, Carbonel P, et al.,2001. Early diagenetic processes in the muddy sediments of the Bay of Biscay [J]. Marine Geology, 177: 111−128.

IOC, SCOR, IAPSO, 2010. The international thermodynamic equation of seawater −2010: calculation and use of thermodynamic properties [C]. Intergovernmental Oceanographic Commission, Manuals and Guides No. 56, UNESCO.

Kaiser M J, Attrill M J, Jennings S, et al., 2011. Marine ecology: Processes, Systems, and Impacts [M]. 2nd edition. Oxford: Oxford University Press.

KeLLey D S, FRüH−GReeN G L, Karson J A,et al.,2007. The Lost City Hydrothermal Field Revisited [J]. Oceanography, 20: 90−99.

Knauss J A, 1996. Introduction to physical oceanography [M]. 2nd edition. Upper Saddle River, N J: Prentice Hall: 309.

Knudsen M, 1902. Berichte uber die Konstantenbestimmungen zur Aufstellung der hydrographischen Tabellen [J]. Kon. Danske Videnskab. Selsk. Skrifter, 6 Raekke,

Naturvidensk. Mathemat., 12（1）: 151.

Lalli C M, Parsons T R, 1997. Biological oceanography: an introduction［M］. 2nd edition. Oxford: Elsevier Butterworth−Heinemann.

Leslie, E, Orgel, 2003. Some consequences of the RNA world hypothesis［J］. Origins of Life and Evolution of the Biosphere, 33（2）: 211−218.

Lewis M R, Kuring N, Yentsch C, 1988. Global patterns of ocean transparency: Implications for the new production of the open ocean［J］. Journal of Geophysical Research: Oceans, 93（6）: 6847−6856.

Libes S, 2009. Introduction to marine biogeochemistry［M］.2nd edition. Amsterdam: Academic Press: 21−100, 909.

Lyman J, Fleming R H, 1940. Composition of sea water［J］. Journal of Marine Research, 3: 134−146.

MacDonald K C, 1982. Mid−ocean ridges: fine scale tectonic, volcanic and hydrothermal processes within the plate boundary zone［J］. Annual Review of Earth and Planetary Sciences, 10: 155−190.

Mackenzie F T, Lerman A, Andersson A J, 2004. Past and present of sediment and carbon biogeochemical cycling models［J］. Biogeosciences, 1: 11−32.

Malone T C，1992. Effects of water column processes on dissolved oxygen, nutrients, phytoplankton and zooplankton［M］. College Park: Maryland: 61−112.

Martin J H, Gordon R M, Fitzwater S E, 1991. The case for iron［J］. Limnology and Oceanography, 36: 1793−1802.

Mawji E, Schlitzer R, Dodas E M, et al., 2015. The GEOTRACES intermediate data product 2014［J］. Marine Chemistry, 177（1）: 1−8.

Miller C B, Wheeler P A. 2012. Biological oceanography［M］. 2nd edition. Chichester: Wiley−Blackwell.

Millero F J, Chen C-T, Bradshaw A, et al., 1980. A new high pressure equation of state for seawater［J］. Deep Sea Research Part A, 27: 255−264.

Millero F J, Poisson A, 1981. International one-atmosphere equation of state of seawater［J］. Deep Sea Research Part A, 28: 625−629.

Millero F J, Feistel R, Wright D G, et al., 2008. The composition of standard seawater and the definition of the reference−composition salinity scale［J］. Deep Sea Research

Part I: Oceanographic Research Papers, 55（1）: 50−72.

Millero F J, 2013. Chemical oceanography［M］. 4th edition. Boca Raton: CRC Press, 571.

Morris A W, Riley J P, 1966. The bromide/chlorinity and sulphate/chlorinity ratio in sea water［J］. Deep Sea Research and Oceanographic Abstracts, 13: 699−705.

Müller R D, Sdrolias M, Gaina C, et al., 2008. Age, spreading rates, and spreading asymmetry of the world's ocean cruts［J］. Geochemistry, Geophysics, Geosystems, 9（4）: Q04006.

Paulmier A, Ruiz−Pino D, 2009. Oxygen minimum zones（OMZs）in the modern ocean［J］. Progress in Oceanog raphy, 80（3）: 113–128.

Pilson M E Q, 2013. An introduction to the chemistry of the sea［M］. 2nd edition. Cambridge: Cambridge University Press: 524.

Qiao F L, Huang C J, Li T G, et al., 2020. Mid−Holocene seawater preserved in the deepest oceanic blue hole［J］. Science Bulletin, 65（23）: 1975–1978.

Redfield A C, Ketchum B, Richards F, 1963. The influence of organism on composition of seawater［M］// Hill M N（editor）, The Sea: Ideas and Observations on Progress in the Study of the Seas, Vol. 2, New York: Interscience: 26−77.

Riley J P, Tongudai M, 1967. The major cation/chlorinity ratios in sea water［J］. Chemical Geology, 2: 263−269.

Schlitzer, R, 2000. Electronic atlas of WOCE hydrographic and tracer data now available ［J］. Eos Transactions AGU, 81（5）: 45.

Schulz H D, Dahmke A, Schinzel U, et al.,1994. Early diagenetic processes, fluxes, and reaction rates in sediments of the South Atlantic［J］. Geochimica et Cosmochimica Acta, 58（9）: 2041−2060.

Stommel H, 1958. The abyssal circulation［J］. Deep Sea Research, 5: 80−82.

Stommel, Henry, Arcns A B, 1960. On the abyssal circulation of the World Ocean−II. An idealized model of the circulation pattern and amplitude in oceanic basins［J］. Deep Sea Research, 6:140−154, 217−233.

Sverdrup H U, Johnson R, Fleming R W, 1942. The Oceans: their physics, chemistry and general biology［M］. Englewood Cliffs, N J: Prentice Hall, Inc: 165−227.

Takahashi T, Sutherland S C, Sweeney C, et al., 2002. Global sea−air CO_2 flux based climatological surface ocean pCO$_2$, and seasonal biological and temperature effects [J]. Deep Sea Research Part II: Topical studies in Oceanography, 49 (9-10): 1601-1622.

Talley L D, Pickard G L, Emery W J, et al., 2011. Descriptive physical oceanography: an introduction [M]. 6th edition. Amsterdam: Elsevier: 29-110.

Thurman H V, 1997. Introductory oceanography [M]. 8th edition. Upper Saddle River, N J: Prentice Hall, Inc.: 544.

Tirard S, 2017. J.B.S. Haldane and the origin of life [J]. Journal of genetics, 96 (5):735-739.

Trujillo A P, Thurman H V, 2014. Essentials of oceanography [M]. 11th Edition. Boston: Pearson.

UNESCO, 1981a. The Practical Salinity Scale 1978 and the international equation of state of seawater 1980 [R]. Unesco Technical Papers in Marine Science 36.

UNESCO, 1981b. Background papers and supporting data on the practical salinity scale 1978 [R]. Unesco Technical Papers in Marine Science 37.

Van Hengstum P J, Donnelly J P, Toomey M R, et al, 2014. Heightened hurricane activity on the Little Bahama Bank from 1350 to 1650 AD [J]. Continental Shelf Research, 86 (PA4204):103-115.

Van Zuilen M A, Lepland A, Arrhenius G, 2002. Reassessing the evidence for the earliest traces of life [J]. Nature, 418 (6898): 627-630.

Von Breymann M T, Collier R, Suess E, 1990. Magnesium adsorption and ion exchange in marine sediments: A multi-component model [J]. Geochimica et Cosmochimica Acta, 54: 3295-3313.

Wächtershäuser G, 1992. Groundworks for an evolutionary biochemistry: the iron-sulphur world [J]. Progress in biophysics and molecular biology, 58 (2): 85-201.

Weiss R F, 1970. The solubility of nitrogen, oxygen and argon in water and seawater [J]. Deep Sea Research and Oceanographic Abstracts, 17 (4): 721-735.

Weiss R F, 1971. Solubility of helium and neon in water and seawater [J]. Journal of Chemical Engineering Data, 16 (2): 235-241.

Weiss R F, 1974. Carbon dioxide in water and seawater: the solubility of non-ideal gas [J]. Marine Chemistry, 2 (3): 203-241.

Westall F, 2005. Life on the early Earth: a sedimentary view [J] . Science, 308（5720）: 366–367.

Wilson F T. 1968. A revolution in the earth sciences [J] . Geotimes, 13（10）: 10–16.

Williams P M, 1971. The distribution and cycling of organic matter in the ocean [M] . //Faust S D, Hunter J V（editors）, Organic Compounds in Aquatic Environments. New York: Marcel Dekker, Inc: 638.

Woese C R, Pace N R,1993.4 Probing RNA structure, function, and history by comparative analysis [J] . Cold Spring Harbor Monograph Series, 24: 91–91.

Wooster W S, Lee A J, Dietrich G, 1969. Redefinition of salinity [J] . Limnology and Oceanography, 14: 437–438.

Wright D G, Pawlowicz R, McDougall T J, 2011. Absolute salinity, "density salinity" and reference composition salinity scale: Present and future use in the seawater standard TEOS–10 [J] . Ocean Science, 7（1）: 1–26.

Zhu Z Y, Zhang J, Wu Y, et al., 2011. Hypoxia of the Changjiang（Yangtze River）Estuary: oxygen depletion and organic matter decomposition [J] . Marine Chemistry, 125 （1–4）: 108–116.